经济管理类
数学分析（上册）

张伦传　张倩伟　编著

Mathematical
Analysis

清华大学出版社
北京

内 容 简 介

本书根据作者多年来的教学实践,基于当前经济管理等相关专业对数学需求不断提升的现状编写而成.全书分为上、下两册,本册为上册.内容包括:函数、极限理论、连续函数与实数连续性定理、导数与微分、微分中值定理与导数的应用、不定积分及定积分等.

本书可供经济类院校数学专业以及综合类院校经济管理专业对数学要求较高的学生使用,也可供这些专业中学习过高等数学课程的学生自学提高之用.

图书在版编目(CIP)数据

经济管理类数学分析.上册/张伦传,张倩伟编著.--北京:清华大学出版社,2015(2024.5 重印)
ISBN 978-7-302-40133-9

Ⅰ. ①经… Ⅱ. ①张… ②张… Ⅲ. ①数学分析-高等学校-教学参考资料 Ⅳ. ①O17

中国版本图书馆 CIP 数据核字(2015)第 089646 号

责任编辑:陈 明
封面设计:张京京
责任校对:赵丽敏
责任印制:刘 菲

出版发行:清华大学出版社
    网   址:https://www.tup.com.cn,https://www.wqxuetang.com
    地   址:北京清华大学学研大厦 A 座   邮   编:100084
    社 总 机:010-83470000   邮   购:010-62786544
    投稿与读者服务:010-62776969,c-service@tup.tsinghua.edu.cn
    质量反馈:010-62772015,zhiliang@tup.tsinghua.edu.cn
印 装 者:三河市龙大印装有限公司
经   销:全国新华书店
开   本:185mm×230mm   印   张:16.25   字   数:352 千字
版   次:2015 年 5 月第 1 版   印   次:2024 年 5 月第 7 次印刷
定   价:49.00元

产品编号:059829-03

　　本书是在作者长期以来讲授经济管理类专业数学分析、微积分课程的经验基础上,结合经济管理类专业特点和需求而编写的主要面向综合类院校经济管理类专业(特别是对数学要求相对较高的专业,如金融工程、管理科学与工程、统计学等)本科生的数学分析教材,也可作为理工科等其他有关专业的教学参考书.

　　全书分上、下两册,适合三个学期的讲授.上册共 7 章内容,以一元函数为研究对象,分别讨论了极限、连续函数与实数连续性定理、导数与微分、微分中值定理与导数的应用、不定积分及定积分等内容.下册分为 6 章,主要研究多元函数的相关性质,包括级数、多元函数的极限与连续、多元函数的微分学、隐函数理论及其应用、多元函数积分学以及曲线积分与曲面积分.书中着重讲解基本概念、基本理论与方法以及理论方法在经济管理相关领域的应用举例.

　　经济管理类专业的数学分析不同于数学专业的数学分析,书中略去了不太常用的一些内容和某些定理的严格证明,尽量以通俗易懂的语言描述具体问题,重视理论方法在经济管理领域的应用,注重与经管类相关专业内容的接轨,体现"有所为,有所不为".此外,经济管理类专业的数学分析又比现有经管类的微积分教材覆盖面更广、理论层次更深,可以满足学生在专业领域进一步发展提升的需求.

　　本书力求在内容设置上逻辑严谨、详略得当,难度适宜,深入浅出,融会贯通;在结构编排上形式紧凑、脉络清晰,有助于学生的自主学习和教师的教学使用.当然,由于作者水平有限,书中难免有不尽如人意之处,殷切期望读者予以批评指正.

作　者

2015 年 1 月于中国人民大学

常 用 符 号

1. 常用的数集

1) 本书常用到的数集符号有以下几种：

$\mathbb{N} = \{0,1,2,\cdots,n,\cdots\}$ 表示自然数集；

$\mathbb{N}^+ = \{1,2,\cdots,n,\cdots\}$ 表示正整数集；

$\mathbb{Z} = \{0,\pm 1,\pm 2,\cdots,\pm n,\cdots\}$ 表示整数集；

$\mathbb{Q} = \left\{\dfrac{p}{q}\middle| p,q \text{ 为互质的整数},q\neq 0\right\}$ 表示有理数集；

$\mathbb{R} = \{x \mid x \text{ 为实数}\}$ 表示实数集.

2) 区间

区间可以大致分为有限区间和无穷区间两大类.

假设 a,b 均为实数，并且 $a<b$，则以下区间均为有限区间：

开区间　$(a,b) = \{x \mid a<x<b\}$；

闭区间　$[a,b] = \{x \mid a\leqslant x\leqslant b\}$；

半开半闭区间　$(a,b] = \{x \mid a<x\leqslant b\}$；

半闭半开区间　$[a,b) = \{x \mid a\leqslant x<b\}$.

记符号 $+\infty$ 和 $-\infty$ 分别为"正无穷大"和"负正穷大"，符号 ∞ 为"无穷大"，它是 $+\infty$ 与 $-\infty$ 的统称. 以下区间均为无穷区间：

开区间　$(a,+\infty) = \{x \mid a<x<+\infty\}$；

开区间　$(-\infty,a) = \{x \mid -\infty<x<a\}$；

开区间　$(-\infty,+\infty) = \{x \mid -\infty<x<+\infty\} = \mathbb{R}$；

半闭半开区间　$[a,+\infty) = \{x \mid a\leqslant x<+\infty\}$；

半开半闭区间　$(-\infty,a] = \{x \mid -\infty<x\leqslant a\}$.

2. 点的集合——邻域

设实数 x_0,δ，其中 $\delta>0$，则集合 $\{x \mid |x-x_0|<\delta\}$ 称为点 x_0 的 δ 邻域，记作 $U(x_0,\delta)$；集合 $\{x \mid 0<|x-x_0|<\delta\}$ 称为点 x_0 的 δ 去心邻域，记作 $\overset{\circ}{U}(x_0,\delta)$.

显然，$U(x_0,\delta)$ 表示到点 x_0 的距离小于 δ 的所有点的集合；$\overset{\circ}{U}(x_0,\delta)$ 表示到点 x_0 的距

离小于 δ 的除点 x_0 之外的所有点的集合. 随着讨论空间维数的不同,邻域对应不同的范围. 例如,对于一维数轴,邻域 $U(x_0,\delta)$ 表示开区间,即 $U(x_0,\delta)=(x_0-\delta,x_0+\delta)$,去心邻域则为 $\overset{\circ}{U}(x_0,\delta)=(x_0-\delta,x_0+\delta)-\{x_0\}$;对于二维平面,邻域 $U(x_0,\delta)$ 表示以 x_0 为中心 δ 为半径的不含圆周的圆面;对于三维立体空间,邻域 $U(x_0,\delta)$ 则表示以 x_0 为中心 δ 为半径不含球面的球体,等等.

在一维数轴上,邻域又可分为左邻域和右邻域,分别记为

$$U^-(x_0,\delta)=(x_0-\delta,x_0), \quad (x_0 \text{ 点的 } \delta \text{ 左邻域})$$
$$U^+(x_0,\delta)=(x_0,x_0+\delta). \quad (x_0 \text{ 点的 } \delta \text{ 右邻域})$$

3. 逻辑符号

符号"$\Leftrightarrow$"表示"等价",即"充分必要";

符号"$\Rightarrow$"表示"推得",即"如果……,那么……";

符号"$\in$"表示"属于";

符号"$\forall$"表示"任意";

符号"$\exists$"表示"存在".

例如,"若 $\forall a,b \in \mathbb{Q}$,且 $a<b$,则 $\exists c \in \mathbb{Q}$ 满足 $c \in (a,b)$"表示"任意两个有理数 a,b 之间,存在有理数 c";"$\exists M \in \mathbb{R}$,使得 $\forall x \in A$,有 $x \leqslant M \Leftrightarrow$ 集合 A 有上界 M"表示存在一个实数 M,对集合 A 中的任意元素 x 都满足 $x \leqslant M$ 的充分必要条件为集合 A 以 M 为上界.

CONTENTS 目 录

第 1 章

函　数

自然界的一切事物都处于运动和变化之中,各种事物之间有机联系、彼此依赖.例如,银行存款利息的多少依赖于存款时间的长短;在经济活动中,产品销售收入的多少依赖于产品价格和销售量等.为反映变化着的量的一般性质及它们之间的依赖关系,在数学中产生了变量和函数的概念.函数是数学分析研究的对象,其连续性、可微性、可积性等则是数学分析的主要研究内容.本书以函数为载体,将数学分析中的思想方法进一步应用到概率论、统计学、经济学和管理学之中.

1.1　变量与函数、函数的基本性质

1.1.1　变量与函数

事物的运动是绝对的,静止是相对的.在某个运动过程中,时时或处处变化着的量称为**变量**;时时或处处保持相对静止状态的量称为**常量**.例如,在自由落体运动过程中,物体的质量看作常量,而物体的速度则是变量.又如,在产品的生产过程中,固定成本为常量,而可变成本则是变量.进一步分析上述两过程,自由落体运动中,物体的速度 V 是随下落时间 t 的变化而变化的,由经典力学知 $V=gt$,其中 g 是重力加速度;生产成本 $C(x)$ 是随产量 x 的变化而变化的,从而 $C(x)=C_0+C_1(x)$,其中 C_0 是固定成本,$C_1(x)$ 为可变成本.上述均为函数关系.下面再举几例.

例 1　用边长为 a 的正方形硬纸板做成一个高为 x 的无盖小方盒(如图 1.1 所示).这个方盒的容积 $V=x(a-2x)^2,0\leqslant x\leqslant\dfrac{a}{2}$.

容积 V 与小方盒的高 x 关联紧密,V 与 x 之间的关系即为函数关系.

例 2　下面是国务院 2002 年 2 月 21 日公布的利率表(见表 1.1):

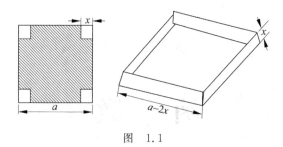

图　1.1

表 1.1　利率表

时间	3 个月	6 个月	1 年	2 年	3 年	5 年
年利率/%	1.71	1.89	1.98	2.25	2.52	2.79

表 1.1 反映了年利率与时间的相互依存关系,时间的长短决定了年利率的多少.年利率与时间的关系是函数关系.

尽管上述实例的背景各不相同,但它们的共同点均反映了两个变量的相互依存性,而且其中一个变量的取值决定了另一个变量的取值.于是,由具体到一般,函数定义如下:

定义 1.1　设 X 是实数集 $\mathbb{R}$ 的非空子集,若对于 X 中任意给定的数 x,按照确定的对应关系 f 有实数集 $\mathbb{R}$ 中唯一的数 y 与 x 对应,则变量 y 称为变量 $x(x \in X)$ 的函数.记为 $f: X \to \mathbb{R}, x \to f(x)$,或简记为 $y = f(x), x \in X$.其中 x 称为自变量,y 称为因变量(或称为函数值).x 的变化范围 X 称为函数 $y = f(x)$ 的定义域,集合 $f(X) = \{y \mid y = f(x), x \in X\}$ 称为该函数值域,即因变量的变化范围.

由函数定义知,定义域和对应关系决定了一个函数的本质。从而,若两个函数定义域不同,或对应关系不同,则这两个函数即为不同的函数.至于自变量(或函数值)用什么字母来表示,这是形式问题,根据需要而定.

例 3　求函数 $y = \sqrt{\sin \sqrt{x}}$ 的定义域和值域.

解　为使该函数有意义,x 应满足 $\sin \sqrt{x} \geqslant 0$,即

$$2k\pi \leqslant \sqrt{x} \leqslant (2k+1)\pi, \quad k = 0, 1, 2, \cdots.$$

由此得

$$4k^2\pi^2 \leqslant x \leqslant (2k+1)^2\pi^2, \quad k = 0, 1, 2, \cdots,$$

从而定义域为

$$\{x \mid 4k^2\pi^2 \leqslant x \leqslant (2k+1)^2\pi^2, k = 0, 1, 2, \cdots\},$$

计算得到值域为

$$\{y \mid 0 \leqslant y \leqslant 1\}.$$

例 4　已知函数 $y = f(x), x \in \mathbb{R}$ 满足关系式

$$2f(x) + f(1-x) = x^2, \tag{1.1}$$

求 $f(x)$ 的表达式.

解　作变量替换,令 $t=1-x$,则 $x=1-t$,代入(1.1)式,得
$$2f(1-t)+f(t)=(1-t)^2,$$
由函数定义知,上式中的 t 换成 x 仍成立,即
$$2f(1-x)+f(x)=(1-x)^2. \tag{1.2}$$
联立(1.1)式与(1.2)式,消去 $f(1-x)$ 项后即得
$$3f(x)=2x^2-(1-x)^2=x^2+2x-1,$$
从而
$$f(x)=\frac{1}{3}x^2+\frac{2}{3}x-\frac{1}{3},\quad x\in\mathbb{R}.$$

1.1.2　函数的基本性质

设函数 $y=f(x)$ 定义在数集 X 上,在平面直角坐标系下,平面点集 $\{(x,y)\mid y=f(x),$ $x\in X\}$ 对应的图形称为函数 $y=f(x)$ 的**图像**.因此,以平面直角坐标系为平台,函数的解析性质和几何性质可以互相转化.具体分析如下:

1. 单调函数

定义 1.2　已知函数 $y=f(x),x\in(a,b)$,若对于任意的 $x_1,x_2\in(a,b)$,当 $x_1<x_2$ 时有 $f(x_1)\leqslant f(x_2)$,则称函数 $y=f(x)$ 在区间 (a,b) 上单调递增;当 $x_1<x_2$ 时有 $f(x_1)\geqslant f(x_2)$,则称函数 $f(x)$ 在区间 (a,b) 上单调递减.特别地,当 $x_1<x_2$ 时有 $f(x_1)<f(x_2)$(或 $f(x_1)>f(x_2)$),则称函数 $f(x)$ 在区间 (a,b) 上严格单调递增(或递减).

相应地,从几何角度来看,单调递增和单调递减函数对应的图像分别称为单调上升和单调下降(如图 1.2 所示).

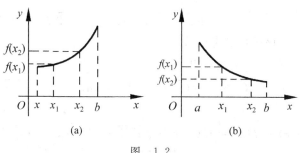

图 1.2

关于如何求一个函数单调区间的问题,我们将在 5.5 节详细讲解.

2. 奇函数和偶函数

定义 1.3 已知函数 $y=f(x)$ 定义在（关于原点 O）对称的区间 $(-a,a)$ 上，$a>0$. 若对任意 $x\in(-a,a)$ 都有 $f(-x)=-f(x)$，则称函数 $y=f(x)$ 是奇函数；若对任意 $x\in(-a,a)$ 有 $f(-x)=f(x)$，则称函数 $y=f(x)$ 为偶函数.

相应地，从几何角度来看，奇函数图像关于原点对称；偶函数图像关于 y 轴对称（如图 1.3 所示）.

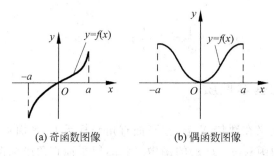

(a) 奇函数图像   (b) 偶函数图像

图 1.3

例 5 判断下列函数的奇偶性：

(1) $f(x)=\dfrac{1}{2^x+1}-\dfrac{1}{2}$，$x\in(-\infty,+\infty)$；

(2) $f(x)=\ln(x+\sqrt{x^2+1})$，$x\in(-\infty,+\infty)$.

解 (1) 对于任意 $x\in(-\infty,+\infty)$，由于

$$f(-x)=\frac{1}{2^{-x}+1}-\frac{1}{2}=\frac{2^x}{1+2^x}-\frac{1}{2},$$

从而

$$f(-x)+f(x)=\left(\frac{2^x}{1+2^x}-\frac{1}{2}\right)+\left(\frac{1}{2^x+1}-\frac{1}{2}\right)=1-1=0,$$

即 $f(-x)=-f(x)$，故该函数是奇函数.

(2) 对于任意 $x\in(-\infty,+\infty)$，由于

$$f(-x)=\ln(-x+\sqrt{(-x)^2+1})=\ln(-x+\sqrt{x^2+1}),$$

从而

$$f(-x)+f(x)=\ln(-x+\sqrt{x^2+1})+\ln(x+\sqrt{x^2+1})$$
$$=\ln((\sqrt{x^2+1})^2-x^2)=\ln 1=0,$$

故该函数是奇函数.

3．周期函数

定义 1.4 已知函数 $y=f(x),x\in X$，若存在非零常数 T，使得 $T+x\in X$，并且对于任意 $x\in X$，有 $f(T+x)=f(x)$，则称函数 $y=f(x)$ 是以 T 为周期的周期函数．

从几何的角度讲，周期函数的图像可看作是由长度为 $|T|$ 的片段向左、右两侧平移 $|T|$ 的整数倍而形成的．

对于周期为 T 的周期函数 $y=f(x)$，易知 $nT(n$ 为正整数$)$均为其周期．通常我们所说的周期指最小正周期（也称基本周期）．但并非每个周期函数均有最小正周期．

在高中我们已学过，正弦函数 $y=\sin x,(x\in\mathbb{R})$ 是奇函数，余弦函数 $y=\cos x,(x\in\mathbb{R})$ 是偶函数，而且它们都是以 2π 为最小正周期的周期函数．

例 6 考查著名的狄利克雷（Dirichlet）函数：

$$y=f(x)=\begin{cases} 1, & x\text{ 为有理数,} \\ 0, & x\text{ 为无理数.} \end{cases}$$

狄利克雷函数在任何区间上都没有单调性，它是偶函数．因为对于任意 $x\in\mathbb{R}$，当 x 为有理数时，$-x$ 亦为有理数，此时 $f(x)=1=f(-x)$；当 x 为无理数时，$-x$ 亦为无理数，此时 $f(x)=0=f(-x)$．总之，有 $f(x)=f(-x),\forall x\in\mathbb{R}$．狄利克雷函数还是周期函数，任何非零有理数均为其周期．因对任意非零有理数 a，当 x 是有理数时，$x+a$ 也是有理数，从而 $f(x+a)=1=f(x)$；当 x 是无理数时，$x+a$ 是无理数（否则，$(x+a)-a=x$ 是有理数，矛盾），从而 $f(x+a)=0=f(x)$．总之，有 $f(x+a)=f(x)$，对任意 $x\in\mathbb{R}$ 均成立．同时这也表明狄利克雷函数没有最小正周期．

另外，狄利克雷函数的图像是画不出来的．可以直观的想象：它的图像上有无数个点稠密地分布在 x 轴上，也有无数多个点稠密地分布在直线 $y=1$ 上．

4．有界函数

定义 1.5 已知函数 $y=f(x),x\in X$，若存在一个实数 A，使得对任意 $x\in X$，有 $f(x)\leqslant A$，则称函数 $f(x)$ 在 X 上有上界；若存在一个实数 B，使得对任意 $x\in X$，有 $f(x)\geqslant B$，则称 $f(x)$ 在 X 上有下界；进一步地，若存在一个正数 $M>0$，使得对任意 $x\in X$，有 $|f(x)|\leqslant M$，则称 $f(x)$ 在 X 上为有界函数，M 称为 $f(x)$ 在 X 上的一个界．

显然，$f(x)$ 在 X 上有界，意味着 $f(x)$ 在 X 上既有上界又有下界．从几何角度讲，函数 $f(x)$ 的图像介于直线 $y=-M$ 和 $y=M$ 之间．例如：正弦函数 $y=\sin x$ 为有界函数（如图 1.4 所示）．

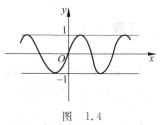

图 1.4

注意 （1）$f(x)$ 在 X 上为有界函数 $\Leftrightarrow\exists M>0,\forall x\in X$，有 $|f(x)|\leqslant M$；$f(x)$ 在 X 上为无界函数 $\Leftrightarrow\forall M>0,\exists x_0\in X$，有 $|f(x_0)|>M$．

（2）$f(x)$ 在 X 上为有界函数，界不唯一.

5. 凸凹函数

定义 1.6 已知函数 $y = f(x)$，$x \in [a, b]$，如果对 $\forall x_1, x_2 \in [a, b]$，有 $f(\lambda_1 x_1 + \lambda_2 x_2) \leqslant \lambda_1 f(x_1) + \lambda_2 f(x_2)$，对于满足 $\lambda_1 + \lambda_2 = 1$ 的任意非负实数 λ_1 和 λ_2 都成立，则称 $f(x)$ 在区间 $[a, b]$ 上为凸函数（或下凸函数）；如果 $f(\lambda_1 x_1 + \lambda_2 x_2) \geqslant \lambda_1 f(x_1) + \lambda_2 f(x_2)$，则称 $f(x)$ 在 $[a, b]$ 上为凹函数（或上凸函数）.

$\lambda_1 x_1 + \lambda_2 x_2 (\lambda_1 + \lambda_2 = 1, \lambda_1 \geqslant 0, \lambda_2 \geqslant 0)$ 称为自变量 x_1, x_2 的凸组合；$\lambda_1 f(x_1) + \lambda_2 f(x_2)$ $(\lambda_1 + \lambda_2 = 1, \lambda_1 \geqslant 0, \lambda_2 \geqslant 0)$ 称为函数值 $f(x_1)$ 和 $f(x_2)$ 的凸组合.

从定义 1.6 可知，凸函数意味着在区间 $[a, b]$ 上，任意两个自变量凸组合的函数值不超过相应函数值的凸组合；而凹函数则意味着在区间 $[a, b]$ 上，任意两个自变量凸组合的函数值不小于相应函数值的凸组合. 从几何角度来看，凸、凹函数表示如下（如图 1.5 所示）：

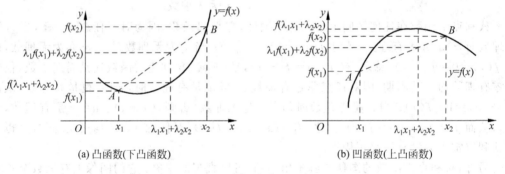

(a) 凸函数（下凸函数）　　　　　　(b) 凹函数（上凸函数）

图　1.5

从上面的凸、凹函数图像中可以看出：对于凸函数，连接图像上任意两点的割线位于两点间曲线的上方；而对于凹函数，连接图像上任意两点间的割线位于两点间曲线的下方. 这一特征对于所有的凸、凹函数均满足. 有些参考书，在没有给出凸、凹函数的解析定义时，常以上述几何特征作为对凸、凹函数的描述.

习题 1.1

1. 求下列函数的定义域：

（1）$f(x) = \sqrt{x^2 - 5x + 4}$；

（2）$f(x) = \ln\left(\sin \dfrac{\pi}{x}\right)$；

（3）$f(x) = \sqrt{\cos x}$；

(4) $f(x) = \ln(2x+1) - \sqrt{\dfrac{1-x}{1+x}}$.

2. 下列各小题中的函数是否相同? 为什么?

(1) $f(x) = \log_a x^3, g(x) = 3\log_a x, a > 0,$ 且 $a \neq 1$;

(2) $f(x) = \dfrac{x}{x}, g(x) = 1$;

(3) $f(x) = \ln \tan x, g(x) = \ln \sin x - \ln \cos x$.

3. 设某商店以每件 a 元的价格出售某种商品,若顾客一次购买 30 件以上 50 件(含 50 件)以下,则超过 30 件的部分以 $0.95a$ 元的优惠价出售.若一次购买 50 件以上,则超过 50 件的部分以 $0.85a$ 元的特惠价出售.试将一次成交的销售收入 R 表示成销售量 x 的函数.

4. 某厂生产某种产品,日产量最多为 1000 件.该厂每天固定成本为 1200 元,生产一件产品的可变成本是 50 元,求该厂日总成本函数及平均单位成本函数.

5. 判断下列各函数的奇偶性:

(1) $f(x) = \operatorname{sgn} x = \begin{cases} 1, & x > 0, \\ 0, & x = 0, \\ -1, & x < 0, \end{cases}$ 该函数称为符号函数,因为 $x \cdot \operatorname{sgn} x = |x|$;

(2) $f(x) = [x]$,该函数为取整函数,即 $[x]$ 是小于或等于 x 的最大整数;

(3) $f(x) = (x) = x - [x]$.

6. 在平面直角坐标系下作出下列函数的图像:

(1) $f(x) = x + |x|$;　　　　　　　　(2) $f(x) = x - |x|$;

(3) $f(x) = (x) = x - [x]$;　　　　　　(4) $f(x) = \dfrac{x-1}{x+1}$.

7. 下列函数哪些是周期函数? 若是,求出最小正周期.

(1) $f(x) = |\sin x| + |\cos x|$;　　　　(2) $f(x) = (x) = x - [x]$;

(3) $f(x) = \sin(2\pi x)$;　　　　　　　(4) $f(x) = \sqrt{\tan x}$.

8. 证明:定义在 $\mathbb{R}$ 上的任何函数均可表示为奇函数与偶函数之和的形式.

1.2　复合函数、分段函数与反函数

1.2.1　复合函数

在科学钻探实验过程中,钻探深度是钻探速度的函数,而钻探速度又是钻探时间的函数,这种连锁式(或嵌套式)的函数关系即为复合函数关系.

定义 1.7　设有函数 $z = f(y)$ 和 $y = \varphi(x)$,且 $z = f(y)$ 的定义域与 $y = \varphi(x)$ 的值域交集

非空,则称 $z=f(\varphi(x))$ 是由 $z=f(y)$ 和 $y=\varphi(x)$ 复合而成的复合函数,y 称为中间变量.

例如,三个函数 $f(x)=x^2+8$,$g(x)=\sin 5x$,$\varphi(x)=\ln(6x-11)$ 构成的复合函数

$$f(g(\varphi(x))) = g^2(\varphi(x))+8 = \sin^2(5\varphi(x))+8 = \sin^2(5\ln(6x-11))+8.$$

又如,对于两个函数 $f(x)=\sqrt{x}$,$x\in(0,1)$,$g(x)=\ln x$,$x\in(0,1)$,$f(g(x))$ 无意义,但 $g(f(x))=\ln\sqrt{x}$,$x\in(0,1)$ 是有意义的.因为函数 $g(x)=\ln x$ 的值域为 $(-\infty,0)$,而 $(-\infty,0)$ 与 $f(x)$ 的定义域 $(0,1)$ 交集为空集,故 $f(g(x))$ 无意义;但是 $f(x)=\sqrt{x}$,$x\in(0,1)$ 的值域为 $(0,1)$,从而 $g(f(x))$ 有意义.

我们不但要能够利用简单函数构造复合函数,反过来,也要会把复合函数分解成简单函数.

例如,函数 $f(x)=\lg\cos^2(2x^2+1)$ 是由下列简单函数复合而成的:

$$f(x) = \lg u, \quad u=v^2, v=\cos t, \quad t=2x^2+1.$$

1.2.2　分段函数

1.1 节中介绍的狄利克雷函数就是分段函数,习题 1.1 中的符号函数也是分段函数.实际上,我们熟知的绝对值函数 $y=|x|$ 本身就是分段函数.

在现实生活中,分段函数关系是处处存在的.比如,电话的分时段计费,商家为促销将商品按购买数量多少确定打折幅度(见习题 1.1 中第 3 题)等.

一般地,所谓分段函数指函数的定义域是若干个互不相交的子集的并集,并且至少在两个子集上函数对应的表达式是不同的.

例 1　已知函数 $y=f(u)=\sqrt{1-u^2}$,$u=\varphi(x)=\begin{cases}x^2+x-1, & x\leqslant 0,\\ \lg x, & x>0.\end{cases}$ 问: x 在何范围内变化时,能够构造复合函数 $y=f[\varphi(x)]$? 并求出 $f[\varphi(x)]$ 的解析式.

解　因为 $f(u)=\sqrt{1-u^2}$ 的定义域为 $[-1,1]$,为构造复合函数 $f[\varphi(x)]$,$\varphi(x)$ 的值域应包含在 $[-1,1]$ 之中,即满足 $-1\leqslant\varphi(x)\leqslant 1$.

由于 $\varphi(x)$ 是分段函数,需要分段考虑,从而,x 应该满足

$$\begin{cases}x\leqslant 0,\\ -1\leqslant x^2+x-1\leqslant 1,\end{cases} \quad\text{或}\quad \begin{cases}x>0,\\ -1\leqslant\lg x\leqslant 1.\end{cases}$$

解得

$$-2\leqslant x\leqslant -1, \quad\text{或}\quad x=0, \quad\text{或}\quad \frac{1}{10}\leqslant x\leqslant 10.$$

进而可得复合函数

$$f[\varphi(x)] = \begin{cases} \sqrt{1-(x^2+x-1)^2}, & -2 \leqslant x \leqslant -1, \\ 0, & x=0, \\ \sqrt{1-\lg^2 x}, & \dfrac{1}{10} \leqslant x \leqslant 10. \end{cases}$$

1.2.3 反函数

我们知道,在函数关系式中,函数值由自变量的取值所确定.但自变量取不同值时函数值却可以相同,例如常函数 $y=c(c$ 为常数$),x \in \mathbb{R}$.特别地,若在一个函数关系式中,自变量的取值与其函数值相互唯一确定,即自变量取值与函数值之间形成一一对应关系,这便出现了反函数.

例如,函数 $y=10^x$,定义域 $X=(-\infty,+\infty)$,值域 $Y=(0,+\infty)$,它有反函数 $x=\lg y$.在同一直角坐标系下,这两个函数的图像是一样的.但若把 x 与 y 互换,即 $y=\lg x$,则函数 $y=10^x$ 与 $y=\lg x$ 的图像关于 $y=x$ 对称,这源于点 (x,y) 与 (y,x) 关于 $y=x$ 的对称性.

一般地,设函数 $y=f(x)$,其定义域为 X,值域为 Y.若对于任意不同的 $x_1,x_2 \in X$,它们对应的函数值 $y_1,y_2 \in Y$ 也不同,则由 $f:x \rightarrow y,x \in X$ 可以构造一个新的函数,记为 $f^{-1}:y \rightarrow x,y \in Y$,则函数 $x=f^{-1}(y)$ 称为函数 $y=f(x)$ 的反函数.实际上,$x=f^{-1}(y)$ 与 $y=f(x)$ 互为反函数.

在 $x=f^{-1}(y)$ 中,y 是自变量,x 是因变量,但习惯上,常用 x 作为自变量,y 为因变量,因此,$y=f(x)$ 的反函数常记为 $y=f^{-1}(x)$,其中 $x \in Y$.易知,$f^{-1}(f(x))=x,f(f^{-1}(y))=y$.

由上面的分析知,严格单调函数存在反函数.但反之,不一定成立.例如,函数 $y=\begin{cases} x, & 0 \leqslant x \leqslant 1, \\ x-2, & 1 < x \leqslant 2, \\ x+1, & 2 \leqslant x \leqslant 3 \end{cases}$,有反函数 $x=\begin{cases} y, & 0 \leqslant y \leqslant 1, \\ y+2, & -1 \leqslant y < 0, \\ y-1, & 3 \leqslant y \leqslant 4. \end{cases}$,但函数 $y=\begin{cases} x, & 0 \leqslant x \leqslant 1, \\ x-2, & 1 < x < 2, \\ x+1, & 2 \leqslant x \leqslant 3 \end{cases}$,在其定义域 $[0,3]$ 上不是单调函数.

习题 1.2

1. 求下列函数构成的复合函数 $f[\varphi(x)]$:

(1) $f(x)=\begin{cases} 2, & x \leqslant 0, \\ x^2, & x > 0, \end{cases}$ $\varphi(x)=\begin{cases} -x^2, & x \leqslant 0, \\ x^3, & x > 0; \end{cases}$

(2) $f(x)=\operatorname{sgn} x = \begin{cases} 1, & x > 0, \\ 0, & x=0, \\ -1, & x < 0, \end{cases}$ $\varphi(x)=f(x).$

2. 设函数 $f(x)=\begin{cases} x^2+1, & x<0, \\ -x, & x\geqslant 0, \end{cases}$ 求出其反函数 $y=f^{-1}(x)$ 的表达式及定义域、值域，然后画出 $y=f(x)$ 与 $y=f^{-1}(x)$ 的图像.

3. 若函数 $y=f(x)$ 满足关式系 $f\left(x+\dfrac{1}{x}\right)=x^2+\dfrac{1}{x^2}$，求函数 $f(x)$ 的表达式.

4. 若函数 $f(x)=\dfrac{x}{\sqrt{1+x^2}}$，求 $\underbrace{f\{f[\cdots f(x)]\}}_{n次}$.

5. 国际投寄信函的收费标准（1999 年 3 月 1 日）如表 1.2 所示。

表 1.2　收费标准

重量/g	单价/元
≤20	4.40
20～50	8.20
50～100	10.20
100～250	20.80
250～500	39.80

试求出以上关系的函数表达式并画出图形.

6. 水的沸点随着海拔高度增加而降低，设 $f(h)$ 表示在标准大气压下海拔高度为 h（单位：m）时水的沸点（单位：℃），试说明 $f^{-1}(90)$ 和 $f^{-1}(90)=3000$ 的实际意义是什么？并计算 $f^{-1}(100)$.

1.3　初等函数及其性质

1.3.1　基本初等函数及其性质

所谓**基本初等函数**指：常函数、幂函数、指数函数、对数函数、三角函数和反三角函数.
由基本初等函数经过有限次四则运算或有限次复合所得到的函数称为**初等函数**.
初等函数在数学分析以及实际应用中都起着相当重要的作用.下面分别讨论：

1. 常函数

$y=c,c$ 为常数.其定义域为 $\mathbb{R}$，图像为一条平行于 x 轴的直线（如图 1.6 所示）.

2. 幂函数 $y=x^{\alpha}$

α 是实数.显然,幂函数的定义域将随 α 的取值不同而发生变化.

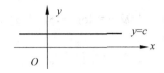

图 1.6

下面仅讨论 $\alpha=\dfrac{p}{q}$（$q\in N^{+}$，N^{+}为正整数集，$p\in Z$，且 p 与 q 互素），即 α 是有理数情况下 $y=x^{\alpha}$ 的性质（如表 1.3 所示）.

表 1.3　$y=x^{\alpha}$ 的性质

q / p	q是偶数 p必是奇数		q是奇数			
	$p>0$	$p<0$	$p>0$ p是奇数	$p>0$ p是偶数	$p<0$ p是奇数	$p<0$ p是偶数
例子	$y=x^{\frac{1}{4}}$	$y=x^{-\frac{3}{8}}$	$y=x^{\frac{1}{5}}$	$y=x^{\frac{2}{5}}$	$y=x^{-\frac{1}{5}}$	$y=x^{-\frac{2}{5}}$
定义域	$[0,+\infty)$	$(0,+\infty)$	R	R	$(-\infty,0)\cup(0,+\infty)$	$(-\infty,0)\cup(0,+\infty)$
值域	$[0,+\infty)$	$(0,+\infty)$	R	$[0,+\infty)$	$(-\infty,0)\cup(0,+\infty)$	$(0,+\infty)$
严格单调递增区间	$[0,+\infty)$		R	$[0,+\infty)$		$(-\infty,0)$
严格单调递减区间		$(0,+\infty)$		$(-\infty,0]$	$(-\infty,0),(0,+\infty)$	$(0,+\infty)$
奇偶性			奇	偶	奇	偶

3. 指数函数与对数函数

指数函数 $y=a^{x}$，$a>0$ 且 $a\neq1$.

对数函数 $y=\log_{a}x$，$a>0$ 且 $a\neq1$.

在 1.2 节已经指出，$y=a^{x}$ 与 $y=\log_{a}x$ 互为反函数.

当 $a=10$ 时对应常用对数，这在中学我们已熟悉；当 $a=e$ 时 $\log_{e}x$ 称为自然对数，简记为 $\ln x$，其中 $e=2.71828\cdots$ 是一个无理数. 自然对数在工程技术、概率论与数理统计等学科中有着广泛的应用. 指数函数 $y=a^{x}$ 与对数函数 $y=\log_{a}x$ 的相关性质由表 1.4 给出.

表 1.4　$y=a^{x}$ 与 $y=\log_{a}x$ 的性质

a	$y=a^{x}$		$y=\log_{a}x$	
	$0<a<1$	$a>1$	$0<a<1$	$a>1$
定义域	R	R	$(0,+\infty)$	$(0,+\infty)$
值域	$(0,+\infty)$	$(0,+\infty)$	R	R
严格单调递增区间		R		$(0,+\infty)$
严格单调递减区间	R		$(0,+\infty)$	

为直观起见以 $y = \left(\dfrac{1}{8}\right)^x$, $y = 8^x$ 及 $y = \log_4 x$, $y = \log_{\frac{1}{4}} x$ 为例,将指数函数和对数函数图像呈现在图 1.7.

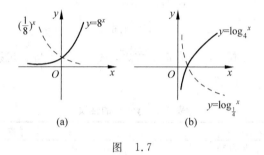

图　1.7

4. 三角函数

三角函数有以下六种:正弦函数 $y = \sin x$, $x \in (-\infty, +\infty)$,余弦函数 $y = \cos x$, $x \in (-\infty, +\infty)$,正切函数 $y = \tan x$, $x \in \{x \,|\, x \neq k\pi + \dfrac{\pi}{2}, k \in \mathbb{Z}\}$,余切函数 $y = \cot x$, $x \in \{x \,|\, x \neq k\pi, k \in \mathbb{Z}\}$,正割函数 $y = \sec x$, $x \in \{x \,|\, x \neq k\pi + \dfrac{\pi}{2}, k \in \mathbb{Z}\}$,以及余割函数 $y = \csc x$, $x \in \{x \,|\, x \neq k\pi, k \in \mathbb{Z}\}$.

关于上述六种三角函数的性质,我们在中学已非常熟悉,本书不再赘述.

5. 反三角函数

常用的反三角函数有四种:反正弦函数 $y = \arcsin x$,反余弦函数 $y = \arccos x$,反正切函数 $y = \arctan x$ 以及反余切函数 $y = \text{arccot } x$. 作为三角函数的反函数,反三角函数的性质可与三角函数(在一个单调区间上)的性质相对照(见表 1.5).

表 1.5　四种反三角函数性质

	$y = \arcsin x$	$y = \arccos x$	$y = \arctan x$	$y = \text{arccot } x$
定义域	$[-1, 1]$	$[-1, 1]$	$\mathbb{R}$	$\mathbb{R}$
值域	$\left[-\dfrac{\pi}{2}, \dfrac{\pi}{2}\right]$	$[0, \pi]$	$\left(-\dfrac{\pi}{2}, \dfrac{\pi}{2}\right)$	$(0, \pi)$
严格单调递增区间	$[-1, 1]$			
严格单调递减区间		$[-1, 1]$		$\mathbb{R}$
奇偶性	奇		奇	

1.3.2　双曲函数

下面介绍一下双曲函数,它们在实际应用中非常重要.

双曲正弦函数 $\sinh x = \dfrac{e^x - e^{-x}}{2}$；

双曲余弦函数 $\cosh x = \dfrac{e^x + e^{-x}}{2}$；

双曲正切函数 $\tanh x = \dfrac{\sinh x}{\cosh x} = \dfrac{e^x - e^{-x}}{e^x + e^{-x}}$；

双曲余切函数 $\coth x = \dfrac{\cosh x}{\sinh x} = \dfrac{e^x + e^{-x}}{e^x - e^{-x}}$.

它们的性质与三角函数的性质类似,即

$$\cosh^2 x - \sinh^2 x = 1,$$

$$\cosh 2x = \cosh^2 x + \sinh^2 x, \quad \sinh 2x = 2\sinh x \cosh x,$$

$$\cosh(x \pm y) = \cosh x \cosh y \pm \sinh x \sinh y,$$

$$\sinh(x \pm y) = \sinh x \cosh y \pm \cosh x \sinh y.$$

上述等式的证明可由定义直接得出,读者不妨一试.

例 1　把复合函数 $y = \ln \cos \sqrt[5]{\arccos x}$ 分解为基本初等函数.

解　$y = \ln u, u = \cos v, v = t^{\frac{1}{5}}, t = \arccos x.$

例 2　设 $-\pi < x < \pi, \cos x = -\dfrac{\sqrt{2}}{2}$,求 x 的值.

解　$x_1 = \arccos\left(-\dfrac{\sqrt{2}}{2}\right) = \dfrac{3\pi}{4}, x_2 = -\arccos\left(-\dfrac{\sqrt{2}}{2}\right) = -\dfrac{3\pi}{4}$. 因此,满足条件的 x 值有两

个,一个为第二象限的 $\dfrac{3\pi}{4}$,一个为第三象限的 $-\dfrac{3\pi}{4}$.

习题 1.3

1. 把下列函数分解成基本初等函数:

(1) $f(x) = \arctan(e^{x^2})$；

(2) $f(x) = \ln\left[\ln^2(\ln^5 x)\right]$；

(3) $f(x) = \cos^5(\ln(x+1))$.

2. 求下列函数的反函数:

(1) $y = \dfrac{ax+b}{cx+d}, a, b, c, d$ 均为常数,且 $ad - bc \neq 0$；

(2) $y = \ln(1 - e^{-x})$；

(3) $y = \dfrac{e^x - 1}{e^x + 1}$.

3. 已知函数 $y=f(x)$ 的定义域为 $[0,4]$，求函数 $g(x)=f(x-1)+f(x+1)$ 的定义域．

4. 已知函数 $f(x)=\dfrac{1}{1+x}$，$g(x)=1+x^2$，求 $f[f(x)]$，$g[g(x)]$，$f[g(x)]$，$g[f(x)]$，$f[g(2)]$，$f\{f[f(1)]\}$．

5. 证明：若函数 $y=f(x)$，$y=g(x)$，$y=h(x)$ 均在 $\mathbb{R}$ 上单调递增，且对任意 $x\in\mathbb{R}$，$f(x)\leqslant g(x)\leqslant h(x)$，则 $f[f(x)]\leqslant g[g(x)]\leqslant h[h(x)]$．

第 2 章

极 限 理 论

本章介绍数学分析中使用的主要研究工具——极限理论.在本书后面对函数连续性、可微性、可积性等性质的分析中,极限工具的作用处处体现.极限理论是数学分析的基础理论.

2.1 极限思想、数列极限的概念

2.1.1 极限思想

早在公元 263 年,我国伟大的数学家刘徽创立的"割圆术"就体现了极限的思想.在中学里我们已经知道,半径为 r 的圆的周长等于 $2\pi r$,这个公式的得出并不容易,因为人们最初只知道直线长度如何求解,对于圆周长这种曲线长度的求解没有现成的方法.数学中未知新概念的建立都是以已知概念为基础的.刘徽的"割圆术"正是建立在已知正多边形周长的基础上.对于圆周长的求解过程,刘徽称之为:"割之弥细,所失弥少.割之又割,以至于不可割,则与圆合体而无所失矣".也就是说,为了求出圆的周长,刘徽对圆进行了细密的分割,直至不可再分,而求得圆周长.具体来讲,首先作圆的内接正六边形,然后平分每个边所对的弧,作圆的内接正十二边形,依次类推,得到圆的内接正二十四边形,内接正四十八边形,等等(见图 2.1).显然,随着圆内接正多边形边数的增多,内接正多边形的周长越来越近于圆的周长,即"割之弥细,所失弥少."可以想象,当这种分割无限进行下去,所得的圆内接正多边形的周长便会无限趋近于圆的周长,即"割之又割,以至于不可割,则与圆合体而无所失矣."这种"无限趋近"的过程即为极限过程,通过无限分割,使圆内接正多边形周长无限趋近于定长——圆周长的思想即为"极限思想".

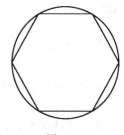

图 2.1

事物不但是相互联系的,而且是变化的,发展的.为了掌握变量的变化规律,就需要从它的变化过程来判断它的变化趋势.极限是研究变量变化趋势的重要方法和工具.牛顿

(Newton)在 1665 年创立微积分时,用极限的思想和方法来演绎他的"流数法",这在他的巨著《自然哲学的数学原理》及《流数法和无穷级数》中都有充分的体现.因此,极限思想是微积分学的先驱.

2.1.2　数列极限的概念

所谓数列,即按照一定顺序排成的一列数：

$$a_1, a_2, \cdots, a_n, \cdots$$

其中 a_n 表示该数列的第 n 项.如果从 a_n 的表达式中能够推断出数列中的其他项,那么 a_n 称为该数列的通项,数列简记为 $\{a_n\}$.

显然,数列 $\{a_n\}$ 对应于数轴上的点列,随着项数 n 的不同, a_n 对应数轴上的不同点(如图 2.2 所示),这便形成了项数 n 与项 a_n 之间的对应关系.因此,数列 $\{a_n\}$ 可以看成是以正整数 n 为自变量的函数

$$a_n = f(n), \quad n = 1, 2, \cdots,$$

从而考查数列的变化趋势可以从考查数列的通项 a_n 入手.

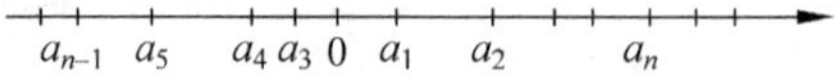

图　2.2

例如,考查数列 $\left\{\dfrac{1}{n}\right\}$ 的变化趋势,将数列 $\left\{\dfrac{1}{n}\right\}$ 写成如下形式：

$$1, \frac{1}{2}, \frac{1}{3}, \cdots, \frac{1}{n}, \cdots,$$

易见,随着自变量 n 的不断增大, $\dfrac{1}{n}$ 与 0 逐渐接近,当 n 无限增大时, $\dfrac{1}{n}$ 趋向于 0.此时,称 0 是数列 $\left\{\dfrac{1}{n}\right\}$ 的极限值.我们知道,在数轴上两点之间的距离可以用两点对应数值之差的绝对值来表示.那么," $\dfrac{1}{n}$ 趋向于 0"意味着" $\left|\dfrac{1}{n} - 0\right|$ 任意小".

数学是用符号作为载体来传递思想的."当 n 无限增大时, $\left|\dfrac{1}{n} - 0\right|$ 任意小"这句话用严格的数学语言叙述如下：不论事先任给多么小的正数 ε,我们总能在数列 $\left\{\dfrac{1}{n}\right\}$ 中找到那么一项 $\dfrac{1}{N}$ (对应第 N 项),当 $n \geqslant N$ 时,都有 $\left|\dfrac{1}{n} - 0\right| < \varepsilon$,即从 N 项开始,以后的每一项与 0 的距离都小于事先给定的正数 ε.事实上,由 $\left|\dfrac{1}{n} - 0\right| = \dfrac{1}{n} < \varepsilon$,得 $n > \dfrac{1}{\varepsilon}$,令 $N = \left[\dfrac{1}{\varepsilon}\right] + 1$ 即可.

因为当 $n \geqslant N = \left[\dfrac{1}{\varepsilon}\right] + 1$ 时，$\left|\dfrac{1}{n} - 0\right| = \dfrac{1}{n} \leqslant \dfrac{1}{N} = \dfrac{1}{\left[\dfrac{1}{\varepsilon}\right] + 1} < \varepsilon.$

一般地，有如下定义：

定义 2.1 给定数列 $\{a_n\}$，若存在实常数 a，对于任意给定的正数 ε，总存在正整数 N，当 $n > N$ 时，均有 $|a_n - a| < \varepsilon$ 成立，则称 a 是数列 $\{a_n\}$ 的极限，记为 $\lim\limits_{n \to +\infty} a_n = a$，或记为 $a_n \to a(n \to +\infty)$. 此时，亦称数列 $\{a_n\}$ 收敛于 a. 如果任何实数 a 都不是数列 $\{a_n\}$ 的极限，则称数列 $\{a_n\}$ 发散，或 $\lim\limits_{n \to +\infty} a_n$ 不存在.

例如，数列 $\{n^2\}$ 当 n 无限增大时，n^2 亦无限增大，从而 n^2 不会趋向于任何实数，故数列 $\{n^2\}$ 发散，记为 $\lim\limits_{n \to +\infty} n^2 = +\infty.$

又如，对于数列 $\{(-1)^n\}$，当 n 取偶数值时，$(-1)^n$ 恒为 1；当 n 取奇数值时，$(-1)^n$ 恒为 -1，从而，当 n 无限增大时，$(-1)^n$ 始终在 1 与 -1 两者之间摆动，不存在确定的实数使 $(-1)^n$ 与之无限接近，因此数列 $\{(-1)^n\}$ 的极限不存在.

例 1 证明数列 $\{\sqrt[n]{a}\}$ 的极限值是 1，其中 a 为大于 1 的常数.

分析 我们需要考查当 n 趋向于 $+\infty$ 时，$|\sqrt[n]{a} - 1|$ 的变化趋势，由于根式处理起来有困难，为此，令 $\sqrt[n]{a} = 1 + \beta_n$，$\beta_n > 0(n = 1, 2, 3, \cdots)$，即 $|\sqrt[n]{a} - 1| = \beta_n$. 这样该问题转化为证明 $\beta_n \to 0$ $(n \to +\infty)$. 借助于二项式定理，有 $a = (1 + \beta_n)^n > 1 + n\beta_n$，得 $\beta_n < \dfrac{a-1}{n}.$

证明 对任意给定的 $\varepsilon > 0$，为使 $|\sqrt[n]{a} - 1| = \beta_n < \varepsilon$，注意到 $\beta_n < \dfrac{a-1}{n}$，因此，只要 $\dfrac{a-1}{n} < \varepsilon$ 即可. 由此解得 $n > \dfrac{a-1}{\varepsilon}$，故取 $N = \left[\dfrac{a-1}{\varepsilon}\right] + 1$ 即可得证.

注 在利用定义证明数列极限的过程中，往往要借助放大不等式的技巧.

例 2 证明数列 $\{x_n\} = \left\{\dfrac{-n^2 + 5}{2n^2 - n + 100}\right\}$ 的极限是 $-\dfrac{1}{2}.$

分析 对于 $\alpha_n = \left|\dfrac{-n^2 + 5}{2n^2 - n + 100} - \left(-\dfrac{1}{2}\right)\right| = \left|\dfrac{-n + 110}{4n^2 - 2n + 200}\right|$，可以看出从 $\left|\dfrac{-n + 110}{4n^2 - 2n + 200}\right| < \varepsilon(\varepsilon > 0)$ 来解出 n 是很困难的，因此，我们放大 α_n. 注意到 $\alpha_n = \left|\dfrac{n - 110}{4n^2 - 2n + 200}\right|$，首先令 $n > 110$，则 $\alpha_n < \dfrac{4n}{4n^2 - 4n} = \dfrac{1}{n - 1}$，由此便可得证.

在此特别说明：数列极限 $\lim\limits_{n \to +\infty} a_n = a$ 的本质是当 n 趋于无穷时，$\{a_n\}$ 变化的终极状态是 a，因此，$\{a_n\}$ 开始的有限项取值如何不影响 $\{a_n\}$ 的极限，只有当 n 充分大以后的无穷多项才决定 $\{a_n\}$ 的极限. 例如，数列 $10000, -520, 30, -1, 2, \dfrac{1}{2}, \dfrac{1}{3}, \dfrac{1}{4}, \cdots, \dfrac{1}{n}, \cdots$ 与数列 $\dfrac{1}{10^{10}}$，

$\dfrac{1}{10^{10} + 1}, \dfrac{1}{10^{10} + 2}, \cdots, \dfrac{1}{n}, \cdots$ 的极限值相同，均为 0. 故而，为放大 α_n 先限制 $n > 110$ 是符合极

限定义本质的.

证明   对任意给定的 $\varepsilon > 0$，为使 $\alpha_n = \left| \dfrac{-n^2+5}{2n^2-n+100} - \left(-\dfrac{1}{2}\right) \right| < \varepsilon$，由前面的分析，在 $n > 110$ 的前提下，有 $\alpha_n < \dfrac{1}{n-1}$，故只要 $\dfrac{1}{n-1} < \varepsilon$ 即 $n > 1 + \dfrac{1}{\varepsilon}$，取 N 为 110 与 $\left[1 + \dfrac{1}{\varepsilon}\right]$ 两者之中最大者，则当 $n \geqslant N$ 时，有 $\alpha_n < \varepsilon$，得证.

为了后面叙述方便，引入两个记号：$\max\{a_1, a_2, \cdots, a_n\}$ 表示 $a_1, a_2, \cdots, a_n$ 之中的最大者；$\min\{a_1, a_2, \cdots, a_n\}$ 表示 $a_1, a_2, \cdots, a_n$ 之中的最小者. 由此，例 2 中的 N 可以记为 $N = \max\left\{110, \left[1 + \dfrac{1}{\varepsilon}\right]\right\}$.

习题 2.1

1. 下列数列是否收敛，为什么？

(1) $\left\{\cos\dfrac{n\pi}{4}\right\}$;   (2) $\left\{\dfrac{\sin n}{n}\right\}$;

(3) $\{a_n\}$，其中 $a_n = \begin{cases} 2, & 1 \leqslant n \leqslant 2^{10}, \\ \dfrac{(-1)^n}{n-10^8}, & n > 2^{10}; \end{cases}$

(4) $\left\{\dfrac{n-1}{n+1}\right\}$;   (5) $\{a^n\}\ (a > 0, a \neq 1)$.

2. 以下几种叙述与极限 $\lim\limits_{n \to +\infty} a_n = a$ 的定义是否等价，为什么？

(1) 对任意给定的 $\varepsilon > 0$，总存在正整数 N，当 $n \geqslant N$ 时，有 $|a_n - a| \leqslant \varepsilon$;

(2) 有无限多个 $\varepsilon > 0$，对每个 ε 都对应正整数 $N(\varepsilon)$，当 $n > N(\varepsilon)$ 时，有 $|a_n - a| < \varepsilon$;

(3) 对任意给定的 $\varepsilon > 0$，总存在无限多个 a_n，有 $|a_n - a| < \varepsilon$;

(4) 对任意正整数 k，总存在正整数 N_k，当 $n \geqslant N_k$ 时，有 $|a_n - a| < \dfrac{1}{k}$.

3. 按定义证明下列极限：

(1) $\lim\limits_{n \to +\infty} \dfrac{2n}{3n-5} = \dfrac{2}{3}$;   (2) $\lim\limits_{n \to +\infty} (\sqrt{n+1} - \sqrt{n}) = 0$;

(3) $\lim\limits_{n \to +\infty} \dfrac{1+2+3+\cdots+n}{n^3} = 0$;   (4) $\lim\limits_{n \to +\infty} \overbrace{0.99\cdots9}^{n\uparrow} = 1$.

4. 证明：若 $\lim\limits_{n \to +\infty} a_n = a$，则 $\lim\limits_{n \to +\infty} \sqrt[3]{a_n} = \sqrt[3]{a}$.

5. 证明：若 $\lim\limits_{n \to +\infty} a_n = a$，则 $\lim\limits_{n \to +\infty} \dfrac{a_n + a_2 + \cdots + a_n}{n} = a$.

2.2 收敛数列的性质与运算法则

2.2.1 收敛数列的性质

定理 2.1(唯一性) 若数列 $\{a_n\}$ 收敛,则它的极限唯一.

证明 假设 $\lim\limits_{n \to +\infty} a_n = a$,同时 $\lim\limits_{n \to +\infty} a_n = b$,下证 $a = b$.利用极限定义,任意给定 $\varepsilon > 0$,对于 $\lim\limits_{n \to +\infty} a_n = a$,存在正整数 N_1,当 $n > N_1$ 时,有 $|a_n - a| < \varepsilon$;另一方面,对于 $\lim\limits_{n \to +\infty} a_n = b$,存在正整数 N_2,当 $n > N_2$ 时,有 $|a_n - b| < \varepsilon$.取 $N = \max\{N_1, N_2\}$,则当 $n > N$ 时,$|a_n - a| < \varepsilon$ 和 $|a_n - b| < \varepsilon$ 同时成立.因此

$$|a - b| = |a - a_n + a_n - b| \leqslant |a_n - a| + |a_n - b| < \varepsilon + \varepsilon = 2\varepsilon.$$

注意到上式左边是固定的,右边的 2ε 是任意小正数,只有 $a = b$ 它才成立.从而 $\{a_n\}$ 的极限唯一得证.

定理 2.2(有界性) 若数列 $\{a_n\}$ 收敛,则 $\{a_n\}$ 有界,即存在正数 M,对每个正整数 n,都有 $|a_n| \leqslant M$.

证明 假设 $\lim\limits_{n \to +\infty} a_n = a$,即对任意 $\varepsilon > 0$,存在正整数 N,当 $n > N$ 时,有 $|a_n - a| < \varepsilon$,从而 $a - \varepsilon < a_n < a + \varepsilon$.特别地,令 $\varepsilon = 1$,则对应正整数 N_1,当 $n > N_1$ 时,有 $a - 1 < a_n < a + 1$,这样,整个数列被分成两部分:前面有限项 $a_1, a_2, \cdots, a_{N_1}$;后面为无限项 $a_{N_1 + 1}, \cdots, a_n, \cdots$.由上面的证明知,后面这无限项的变化范围正是有界的,因此,令 $M = \max\{|a_1|, |a_2|, \cdots, |a_{N_1}|, |a - 1|, |a + 1|\}$.即得 $|a_n| \leqslant M$,对每个正整数 n 都成立.有界性得证.

定理 2.3(保号性)

(1) 对于数列 $\{a_n\}$,若从某项开始均有 $a_n \geqslant b$(或 $a_n \leqslant b$),且 $\lim\limits_{n \to +\infty} a_n = a$,则 $a \geqslant b$(或 $a \leqslant b$).

(2) 若 $\lim\limits_{n \to +\infty} a_n = a$,且 $a < b$(或 $a > b$),则存在正整数 N,当 $n > N$ 时均有 $a_n < b$(或 $a_n > b$).特别地,若 $\lim\limits_{n \to +\infty} a_n = a$,且 $a > 0$(或 $a < 0$),则当 n 充分大以后,均有 $a_n > 0$(或 $a_n < 0$).

证明 (1) 设从 N_1($N_1 \geqslant 1$)项开始均有 $a_n \geqslant b$.用反证法.假若 $a < b$,从而 $\dfrac{b + a}{2} < b$.因为 $\lim\limits_{n \to +\infty} a_n = a$,利用极限定义知,取 $\varepsilon = \dfrac{b - a}{2}$,存在正整数 N_2,当 $n > N_2$ 时,$|a_n - a| < \varepsilon = \dfrac{b - a}{2}$,即 $a_n < a + \dfrac{b - a}{2} = \dfrac{b + a}{2}$.令 $N = \max\{N_1, N_2\}$,当 $n > N$ 时,应有 $a_n \geqslant b$ 与 $a_n < b$ 同时成立,矛盾.故应有 $a \geqslant b$.

类似地,可证得"$a_n \leqslant b$"的情况.

(2) 先证"$a < b$"的情况.因为 $\lim\limits_{n \to +\infty} a_n = a$.由极限定义知,令 $\varepsilon = \dfrac{b - a}{2} > 0$,则存在正整数

N，当 $n>N$ 时有 $|a_n-a|<\dfrac{b+a}{2}<b$，即 $a_n<a+\dfrac{b-a}{2}=\dfrac{b+a}{2}<b$.

再证"$a>b$"的情况. 此时，令 $\varepsilon=\dfrac{a-b}{2}>0$，则存在正整数 N，当 $n>N$ 时有 $|a_n-a|<\varepsilon=\dfrac{a-b}{2}$，即 $a-\dfrac{a-b}{2}<a_n$，从而 $a_n>\dfrac{a+b}{2}>b$. 保号性得证.

对于定理 2.3 中(1)，既使从某项开始都有 $a_n>b$(或 $a_n<b$) 及 $\lim\limits_{n\to+\infty}a_n=a$，也不一定有 $a>b$(或 $a<b$)，即 a 不一定严格大于(或小于)b. 比如，数列 $\left\{\dfrac{1}{n}\right\}$，每一项 $\dfrac{1}{n}>0$，但 $\lim\limits_{n\to+\infty}\dfrac{1}{n}=0$.

从上述反例可以看出，无论 n 有多大，$\dfrac{1}{n}$ 始终取不到 0，而 $\left\{\dfrac{1}{n}\right\}$ 的极限状态是 0，这从一个侧面反映了有限与无限的联系以及它们的本质区别，这也正是"量变质变规律"在数学中的体现.

定理 2.4(两边夹定理) 已知三个数列 $\{x_n\}$，$\{y_n\}$ 及 $\{z_n\}$，且存在正整数 N，当 $n>N$ 时有
$$x_n\leqslant y_n\leqslant z_n.$$
如果 $\lim\limits_{n\to+\infty}x_n=\lim\limits_{n\to+\infty}z_n=a$，则 $\lim\limits_{n\to+\infty}y_n$ 存在且等于 a.

证明 因为 $\lim\limits_{n\to+\infty}x_n=a$ 及 $\lim\limits_{n\to+\infty}z_n=a$，对任意 $\varepsilon>0$，分别存在正整数 N_1 和 N_2，当 $n>N_1$ 时，有 $|x_n-a|<\varepsilon$，即 $a-\varepsilon<x_n<a+\varepsilon$；当 $n>N_2$ 时，有 $|z_n-a|<\varepsilon$，即 $a-\varepsilon<z_n<a+\varepsilon$.

注意到当 $n>N$ 时，有 $x_n\leqslant y_n\leqslant z_n$，令 $N'=\max\{N,N_1,N_2\}$. 则当 $n>N'$ 时有
$$a-\varepsilon<x_n\leqslant y_n\leqslant z_n<a+\varepsilon,$$
由此得
$$a-\varepsilon<y_n<a+\varepsilon,\quad\text{即}\quad |y_n-a|<\varepsilon.$$
从而 $\{y_n\}$ 存在极限且 $\lim\limits_{n\to+\infty}y_n=a$.

上面的四个基本性质非常重要，在今后的极限运算及证明中经常用到，请读者熟练掌握.

2.2.2 收敛数列的运算法则

定理 2.5 若数列 $\{a_n\}$ 与 $\{b_n\}$ 均收敛，则数列 $\{a_n+b_n\}$ 也收敛，且有
$$\lim\limits_{n\to+\infty}(a_n+b_n)=\lim\limits_{n\to+\infty}a_n+\lim\limits_{n\to+\infty}b_n.$$

证明 假设 $\lim\limits_{n\to+\infty}a_n=a$，$\lim\limits_{n\to+\infty}b_n=b$. 根据数列极限的定义，对任意给定的 $\varepsilon>0$，分别存在正整数 N_1 和 N_2，当 $n>N_1$ 时，有 $|a_n-a|<\varepsilon$；当 $n>N_2$ 时，有 $|b_n-b|<\varepsilon$.

令 $N=\max\{N_1,N_2\}$，则当 $n>N$ 时，同时有
$$|a_n-a|<\varepsilon\quad\text{和}\quad |b_n-b|<\varepsilon.$$
从而，当 $n>N$ 时，有

$$| (a_n + b_n) - (a + b) | \leqslant | a_n - a | + | b_n - b | < \varepsilon + \varepsilon = 2\varepsilon.$$

上式表明

$$\lim_{n \to +\infty} (a_n + b_n) = a + b, \quad 即 \quad \lim_{n \to +\infty} (a_n + b_n) = \lim_{n \to +\infty} a_n + \lim_{n \to +\infty} b_n.$$

定理得证.

类似地, 若 $\{a_n\}$, $\{b_n\}$ 均收敛, 则数列 $\{a_n - b_n\}$ 也收敛, 且

$$\lim_{n \to +\infty} (a_n - b_n) = \lim_{n \to +\infty} a_n - \lim_{n \to +\infty} b_n.$$

定理 2.6 若数列 $\{a_n\}$ 和 $\{b_n\}$ 均收敛, 则数列 $\{a_n b_n\}$ 也收敛, 且有

$$\lim_{n \to +\infty} a_n b_n = \lim_{n \to +\infty} a_n \cdot \lim_{n \to +\infty} b_n.$$

证明 记 $\lim_{n \to +\infty} a_n = a$, $\lim_{n \to +\infty} b_n = b$. 对任意给定的正数 ε, 分别存在正整数 N_1 和 N_2, 当 $n > N_1$ 时, 有 $| a_n - a | < \varepsilon$; 当 $n > N_2$ 时, 有 $| b_n - b | < \varepsilon$.

令 $N = \max\{N_1, N_2\}$, 则当 $n > N$ 时, 有

$$| a_n - a | < \varepsilon \quad 和 \quad | b_n - b | < \varepsilon.$$

从而当 $n > N$ 时, 有

$$| a_n b_n - ab | = | a_n b_n - a_n b + a_n b - ab |$$
$$\leqslant | a_n b_n - a_n b | + | a_n b - ab |$$
$$= | a_n | \cdot | b_n - b | + | a_n - a | \cdot | b |.$$

根据定理 2.2, 数列 $\{a_n\}$ 收敛则 $\{a_n\}$ 有界, 即存在正常数 M 使得对每一正整数 n 均有 $| a_n | \leqslant M$, 结合上面的不等式可得, 当 $n > N$ 时,

$$| a_n b_n - ab | \leqslant M \cdot | b_n - b | + | a_n - a | \cdot | b | < M\varepsilon + | b | \varepsilon = (M + | b |)\varepsilon.$$

上式表明

$$\lim_{n \to +\infty} a_n b_n = ab = \lim_{n \to +\infty} a_n \cdot \lim_{n \to +\infty} b_n.$$

定理得证.

注 上面的 $(M + | b |)\varepsilon$ 与 ε 的意义相同, 均是任意小正数.

定理 2.7 若数列 $\{a_n\}$ 和 $\{b_n\}$ 均收敛, 且 $\lim_{n \to +\infty} b_n \neq 0$, 则数列 $\left\{\dfrac{a_n}{b_n}\right\}$ 也收敛, 且有

$$\lim_{n \to +\infty} \frac{a_n}{b_n} = \frac{\lim_{n \to +\infty} a_n}{\lim_{n \to +\infty} b_n}.$$

证明 由于 $\lim_{n \to +\infty} \dfrac{a_n}{b_n} = \lim_{n \to +\infty} a_n \cdot \dfrac{1}{b_n}$. 故只要证明数列 $\left\{\dfrac{1}{b_n}\right\}$ 收敛且 $\lim_{n \to +\infty} \dfrac{1}{b_n} = \dfrac{1}{\lim_{n \to +\infty} b_n}$, 利用定理 2.6 即可得证.

记 $\lim_{n \to +\infty} b_n = b \neq 0$, $\left| \dfrac{1}{b_n} - \dfrac{1}{b} \right| = \dfrac{1}{|b_n b|} | b_n - b | = \dfrac{1}{| b_n | \cdot | b |} | b_n - b |$, 根据数列极限的定义,

令 $\varepsilon = \dfrac{|b|}{2}$, 存在正整数 N_1, 当 $n > N_1$ 时, 有 $| b_n - b | < \dfrac{|b|}{2}$, 由此得 $| b_n | > \dfrac{|b|}{2}$, 从而, 当 $n > N_1$

时，有

$$\left| \frac{1}{b_n} - \frac{1}{b} \right| \leqslant \frac{2}{|b|^2} |b_n - b|. \tag{2.1}$$

再次利用数列极限定义，对于任意给定的正数 ε，存在正整数 N_2，当 $n > N_2$ 时，有

$$|b_n - b| < \varepsilon. \tag{2.2}$$

令 $N = \max\{N_1, N_2\}$，故有 $n > N$ 时，(2.1)式与(2.2)式同时成立，由此得 $\left| \frac{1}{b_n} - \frac{1}{b} \right| \leqslant \frac{2}{|b|^2} \varepsilon$.

这表明 $\lim\limits_{n \to +\infty} \frac{1}{b_n} = \frac{1}{\lim\limits_{n \to +\infty} b_n}$，定理得证.

在定理 2.7 中，我们默认 $\{b_n\}$ 的每一项都不为 0，因为由定理 2.3 知，当 $\lim\limits_{n \to +\infty} b_n \neq 0$ 时，一定存在正整数 N，当 $n > N$ 时，均有 $b_n \neq 0$，去掉前面有限的 N 项不影响我们的讨论.

例 1　证明 $\lim\limits_{n \to +\infty} \sqrt[n]{a} = 1$ 对任意 $a > 0$ 都成立.

证明　当 $a > 1$ 时即 2.1 节例 1；$a = 1$ 时显然成立；$0 < a < 1$ 时，由定理 2.7 知 $\lim\limits_{n \to +\infty} \sqrt[n]{a} = \dfrac{1}{\lim\limits_{n \to +\infty} \sqrt[n]{\frac{1}{a}}} = \dfrac{1}{1} = 1$.

例 2　计算 $\lim\limits_{n \to +\infty} \dfrac{-n^2 + 8n - 5}{3n^2 - n + 1}$.

解　根据上述运算法则，将分式 $\dfrac{-n^2 + 8n - 5}{3n^2 - n + 1}$ 的分子、分母同除以 n^2，得

$$\lim_{n \to +\infty} \frac{-n^2 + 8n - 5}{3n^2 - n + 1} = \lim_{n \to +\infty} \frac{-1 + \dfrac{8}{n} - \dfrac{5}{n^2}}{3 - \dfrac{1}{n} + \dfrac{1}{n^2}}$$

$$= \frac{\lim\limits_{n \to +\infty} (-1) + \lim\limits_{n \to +\infty} \dfrac{8}{n} - \lim\limits_{n \to +\infty} \dfrac{5}{n^2}}{\lim\limits_{n \to +\infty} 3 - \lim\limits_{n \to +\infty} \dfrac{1}{n} + \lim\limits_{n \to +\infty} \dfrac{1}{n^2}}$$

$$= \frac{-1 + 0 - 0}{3 - 0 + 0} = -\frac{1}{3}.$$

一般地，有

$$\lim_{n \to +\infty} \frac{a_0 n^p + a_1 n^{p-1} + \cdots + a_p}{b_0 n^q + b_1 n^{q-1} + \cdots + a_q} = \begin{cases} 0, & p < q, \\ \dfrac{a_0}{b_0}, & p = q, \\ \infty, & p > q, \end{cases}$$

其中 $a_0 b_0 \neq 0$，且 p, q 均为正整数.

例3 计算 $\lim\limits_{n\to+\infty}\dfrac{1^2+2^2+\cdots+n^2}{n^3}$.

解 由 $1^2+2^2+\cdots+n^2=\dfrac{n(n+1)(2n+1)}{6}$,知

$$\lim_{n\to+\infty}\frac{1^2+2^2+\cdots+n^2}{n^3}=\lim_{n\to+\infty}\frac{n(n+1)(2n+1)}{6n^3}$$

$$=\lim_{n\to+\infty}\frac{1}{6}\left(1+\frac{1}{n}\right)\left(2+\frac{1}{n}\right)=\frac{1}{6}\lim_{n\to+\infty}\left(1+\frac{1}{n}\right)\cdot\lim_{n\to+\infty}\left(2+\frac{1}{n}\right)$$

$$=\frac{1}{3}.$$

例4 证明 $\lim\limits_{n\to+\infty}\sqrt[n]{n}=1$.

证明 对任何正整数 n,都有 $\sqrt[n]{n}\geqslant 1$,令 $\sqrt[n]{n}-1=\alpha_n\geqslant 0$,由此得 $n=(1+\alpha_n)^n$,根据二项式定理,有

$$n=(1+\alpha_n)^n=1+n\alpha_n+\frac{n(n-1)}{2!}\alpha_n^2+\cdots+\alpha_n^n>\frac{n(n-1)}{2!}\alpha_n^2,$$

从而,当 $n\geqslant 2$ 时,有 $0\leqslant\alpha_n<\sqrt{\dfrac{2}{n-1}}=\dfrac{\sqrt{2}}{\sqrt{n-1}}$,显然 $\lim\limits_{n\to+\infty}\dfrac{\sqrt{2}}{\sqrt{n-1}}=0$,又常数列 $\{0\}$(每个 $\alpha_n=0,n=1,2,\cdots$)的极限为 0,由两边夹定理得 $\lim\limits_{n\to+\infty}\alpha_n=0$,从而有 $\lim\limits_{n\to+\infty}\sqrt[n]{n}=1$,

关于两边夹定理的应用,下面再看一例:

例5 计算 $\lim\limits_{n\to+\infty}\left(\dfrac{1}{\sqrt{n^2+1}}+\dfrac{1}{\sqrt{n^2+2}}+\cdots+\dfrac{1}{\sqrt{n^2+n}}\right)$.

解 记 $\alpha_n=\dfrac{1}{\sqrt{n^2+1}}+\dfrac{1}{\sqrt{n^2+2}}+\cdots+\dfrac{1}{\sqrt{n^2+n}}$.

一方面,

$$\alpha_n<\underbrace{\frac{1}{\sqrt{n^2+1}}+\frac{1}{\sqrt{n^2+1}}+\cdots+\frac{1}{\sqrt{n^2+1}}}_{n\text{项}}=\frac{n}{\sqrt{n^2+1}}<\frac{n}{\sqrt{n^2}}=1,$$

另一方面,

$$\alpha_n>\underbrace{\frac{1}{\sqrt{n^2+n}}+\frac{1}{\sqrt{n^2+n}}+\cdots+\frac{1}{\sqrt{n^2+n}}}_{n\text{项}}=\frac{n}{\sqrt{n^2+n}}>\frac{n}{\sqrt{n^2+2n+1}}=\frac{n}{n+1}.$$

由于 $\lim\limits_{n\to+\infty}\dfrac{n}{n+1}=\lim\limits_{n\to+\infty}\dfrac{1}{1+\dfrac{1}{n}}=1$,又常数列 $\{1\}$($a_n=1,n=1,2,\cdots$)的极限为 1,根据两边夹定理得 $\lim\limits_{n\to+\infty}\alpha_n=1$.

由例5可知定理 2.5 中参与极限加减运算的数列可以推广至任意有限个,但却不能推广至无穷个的情形,即

$$\lim_{n\to+\infty}\left(\frac{1}{\sqrt{n^2+1}}+\frac{1}{\sqrt{n^2+2}}+\cdots+\frac{1}{\sqrt{n^2+n}}\right)$$
$$\neq\lim_{n\to+\infty}\frac{1}{\sqrt{n^2+1}}+\lim_{n\to+\infty}\frac{1}{\sqrt{n^2+2}}+\cdots+\lim_{n\to+\infty}\frac{1}{\sqrt{n^2+n}}.$$

习题 2.2

1. 计算下列极限：

(1) $\displaystyle\lim_{n\to+\infty}\frac{3n^3-2n+1}{5+8n^2-7n^3}$;

(2) $\displaystyle\lim_{n\to+\infty}\left(\frac{1}{1\times2}+\frac{1}{2\times3}+\cdots+\frac{1}{n(n+1)}\right)$;

(3) $\displaystyle\lim_{n\to+\infty}\frac{1}{n^3}(1^2+3^2+\cdots+(2n-1)^2)$;

(4) $\displaystyle\lim_{n\to+\infty}\frac{(-2)^n+3^n}{(-2)^{n+1}+3^{n+1}}$;

(5) $\displaystyle\lim_{n\to+\infty}\sqrt{n}(\sqrt{n+1}-\sqrt{n})$;

(6) $\displaystyle\lim_{n\to+\infty}\left(\frac{1}{n}\cos n+\frac{n^2+1}{2n^2-1}\right)$.

2. 证明：$\displaystyle\lim_{n\to+\infty}|a_n|=0$ 的充要条件是 $\displaystyle\lim_{n\to+\infty}a_n=0$.

3. 证明：若 $\displaystyle\lim_{n\to+\infty}a_n=a$, 则 $\displaystyle\lim_{n\to+\infty}|a_n|=|a|$. 逆命题是否成立？为什么？

4. 证明：$\displaystyle\lim_{n\to+\infty}\sqrt[n]{a_1^n+a_2^n+\cdots+a_k^n}=\max\{a_1,a_2,\cdots,a_k\}$, 其中 $a_i>0,i=1,2,\cdots,k,k$ 为确定的正整数.

5. 证明：$\displaystyle\lim_{n\to+\infty}\left(\frac{1}{n^2}+\frac{1}{(n+1)^2}+\cdots+\frac{1}{(2n)^2}\right)=0$.

6. 证明：若 $a_n>0,n=1,2,\cdots$, 且 $\displaystyle\lim_{n\to+\infty}\frac{a_{n+1}}{a_n}=r<1$, 则 $\displaystyle\lim_{n\to+\infty}a_n=0$.

7. 证明：若 $a_n>0,n=1,2,\cdots$, 且 $\displaystyle\lim_{n\to+\infty}\sqrt[n]{a_n}=r<1$, 则 $\displaystyle\lim_{n\to+\infty}a_n=0$.

2.3　数列收敛判别法、柯西收敛原理

2.3.1　数列收敛判别法

前面讲过的两边夹定理（定理 2.4）是判定一类数列收敛的有效方法，它一般适用于求与自变量 n 有关的和式极限. 下面再给出一类数列收敛的判别准则.

公理　单调有界数列存在极限.

该公理不但是一种行之有效的判别方法，而且是第 2 章中一系列实数连续性定理逻辑证明的开端. 具体而言，单调递增有上界的数列必有极限；单调递减有下界的数列必有极限.

例1 考查数列

$$a_1 = \sqrt{a}, a_2 = \sqrt{a+\sqrt{a}}, a_3 = \sqrt{a+\sqrt{a+\sqrt{a}}}, \cdots, a_n = \underbrace{\sqrt{a+\sqrt{a+\sqrt{a+\cdots+\sqrt{a}}}}}_{n\uparrow}, \cdots,$$

其中 $a > 0$. 证明 $\{a_n\}$ 收敛，并求出其极限值.

解 从通项 a_n 的构造知，数列 $\{a_n\}$ 是单调递增的，下证 $\{a_n\}$ 有界.

因为 $a_2 = \sqrt{a+\sqrt{a}} = \sqrt{a+a_1}$，$a_3 = \sqrt{a+\sqrt{a+\sqrt{a}}} = \sqrt{a+a_2}$，$\cdots$，$a_n = \underbrace{\sqrt{a+\sqrt{a+\sqrt{a+\cdots+\sqrt{a}}}}}_{n\uparrow a} = \sqrt{a+a_{n-1}}$，故 $a_n^2 = a + a_{n-1}$，注意到 $0 < a_{n-1} < a_n$，从而 $a_n^2 < a + a_n$，两边同除以 a_n，得

$$a_n < \frac{a}{a_n} + 1.$$

又因为每个 $a_n \geqslant \sqrt{a}$，故得

$$a_n < \frac{a}{\sqrt{a}} + 1 = \sqrt{a} + 1, \quad n = 1, 2, \cdots.$$

因此 $\{a_n\}$ 是单调递增有上界数列，由公理知数列 $\{a_n\}$ 收敛. 不妨设 $\lim\limits_{n \to +\infty} a_n = p$（$p$ 为有限数），对等式 $a_n^2 = a + a_{n-1}$ 两边取极限，得

$$\lim_{n \to +\infty} a_n^2 = \lim_{n \to +\infty}(a + a_{n-1}) = a + \lim_{n \to +\infty} a_{n-1},$$

即 $p^2 = a + p$，由极限的保号性（定理 2.3）知 $p > 0$，从而有 $p = \dfrac{1 + \sqrt{4a+1}}{2}$.

例2 考查数列 $\left\{ \left(1 + \dfrac{1}{n}\right)^n \right\}$，证明该数列存在极限.

证明 **方法一** 记 $a_n = \left(1 + \dfrac{1}{n}\right)^n$，$n = 1, 2, \cdots$，从而 $a_{n+1} = \left(1 + \dfrac{1}{n+1}\right)^{n+1}$. 由二项式定理知

$$a_n = \left(1 + \frac{1}{n}\right)^n = C_n^0 + C_n^1 \cdot \frac{1}{n} + C_n^2 \cdot \frac{1}{n^2} + \cdots + C_n^k \frac{1}{n^k} + \cdots + C_n^n \frac{1}{n^n},$$

其中 $C_n^k = \dfrac{n(n-1)(n-2)\cdots(n-k+1)}{k!}$，故

$$a_n = 1 + n \cdot \frac{1}{n} + \frac{n(n-1)}{2!} \cdot \frac{1}{n^2} + \cdots + \frac{n(n-1)(n-2)\cdots(n-k+1)}{k!} \cdot \frac{1}{n^k}$$

$$+ \cdots + \frac{n(n-1)(n-2)\cdots 2 \cdot 1}{n!} \cdot \frac{1}{n^n}$$

$$= 1 + 1 + \frac{1}{2!}\left(1 - \frac{1}{n}\right) + \cdots + \frac{1}{k!}\left(1 - \frac{1}{n}\right)\left(1 - \frac{2}{n}\right)\cdots\left(1 - \frac{k-1}{n}\right)$$

$$+ \cdots + \frac{1}{n!}\left(1 - \frac{1}{n}\right)\left(1 - \frac{2}{n}\right)\cdots\left(1 - \frac{n-1}{n}\right).$$

类似地，有

$$a_{n+1} = 1 + 1 + \frac{1}{2!}\left(1 - \frac{1}{n+1}\right) + \cdots + \frac{1}{k!}\left(1 - \frac{1}{n+1}\right)\left(1 - \frac{2}{n+1}\right)\cdots\left(1 - \frac{k-1}{n+1}\right)$$

$$+ \cdots + \frac{1}{n!}\left(1 - \frac{1}{n+1}\right)\left(1 - \frac{2}{n+1}\right)\cdots\left(1 - \frac{n-1}{n+1}\right)$$

$$+ \frac{1}{(n+1)!}\left(1 - \frac{1}{n+1}\right)\left(1 - \frac{2}{n+1}\right)\cdots\left(1 - \frac{n}{n+1}\right).$$

比较 a_n 和 a_{n+1} 的展开式，注意到 $1 - \dfrac{k}{n} < 1 - \dfrac{k}{n+1}$，$k = 1, 2, \cdots, n-1$，而且 a_{n+1} 最后比

a_n 多了一项 $\dfrac{1}{(n+1)!}\left(1 - \dfrac{1}{n+1}\right)\left(1 - \dfrac{2}{n+1}\right)\cdots\left(1 - \dfrac{n}{n+1}\right)$，故 $a_n < a_{n+1}$，$n = 1, 2, \cdots$，即数列

$\{a_n\}$ 单调增加.

下证 $\{a_n\}$ 有界. 因为

$$a_n = 1 + 1 + \frac{1}{2!}\left(1 - \frac{1}{n}\right) + \cdots + \frac{1}{k!}\left(1 - \frac{1}{n}\right)\left(1 - \frac{2}{n}\right)\cdots\left(1 - \frac{k-1}{n}\right)$$

$$+ \cdots + \frac{1}{n!}\left(1 - \frac{1}{n}\right)\left(1 - \frac{2}{n}\right)\cdots\left(1 - \frac{n-1}{n}\right) < 1 + 1 + \frac{1}{2!} + \cdots + \frac{1}{k!} + \cdots + \frac{1}{n!}$$

$$< 2 + \frac{1}{2} + \frac{1}{2^2} + \cdots + \frac{1}{2^{n-1}} = 2 + \frac{\frac{1}{2} - \frac{1}{2^n}}{1 - \frac{1}{2}} = 3 - \frac{1}{2^{n-1}} < 3.$$

所以由公理知 $\{a_n\}$ 有极限，即 $\lim\limits_{n \to +\infty}\left(1 + \dfrac{1}{n}\right)^n$ 存在.

方法二 首先注意到，当 $a > b > 0$ 时，有

$$a^{n+1} - b^{n+1} = (a - b)(a^n + a^{n-1}b + a^{n-2}b^2 + \cdots + ab^{n-1} + b^n)$$

$$< (n+1)(a-b)a^n.$$

移项，得

$$a^n[a - (n+1)(a-b)] < b^{n+1},$$

即

$$a^n[(n+1)b - na] < b^{n+1}.$$

下面分别证明 $\left\{\left(1 + \dfrac{1}{n}\right)^n\right\}$ 单调递增且存在上界.

（1）取 $a = 1 + \dfrac{1}{n}$，$b = 1 + \dfrac{1}{n+1}$，代入不等式

$$a^n[(n+1)b - na] < b^{n+1},$$

有

$$\left(1+\frac{1}{n}\right)^n\left[(n+1)\cdot\frac{n+2}{n+1}-n\cdot\frac{n+1}{n}\right]<\left(1+\frac{1}{n+1}\right)^{n+1},$$

即

$$\left(1+\frac{1}{n}\right)^n<\left(1+\frac{1}{n+1}\right)^{n+1},$$

从而 $\left\{\left(1+\frac{1}{n}\right)^n\right\}$ 为单调递增数列.

（2）取 $a=1+\frac{1}{2n},b=1$,代入不等式

$$a^n[(n+1)b-na]<b^{n+1},$$

有

$$\left(1+\frac{1}{2n}\right)^n\cdot\left((n+1)-n\cdot\frac{2n+1}{2n}\right)<1,$$

即

$$\left(1+\frac{1}{2n}\right)^n<2,$$

从而

$$\left(1+\frac{1}{2n}\right)^{2n}<4,\quad n=1,2,\cdots.$$

由于数列 $\left\{\left(1+\frac{1}{n}\right)^n\right\}$ 单调递增,有 $\left(1+\frac{1}{2n-1}\right)^{2n-1}<\left(1+\frac{1}{2n}\right)^{2n}<4$,即 $a_{2n-1}<a_{2n}<4$,

故 $a_n=\left(1+\frac{1}{n}\right)^n<4$,于是 $\left\{\left(1+\frac{1}{n}\right)^n\right\}$ 有上界.

由（1）,（2）知 $\lim\limits_{n\to+\infty}\left(1+\frac{1}{n}\right)^n$ 存在.

可以证明（已超出本书范围,过程略）, $\lim\limits_{n\to+\infty}\left(1+\frac{1}{n}\right)^n=e$.

上面两个判定方法（两边夹定理及单调有界数列必有极限的公理）都有一定的适用范围,因此在应用中有很大局限性.

下面要讲到的柯西（Cauchy）收敛原理是一个具有普遍适用性的判别准则.

2.3.2 柯西收敛原理

定理 2.8 数列 $\{a_n\}$ 收敛的充分必要条件是,对于任意给定的 $\varepsilon>0$,都存在正整数 N,对任意正整数 n,m,当 $n,m>N$ 时,有

$$|a_n-a_m|<\varepsilon.$$

证明　必要性. 假设数列 $\{a_n\}$ 收敛到 a, 即 $\lim\limits_{n\to+\infty}a_n=a$. 由数列的极限定义（见定义 2.1）知, $\forall\,\varepsilon>0$, 存在正整数 N, 对 $\forall\,k>N$, 有 $|a_k-a|<\varepsilon$. 从而对 $\forall\,n>N$ 及 $\forall\,m>N$, 有 $|a_n-a|<\varepsilon$, $|a_m-a|<\varepsilon$, 即

$$|a_n-a_m|=|a_n-a+a-a_m|\leqslant|a_n-a|+|a_m-a|<2\varepsilon.$$

充分性的证明要用到致密性定理, 我们将其放在第 3 章讲述.

例 3　证明: 若 $a_n=1+\dfrac{1}{2}+\cdots+\dfrac{1}{n}$, 则数列 $\{a_n\}$ 发散.

证明　利用柯西收敛原理的否定命题（即若存在固定的 $\varepsilon_0>0$ 对任意正整数 N, 都存在正整数 n,m, 且满足 $n>N,m>N$, 有 $|a_n-a_m|\geqslant\varepsilon_0$, 则数列 $\{a_n\}$ 发散）. 令 $\varepsilon_0=\dfrac{1}{2}$, 对任意正整数 N, 取 $n=N+1, m=2n=2N+2$, 由此得

$$|a_n-a_m|=|a_{N+1}-a_{2N+2}|=\left|\frac{1}{N+2}+\frac{1}{N+3}+\cdots+\frac{1}{2N+2}\right|$$

$$>\underbrace{\frac{1}{2N+2}+\frac{1}{2N+2}+\cdots+\frac{1}{2N+2}}_{N+1\text{项}}$$

$$=\frac{N+1}{2N+2}=\frac{1}{2}.$$

故 $\{a_m\}$ 发散.

习题 2.3

1. 证明: 若 $a_1=a>0, a_{n+1}=\dfrac{1}{2}\left(a_n+\dfrac{2}{a_n}\right), n=1,2,\cdots$, 则数列 $\{a_n\}$ 收敛, 并求其极限.

2. 证明: 若 $a_1=\sqrt{2}, a_{n+1}=\sqrt{2a_n}, n=1,2,\cdots$, 则数列 $\{a_n\}$ 收敛, 并求其极限.

3. 用柯西收敛原理证明数列 $\left\{1+\dfrac{1}{1!}+\dfrac{1}{2!}+\cdots+\dfrac{1}{n!}\right\}$ 收敛.

4. 证明: 若存在常数 c, 对任意正整数 n, 有

$$|x_2-x_1|+|x_3-x_2|+\cdots+|x_n-x_{n-1}|<c,$$

则数列 $\{x_n\}$ 收敛.

2.4　函数极限的概念、性质与运算

2.4.1　函数极限的概念

我们知道, 数列是特殊的函数, 即若令 $f(n)=a_n, n=1,2,\cdots$, 则 a_n 是定义在正整数集上

的自变量 n 的函数. 因此,前面讨论的数列极限是函数极限的一种特殊情况. 对于一般函数 $f(x)$ 的极限问题,我们需要将数列极限中"离散取值"的项数 n 变化为"连续取值"的自变量 x,同时极限过程由单一的 $n \to +\infty$ 推广为 $x \to \infty$ 及 $x \to x_0$ 等形式. 具体而言,函数的极限有两大类: $x \to \infty$ 及 $x \to x_0$;六种极限形式: $x \to \infty, x \to +\infty, x \to -\infty, x \to x_0, x \to x_0^+$ 及 $x \to x_0^-$. 因此,函数极限比数列极限要复杂得多,下面分别进行讨论.

1. $x \to \infty$ 时的情况

考查函数 $f(x) = \dfrac{1}{x}, x \in (-\infty, 0) \bigcup (0, +\infty)$. 当 $x = n (n = 1, 2, \cdots)$ 时,则得数列 $\left\{\dfrac{1}{n}\right\}$.

我们知道, $\lim\limits_{n \to +\infty} \dfrac{1}{n} = 0$. 一般地,当 x 在 $(0, +\infty)$ 中随意取值且无限增大时,由上述分析,应有 $\dfrac{1}{x}$ 无限趋向于 0. 对 $\forall x \in (0, +\infty)$,总对应正整数 $[x]$,且有 $[x] \leqslant x$,从而 $0 < \dfrac{1}{x} \leqslant \dfrac{1}{[x]}$,故而当 x 无限增大时, $\dfrac{1}{x}$ 无限趋向于 0. 此时,称当 $x \to +\infty$ 时, $\dfrac{1}{x}$ 的极限值是 0,记为 $\dfrac{1}{x} \to 0 (x \to +\infty)$ 或 $\lim\limits_{x \to +\infty} \dfrac{1}{x} = 0$. 类似地,也有 $\lim\limits_{x \to -\infty} \dfrac{1}{x} = 0$. 因此 $\lim\limits_{x \to \infty} \dfrac{1}{x} = 0$.

一般地,有下面定义:

定义 2.2　已知函数 $y = f(x), x \in (a, +\infty)$. 若存在实常数 A,对任意的 $\varepsilon > 0$,总存在 $X > 0$,当 $x > X$ 时,有

$$|f(x) - A| < \varepsilon,$$

则称函数 $y = f(x)$ 当 $x \to +\infty$ 时有极限(或收敛),记为 $\lim\limits_{x \to +\infty} f(x) = A$ 或 $f(x) \to A (x \to +\infty)$.

对于 $x \to -\infty$ 及 $x \to \infty$ 情况可类似定义: $\lim\limits_{x \to -\infty} f(x) = A \Leftrightarrow \forall \varepsilon > 0, \exists X > 0$,当 $x < -X$ 时有 $|f(x) - A| < \varepsilon$; $\lim\limits_{x \to \infty} f(x) = A \Leftrightarrow \forall \varepsilon > 0, \exists X > 0$,当 $|x| > X$ 时,有 $|f(x) - A| < \varepsilon$.

例 1　证明 $\lim\limits_{x \to \infty} \dfrac{x}{x-1} = 1$.

证明　与数列情况类似,关键是寻找所需要的 X.

对任意的 $\varepsilon > 0$,为使 $\left| \dfrac{x}{x-1} - 1 \right| < \varepsilon$,即 $\dfrac{1}{x-1} < \varepsilon$,不妨设 $x > 1$,由此解得 $x > 1 + \dfrac{1}{\varepsilon}$,取 $X = 1 + \dfrac{1}{\varepsilon}$ 即可. 即当 $|x| > X$ 时,有 $\left| \dfrac{x}{x-1} - 1 \right| < \varepsilon$.

例 2　证明 $\lim\limits_{x \to \infty} \dfrac{2x^2 - x + 5}{x^2 - x} = 2$.

证明　对任意 $\varepsilon > 0$,为使 $\left| \dfrac{2x^2 - x + 5}{x^2 - x} - 2 \right| < \varepsilon$,即 $\left| \dfrac{x + 5}{x^2 - x} \right| < \varepsilon$,放大不等式 $\left| \dfrac{x + 5}{x^2 - x} \right| \leqslant$

$$\frac{|x|+5}{|x|(|x|-1)}=\frac{1}{|x|}\cdot\frac{|x|+5}{|x|-1},$$ 不妨设 $|x|\geqslant 2$，再放大不等式 $\frac{1}{|x|}\cdot\frac{|x|+5}{|x|-1}=\frac{1}{|x|}\cdot$

$\left(1+\frac{6}{|x|-1}\right)\leqslant\frac{7}{|x|}\left(\text{因}|x|-1\geqslant 1,\text{从而}\frac{1}{|x|-1}\leqslant 1\right).$ 故只要 $\frac{7}{|x|}<\varepsilon$ 即可. 由此得 $|x|>\frac{7}{\varepsilon}$,

取 $X\geqslant\max\left\{\frac{7}{\varepsilon},2\right\}$ 即符合要求.

对于 $x\to\infty$ 的情况，放大不等式的目的是使不等式仅含有 $\frac{a}{|x|}$ 项，其中 a 是非零常数. 这样才能利用函数极限的相关定义进行证明. 在放大不等式的过程中，只考虑 $|x|$ 大于等于某正数即可.

2. $x\to x_0$（x_0 为某固定点）时的情况

对于数列 $\{a_n\}$ 而言，考查它有无极限即看当自变量 $n\to +\infty$ 时，通项 a_n 的变化状态如何. 对于一般函数而言，除了上面讲过的 $x\to\pm\infty$（或 ∞）情况外，还有 $x\to x_0$ 的情况.

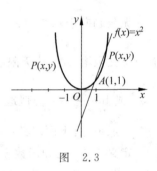

图　2.3

例如，设函数 $f(x)=x^2$，求过坐标为 $(1,1)$ 的 A 点的切线斜率（如图 2.3 所示）.

为此，在 A 点附近任取动点 $P(x,y)$，过 P,A 两点作割线 PA，则当 P 沿抛物线趋向于点 A 时，割线 PA 的极限位置就是过 A 点的切线.

对应地，割线 PA 的斜率 $k_{PA}=\dfrac{f(x)-f(1)}{x-1}=\dfrac{x^2-1}{x-1}.$

"P 沿抛物线趋向于点 A"，意味着 P 点横坐标满足"$x\to 1$". 注意到点 A 是点 P 变化的终极位置，因此在变化过程中点 P 不同于点 A，从而"$x\to 1$"，即表明 1 是 x 变化的终极状态，但在变化过程中始终有 $x\neq 1$. 故过 A 点的切线斜率 $k=\lim\limits_{x\to 1}\dfrac{x^2-1}{x-1}=\lim\limits_{x\to 1}\dfrac{(x-1)(x+1)}{x-1}=$

$\lim\limits_{x\to 1}(x+1)=1+1=2.$

一般地，有下面定义：

定义 2.3　设函数 $y=f(x)$ 在 x_0 点附近（可以不包括 x_0 点）有定义，A 是一实常数. 若对任意 $\varepsilon>0$，存在 $\delta>0$，当 $0<|x-x_0|<\delta$ 时，有 $|f(x)-A|<\varepsilon$，则称 A 是函数 $y=f(x)$ 在 x_0 点的极限，记为

$$\lim_{x\to x_0}f(x)=A,\quad\text{或}\quad f(x)\to A(x\to x_0).$$

在定义 2.3 中，$0<|x-x_0|<\delta$ 即 $x_0-\delta<x<x_0+\delta$ 且 $x\neq x_0$，可见定义 2.3 意味着当 x 无限接近 x_0 但又不等于 x_0 时，函数值 $f(x)$ 与 A 可以无限靠近. 因此，x_0 点可以不在 $f(x)$ 的定义域中.

开区间 $(a-\varepsilon,a+\varepsilon)$ 为 a 点的 ε 邻域,记为 $U(a,\varepsilon)$,在数轴上表示出来,如图 2.4 所示,其中 $(a-\varepsilon,a)$ 为 a 点的左邻域,$(a,a+\varepsilon)$ 为 a 点的右邻域.

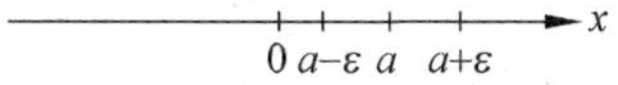

$$\begin{array}{c} \underrule{}\!\!\!\rightarrow x \\ 0\ a-\varepsilon\ a\ a+\varepsilon \end{array}$$

图 2.4

若用邻域的语言来叙述定义 2.3 可叙述如下:

设函数 $y=f(x)$ 在 x_0 点附近有定义(可以不包含 x_0 点本身),A 是一实常数,若对于 A 点的任意一个 ε 邻域 $U(A,\varepsilon)$,都存在 x_0 点的一个 δ 邻域 $U(x_0,\delta)$,当 $x\in U(x_0,\delta)-\{x_0\}$ 时,有 $f(x)\in U(A,\varepsilon)$,则称函数 $y=f(x)$ 在 x_0 点的极限是 A.

3. 左、右极限

从数轴上可以清楚地看出,$x\rightarrow x_0$ 的方式有两种(见图 2.5):一种是 x 从 x_0 点的右侧无限趋向于 x_0;一种是 x 从 x_0 点的左侧无限趋向于 x_0.对应于这两种方式,就有了左极限和右极限的概念.

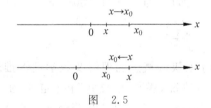

图 2.5

定义 2.4(右极限) 设函数 $y=f(x)$ 在 x_0 点的右邻域内有定义,若存在实常数 A,对任意 $\varepsilon>0$,都存在 $\delta>0(x_0+\delta$ 在 x_0 点右邻域内)当 $x_0<x<x_0+\delta$ 时,有 $|f(x)-A|<\varepsilon$,此时称函数 $y=f(x)$ 在点 x_0 存在右极限,记为 $\lim\limits_{x\to x_0^+}f(x)=A$,或 $f(x_0+0)=A$,或 $f(x)\to A(x\to x_0+0)$.

类似地,有左极限定义.

定义 2.5(左极限) 设函数 $y=f(x)$ 在 x_0 点的左邻域内有定义,若存在实常数 A,对任意 $\varepsilon>0$,都存在 $\delta>0(x_0-\delta$ 在 x_0 点左邻域内),当 $x_0-\delta<x<x_0$ 时,有 $|f(x)-A|<\varepsilon$,此时称函数 $y=f(x)$ 在点 x_0 存在左极限,记为 $\lim\limits_{x\to x_0^-}f(x)=A$,或 $f(x_0-0)=A$,或 $f(x)\to A(x\to x_0-0)$.

由上面的分析及定义可知:

$$\lim_{x\to\infty}f(x)=A\Leftrightarrow \lim_{x\to+\infty}f(x)=\lim_{x\to-\infty}f(x)=A;$$

$$\lim_{x\to x_0}f(x)=A\Leftrightarrow \lim_{x\to x_0^+}f(x)=\lim_{x\to x_0^-}f(x)=A.$$

左、右极限不只是简单的概念,而且是处理有关分段函数极限问题的重要工具.

例 3 证明下列极限：

(1) $\lim\limits_{x \to x_0} \sin x = \sin x_0$；　　(2) $\lim\limits_{x \to 3} \dfrac{x-3}{x^2-9} = \dfrac{1}{6}$.

证明 （1）对于任意的 $\varepsilon > 0$，为使 $|\sin x - \sin x_0| < \varepsilon$，由于 $\sin x - \sin x_0 = 2\sin\dfrac{x-x_0}{2} \times \cos\dfrac{x+x_0}{2}$，故只要 $\left|2\sin\dfrac{x-x_0}{2}\cos\dfrac{x+x_0}{2}\right| < \varepsilon$. 放大不等式，因 $\left|\cos\dfrac{x+x_0}{2}\right| \leqslant 1$，而 $\left|\sin\dfrac{x-x_0}{2}\right| \leqslant \dfrac{|x-x_0|}{2}$，故只要 $2 \cdot \dfrac{|x-x_0|}{2} < \varepsilon$，即 $|x-x_0| < \varepsilon$ 即可. 从而，可取 $\delta = \varepsilon$，于是，对任意 $\varepsilon > 0$，存在 $\delta(\delta = \varepsilon)$，当 $0 < |x-x_0| < \delta$ 时，有 $|\sin x - \sin x_0| < \varepsilon$. 此即表明，$\lim\limits_{x \to x_0} \sin x = \sin x_0$.

（2）对任意 $\varepsilon > 0$，为使 $\left|\dfrac{x-3}{x^2-9} - \dfrac{1}{6}\right| < \varepsilon$（注意到 $x \neq 3$），即 $\left|\dfrac{1}{x+3} - \dfrac{1}{6}\right| = \dfrac{1}{6}\dfrac{|x-3|}{|x+3|} < \varepsilon$. 当 x 趋近于 3 时，不妨设 $|x-3| < 1$，即 $2 < x < 4$，从而 $\dfrac{1}{|x+3|} < \dfrac{1}{5}$，因为 $\dfrac{1}{6}\dfrac{|x-3|}{|x+3|} < \dfrac{1}{30}|x-3|$，故只要 $\dfrac{1}{30}|x-3| < \varepsilon$ 即可，即 $|x-3| < 30\varepsilon$. 令 $\delta = \min\{30\varepsilon, 1\}$，则当 $0 < |x-3| < \delta$ 时，有 $\left|\dfrac{x-3}{x^2-9} - \dfrac{1}{6}\right| < \varepsilon$，即 $\lim\limits_{x \to 3}\dfrac{x-3}{x^2-9} = \dfrac{1}{6}$.

利用定义证明极限有助于对极限概念的理解及数学逻辑推理能力的培养. 由函数极限的定义可知，对于"$x \to \infty$"的情况，关键是寻找符合定义的 X，使得当 $|x| > X$ 时，有 $|f(x) - A| < \varepsilon$；对于"$x \to x_0$"的情况，关键是寻找符合定义的 δ，使得当 $0 < |x-x_0| < \delta$ 时，有 $|f(x) - A| < \varepsilon$.

例 4 证明：函数 $f(x) = \dfrac{|x|}{x}$ 在 $x = 0$ 点极限不存在.

证明 根据函数极限概念，并不要求 $f(x)$ 在 $x = 0$ 点有定义，因此，可以讨论 $f(x)$ 在 $x = 0$ 点的极限问题. 函数 $f(x) = \dfrac{|x|}{x}$ 实际上是分段函数，即 $f(x) = \begin{cases} 1, & x > 0, \\ -1, & x < 0. \end{cases}$ 由左、右极限的概念，得

$$\lim\limits_{x \to 0^-} f(x) = \lim\limits_{x \to 0^-}(-1) = -1, \quad \lim\limits_{x \to 0^+} f(x) = \lim\limits_{x \to 0^+} 1 = 1.$$

左、右极限存在但不相等，故该函数在 $x = 0$ 点极限不存在.

2.4.2 函数极限的性质及运算

1. 函数极限的性质

由于数列可看成特殊的一类函数，从而，数列极限的相应性质推而广之就可以得到函数

极限的性质.以下定理(定理 2.9～定理 2.12)对函数的六种极限过程均成立,为方便起见,我们仅以极限过程 $x \to x_0$ 为例对定理进行描述和证明.读者可自己研究其他五种极限形式的情况.

定理 2.9(唯一性) 若函数 $y = f(x)$ 在 x_0 点存在极限,则极限唯一.

证明 假设 $\lim\limits_{x \to x_0} f(x) = A$,$\lim\limits_{x \to x_0} f(x) = B$,下证 $A = B$.

根据函数在一点处极限定义知,对任意 $\varepsilon > 0$,分别存在 $\delta_1 > 0$ 和 $\delta_2 > 0$,当 $0 < |x - x_0| < \delta_1$ 时

$$|f(x) - A| < \varepsilon;$$

当 $0 < |x - x_0| < \delta_2$ 时,

$$|f(x) - B| < \varepsilon.$$

令 $\delta = \min\{\delta_1, \delta_2\}$,故当 $0 < |x - x_0| < \delta$ 时,有

$$|f(x) - A| < \varepsilon \quad \text{和} \quad |f(x) - B| < \varepsilon.$$

从而,当 $0 < |x - x_0| < \delta$ 时,有

$$|A - B| = |A - f(x) + f(x) - B| \leqslant |f(x) - A| + |f(x) - B| < \varepsilon + \varepsilon = 2\varepsilon.$$

因不等式左边是常数,而右边是任意小的正数,故只有当该式左边等于 0 才成立,由此得 $A = B$.

与数列情况(见定理 2.1)比较,我们发现函数极限唯一性与数列极限唯一性的证明方法相同,只因自变量的收敛方式不同,故处理形式上不同而已.下面的定理也是如此,我们略去其证明,请读者自证.

定理 2.10(局部有界性) 若 $\lim\limits_{x \to x_0} f(x) = A$,则存在 $\delta > 0$ 及常数 $M > 0$,当 $0 < |x - x_0| < \delta$ 时,有 $|f(x)| \leqslant M$.

所谓局部有界性,即函数在整个定义域上不一定有界,而在定义域内某一区间上有界.例如,函数 $f(x) = \dfrac{1}{x}$,$x \in (0, +\infty)$,因 $\lim\limits_{x \to 0^+} \dfrac{1}{x} = +\infty$,故函数 $y = \dfrac{1}{x}$ 在其定义域 $(0, +\infty)$ 内无界,但若限制在区间 $[2, 3]$(读者也可以举出其他区间)上,$\dfrac{1}{3} \leqslant \dfrac{1}{x} \leqslant \dfrac{1}{2}$,即函数 $y = \dfrac{1}{x}$ 在 $[2, 3]$ 上有界,相对于整个定义域 $(0, +\infty)$ 而言,称 $y = \dfrac{1}{x}$ 在 $[2, 3]$ 上局部有界.定理 2.10 的有界性,也仅局限于当 $0 < |x - x_0| < \delta$ 时,因此为局部有界.

定理 2.11(局部保号性) 若 $\lim\limits_{x \to x_0} f(x) = A$,且 $A > 0$(或 $A < 0$),则存在 $\delta_0 > 0$,当 $0 < |x - x_0| < \delta_0$ 时,有 $f(x) > 0$(或 $f(x) < 0$).

把定理 2.11 推广,有下面推论:

推论 2.1 (1) 若 $\lim\limits_{x \to x_0} f(x) = A$,$\lim\limits_{x \to x_0} g(x) = B$,且 $A < B$,则存在某个 $\delta_0 > 0$,当 $0 < |x - x_0| < \delta_0$ 时,有 $f(x) < g(x)$.

（2）若 $\lim\limits_{x \to x_0} f(x) = A$，$\lim\limits_{x \to x_0} g(x) = B$，且存在某个 $\delta_0 > 0$，当 $0 < |x - x_0| < \delta_0$ 时，有 $f(x) \leqslant g(x)$，则 $A \leqslant B$.

2. 运算法则

与数列极限类似，函数极限满足下述四则运算法则：

定理 2.12 （1）若 $\lim\limits_{x \to x_0} f(x)$ 与 $\lim\limits_{x \to x_0} g(x)$ 都存在，则函数 $f(x) \pm g(x)$，$f(x)g(x)$ 在 x_0 点都有极限，而且

$$\lim_{x \to x_0} (f(x) \pm g(x)) = \lim_{x \to x_0} f(x) \pm \lim_{x \to x_0} g(x),$$

$$\lim_{x \to x_0} f(x)g(x) = \lim_{x \to x_0} f(x) \cdot \lim_{x \to x_0} g(x).$$

（2）若 $\lim\limits_{x \to x_0} f(x)$ 与 $\lim\limits_{x \to x_0} g(x)$ 都存在，且 $\lim\limits_{x \to x_0} g(x) \neq 0$，则函数 $\dfrac{f(x)}{g(x)}$ 在 x_0 点存在极限，而且

$$\lim_{x \to x_0} \frac{f(x)}{g(x)} = \frac{\lim\limits_{x \to x_0} f(x)}{\lim\limits_{x \to x_0} g(x)}.$$

例5 求极限 $\lim\limits_{x \to 0} \dfrac{\sqrt{x^2 + p^2} - p}{\sqrt{x^2 + q^2} - q}$ $(p > 0, q > 0)$.

解
$$\lim_{x \to 0} \frac{\sqrt{x^2 + p^2} - p}{\sqrt{x^2 + q^2} - q} = \lim_{x \to 0} \frac{(\sqrt{x^2 + p^2} - p)(\sqrt{x^2 + p^2} + p)(\sqrt{x^2 + q^2} + q)}{(\sqrt{x^2 + q^2} - q)(\sqrt{x^2 + q^2} + q)(\sqrt{x^2 + p^2} + p)}$$

$$= \lim_{x \to 0} \frac{x^2(\sqrt{x^2 + q^2} + q)}{x^2(\sqrt{x^2 + p^2} + p)}$$

$$= \lim_{x \to 0} \frac{\sqrt{x^2 + q^2} + q}{\sqrt{x^2 + p^2} + p} = \frac{q}{p}.$$

在例5中，当 $x \to 0$ 时，分母 $\sqrt{x^2 + q^2} - q \to 0$（实际上分子 $\sqrt{x^2 + p^2} - p$ 也趋于 0，该题属于不定式 $\dfrac{0}{0}$ 型，我们将在第5章详细讲解），通过恒等变形，分母变成 $\sqrt{x^2 + p^2} + p$ 后，当 $x \to 0$ 时，$\sqrt{x^2 + p^2} + p \to 2p$，此时分子 $\sqrt{x^2 + q^2} + q \to 2q$，从而得解.

例6 设函数 $f(x) = \begin{cases} \mathrm{e}^x, & x < 0, \\ a + x, & x \geqslant 0. \end{cases}$ 问：a 为何值时，$\lim\limits_{x \to 0} f(x)$ 存在？a 取哪些值时，$\lim\limits_{x \to 0} f(x)$ 不存在？

解 因 $x_0 = 0$ 点是该函数的分段点，故必须利用左、右极限处理. 分别求左、右极限得

$$\lim_{x \to 0^-} f(x) = \lim_{x \to 0^-} \mathrm{e}^x = \mathrm{e}^0 = 1,$$

$$\lim_{x\to 0^+} f(x) = \lim_{x\to 0^+}(a+x) = a.$$

从而,当且仅当 $a=1$ 时, $\lim\limits_{x\to 0^-} f(x) = \lim\limits_{x\to 0^+} f(x)$,即 $a=1$ 时 $\lim\limits_{x\to 0} f(x) = 1$.

当 $a\neq 1$ 时, $\lim\limits_{x\to 0^-} f(x) \neq \lim\limits_{x\to 0^+} f(x)$,从而 $\lim\limits_{x\to 0} f(x)$ 不存在.

习题 2.4

1. 用定义证明下列极限:

(1) $\lim\limits_{x\to 2}\dfrac{x-2}{x^2-4} = \dfrac{1}{4}$;

(2) $\lim\limits_{x\to\infty}\dfrac{x+5}{-x-3} = -1$;

(3) $\lim\limits_{x\to +\infty}\ln x = +\infty$;

(4) $\lim\limits_{x\to 0^+} e^{-\frac{1}{x}} = 0$.

2. 计算下列极限:

(1) $\lim\limits_{x\to\infty}\dfrac{x^3-2x^2+8}{-7x^3+10x-1}$;

(2) $\lim\limits_{x\to 0}\dfrac{\sqrt{1+x}-1}{x}$;

(3) $\lim\limits_{x\to 1}\left(\dfrac{1}{1-x}-\dfrac{3}{1-x^3}\right)$;

(4) $\lim\limits_{x\to\infty}(\sqrt{x^2+1}-\sqrt{x^2-1})$;

(5) $\lim\limits_{x\to 1}\dfrac{\sqrt[3]{x}-1}{\sqrt{x}-1}$;

(6) $\lim\limits_{x\to +\infty}(\sqrt{x-\sqrt{x}}-\sqrt{x+\sqrt{x}})$.

3. 设函数 $f(x) = \begin{cases} e^{\frac{1}{x}}, & x<0, \\ 0, & x=0, \\ 2x-1, & 0<x\leqslant 3, \\ \dfrac{1}{x-3}, & x>3, \end{cases}$ 分别讨论该函数在 $x_0=0$ 及 $x_0=3$ 处的左、右极限及极限.

4. 证明:若 $\lim\limits_{x\to\infty} f(x) = a$,则存在正数 M 及 $X>0$,当 $|x|>X$ 时,有 $|f(x)|\leqslant M$.

5. 证明 $\lim\limits_{x\to x_0} f(x)$ 存在的充要条件是: $\lim\limits_{x\to x_0^-} f(x)$ 及 $\lim\limits_{x\to x_0^+} f(x)$ 均存在且相等.

2.5 函数极限定理及两个重要极限

为方便起见,本节我们以极限过程 $x\to x_0$ 为讨论对象,对于其他五种极限过程,读者可自己分析.

2.5.1 函数极限与数列极限的关系

定理 2.13（海涅（Heine）定理） 函数 $y=f(x)$，$\lim\limits_{x \to x_0} f(x)=A$ 的充分必要条件是：对于 (a,b) 中任何以 x_0 为极限的数列 $\{x_n\}$，$x_n \neq x_0$，$n=1,2,\cdots$，都有 $\lim\limits_{n \to +\infty} f(x_n)=A$.

证明 必要性. 因为 $\lim\limits_{x \to x_0} f(x)=A$，由函数极限定义知，对任意 $\varepsilon>0$，都存在 $\delta>0$，当 $0<|x-x_0|<\delta$ 时，有

$$|f(x)-A|<\varepsilon.$$

由于 $\lim\limits_{n \to +\infty} x_n=x_0$，从而对上述 $\delta>0$，存在正整数 N，当 $n>N$ 时，有 $|x_n-x_0|<\delta$，再注意到条件 $x_n \neq x_0(n=1,2,\cdots)$，故当 $n>N$ 时，有 $0<|x_n-x_0|<\delta$，从而有

$$|f(x_n)-A|<\delta,$$

即 $\lim\limits_{n \to +\infty} f(x_n)=A$. 必要性得证.

充分性. 反证法. 假若 $\lim\limits_{x \to x_0} f(x) \neq A$，利用函数极限定义的否命题（即：存在某个 $\varepsilon_0>0$，对任意 $\delta>0$，都存在某个 x_δ，当 $0<|x_\delta-x_0|<\delta$ 时，有 $|f(x_\delta)-A| \geqslant \varepsilon_0$），当 δ 分别取为 1，$\frac{1}{2}$，$\frac{1}{3}$，$\cdots$，$\frac{1}{n}$，$\cdots$ 时，对应地，存在 $x_1,x_2,x_3,\cdots,x_n,\cdots$，而且有

$$\text{当 } 0<|x_1-x_0|<1 \text{ 时，} |f(x_1)-A| \geqslant \varepsilon_0,$$

$$\text{当 } 0<|x_2-x_0|<\frac{1}{2} \text{ 时，} |f(x_2)-A| \geqslant \varepsilon_0,$$

$$\cdots$$

$$\text{当 } 0<|x_n-x_0|<\frac{1}{n} \text{ 时，} |f(x_n)-A| \geqslant \varepsilon_0,$$

$$\cdots$$

此即表明数列 $\{x_n\}$ 有极限 x_0，即 $\lim\limits_{n \to +\infty} x_n=x_0$，而且 $x_n \neq x_0(n=1,2,\cdots)$，但数列 $\{f(x_n)\}$ 却不收敛于 A，与充分性条件矛盾. 故得证.

海涅定理在数列极限与函数极限之间架起了一道"桥梁"，一方面基于它可以把函数极限的证明问题转化为数列极限来处理；另一方面，利用它也可以证明某些函数极限不存在.

例 1 证明函数 $f(x)=\cos \dfrac{1}{x}$ 当 $x \to 0$ 时不存在极限.

证明 由海涅定理知，只要找到两个数列 $\{x_n\}$，$\{y_n\}$，满足 $\lim\limits_{n \to +\infty} x_n=0$，且 $x_n \neq 0(n=1,2,\cdots)$；$\lim\limits_{n \to +\infty} y_n=0$，且 $y_n \neq 0(n=1,2,\cdots)$，有 $\lim\limits_{n \to +\infty} \cos \dfrac{1}{x_n} \neq \lim\limits_{n \to +\infty} \cos \dfrac{1}{y_n}$ 即可.

取 $\{x_n\}=\left\{\dfrac{1}{2n\pi}\right\}$，$\{y_n\}=\left\{\dfrac{1}{(2n+1)\pi}\right\}$. 由 $\{x_n\}$ 和 $\{y_n\}$ 的构造易知，$\lim\limits_{n \to +\infty} x_n=\lim\limits_{n \to +\infty} \dfrac{1}{2n\pi}=$

0，$\lim\limits_{n \to +\infty} y_n = \lim\limits_{n \to +\infty} \dfrac{1}{(2n+1)\pi} = 0$，且 $\dfrac{1}{2n\pi} \neq 0 (n=1,2,\cdots)$，$\dfrac{1}{(2n+1)\pi} \neq 0 (n=1,2,\cdots)$，但 $f(x_n) =$

$\cos 2n\pi = 1(n=1,2,\cdots)$，$f(y_n) = \cos(2n+1)\pi = -1(n=1,2,\cdots)$. 故 $\lim\limits_{n \to +\infty} f(x_n) = 1$，

$\lim\limits_{n \to +\infty} f(y_n) = -1$，$\lim\limits_{n \to +\infty} f(x_n) \neq \lim\limits_{n \to +\infty} f(y_n)$，从而 $\lim \cos \dfrac{1}{x}$ 不存在.

定理 2.14（复合函数的极限） 设有复合函数 $f[g(x)]$，若 $\lim\limits_{x \to x_0} g(x) = A$，且 $g(x) \neq A$，又 $\lim\limits_{x \to A} f(x) = B$，那么 $\lim\limits_{x \to x_0} f[g(x)] = B$.

证明 由 $\lim\limits_{x \to A} f(x) = B$ 知，$\forall \varepsilon > 0$，$\exists \sigma > 0$，当 $0 < |x-A| < \sigma$ 时，有 $|f(x) - B| < \varepsilon$. 由 $\lim\limits_{x \to x_0} g(x) = A$ 知，对于上述 $\sigma > 0$，$\exists \delta > 0$，当 $0 < |x-x_0| < \delta$ 时，有 $|g(x) - A| < \sigma$. 从而 $\forall \varepsilon > 0$，$\exists \delta > 0$，当 $0 < |x-x_0| < \delta$ 时，有 $0 < |g(x) - A| < \sigma$，进而 $|f[g(x)] - B| < \varepsilon$，即 $\lim\limits_{x \to x_0} f[g(x)] = B$.

例 2 设有两个分段函数：

$$f(x) = \begin{cases} 1, & x \neq 1, \\ 0, & x = 1, \end{cases} \qquad g(x) = \begin{cases} 1, & x \neq 0, \\ 0, & x = 0. \end{cases}$$

(1) 求 $\lim\limits_{x \to 0} g(x)$，$\lim\limits_{x \to 1} f(x)$；(2) 求 $f[g(x)]$ 及 $\lim\limits_{x \to 0} f[g(x)]$；(3) 讨论能否用定理 2.14 求 $\lim\limits_{x \to 0} f[g(x)]$.

解 (1) 由函数极限的定义知 $\lim\limits_{x \to 0} g(x) = 1$，$\lim\limits_{x \to 1} f(x) = 1$.

(2) 复合函数 $f[g(x)] = \begin{cases} 0, & x \neq 0, \\ 1, & x = 0, \end{cases}$ 从而 $\lim\limits_{x \to 0} f[g(x)] = 0$.

(3) 若要用定理 2.14 求 $\lim\limits_{x \to 0} f[g(x)]$，那么由 (1) 知 $\lim\limits_{x \to 0} g(x) = 1$，而 $\lim\limits_{x \to 1} f(x) = 1$，从而有 $\lim\limits_{x \to 0} f[g(x)] = 1$. 显然这个结果不正确. 不能用定理 2.14 求解该极限，其原因在于当 $\lim\limits_{x \to 0} g(x) = 1$ 时 $g(x) \neq 1$ 的条件没有得到满足.

由例 2 可知，定理 2.14 中条件 $g(x) \neq A$ 不可去掉，否则结论不一定正确.

2.5.2 函数极限存在判别法及两个重要极限

1. 函数极限存在判别法

因数列极限是一类特殊的函数极限，因此把数列极限存在的判别法推广得到下面一般函数极限存在的判别方法。我们以极限 $x \to x_0$ 为讨论对象，对于其他五种极限形式有类似结论.

定理 2.15 若在 x_0 点的某去心邻域内有 $f(x) \leqslant g(x) \leqslant h(x)$，且 $\lim\limits_{x \to x_0} f(x) = \lim\limits_{x \to x_0} h(x) =$

a，则 $\lim\limits_{x \to x_0} g(x) = a$.

证明 因 $\lim\limits_{x \to x_0} f(x) = \lim\limits_{x \to x_0} h(x) = a$，根据海涅定理的必要性，对在 x_0 点的去心邻域内的任意数列 $\{x_n\}$，且 $\lim\limits_{n \to +\infty} x_n = x_0$，$x_n \neq x_0 (n = 1, 2, \cdots)$，都有

$$\lim\limits_{n \to +\infty} f(x_n) = \lim\limits_{n \to +\infty} h(x_n) = a.$$

又由已知条件得 $f(x_n) \leqslant g(x_n) \leqslant h(x_n) (n = 1, 2, \cdots)$，这样，由数列极限的两边夹定理（定理 2.4）得 $\lim\limits_{n \to +\infty} g(x_n) = a$.

再根据海涅定理的充分性，知

$$\lim\limits_{x \to x_0} g(x) = a.$$

由上述证明过程可以看出，我们讲过的函数极限的运算性质也可以借助海涅定理间接地给出证明.

2. 两个重要的极限

1) $\lim\limits_{x \to 0} \dfrac{\sin x}{x} = 1$

证明 先证 $\lim\limits_{x \to 0^+} \dfrac{\sin x}{x} = 1$. 不妨设 $x \in \left(0, \dfrac{\pi}{2}\right)$，如图 2.6 所示，$\overset{\frown}{ABD}$ 是单位圆周在第一象限的部分. 圆心角 $\angle AOB = x$（弧度），AC 是过 A 点的弧 $\overset{\frown}{ABD}$ 的切线，由图 2.6 可以看出，$\triangle AOB$ 的面积 < 扇形 AOB 的面积 < $\triangle AOC$ 的面积，即

$$\frac{1}{2} \sin x < \frac{1}{2} x < \frac{1}{2} \tan x$$

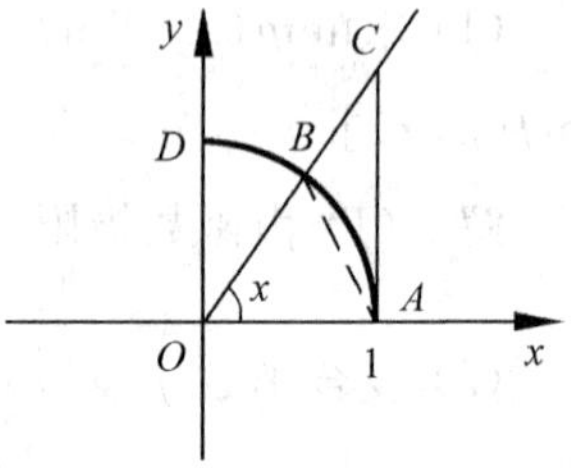

图 2.6

从而，$\sin x < x < \tan x$，对不等式同除以 $\sin x (\sin x > 0)$，得

$$1 < \frac{x}{\sin x} < \frac{1}{\cos x},$$

进而有 $\cos x < \dfrac{\sin x}{x} < 1$.

由于 $\lim\limits_{x \to 0^+} \cos x = 1$，又常函数 $y = 1$ 的极限值（当 $x \to 0^+$ 时）仍是 1，故由定理 2.15 得

$$\lim\limits_{x \to 0^+} \frac{\sin x}{x} = 1.$$

下面再证 $\lim\limits_{x \to 0^-} \dfrac{\sin x}{x} = 1$.

令 $x = -t$，从而当 $x \to 0^-$ 时，$t \to 0^+$，又

$$\frac{\sin x}{x} = \frac{\sin(-t)}{-t} = \frac{-\sin t}{-t} = \frac{\sin t}{t},$$

故

$$\lim_{x \to 0^-} \frac{\sin x}{x} = \lim_{t \to 0^+} \frac{\sin t}{t} = 1,$$

从而

$$\lim_{x \to 0} \frac{\sin x}{x} = 1.$$

例 3 计算下列各极限：

(1) $\lim\limits_{x \to 0} \dfrac{1 - \cos x}{x^2}$；　　　　　　(2) $\lim\limits_{x \to 1}(1-x)\tan \dfrac{\pi x}{2}$；

(3) $\lim\limits_{x \to 0} \dfrac{\tan x - \sin x}{\sin^3 x}$；　　　　(4) $\lim\limits_{x \to 0} \dfrac{m \arcsin x}{nx}$ $(mn \ne 0)$.

解 (1) $\lim\limits_{x \to 0} \dfrac{1 - \cos x}{x^2} = \lim\limits_{x \to 0} \dfrac{2\sin^2 \frac{x}{2}}{x^2} = \lim\limits_{x \to 0} \dfrac{1}{2}\left(\dfrac{\sin \frac{x}{2}}{\frac{x}{2}} \right)^2 = \dfrac{1}{2}$.

(2) $\lim\limits_{x \to 1}(1-x)\tan \dfrac{\pi x}{2} = \lim\limits_{x \to 1} \dfrac{(1-x)\sin \frac{\pi x}{2}}{\sin\left[\frac{\pi}{2}(1-x) \right]}$. 令 $1-x=t$，从而 $x \to 1$ 等价于 $t \to 0$，故

$$\lim_{x \to 1}(1-x)\tan \frac{\pi x}{2} = \lim_{t \to 0} \frac{t\sin(1-t)\frac{\pi}{2}}{\sin \frac{\pi}{2}t}$$

$$= \lim_{t \to 0}\sin(1-t)\frac{\pi}{2} \cdot \frac{t}{\sin \frac{\pi}{2}t} \left(因 \lim_{t \to 0}\sin(1-t)\frac{\pi}{2} = 1 \right)$$

$$= \lim_{t \to 0} \frac{2}{\pi} \cdot \frac{\frac{\pi}{2}t}{\sin \frac{\pi}{2}t} = \frac{2}{\pi} \lim_{\frac{\pi}{2}t \to 0} \left(\frac{\sin \frac{\pi}{2}t}{\frac{\pi}{2}t} \right)^{-1} = \frac{2}{\pi}.$$

(3) $\lim\limits_{x \to 0} \dfrac{\tan x - \sin x}{\sin^3 x} = \lim\limits_{x \to 0} \dfrac{1 - \cos x}{\sin^2 x \cos x}$

$$= \lim_{x \to 0} \frac{1}{\cos x} \cdot \frac{1 - \cos x}{x^2} \cdot \frac{x^2}{\sin^2 x}$$

$$= \lim_{x \to 0} \frac{1}{\cos x} \cdot \lim_{x \to 0} \frac{1 - \cos x}{x^2} \cdot \lim_{x \to 0} \left(\frac{x}{\sin x} \right)^2$$

$$= \frac{1}{2}.$$

(4) 令 $x = \sin t, t \in \left(-\dfrac{\pi}{2}, \dfrac{\pi}{2} \right)$，故 $t = \arcsin x$，从而 $x \to 0$ 等价于 $t \to 0$. 因此

$$\lim_{x \to 0} \frac{m \arcsin x}{nx} = \lim_{t \to 0} \frac{mt}{n\sin t} = \frac{m}{n} \lim_{t \to 0} \frac{t}{\sin t} = \frac{m}{n}.$$

2) $\lim\limits_{x \to \infty} \left(1 + \dfrac{1}{x}\right)^x = e \left(或 \lim\limits_{x \to 0} (1+x)^{\frac{1}{x}} = e\right)$

证明　先证 $\lim\limits_{x \to +\infty} \left(1 + \dfrac{1}{x}\right)^x = e$. 不妨设 $x \geqslant 1$. 故总存在相邻的自然数 $n, n+1$, 有 $n \leqslant x <$ $n+1$, 由此得

$$\frac{1}{n+1} < \frac{1}{x} \leqslant \frac{1}{n}, \quad 1 + \frac{1}{n+1} < 1 + \frac{1}{x} \leqslant 1 + \frac{1}{n},$$

注意到 $1 + \dfrac{1}{n+1}, 1 + \dfrac{1}{x}$ 与 $1 + \dfrac{1}{n}$ 均大于 1, 进而, 有

$$\left(1 + \frac{1}{n+1}\right)^n < \left(1 + \frac{1}{x}\right)^n \leqslant \left(1 + \frac{1}{x}\right)^x \leqslant \left(1 + \frac{1}{n}\right)^x < \left(1 + \frac{1}{n}\right)^{n+1},$$

从而

$$\left(1 + \frac{1}{n+1}\right)^n < \left(1 + \frac{1}{x}\right)^x < \left(1 + \frac{1}{n}\right)^{n+1}.$$

再由 $n \leqslant x < n+1$ 知, $x \to +\infty$ 等价于 $n \to +\infty$.

由 2.3 节中例 2 知

$$\begin{aligned}
\lim_{n \to +\infty} \left(1 + \frac{1}{n}\right)^{n+1} &= \lim_{n \to +\infty} \left(1 + \frac{1}{n}\right) \cdot \left(1 + \frac{1}{n}\right)^n \\
&= \lim_{n \to +\infty} \left(1 + \frac{1}{n}\right) \cdot \lim_{n \to +\infty} \left(1 + \frac{1}{n}\right)^n = e, \\
\lim_{n \to +\infty} \left(1 + \frac{1}{n+1}\right)^n &= \lim_{n \to +\infty} \left(1 + \frac{1}{n+1}\right)^{n+1} \cdot \left(1 + \frac{1}{n+1}\right)^{-1} \\
&= \lim_{n+1 \to +\infty} \left(1 + \frac{1}{n+1}\right)^{n+1} \cdot \lim_{n \to +\infty} \left(1 + \frac{1}{n+1}\right)^{-1} = e,
\end{aligned}$$

故由定理 2.15 得 $\lim\limits_{x \to +\infty} \left(1 + \dfrac{1}{x}\right)^x = e$.

下面再证 $\lim\limits_{x \to -\infty} \left(1 + \dfrac{1}{x}\right)^x = e$.

作变量替换, 令 $x = -t$, 从而当 $x \to -\infty$ 时, $t \to +\infty$, 利用上面的证明结果, 得

$$\begin{aligned}
\lim_{x \to -\infty} \left(1 + \frac{1}{x}\right)^x &= \lim_{t \to +\infty} \left(1 - \frac{1}{t}\right)^{-t} = \lim_{t \to +\infty} \left(\frac{t-1}{t}\right)^{-t} \\
&= \lim_{t \to +\infty} \left(\frac{t}{t-1}\right)^t = \lim_{t \to +\infty} \left(1 + \frac{1}{t-1}\right)^t \\
&= \lim_{t \to +\infty} \left(1 + \frac{1}{t-1}\right)^{t-1} \cdot \left(1 + \frac{1}{t-1}\right) \\
&= \lim_{t-1 \to +\infty} \left(1 + \frac{1}{t-1}\right)^{t-1} \cdot \lim_{t \to +\infty} \left(1 + \frac{1}{t-1}\right) = e.
\end{aligned}$$

综上可知, $\lim\limits_{x \to \infty} (1+x)^{\frac{1}{x}} = e$.

例 4 求下列各极限：

(1) $\lim\limits_{x \to 0}(1-2x)^{\frac{1}{x}}$；

(2) $\lim\limits_{x \to \infty}\left(\dfrac{x+a}{x-a}\right)^x$（$a$ 为非零常数）；

(3) $\lim\limits_{x \to a}\dfrac{\ln x - \ln a}{x-a}$（$a$ 为正数）；

(4) $\lim\limits_{x \to \frac{\pi}{2}}(1+\cot x)^{\tan x}$．

解 (1) $\lim\limits_{x \to 0}(1-2x)^{\frac{1}{x}} = \lim\limits_{x \to 0}(1+(-2x))^{\frac{1}{-2x} \cdot (-2)}$

$$= \left\{ \lim\limits_{-2x \to 0}\left[1+(-2x)\right]^{\frac{1}{-2x}} \right\}^{-2} = e^{-2}.$$

(2) $\lim\limits_{x \to \infty}\left(\dfrac{x+a}{x-a}\right)^x = \lim\limits_{x \to \infty}\left[1+\dfrac{1}{\dfrac{x-a}{2a}}\right]^{\left(\frac{x-a}{2a} \cdot 2a + a\right)}$

$$= \left\{ \lim\limits_{\frac{x-a}{2a} \to \infty}\left[1+\dfrac{1}{\dfrac{x-a}{2a}}\right]^{\frac{x-a}{2a}} \right\}^{2a} \cdot \lim\limits_{x \to \infty}\left[1+\dfrac{1}{\dfrac{x-a}{2a}}\right]^{a}$$

$$= e^{2a}.$$

(3) $\lim\limits_{x \to a}\dfrac{\ln x - \ln a}{x-a} = \lim\limits_{x \to a}\dfrac{\ln\dfrac{x}{a}}{x-a}$

$$= \lim\limits_{x \to a}\ln\left\{ \left(1+\dfrac{x-a}{a}\right)^{\frac{1}{\frac{x-a}{a}}} \right\}^{\frac{1}{a}}$$

$$= \ln e^{\frac{1}{a}} = \dfrac{1}{a}.$$

(4) 令 $\tan x = t$，则 $\cot x = \dfrac{1}{t}$，而且当 $x \to \dfrac{\pi}{2}$ 时，有 $t \to \infty$．故

$$\lim\limits_{x \to \frac{\pi}{2}}(1+\cot x)^{\tan x} = \lim\limits_{t \to \infty}\left(1+\dfrac{1}{t}\right)^t = e.$$

在上述求极限的过程中，实际上也用到了初等函数的连续性，这并不违背逻辑顺序，因为有了极限概念及其性质之后，初等函数的连续性是客观事实，我们将在第 3 章讲解有关函数的连续性问题．

3. 柯西收敛原理

定理 2.16（柯西收敛原理） 极限 $\lim\limits_{x \to x_0} f(x)$ 存在的充分必要条件是，对任意 $\varepsilon > 0$，都存在 $\delta > 0$，对任意 x'，x''，当 $0 < |x'-x_0| < \delta$ 及 $0 < |x''-x_0| < \delta$ 时，有

$$|f(x') - f(x'')| < \varepsilon.$$

对于其他极限过程上述结论亦成立．柯西收敛定理的证明放到第 3 章中讨论．因数列可看成一类特殊的函数，故数列意义下的柯西收敛原理可看作是定理 2.16 的特殊情况，而且

对准确理解定理 2.16 有很好的借鉴意义.

习题 2.5

1. 求下列极限.

(1) $\lim\limits_{x\to 0}\dfrac{\cos x - \cos 3x}{x^2}$;

(2) $\lim\limits_{x\to a}\dfrac{\sin x - \sin a}{x - a}$;

(3) $\lim\limits_{h\to 0}\dfrac{\cos(x+h) - \cos x}{h}$;

(4) $\lim\limits_{x\to 0}x\left[\dfrac{1}{x}\right]$;

(5) $\lim\limits_{x\to\infty}\left(\dfrac{x^2}{x^2-1}\right)^x$;

(6) $\lim\limits_{x\to 0^+}\left[\dfrac{x}{a}\right]\dfrac{b}{x}$.

2. 已知下列极限,求 a 与 b 的值.

(1) $\lim\limits_{x\to +\infty}\left(\sqrt{x^2-x+1}-ax-b\right)=0$;

(2) $\lim\limits_{x\to 1}\dfrac{\sqrt{a+x}+b}{x^2-1}=1$;

(3) $\lim\limits_{x\to\infty}\left(\dfrac{x^2+1}{x+1}-ax-b\right)=0$.

3. 写出极限 $\lim\limits_{x\to +\infty}f(x)$ 存在的柯西收敛原理及其否定叙述.

4. 证明 $\lim\limits_{x\to x_0^+}f(x)=+\infty$ 的充分必要条件是:对任意数列 $\{x_n\}$,$x_n>x_0\,(n=1,2,\cdots)$ 且 $\lim\limits_{n\to +\infty}x_n=x_0$,都有 $\lim\limits_{n\to +\infty}f(x_n)=+\infty$.

2.6 无穷小量与无穷大量

本节讨论在函数极限求解过程中,以"0"或"∞"为极限的函数的性质.

2.6.1 无穷小量与无穷大量的概念及运算性质

为方便起见,我们用记号 $x\to X$ 表示函数极限的六种极限过程中的任意一种.

定义 2.6 对于函数 $f(x)$,若 $\lim\limits_{x\to X}f(x)=0$,则称 $f(x)$ 是极限过程 $x\to X$ 时的无穷小量,记为

$$f(x)=o(1)\quad(x\to X).$$

例如,数列 $\left\{\dfrac{(-1)^n}{n}\right\}$,$\{q^n\}\,(|q|<1)$,$\left\{\dfrac{1}{n!}\right\}$ 均是 $n\to +\infty$ 时的无穷小量;函数 $\dfrac{1}{x}$ 是极限过程 $x\to\infty$ 时的无穷小量,e^x 是 $x\to -\infty$ 时的无穷小量,$\ln x$ 是 $x\to 1$ 时的无穷小量.

由无穷小量的定义及上述举例可以看出:

(1) 无穷小量必须指明相应的极限过程,脱离极限过程讨论某个函数是否为无穷小量

没有意义;

（2）无穷小量是变量（数列或一般的函数），它与很小的数不可混为一谈.

例 1 证明：$\lim\limits_{x \to X} f(x) = A$ 的充要条件是 $f(x) = A + o(1)(x \to X)$.

证明 必要性. 由于 $\lim\limits_{x \to X} f(x) = A$，则由函数极限的四则运算法则知 $\lim\limits_{x \to X} [f(x) - A] = 0$，即 $f(x) - A = o(1)(x \to X)$，从而 $f(x) = A + o(1)(x \to X)$. 必要性得证.

充分性. 如果 $f(x) = A + o(1)(x \to X)$，即 $f(x) - A = o(1)(x \to X)$，那么 $\lim\limits_{x \to X} [f(x) - A] = 0$，从而有 $\lim\limits_{x \to X} f(x) = A$. 充分性得证.

例 1 说明，当 $x \to X$ 时，$f(x)$ 的极限为 A 意味着 $f(x)$ 与 A 之间相差一个 $x \to X$ 极限过程下的无穷小量，反之亦然.

对于无穷小量的运算性质，我们有以下结论.

定理 2.17 设 $f(x) = o(1)$，$g(x) = o(1)(x \to X)$，那么 $f(x) \pm g(x) = o(1)$，$f(x)g(x) = o(1)(x \to X)$.

证明 由函数极限的四则运算即可得证.

定理 2.18 设 $f(x) = o(1)(x \to X)$，而 $g(x)$ 是 $x \to X$ 时的有界变量，那么 $f(x)g(x) = o(1)(x \to X)$.

证明 不妨设极限过程为 $x \to x_0$，其他五种极限过程的证明与之相似. 由已知 $f(x) = o(1)(x \to x_0)$，即 $\forall \varepsilon > 0$，存在 $\delta_1 > 0$ 当 $0 < |x - x_0| < \delta_1$ 时，有 $|f(x)| < \varepsilon$. 又因为 $g(x)$ 为 $x \to x_0$ 极限过程下的有界变量，即存在 $M > 0$ 及 $\delta_2 > 0$，对任意 x 满足 $0 < |x - x_0| < \delta_2$，有 $|g(x)| \leqslant M$. 令 $\delta = \min\{\delta_1, \delta_2\}$，则 $\forall \varepsilon > 0$，当 $0 < |x - x_0| < \delta$ 时，有

$$|f(x)g(x)| = |f(x)||g(x)| < M\varepsilon,$$

即 $\lim\limits_{x \to x_0} f(x)g(x) = 0$. 定理得证.

由上述两个定理可知，对于无穷小量而言，有限个无穷小量的加、减及乘法仍为同极限过程下的无穷小量（定理 2.17），有界变量与无穷小量的乘积是无穷小量（定理 2.18）.

推论 2.2 设 $f(x) = o(1)(x \to X)$，而 $g(x)$ 在 $x \to X$ 极限过程下极限存在，那么 $f(x)g(x) = o(1)(x \to X)$.

证明 由定理 2.18 及函数极限存在的局部有界性即可得证.

例 2 求极限 $\lim\limits_{n \to +\infty} \dfrac{\sin n!}{n}$.

解 由于 $|\sin n!| \leqslant 1$，即 $\{\sin n!\}$ 为有界数列，又 $\lim\limits_{n \to +\infty} \dfrac{1}{n} = 0$，即 $\dfrac{1}{n} = o(1)(n \to +\infty)$，由定理 2.18 知 $\lim\limits_{n \to +\infty} \dfrac{\sin n!}{n} = 0$.

以下我们给出无穷大量的概念及运算性质.

定义 2.7 对于函数 $f(x)$，若 $\lim\limits_{x \to X} |f(x)| = +\infty$，则称 $f(x)$ 为 $x \to X$ 极限过程下的无穷

大量.特别地,若$\lim\limits_{x \to X}f(x)=+\infty$,则称$f(x)$为$x \to X$极限过程下的正无穷大量;若$\lim\limits_{x \to X}f(x)=-\infty$,则称$f(x)$为$x \to X$极限过程下的负无穷大量.

例如,数列$\{\sqrt{n}\}$,$\{n!\}$,$\{(-1)^n 3^n\}$都是$n \to +\infty$极限过程下的无穷大量;函数$\dfrac{1}{x}$是$x \to 0$极限过程下的无穷大量,$\ln x$是$x \to 0^+$极限过程下的负无穷大量,e^x是$x \to +\infty$极限过程下的正无穷大量.

由无穷大量的定义及上述举例可知:

（1）对无穷大量的讨论必须指明极限过程;

（2）无穷大量是变量,它与很大的数不可混淆;

（3）无穷大量一定是无界的量（由其定义可知）,但无界的量不一定是无穷大量（请读者举出反例）.

定理 2.19 若$f(x)$,$g(x)$为$x \to X$极限过程下的正无穷大量,则$f(x)+g(x)$也为$x \to X$时的正无穷大量;若$f(x)$,$g(x)$为$x \to X$极限过程下的负无穷大量,则$f(x)+g(x)$也为$x \to X$时的负无穷大量.

定理 2.20 若$f(x)$与$g(x)$为$x \to X$极限过程下的无穷大量,则$f(x)g(x)$也为$x \to X$时的无穷大量.

定理 2.21 若$f(x)$是$x \to X$极限过程下的无穷大量,$g(x)$是$x \to X$时的有界变量,则$f(x)+g(x)$是$x \to X$时的无穷大量.

以上有关无穷大量运算性质的证明均可由极限的定义完成,请读者自己补充,无穷小量、无穷大量的运算还需要注意以下几点:

（1）在定理 2.17 中参与运算的无穷小量为有限个,对于无穷多个的情况定理 2.17 的结论不一定成立;

（2）有界变量与无穷大量之积不一定是无穷大量.

无穷小量与无穷大量之间的关系可由下面定理给出.

定理 2.22 若$f(x)(x \to X)$是无穷小量（或无穷大量）,且$f(x) \neq 0$,则$\dfrac{1}{f(x)}(x \to X)$是无穷大量（或无穷小量）.

证明 我们以极限过程$x \to x_0$为例.由于$\lim\limits_{x \to x_0}f(x)=0$,即$\forall \varepsilon>0$,$\exists \delta>0$,当$0<|x-x_0|<\delta$时,有$|f(x)|<\varepsilon$或$\dfrac{1}{|f(x)|}>\dfrac{1}{\varepsilon}$.从而$\forall M>0\left(M=\dfrac{1}{\varepsilon}\right)$,$\exists \delta>0$,当$0<|x-x_0|<\delta$时,有$\left|\dfrac{1}{f(x)}\right|>M$,即$\lim\limits_{x \to x_0}\dfrac{1}{f(x)}=\infty$.反之证法相似.

2.6.2 无穷小量与无穷大量阶的比较

观察以下极限:

$$\lim_{x \to 0} \frac{x^3}{x^2} = 0, \quad \lim_{x \to 0} \frac{x}{x^2} = \infty, \quad \lim_{x \to 0} \frac{3x}{x} = 3.$$

上述三个极限中,在 $x \to 0$ 时,$x, 3x, x^2$ 以及 x^3 均为无穷小量,但它们比值的极限却不相同,其原因在于它们趋向于 0 的过程中速度"快慢"是不同的. 为了描述无穷小量、无穷大量趋向于 0、趋向于 ∞ 的"快慢"程度,给出如下定义.

定义 2.8 设 $f(x), g(x)$ 为 $x \to X$ 极限过程下的无穷小量,且 $g(x) \neq 0$,那么

(1) 若 $\lim\limits_{x \to X} \dfrac{f(x)}{g(x)} = 0$,则称 $f(x)$ 是 $g(x)$ 在 $x \to X$ 时的高阶无穷小量,记为 $f(x) = o(g(x))(x \to X)$.

(2) 若 $\lim\limits_{x \to X} \dfrac{f(x)}{g(x)} = A (A \neq 0)$,则称 $f(x)$ 是 $g(x)$ 在 $x \to X$ 时的同阶无穷小量. 特别地,若 $\lim\limits_{x \to X} \dfrac{f(x)}{g(x)} = 1$,则称 $f(x)$ 与 $g(x)$ 是 $x \to X$ 时的等价无穷小量,记为 $f(x) \sim g(x)(x \to X)$.

(3) 若 $\lim\limits_{x \to X} \dfrac{f(x)}{[g(x)]^k} = A (A \neq 0)$,其中 k 为正常数,则称 $f(x)$ 是 $g(x)$ 的 k 阶无穷小量.

例如, $\lim\limits_{n \to +\infty} \dfrac{\frac{1}{n^2}}{\frac{1}{n}} = 0$,即 $\dfrac{1}{n^2}$ 是 $\dfrac{1}{n}$ 的高阶无穷小量 $(n \to +\infty)$, $\dfrac{1}{n^2} = o\left(\dfrac{1}{n}\right)(n \to +\infty)$;

$\lim\limits_{x \to 0} \dfrac{\frac{3}{x^2}}{\frac{1}{x^2}} = 3$,即 $\dfrac{3}{x^2}$ 与 $\dfrac{1}{x^2}$ 在 $x \to 0$ 的极限过程下是同阶无穷小量,并且 $\dfrac{3}{x^2}$ 是 $\dfrac{1}{x}$ 的二阶无穷小量

$(x \to 0)$; $\lim\limits_{n \to +\infty} \dfrac{\frac{1}{n^2+n}}{\frac{1}{n^2}} = 1$,即 $\dfrac{1}{n^2+n}$ 与 $\dfrac{1}{n^2}$ 是等价无穷小量 $(n \to +\infty)$, $\dfrac{1}{n^2+n} \sim \dfrac{1}{n^2}(n \to +\infty)$.

定义 2.9 设 $f(x), g(x)$ 为 $x \to X$ 极限过程下的无穷大量,即 $\lim\limits_{x \to X} f(x) = \infty, \lim\limits_{x \to X} g(x) = \infty$,那么

(1) 若 $\lim\limits_{x \to X} \dfrac{f(x)}{g(x)} = 0$,则称 $f(x)$ 是 $g(x)$ 在 $x \to X$ 时的低阶无穷大量,或者称 $g(x)$ 是 $f(x)$ 在 $x \to X$ 时下的高阶无穷大量,记为 $f(x) = o(g(x))(x \to X)$.

(2) 若 $\lim\limits_{x \to X} \dfrac{f(x)}{g(x)} = A (\neq 0)$,则称 $f(x)$ 与 $g(x)$ 是 $x \to X$ 时的同阶无穷大量;特别地,当 $A = 1$ 时,称 $f(x)$ 与 $g(x)$ 是 $x \to X$ 下的等价无穷大量,记作 $f(x) \sim g(x)(x \to X)$.

(3) 若 $\lim\limits_{x \to X} \dfrac{f(x)}{[g(x)]^k} = A \neq 0$,其中 k 为正常数,则称 $f(x)$ 是 $g(x)$ 的 k 阶无穷大量.

定义 2.10 设 $\lim\limits_{x \to X} f(x) = 0$ 且 $f(x) \neq 0 (x \to X)$(或 $\lim\limits_{x \to X} f(x) = \infty$),如果 $g(x) = f(x) + o(f(x))(x \to X)$,则称 $f(x)$ 是 $g(x)$ 在极限过程 $x \to X$ 时的主部.

显然，无穷小量（或无穷大量）与它的主部之间是等价关系，请读者自己验证.

下面我们列出一些常见的等价无穷小量，以方便读者使用.

当 $x \rightarrow 0$ 时，有以下等价关系：

$$x \sim \sin x \sim \tan x \sim \arcsin x \sim \arctan x;$$

$$1 - \cos x \sim \frac{1}{2} x^2;$$

$$x \sim \ln(1+x) \sim e^x - 1;$$

$$a^x - 1 \sim x \ln a \, (a > 0 \text{ 且 } a \neq 1);$$

$$(1+x)^{\alpha} - 1 \sim \alpha x \, (\alpha \neq 0 \text{ 是常数}).$$

请读者利用上节的重要极限自己证明上述等阶关系.

在函数极限的求解过程中，可以通过等价无穷小量的替换将复杂的函数表达式替换成与之等价的简单函数形式，但替换需要符合一定条件，具体由下面定理给出.

定理 2.23　设当 $x \rightarrow X$ 时 $f(x)$ 与 $g(x)$ 是等价无穷小量，且 $f(x) \neq 0$，如果 $f(x)$ 有如下运算：

$$\lim_{x \rightarrow X} f(x) u(x) = A, \quad \lim_{x \rightarrow X} \frac{v(x)}{f(x)} = B,$$

那么

$$\lim_{x \rightarrow X} g(x) u(x) = A, \quad \lim_{x \rightarrow X} \frac{v(x)}{g(x)} = B.$$

证明　$\lim\limits_{x \rightarrow X} g(x) u(x) = \lim\limits_{x \rightarrow X} \left[f(x) u(x) \cdot \frac{g(x)}{f(x)} \right] = \lim\limits_{x \rightarrow X} f(x) u(x) \cdot \lim\limits_{x \rightarrow X} \frac{g(x)}{f(x)} = A.$

$\lim\limits_{x \rightarrow X} \frac{v(x)}{g(x)} = \lim\limits_{x \rightarrow X} \left[\frac{v(x)}{f(x)} \cdot \frac{f(x)}{g(x)} \right] = \lim\limits_{x \rightarrow X} \frac{v(x)}{f(x)} \cdot \lim\limits_{x \rightarrow X} \frac{f(x)}{g(x)} = B.$

定理得证.

上述定理表明：在乘法、除法运算中，等价无穷小量可以相互替换. 对于等价无穷大量的情形，上述结论也成立，请读者自己证明.

例 3　求极限 $\lim\limits_{x \rightarrow 0} \dfrac{\sin x}{x^3 + 3x}$.

解　由于 $\sin x \sim x \, (x \rightarrow 0)$，根据定理 2.23，有 $\lim\limits_{x \rightarrow 0} \dfrac{\sin x}{x^3 + 3x} = \lim\limits_{x \rightarrow 0} \dfrac{x}{x(x^2 + 3)} = \dfrac{1}{3}$.

例 4　下述解法是否正确？若不正确，给出正确解法.

求极限 $\lim\limits_{x \rightarrow 0} \dfrac{\tan x - \sin x}{\sin^3 2x}$.

由于当 $x \rightarrow 0$ 时，$\tan x \sim x$，$\sin x \sim x$，$\sin^3 2x \sim (2x)^3$，则 $\lim\limits_{x \rightarrow 0} \dfrac{\tan x - \sin x}{\sin^3 2x} = \lim\limits_{x \rightarrow 0} \dfrac{x - x}{(2x)^3} = 0$.

解　上述解法不正确. 定理 2.23 表明等价无穷小量仅保证在乘、除运算中可以替换，但在加、减运算中却不一定成立. 上述极限正确解法如下：

当 $x \to 0$ 时，$\sin 2x \sim 2x$，$\tan x - \sin x = \tan x(1 - \cos x) \sim \dfrac{1}{2}x^3$，从而

$$\lim_{x \to 0} \frac{\tan x - \sin x}{\sin^3(2x)} = \lim_{x \to 0} \frac{\dfrac{1}{2}x^3}{(2x)^3} = \frac{1}{16}.$$

例 5 求极限 $\displaystyle\lim_{x \to 0} \dfrac{\tan 5x - \cos x + 1}{\sin 3x}$.

解 当 $x \to 0$ 时，$\tan 5x = 5x + o(x)$，$1 - \cos x = \dfrac{1}{2}x^2 + o(x^2)$，$\sin 3x = 3x + o(x)$，则

$$\lim_{x \to 0} \frac{\tan 5x - \cos x + 1}{\sin 3x} = \lim_{x \to 0} \frac{5x + o(x) + \dfrac{1}{2}x^2 + o(x^2)}{3x + o(x)} = \lim_{x \to 0} \frac{5 + \dfrac{o(x)}{x} + \dfrac{1}{2}x + \dfrac{o(x^2)}{x}}{3 + \dfrac{o(x)}{x}} = \frac{5}{3}.$$

习题 2.6

1. 在 $n \to +\infty$ 极限过程中，判断下列数列中哪些是无穷小量，哪些是无穷大量.

(1) $\left\{ \dfrac{\dfrac{1}{n}}{\sin n} \right\}$；(2) $\left\{ \dfrac{1}{\ln^n} \right\}$；(3) $\{ \sqrt{n^2 + 1} - n \}$；

(4) $\left\{ \dfrac{n}{2^n} \right\}$；(5) $\left\{ 1 + \dfrac{1}{2} + \dfrac{1}{3} + \cdots + \dfrac{1}{n} \right\}$.

2. 证明：若 $\{a_n\}$ 是 $n \to +\infty$ 时的无穷大量，$\{b_n\}$ 是收敛数列，且其极限值非零，则 $\{a_n b_n\}$ 是无穷大量.

3. 证明：$\{\ln(2 + n)^{-1}\}$ 与 $\left\{ \dfrac{1}{n} \right\}$ 是同阶无穷小量 $(n \to +\infty)$.

4. 已知 $\displaystyle\lim_{x \to \infty}\left(\dfrac{x^2 + x + 1}{x - 1} - ax - b \right) = 0$，求 a, b 的值.

5. 求下列极限：

(1) $\displaystyle\lim_{x \to 0} \dfrac{\arcsin 5x}{\sin 2x}$；(2) $\displaystyle\lim_{x \to 0} \dfrac{\sqrt{2x + \sin x}}{\sqrt{x + \sqrt{x}}}$；(3) $\displaystyle\lim_{x \to 0} \dfrac{1 - \sqrt[3]{1 - x + x^2}}{x}$；(4) $\displaystyle\lim_{x \to 2} \dfrac{\cos \dfrac{\pi}{x}}{2 - \sqrt{2x}}$.

第 3 章

连续函数与实数连续性定理

3.1 连续函数的定义、性质和运算法则

3.1.1 连续函数的定义

在自然界和人们的日常生活中,连续函数的实例处处可见.例如,气温随时间的变化是连续的,江河里水的流动是连续的,汽车的行驶路线、飞机的航行路线等都是连续的.在数学里,用抽象的极限语言,可以对函数的连续性描述如下.

定义 3.1 设函数 $y = f(x)$ 在 x_0 点的邻域内有定义.若

$$\lim_{x \to x_0} f(x) = f(x_0),$$

则称函数 $y = f(x)$ 在 x_0 点连续.

用"ε-δ"语言表达,即对任意 $\varepsilon > 0$,总存在 $\delta > 0$,当 $|x - x_0| < \delta$ 时,有 $|f(x) - f(x_0)| < \varepsilon$.

用邻域来表达,即对 $f(x_0)$ 的任意 ε 邻域 $U(f(x_0), \varepsilon)$,总存在 x_0 的 δ 邻域 $U(x_0, \delta)$,当 $x \in U(x_0, \delta)$ 时,有 $f(x) \in U(f(x_0), \varepsilon)$.进而,若 $f(x)$ 在其定义域 X 内每点均连续,则称 $y = f(x)$ 是 X 上的连续函数.

通过第 2 章的学习我们知道,考虑函数 $y = f(x)$ 在 x_0 点是否有极限时,并不要求该函数在 x_0 点有定义.进一步地,即使 $\lim\limits_{x \to x_0} f(x)$ 存在,且 $f(x_0)$ 有意义,$\lim\limits_{x \to x_0} f(x)$ 与 $f(x_0)$ 也不一定相等.因此,函数连续性的条件是很强的.简而言之,所谓函数 $y = f(x)$ 在其定义域内某点连续,是指 $f(x)$ 在该点处的极限值存在且等于在该点的函数值.

连续函数是我们今后要经常研究的一类重要函数,它也是研究其他函数的基础.由定义 3.1 可见,对连续函数的研究同样以极限为主要工具.进一步地,若记在 x_0 点自变量的改变量为 Δx,相应的函数值的改变量为 Δy,即 $\Delta y = f(x_0 + \Delta x) - f(x_0)$,则 $y = f(x)$ 在 x_0 点连续也可定义为

$$\lim_{\Delta x \to 0} \Delta y = 0,$$

也就是

$$\lim_{x \to x_0} f(x) = f(x_0) \Leftrightarrow \lim_{\Delta x \to 0} \Delta y = 0.$$

这是因为,令 $x = x_0 + \Delta x$,那么

$$\lim_{\Delta x \to 0} \Delta y = 0 \Leftrightarrow \lim_{\Delta x \to 0} [f(x_0 + \Delta x) - f(x_0)] = 0 \Leftrightarrow \lim_{\Delta x \to 0} f(x_0 + \Delta x) = f(x_0)$$

$$\Leftrightarrow \lim_{x \to x_0} f(x) = f(x_0).$$

与左、右极限相对应,也有左连续和右连续的概念.

定义 3.2 若 $\lim\limits_{x \to x_0^-} f(x) = f(x_0)$,则称函数 $y = f(x)$ 在 x_0 点左连续;若 $\lim\limits_{x \to x_0^+} f(x) = f(x_0)$,则称函数 $y = f(x)$ 在 x_0 点右连续.

进一步地,由极限存在的充要条件,关于函数在某一点的连续性,也有以下充要条件:$\lim\limits_{x \to x_0} f(x) = f(x_0)$ 的充要条件是 $\lim\limits_{x \to x_0^-} f(x) = \lim\limits_{x \to x_0^+} f(x) = f(x_0)$.

上述充要条件由 $f(x)$ 在 x_0 点极限存在的充要条件及在 x_0 点连续的定义即可验证.

定义 3.3 若函数 $y = f(x)$ 在开区间 (a, b) 内任何一点都连续,则称函数 $y = f(x)$ 是在开区间 (a, b) 内的连续函数. 进而,若 $f(x)$ 在左端点 $x = a$ 处右连续,在右端点 $x = b$ 处左连续,则称函数 $y = f(x)$ 在闭区间 $[a, b]$ 上连续.

有关闭区间上连续函数的性质问题我们将在 3.3 节中着重阐述.

例 1 证明正弦函数 $y = \sin x$ 在 $\mathbb{R}$ 上连续.

证明 只需验证在任意给定点 $x_0 \in \mathbb{R}$ 处,有 $\lim\limits_{x \to x_0} \sin x = \sin x_0$. 为此,对任意 $\varepsilon > 0$,要使 $|\sin x - \sin x_0| < \varepsilon$,由于

$$|\sin x - \sin x_0| = 2 \left| \cos \frac{x + x_0}{2} \right| \left| \sin \frac{x - x_0}{2} \right| \leqslant 2 \frac{|x - x_0|}{2} = |x - x_0|,$$

故只要 $|x - x_0| < \varepsilon$ 即可. 因此,取 $\delta = \varepsilon$,当 $|x - x_0| < \delta = \varepsilon$ 时,有 $|\sin x - \sin x_0| < \varepsilon$. 即 $\lim\limits_{x \to x_0} \sin x = \sin x_0$,由 x_0 在 $\mathbb{R}$ 上的任意性可知,$y = \sin x$ 在 $\mathbb{R}$ 上连续.

类似地,可以证明余弦函数 $y = \cos x$ 在 $\mathbb{R}$ 上也连续.

例 2 证明指数函数 $y = a^x (a > 0, 且 a \neq 1)$ 在 $\mathbb{R}$ 上连续.

证明 只需验证 $y = a^x$ 对任意给定的 $x_0 \in \mathbb{R}$,有 $\lim\limits_{x \to x_0} a^x = a^{x_0}$. 令 $h = x - x_0$,则 $x = x_0 + h$,从而,$a^x = a^{x_0 + h} = a^{x_0} \cdot a^h$,由此知,证明 $\lim\limits_{x \to x_0} a^x = a^{x_0}$ 等价于证明 $\lim\limits_{h \to 0} a^h = 1$. 因此,下面只考虑 $y = a^x$ 在 $x_0 = 0$ 点的连续性即可.

先证 $\lim\limits_{x \to 0^+} a^x = 1$. 不妨设 $0 < x < 1$,从而存在正整数 n,有 $\dfrac{1}{n+1} < x < \dfrac{1}{n}$ $\left(\text{因} \dfrac{1}{x} > 1, \text{故存在这样的正整数} n, \text{有} n < \dfrac{1}{x} < n+1\right)$,从而 $x \to 0^+$ 等价于 $n \to +\infty$.

当 $0<a<1$ 时，有 $a^{\frac{1}{n}}<a^x<1$；当 $a>1$ 时，有 $1\leqslant a^x\leqslant a^{\frac{1}{n}}$. 由 2.2 节例 1 知，$\lim\limits_{n\to+\infty} a^{\frac{1}{n}}=1$，由函数极限的两边夹定理得 $\lim\limits_{x\to 0^+} a^x=1$.

再证 $\lim\limits_{x\to 0^-} a^x=1$，令 $h=-x$，则 $x\to 0^-$ 等价于 $h\to 0^+$. 故 $\lim\limits_{x\to 0^-} a^x=\lim\limits_{h\to 0^+} a^{-h}=\dfrac{1}{\lim\limits_{h\to 0^+} a^h}=1$. 综上可知，$\lim\limits_{x\to 0} a^x=\lim\limits_{x\to 0^+} a^x=\lim\limits_{x\to 0^-} a^x=1$.

3.1.2 连续函数的性质和运算法则

定理 3.1（连续函数保号性） 若函数 $y=f(x)$ 在 x_0 点连续，且 $f(x_0)>0$（或 $f(x_0)<0$），则存在某个正数 δ，当 $|x-x_0|<\delta$ 时，有 $f(x)>0$（或 $f(x)<0$）.

证明 只证 $f(x_0)>0$ 的情况，$f(x_0)<0$ 的情况可类似证明. 由于 $\lim\limits_{x\to x_0} f(x)=f(x_0)>0$，根据函数极限定义，对 $\varepsilon_0=\dfrac{f(x_0)}{2}>0$，存在 $\delta>0$，当 $|x-x_0|<\delta$ 时，有

$$|f(x)-f(x_0)|<\frac{f(x_0)}{2},$$

即

$$-\frac{f(x_0)}{2}<f(x)-f(x_0)<\frac{f(x_0)}{2},$$

从而

$$f(x)>f(x_0)-\frac{f(x_0)}{2}=\frac{f(x_0)}{2}>0.$$

定理 3.2（四则运算法则） 若函数 $y=f(x)$ 与 $y=g(x)$ 都在 $x=x_0$ 点连续，则函数 $f(x)\pm g(x)$，$f(x)g(x)$，$\dfrac{f(x)}{g(x)}(g(x)\neq 0)$ 均在 $x=x_0$ 点连续.

证明 与函数极限的四则运算法则证明类似，请读者自证之.

定理 3.3（反函数的连续性） 若函数 $y=f(x)$ 在闭区间 $[a,b]$ 上连续，且严格单调递增（或严格单调递减），记 $f(a)=\alpha$，$f(b)=\beta$，则函数 $y=f(x)$ 在 $[a,b]$ 上存在反函数 $y=f^{-1}(x)$，而且反函数 $y=f^{-1}(x)$ 在 $[\alpha,\beta]$（或 $[\beta,\alpha]$）上也连续.

该定理的证明详见 3.4 节.

定理 3.4（复合函数连续性） 若 $u=g(x)$ 在 x_0 点连续，而 $g(x_0)=u_0$，且 $y=f(u)$ 在 u_0 点连续，则复合函数 $y=f(g(x))$ 在点 x_0 连续.

证明 由连续函数定义，即证对于任意的 $\varepsilon>0$，存在 $\delta>0$，当 $|x-x_0|<\delta$ 时，有

$$|f(g(x))-f(g(x_0))|<\varepsilon.$$

首先，由函数 $y=f(u)$ 在 u_0 点连续知，对任意的 $\varepsilon>0$，存在 $\eta>0$，当 $|u-u_0|<\eta$ 时，有 $|f(u)-f(u_0)|<\varepsilon$.

再由函数 $u=g(x)$ 在 x_0 点连续,对上述 $\eta>0$,存在 $\delta>0$,当 $|x-x_0|<\delta$ 时,有 $|g(x)-g(x_0)|<\eta$,即 $|u-u_0|<\eta$.

注意到 $u_0=g(x_0)$,从而对任意 $\varepsilon>0$,存在 $\delta>0$,当 $|x-x_0|<\delta$ 时,有 $|u-u_0|<\eta$,即 $|f(g(x))-f(g(x_0))|<\varepsilon$. 因此

$$\lim_{x\to x_0} f(g(x)) = f(g(x_0)).$$

习题 3.1

1. 用定义证明下列函数在定义域内连续:

(1) $y=\sin\dfrac{1}{x}$;   (2) $y=|x|$;

(3) $y=2x^2-x+3$;   (4) $y=\sqrt[3]{x+2}$.

2. 证明:若函数 $y=f(x)$ 在 x_0 点连续,则 $y=|f(x)|$ 在 x_0 点也连续. 逆命题是否成立? 为什么?

3. 举例说明:(1) 若函数 $y=f(x)$ 在 x_0 点连续,而函数 $y=g(x)$ 在 x_0 点不连续,问它们的和函数在 x_0 点是否连续?

(2) 若函数 $y=f(x)$ 与 $y=g(x)$ 在 x_0 点都不连续,问它们的和函数 $f(x)+g(x)$ 在 x_0 点是否必不连续?

(3) 若函数 $y=f(x)$ 在 x_0 连续,而函数 $y=g(x)$ 在 x_0 点不连续,问积函数 $y=f(x)g(x)$ 在 x_0 点是否必不连续?

4. 试证 $f(x)$ 在 x_0 点连续的充要条件是对任意 $\{x_n\}$ $(n=1,2,\cdots)$ $(x_n$ 属于 $f(x)$ 的定义域),只要 $\lim\limits_{n\to+\infty} x_n=x_0$,则有 $\lim\limits_{n\to+\infty} f(x_n)=f(x_0)$.

3.2 初等函数的连续性及不连续点的类型

3.2.1 初等函数的连续性

1. 三角函数和反三角函数的连续性

在 3.1 节例 1 中已证明了,正弦函数 $y=\sin x$ 在 R 上连续,类似可证,余弦函数 $y=\cos x$ 在 R 上也连续,由此,利用连续函数的四则运算法则知,$\tan x=\dfrac{\sin x}{\cos x}$,$\cot x=\dfrac{\cos x}{\sin x}$,$\sec x=\dfrac{1}{\cos x}$,$\csc x=\dfrac{1}{\sin x}$ 在各自的定义域内均连续.

由 3.1 节中反函数的连续性知，所有反三角函数在各自的定义域内均连续.

2. 指数函数与对数函数的连续性

在 3.1 节例 2 中已证明，指数函数 $y=a^x(a>0$，且 $a\neq1)$在 $\mathbb{R}$ 上连续. 由 3.1 节反函数的连续性知，其反函数 $y=\log_a x$ 在$(0,+\infty)$上连续.

3. 幂函数的连续性

对于幂函数 $y=x^a$

(1) 当 $x\in(0,+\infty)$时，$y=x^a=e^{a\ln x}$，由指数函数 $y=e^u$ 及对数函数 $u=a\ln x$ 的连续性并根据 3.1 节复合函数连续性定理可知，$y=x^a$ 在$(0,+\infty)$上连续.

(2) 当 $x\in(-\infty,0)$时，只有当 a 为整数，或 $a=\dfrac{p}{q}$（其中 p,q 互素，且 q 为奇数）时，函数 $y=x^a$ 才有意义，此时，令 $x=-t$，$y=(-1)^a t^a (t\in(0,+\infty))$即可化为情况(1)，故此时亦连续.

(3) 当 $x=0$ 时，只要 $y=x^a$ 有意义，比如当 $a>0$ 时，$y=x^a$ 在 $x=0$ 点就连续. 利用连续函数定义，即可得证.

综上可知，所有基本初等函数（常函数、幂函数、指数函数、对数函数、三角函数及反三角函数）在其定义域内均连续.

初等函数是由基本初等函数经过有限次四则运算及有限次复合而成，故初等函数在其定义域内均连续（单点集情况除外）.

3.2.2　不连续点的类型

由定义 3.1 可知，$f(x)$在 x_0 点连续必须满足①$f(x)$在 x_0 点有定义；②$f(x)$在 x_0 点的左、右极限存在，即 $f(x_0+0)$，$f(x_0-0)$存在；③$f(x_0+0)=f(x_0-0)=f(x_0)$. 如果上述条件不能全部满足，那么 x_0 点为 $f(x)$的不连续点，也称为间断点. 根据上述条件，不连续点可以分为第一类不连续点、第二类不连续点以及可去不连续点.

1. 第一类不连续点

定义 3.4　若 $f(x_0+0)$及 $f(x_0-0)$都存在，但不相等，则称 x_0 是函数 $y=f(x)$的第一类不连续点，也叫第一类间断点.

由第一类间断点的定义知，若 x_0 是第一类间断点，则 $\lim\limits_{x\to x_0} f(x)$一定不存在. 而 $f(x_0)$是否有意义与 x_0 是否为第一类间断点无任何联系.

例如，$x=2$ 是函数 $y=[x]$的第一类间断点，因为由$[x]$的定义知，$\lim\limits_{x\to 2^-}[x]=2-1=1$，

而 $\lim\limits_{x\to 2^+}[x]=2$，故 $x=2$ 是 $y=[x]$ 的第一类间断点. 实际上, 易证, 所有整数点均是 $y=[x]$ 的第一类间断点.

2. 第二类不连续点

定义 3.5　若 $f(x_0+0)$ 与 $f(x_0-0)$ 中至少有一个不存在, 则称 x_0 是函数 $y=f(x)$ 的第二类不连续点, 或叫第二类间断点.

例如, $x=0$ 点是函数 $f(x)=\mathrm{e}^{\frac{1}{x}}$ 的第二类间断点, 因为 $\lim\limits_{x\to 0^+}\mathrm{e}^{\frac{1}{x}}=+\infty$.

3. 可去不连续点

定义 3.6　若 $\lim\limits_{x\to x_0}f(x)$ 存在, 但不等于 $f(x_0)$, 或 $f(x)$ 在 $x=x_0$ 点无定义, 则称 $x=x_0$ 点是可去不连续点, 或可去间断点.

对于函数 $f(x)=\dfrac{x^2-1}{x-1}$, $x=1$ 点是它的可去间断点, 因为 $\lim\limits_{x\to 1}\dfrac{x^2-1}{x-1}=\lim\limits_{x\to 1}(x+1)=2$, 但 $f(x)$ 在 $x=1$ 点无定义. 所谓"可去", 即可以通过调整 $f(x_0)$ 的赋值或补充 $f(x)$ 在 x_0 点的定义, 使 $x=x_0$ 点变为 $f(x)$ 的连续点. 例如, 若令 $F(x)=\begin{cases}f(x), & x\neq x_0,\\[1mm]\lim\limits_{x\to x_0}f(x), & x=x_0,\end{cases}$ 则由 $f(x)$ 构造出的新函数 $F(x)$ 在 $x=x_0$ 点就连续了, 而且 $F(x)$ 与 $f(x)$ 仅"一点之差".

例1　已知函数 $f(x)=\dfrac{2x^2+x-1}{(x^2-1)(1+\mathrm{e}^{\frac{1}{x}})}$, 求 $f(x)$ 的连续区间、间断点, 并判断间断点的类型.

解　首先求得 $f(x)$ 的定义域为 $(-\infty,-1)\bigcup(-1,0)\bigcup(0,1)\bigcup(1,+\infty)$. 由于初等函数在其定义域上均连续, 故 $(-\infty,-1),(-1,0),(0,1),(1,+\infty)$ 均是 $f(x)$ 的连续区间.

由于在点 $x=-1,0,1$ 处 $f(x)$ 无意义, 故 $-1,0,1$ 均为 $f(x)$ 的间断点(注意, $-1,0,1$ 三点分别是上述连续区间的分界点). 下面判断其类型.

对于 $x=-1$, 因为

$$\lim\limits_{x\to -1}f(x)=\lim\limits_{x\to -1}\dfrac{2x^2+x-1}{(x^2-1)(1+\mathrm{e}^{\frac{1}{x}})}=\lim\limits_{x\to -1}\dfrac{2x-1}{(x-1)(1+\mathrm{e}^{\frac{1}{x}})}=\dfrac{3}{2(1+\mathrm{e}^{-1})},$$

但 $f(x)$ 在 $x=-1$ 点无定义, 故 $x=-1$ 是可去间断点.

对于 $x=0$, 因为

$$\lim\limits_{x\to 0^-}f(x)=\lim\limits_{x\to 0^-}\dfrac{2x-1}{(x-1)(1+\mathrm{e}^{\frac{1}{x}})}=1,$$

$$\lim\limits_{x\to 0^+}f(x)=\lim\limits_{x\to 0^+}\dfrac{2x-1}{(x-1)(1+\mathrm{e}^{\frac{1}{x}})}=0,$$

所以 $x=0$ 点是第一类间断点.

对于 $x=1$，因为 $\lim\limits_{x\to1^+}f(x)=\lim\limits_{x\to1^+}\dfrac{2x-1}{(x-1)(1+\mathrm{e}^{\frac{1}{x}})}=+\infty$，所以 $x=1$ 点是第二类间断点.

例 2   求函数 $f(x)=x[x]$ 的间断点并判断间断点的类型.

解   由 $[x]$ 的定义知，

$$f(x)=\begin{cases} nx, & n\leqslant x<n+1, \\ 0, & x\in[0,1), \\ -x, & x\in[-1,0), \\ -(n+1)x, & -(n+1)\leqslant x<-n, \end{cases} \qquad \text{其中 } n \text{ 是任意自然数.}$$

由此可以看出，在每一分段区间内部 $f(x)$ 都是连续的，其间断点只可能出现在分段点处，即 $0,\pm1,\pm2,\cdots,\pm n,\cdots$，具体分析如下：

对于 $x=0$，因为 $\lim\limits_{x\to0^+}f(x)=\lim\limits_{x\to0^+}0=0$；$\lim\limits_{x\to0^-}f(x)=\lim\limits_{x\to0^-}(-x)=0$，故有 $\lim\limits_{x\to0^+}f(x)=\lim\limits_{x\to0^-}f(x)=f(0)=0$，即 $x=0$ 是连续点，不是间断点.

对于 $x=1$，因为 $\lim\limits_{x\to1^-}f(x)=\lim\limits_{x\to1^-}0=0$，又 $\lim\limits_{x\to1^+}f(x)=\lim\limits_{x\to1^+}1\cdot x=1$，故 $x=1$ 点是第一类间断点.

对于 $x=-1$，因为 $\lim\limits_{x\to-1^-}f(x)=\lim\limits_{x\to-1^-}(-2)x=2$，又 $\lim\limits_{x\to-1^+}f(x)=\lim\limits_{x\to-1^+}(-x)=1$，故 $x=-1$ 也是第一类间断点.

一般地，对于 $x=m$（m 为任意给定的整数），有

$$\lim\limits_{x\to m^-}f(x)=\lim\limits_{x\to m^-}(m-1)x=(m-1)m, \qquad \lim\limits_{x\to m^+}f(x)=\lim\limits_{x\to m^+}mx=m^2,$$

故除了 0 点以外，所有整数点均为第一类间断点.

习题 3.2

1. 求下列函数的连续区间、间断点并判断间断点的类型.

(1) $f(x)=\begin{cases} \dfrac{\sin x}{|x|}, & x\neq0, \\ 1, & x=0; \end{cases}$ (2) $f(x)=\sin\dfrac{1}{x}$；

(3) $f(x)=\arctan\dfrac{1}{x}$；   (4) $f(x)=\dfrac{x}{\tan x}$.

2. k 取何实数值时，函数 $f(x)=\begin{cases} \dfrac{\sin 2x}{x}, & x<0, \\ 3x^2-2x+k, & x\geqslant0 \end{cases}$ 是连续函数.

3. 计算下列极限:

(1) $\lim\limits_{x\to 3}\dfrac{\sqrt{x+13}-2\sqrt{x+1}}{x^2-9}$;

(2) $\lim\limits_{x\to +\infty}(\sqrt{x+\sqrt{x+\sqrt{x}}}-\sqrt{x})$;

(3) $\lim\limits_{x\to 0}(1+\sin x)^{\frac{1}{2x}}$;

(4) $\lim\limits_{n\to +\infty}\left(\dfrac{\sqrt[n]{a}+\sqrt[n]{b}}{2}\right)^n\ (a>0,b>0)$.

4. 证明:若函数 $y=f(x)$ 在 x_0 点连续,则函数
$$f^+(x)=\max\{f(x),0\},\quad f^-(x)=\min\{f(x),0\}$$
在 x_0 点均连续.

5. 证明:若函数 $y=f(x)$ 与 $y=g(x)$ 均在 $[a,b]$ 上连续,则函数
$$F(x)=\max\{f(x),g(x)\}\quad\text{与}\quad G(x)=\min\{f(x),g(x)\}$$
在 $[a,b]$ 上均连续. $\left(\text{提示:}F(x)=\dfrac{1}{2}(f(x)+g(x)+|f(x)-g(x)|),G(x)=\dfrac{1}{2}(f(x)+g(x)-|f(x)-g(x)|).\right)$

6. 设 $f(x)$ 在其定义域内是连续函数,证明:对任何 $c>0$,函数
$$f^*(x)=\begin{cases}-c, & f(x)<-c,\\ f(x), & |f(x)|\leqslant c,\\ c, & f(x)>c\end{cases}$$
也是连续函数.

3.3 闭区间上连续函数的性质定理

3.1 节中有关连续函数的保号性、反函数连续性及复合函数连续性已由相关定理给出.除此之外,连续函数在闭区间上还有一些重要的特性,本节主要介绍闭区间上连续函数的性质及其应用.有些性质的证明需要用到实数理论,将在下一节给出.

定理 3.5(有界性) 设 $y=f(x)$ 在闭区间 $[a,b]$ 上连续(如图 3.1 所示),则 $y=f(x)$ 在 $[a,b]$ 上有界,即存在正常数 M,使得 $|f(x)|\leqslant M$,对每个 $x\in[a,b]$ 均成立.

定理 3.6(最大值最小值定理) 设函数 $y=f(x)$ 在闭区间 $[a,b]$ 上连续,则 $y=f(x)$ 在 $[a,b]$ 上存在最大值和最小值.即至少存在两点 $\xi_1,\xi_2\in[a,b]$,对 $[a,b]$ 中任何 x,均有
$$f(\xi_1)\leqslant f(x)\leqslant f(\xi_2).$$
从而,$f(\xi_2)$ 是 $f(x)$ 在 $[a,b]$ 上的最大值,$f(\xi_1)$ 是 $f(x)$ 在 $[a,b]$ 上的最小值.

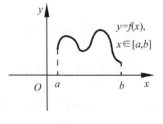

图 3.1

定理 3.7(零点存在定理) 设函数 $y=f(x)$ 在 $[a,b]$ 上连续,且 $f(a)f(b)<0$,则至少存

在一点 $\xi \in (a, b)$，使得 $f(\xi) = 0$.

推论 3.1（介值定理） 闭区间 $[a, b]$ 上的连续函数 $y = f(x)$ 可以取到其最大值和最小值之间的一切值. 记最小值为 m，最大值为 M，则对任何 $m \leqslant a \leqslant M$，在 $[a, b]$ 中至少存在一个 ξ，使得 $f(\xi) = a$.

证明 由性质定理 3.6 知，至少存在两点 $\xi_1, \xi_2 \in [a, b]$，使得

$$f(\xi_1) = m, \quad f(\xi_2) = M.$$

对任意给定的 $a \in (m, M)$，作辅助函数 $F(x) = f(x) - a$，则 $F(\xi_1) = f(\xi_1) - a < 0$，$F(\xi_2) = f(\xi_2) - a > 0$，从而，由定理 3.7 得，至少存在一点 $\xi \in [a, b]$，有 $F(\xi) = 0$，即 $f(\xi) = a$.

例 1 证明奇次多项式

$$P(x) = a_0 x^{2n+1} + a_1 x^{2n} + \cdots + a_{2n+1}$$

至少存在一个实根，其中 $a_0, a_1, \cdots, a_n$ 都是实常数，且 $a_0 \neq 0$.

证明 当 $x \neq 0$ 时，把 $P(x)$ 改写成

$$P(x) = x^{2n+1} \left(a_0 + \frac{a_1}{x} + \frac{a_2}{x^2} + \cdots + \frac{a_{2n+1}}{x^{2n+1}} \right).$$

不妨设 $a_0 > 0$. 由于 $\lim\limits_{x \to +\infty} P(x) = +\infty$，$\lim\limits_{x \to -\infty} P(x) = -\infty$，因此，存在 $l > 0$，使得 $P(l) > 0$，同时 $P(-l) < 0$. 再注意到 $P(x)$ 作为关于 x 的多项式函数在 $\mathbb{R}$ 上连续，从而，$P(x)$ 在 $[-l, l]$ 上连续，由零点存在定理，至少存在一点 $\xi \in (-l, l)$，使得 $P(\xi) = 0$，即奇次多项式 $P(x)$ 至少有一个实根.

例 2 设 $f(x)$ 在闭区间 $[0, 1]$ 上连续，且 $f(0) = f(1)$，证明必有一点 $\xi \in [0, 1]$，使得 $f\left(\xi + \dfrac{1}{2} \right) = f(\xi)$.

证明 令 $F(x) = f\left(x + \dfrac{1}{2} \right) - f(x)$，则 $F(x)$ 在 $\left[0, \dfrac{1}{2} \right]$ 上连续. 由于 $F(0) = f\left(\dfrac{1}{2} \right) - f(0)$，$F\left(\dfrac{1}{2} \right) = f(1) - f\left(\dfrac{1}{2} \right)$，又 $f(0) = f(1)$. 因此，有三种情况：

① 若 $F(0) = 0$，则 $\xi = 0$，使得 $f\left(0 + \dfrac{1}{2} \right) = f(0)$；

② 若 $F\left(\dfrac{1}{2} \right) = 0$，则 $\xi = \dfrac{1}{2}$，使得 $f\left(\dfrac{1}{2} + \dfrac{1}{2} \right) = f\left(\dfrac{1}{2} \right)$；

③ 若 $F(0) \neq 0$，$F\left(\dfrac{1}{2} \right) \neq 0$，则 $F(0) F\left(\dfrac{1}{2} \right) < 0$，由零点存在定理知，存在 $\xi \in \left(0, \dfrac{1}{2} \right)$，使得 $F(\xi) = 0$，即 $f\left(\xi + \dfrac{1}{2} \right) = f(\xi)$.

综上可知，必存在一点 $\xi \in [0, 1]$ 使得 $f\left(\xi + \dfrac{1}{2} \right) = f(\xi)$.

例 3 通常把四条腿的椅子放在不平的地面上，只有三只脚着地，放不稳，然而只需挪动几次，就能够保证椅子四条腿同时着地. 若椅子和地面满足以下三条假设，请用数学方法

证明这一结论必然成立.

假设 1　椅子的四条腿一样长,椅脚与地面接触处视为一个点,四脚的连线成正方形;

假设 2　地面高度是连续变化的,沿任何方向都不会出现间断(没有像台阶那样的情况),即地面为光滑曲面;

假设 3　对于椅脚的间距和椅腿长度而言,地面是相对平坦的,使椅子在任何位置至少有三只脚同时着地.

分析　椅子四只脚在地面上的位置如图 3.2 所示.椅脚连线为正方形 $ABCD$,对角线 AC 与 x 轴重合.椅子绕中心点 O 旋转 θ 角后,四脚位置相应转至 $A'B'C'D'$.对角线 $A'C'$ 与 x 轴的夹角 θ 表示了椅子的位置.

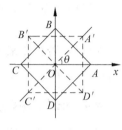

图　3.2

记 A,C 两脚与地面距离之和为 $f(\theta)$,B,D 两脚与地面距离之和为 $g(\theta)$,则 $f(\theta)\geqslant0,g(\theta)\geqslant0$.由假设 2,$f(\theta),g(\theta)$ 均为连续函数;由假设 3 知,$f(\theta),g(\theta)$ 至少有一个为 0.从而当 $\theta=0$,不妨设 $g(0)=0,f(0)>0$.那么,本题意味着对于连续函数 $f(\theta),g(\theta)$,对任意 θ,有 $f(\theta)g(\theta)=0$,且 $g(0)=0,f(0)>0$,若存在 θ^*,使得 $g(\theta^*)=f(\theta^*)=0$,那么结论即得以证明.

证明　由模型假设,当 $\theta=\dfrac{\pi}{2}$ 时,椅子的状况与初始状态一致,所不同的是 $g(0)=0$,$f(0)>0$,而 $g\left(\dfrac{\pi}{2}\right)>0,f\left(\dfrac{\pi}{2}\right)=0$.令 $h(\theta)=f(\theta)-g(\theta)$,则 $h(\theta)$ 为连续函数,并且 $h(0)>0,h\left(\dfrac{\pi}{2}\right)<0$.由闭区间 $\left[0,\dfrac{\pi}{2}\right]$ 上连续函数零点存在定理知,必存在 $\theta^*\in\left(0,\dfrac{\pi}{2}\right)$,使得 $h(\theta^*)=0$,即 $f(\theta^*)=g(\theta^*)$.由分析知 $f(\theta)g(\theta)=0$,从而 $f(\theta^*)=g(\theta^*)=0$.结论得证.

下面就函数的连续性再做进一步分析.

由函数 $f(x)$ 在 x_0 点连续的定义 $\lim\limits_{x\to x_0}f(x)=f(x_0)\Leftrightarrow\forall\varepsilon>0,\exists\delta>0$,当 $|x-x_0|<\delta$ 时,有 $|f(x)-f(x_0)|<\varepsilon$,可知 δ 的取值不但与 ε 有关,而且也与 x_0 点有关,即 x_0 点不同,δ 通

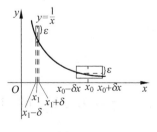

图　3.3

常就不一样.例如,函数 $y=\dfrac{1}{x}$ 在 $(0,+\infty)$ 上连续(如图 3.3 所示),对于同样大小的 $\varepsilon>0$,当 x 越靠近原点对应的 δ 就越小,曲线变得越来越陡.反之 x 越大,对应 δ 就越大,曲线越来越平缓.实际上,我们有 $\lim\limits_{x\to0^+}\dfrac{1}{x}=+\infty,\lim\limits_{x\to+\infty}\dfrac{1}{x}=0$.

由此可见,尽管函数 $y=\dfrac{1}{x}$ 在区间 $(0,+\infty)$ 内连续,但其

对应曲线的变化趋势具有"天壤之别",为了刻画连续函数曲线变化的"平稳性",下面引入一致连续的概念.

定义 3.7　设函数 $y=f(x)$ 定义在区间 I 上，若对任意 $\varepsilon>0$，都存在只与 ε 有关而与 I 中的点 x 无关的 $\delta>0$，使得对任何 $x_1,x_2\in I$，当 $|x_1-x_2|<\delta$ 时，总有 $|f(x_1)-f(x_2)|<\varepsilon$. 此时称函数 $y=f(x)$ 在区间 I 内一致连续.

如何判断一个给定区间上的函数是不是一致连续的？为此，下面给出一致连续概念的否命题：

设函数 $y=f(x)$ 定义在区间 I 上，若存在某个 $\varepsilon_0>0$，对任意 $\delta>0$，在 I 上总存在两点 x_1,x_2，当 $|x_1-x_2|<\delta$ 时，有 $|f(x_1)-f(x_2)|\geqslant\varepsilon_0$，则函数 $y=f(x)$ 在区间 I 上是非一致连续的.

等价地，若存在某个 $\varepsilon_0>0$，在 I 中能找到两组点列 $\{x_n'\}$ 及 $\{x_n\}$，有 $\lim\limits_{n\to+\infty}|x_n'-x_n|=0$，但 $|f(x_n')-f(x_n)|\geqslant\varepsilon_0(n=1,2,\cdots)$，则函数 $y=f(x)$ 在区间 I 上也是非一致连续的.

例 4　证明：函数 $f(x)=\cos\dfrac{1}{x}$ 在区间 $[a,1]$（$0<a<1$，a 为常数）上是一致连续的，但在区间 $(0,1]$ 内非一致连续.

证明　先证在区间 $[a,1]$ 上一致连续.

对于任意 $\varepsilon>0$，及任意 $x_1,x_2\in[a,1]$，为使 $\left|\cos\dfrac{1}{x_1}-\cos\dfrac{1}{x_2}\right|<\varepsilon$，由

$$\cos\frac{1}{x_1}-\cos\frac{1}{x_2}=-2\sin\frac{\dfrac{1}{x_1}-\dfrac{1}{x_2}}{2}\sin\frac{\dfrac{1}{x_1}+\dfrac{1}{x_2}}{2},$$

放大不等式，得

$$\left|\cos\frac{1}{x_1}-\cos\frac{1}{x_2}\right|=\left|-2\sin\frac{\dfrac{1}{x_1}-\dfrac{1}{x_2}}{2}\sin\frac{\dfrac{1}{x_1}+\dfrac{1}{x_2}}{2}\right|\leqslant 2\left|\sin\frac{\dfrac{1}{x_1}-\dfrac{1}{x_2}}{2}\right|$$

$$\leqslant 2\cdot\frac{\left|\dfrac{1}{x_1}-\dfrac{1}{x_2}\right|}{2}=\left|\frac{1}{x_1}-\frac{1}{x_2}\right|,$$

故只要 $\left|\dfrac{1}{x_1}-\dfrac{1}{x_2}\right|<\varepsilon$ 即可.

注意到 $x_1\geqslant a$，$x_2\geqslant a$，再次放大不等式，由

$$\left|\frac{1}{x_1}-\frac{1}{x_2}\right|=\frac{|x_1-x_2|}{|x_1x_2|}\leqslant\frac{1}{a^2}|x_1-x_2|,$$

故只要 $\dfrac{1}{a^2}|x_1-x_2|<\varepsilon$，则 $\left|\cos\dfrac{1}{x_1}-\cos\dfrac{1}{x_2}\right|<\varepsilon$. 即当 $|x_1-x_2|<a^2\varepsilon$ 时，有 $\left|\cos\dfrac{1}{x_1}-\cos\dfrac{1}{x_2}\right|<\varepsilon$. 取 $0<\delta\leqslant a^2\varepsilon$，$\delta$ 只与 ε 有关，而与 $[a,1]$ 的 x 无关，由此可知，函数 $y=\cos\dfrac{1}{x}$ 在闭区间 $[a,1]$ 上一致连续.

再证函数 $y=\cos\dfrac{1}{x}$ 在区间 $(0,1]$ 上非一致连续. 为此,令 $\varepsilon_0=\dfrac{1}{2}$,构造两数列 $\left\{\dfrac{1}{2k\pi}\right\}$,

$\left\{\dfrac{1}{2k\pi+\dfrac{\pi}{2}}\right\}\subset(0,1]$,则有

$$\left|\frac{1}{2k\pi}-\frac{1}{2k\pi+\dfrac{\pi}{2}}\right|=\frac{\dfrac{\pi}{2}}{2k\pi\left(2k\pi+\dfrac{\pi}{2}\right)}<\frac{1}{8k^2\pi}<\frac{1}{16k^2}\to0\quad(k\to+\infty),$$

但是

$$\left|f\left(\frac{1}{2k\pi}\right)-f\left(\frac{1}{2k\pi+\dfrac{\pi}{2}}\right)\right|=\left|\cos2k\pi-\cos\left(2k\pi+\frac{\pi}{2}\right)\right|=1>\frac{1}{2}=\varepsilon_0.$$

因此,$y=\cos\dfrac{1}{x}$ 在 $(0,1]$ 上非一致连续.

读者可能会疑惑,上述两个数列 $\left\{\dfrac{1}{2k\pi}\right\}$ 及 $\left\{\dfrac{1}{2k\pi+\dfrac{\pi}{2}}\right\}$ 是如何构造的? 由例 4 第一部分

可以看出,只要 a 略微大于 0,在闭区间 $[a,1]$ 上函数 $y=\cos\dfrac{1}{x}$ 就一致连续,由此表明,是 $x=0$ 这一点"破坏"了函数的一致连续性,即在 $x=0$ 附近,自变量的细微变化就会导致函数值的剧烈变动. 因此,在证明 $y=\cos\dfrac{1}{x}$ 在区间 $(0,1]$ 上非一致连续时,要选用收敛到 $x=0$ 这一点的两个不同数列,并保证数列通项之间可以无限靠近.

由于 $y=\cos\dfrac{1}{x}$ 是初等函数,故 $y=\cos\dfrac{1}{x}$ 在 $(0,1]$ 上是连续的,因此由例 4 可知,连续不一定一致连续.(一致连续函数一定连续. 因在一致连续定义中,令 x_2 给定,x_1 作为 x 任意变动,即变为连续函数的定义.)

何时连续与一致连续等价呢? 为了回答这个问题,我们给出下面的定理:

定理 3.8(康托尔(Cantor)定理) 闭区间 $[a,b]$ 上的连续函数一定在 $[a,b]$ 上一致连续. 该定理的证明将在 3.4 节给出.

习题 3.3

1. 证明:(1) 函数 $y=x^2$ 在 $(-1,1)$ 内一致连续,在 $\mathbb{R}$ 上非一致连续;

(2) 函数 $y=\sin x^2$ 在 $\mathbb{R}$ 上非一致连续.

2. 证明:若 $y=f(x)$ 在 $[a,b]$ 上连续,且 $a<x_1<x_2<\cdots<x_n<b$,则在 $[x_1,x_n]$ 中必有一点 ξ,使得

$$f(\xi) = \frac{f(x_1) + f(x_2) + \cdots + f(x_n)}{n}.$$

3. 证明：若函数 $y=f(x)$ 在区间 I 上满足利普希茨（Lipschitz）条件：即存在常数 $K>0$，对任意 $x, y \in K$，都有 $|f(x)-f(y)| \leqslant K|x-y|$，则 $y=f(x)$ 在 I 上一致连续.

4. 证明：函数 $y=f(x)$ 在 (a,b) 内连续，则函数 $y=f(x)$ 在 (a,b) 内一致连续的充要条件是 $f(a+0)$ 和 $f(b-0)$ 都存在.

5. 证明：若函数 $y=f(x)$ 在 $[a,+\infty)$ 上连续，且 $\lim\limits_{x \to +\infty} f(x)=b$，则函数 $y=f(x)$ 在 $[a,+\infty)$ 上一致连续.

6. 证明：若函数 $y=f(x)$ 在 (a,b) 内连续且单调有界，则函数 $y=f(x)$ 在 (a,b) 内一致连续.

3.4　实数的连续性

数学是建立在严密的逻辑推理之上的，前面我们学习了极限理论，继而以极限为工具定义了函数的连续性概念，由此出发，又认识了连续函数以及闭区间上连续函数的特性. 所有这一切，都是建立在实数连续性基础之上的。所谓实数的连续性，简而言之，即任何收敛实数列的极限值仍是实数，亦称为实数集对于极限运算的封闭性. 有理数集无此性质. 例如，前面我们熟知的数列 $\left\{\left(1+\frac{1}{n}\right)^n\right\}$，它的每一项都是有理数，但 $\lim\limits_{n \to +\infty}\left(1+\frac{1}{n}\right)^n=e$ 却是个无理数，不属于有理数集.

实数的连续性具体体现在下面形式不同但本质一致（即互相等价）的五个定理（其中柯西收敛原理在前面已叙述过）.

3.4.1　闭区间套定理

定理 3.9（闭区间套定理）　若有闭区间列 $\{[a_n, b_n]\}(n=1,2,\cdots)$，满足

(1) $[a_1, b_1] \supset [a_2, b_2] \supset \cdots \supset [a_n, b_n] \supset \cdots$；

(2) $\lim\limits_{n \to +\infty}(b_n-a_n)=0$，

则存在唯一的数 l 使得
$$\lim_{n \to +\infty} a_n = \lim_{n \to +\infty} b_n = l,$$
且 $l \in [a_k, b_k](k=1,2,\cdots)$，即 l 属于每一个区间.

证明　如图 3.4 所示，首先，由已知条件(1)知，数列 $\{a_n\}$ 单调递增且有上界（b_1 就是一个上界），故根据公理，数列 $\{a_n\}$ 存在极限，记 $\lim\limits_{n \to +\infty} a_n=l$.

再由条件(2)知，$\lim\limits_{n \to +\infty} b_n = \lim\limits_{n \to +\infty}(b_n-a_n+a_n) = \lim\limits_{n \to +\infty}(b_n-a_n) + \lim\limits_{n \to +\infty} a_n = 0+l=l.$

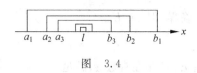

图 3.4

接下来证明 $l \in [a_k, b_k](k=1,2,\cdots)$.

对任意取定的正整数 k,当 $n>k$ 时,因 $[a_n, b_n] \subset [a_k, b_k]$,即 $a_k \leqslant a_n < b_n \leqslant b_k$,故由极限保号性得

$$a_k \leqslant \lim_{n \to +\infty} a_n = l \quad \text{且} \quad l = \lim_{n \to +\infty} b_n \leqslant b_k.$$

此即表明 $l \in [a_k, b_k](k=1,2,\cdots)$.

最后,证明 l 是唯一的.假若还有 l' 符合要求,从而 $l' \in [a_k, b_k](k=1,2,\cdots)$.由 $a_k \leqslant l \leqslant b_k$ 及 $a_k \leqslant l' \leqslant b_k(k=1,2,\cdots)$ 得

$$0 \leqslant |l-l'| \leqslant b_k - a_k \quad (k=1,2,\cdots).$$

又因 $\lim_{k \to +\infty}(b_k - a_k)=0$,从而 $l-l'=0$,即 $l=l'$,因此 l 是唯一的.

综上可知,闭区间套定理得证.

在定理 3.9 中,若将闭区间列换成开区间列,结论不一定成立.比如,开区间列 $\left\{\left(0, \dfrac{1}{n}\right)\right\}$ 满足定理 3.9 的两个条件,即 $(0,1) \supset \left(0, \dfrac{1}{2}\right) \supset \cdots \supset \left(0, \dfrac{1}{n}\right) \supset \cdots$ 并且 $\lim_{n \to +\infty}\left(\dfrac{1}{n}-0\right)=0$,但却不存在数 l 属于其中每一个开区间.

闭区间套定理该如何应用呢?下面确界定理的证明便是闭区间套定理应用的典型范例.

3.4.2 确界定理

对于非空数集 $E=\left\{\dfrac{n}{n+1} \,\middle|\, n=1,2,\cdots\right\}$,1 是它的一个上界,因为 $\dfrac{n}{n+1}<1(n=1,2,\cdots)$,从而 $2,3,\cdots,n(n$ 是大于 1 的任意固定的自然数$)$ 都是其上界.因此,E 的上界不是唯一的.但对于其上界 1 来说,因 $\lim_{n \to +\infty}\dfrac{n}{n+1}=1$,故比 1 小的任何正数均不是 E 的上界,换句话说,1 是最小的上界.这样的上界称为上确界.一般地,有如下定义:

定义 3.8 给定非空数集 E,若存在常数 β,满足

(1) 对任意 $x \in E$,有 $x \leqslant \beta$,即 β 是 E 的上界;

(2) 对任意 $\varepsilon>0$,总存在某个 $x_0 \in E$,有 $x_0 > \beta-\varepsilon$,即小于 β 的任何数均不是上界;

则称 β 是数集 E 的上确界,记为 $\beta=\sup E$.

定义 3.8 表明数集 E 的上确界 β 是数集 E 的最小上界,但 β 不一定属于 E.例如,$E=$

$\left\{\dfrac{n}{n+1}\,\middle|\,n=1,2,\cdots\right\}$，1 是其上确界，但 $1\bar{\in}E$.

类似地，有下确界的概念.

定义 3.9　给定非空数集 E，若存在常数 α，满足

（1）对任意 $x\in E$，有 $x\geqslant\alpha$，即 α 是 E 的下界；

（2）对任意 $\varepsilon>0$，总存在某个 $x_0\in E$，有 $x_0<\alpha+\varepsilon$，即大于 α 的任何数均不是下界；

则称 α 是数集 E 的下确界，记为 $\alpha=\inf E$.

定义 3.9 表明数集 E 的下确界 α 是数集 E 的最大下界，但 α 也不一定属于 E. 例如，$E=\left\{\dfrac{1}{n}\,\middle|\,n=1,2,\cdots\right\}$，因为 $\dfrac{1}{n}>0(n=1,2,\cdots)$，又 $\lim\limits_{n\to+\infty}\dfrac{1}{n}=0$，故 E 的下确界是 0，但 $0\bar{\in}E$.

另外，并不是每个非空数集都有上（下）确界，例如，整数集既无上界也无下界，从而无上确界也无下确界. 但对于有上（下）界的非空数集一定有上（下）确界，即有如下定理.

定理 3.10（确界定理）　若非空数集 E 有上界（下界），则数集 E 存在唯一的上确界（下确界）.

证明　我们利用闭区间套定理把所要找的上确界（下确界）"套"出来.

因数集 E 非空，设 $a\in E$. 又设 b 是 E 的一个上界. 不妨设 $a<b$. 闭区间 $[a,b]$ 具有如下性质：

（1）$[a,b]$ 的右侧没有 E 的点（因为 b 是 E 的上界）；

（2）$[a,b]$ 中至少包含有 E 的一个点（因为 $a\in E$）.

将具有性质（1）和（2）的闭区间称为具有性质 P^* 的闭区间. 将 $[a,b]$ 二等分，分为 $\left[a,\dfrac{a+b}{2}\right]$，$\left[\dfrac{a+b}{2},b\right]$. 这两个区间中至少有一个具有性质 P^*.

事实上，因为 $a\in E$，故 $\left[a,\dfrac{a+b}{2}\right]$ 有性质（2），若 $\left[a,\dfrac{a+b}{2}\right]$ 的右侧没有 E 的点，则 $\left[a,\dfrac{a+b}{2}\right]$ 即符合要求；若 $\left[a,\dfrac{a+b}{2}\right]$ 的右侧有 E 的点，则 $\left[\dfrac{a+b}{2},b\right]$ 符合要求，因为此时 $\left[\dfrac{a+b}{2},b\right]$ 中有 E 的点，而且 $\left[\dfrac{a+b}{2},b\right]$ 的右侧没有 E 的点.

把 $\left[a,\dfrac{a+b}{2}\right]$ 和 $\left[\dfrac{a+b}{2},b\right]$ 中具有性质 P^* 的闭区间记为 $[a_1,b_1]$. 然后，再把 $[a_1,b_1]$ 二等分，类似于上面的分析，其中至少有一个闭区间具有性质 P^*. 照此方法继续分下去，得到闭区间列 $\{[a_n,b_n]\}$（其中 $a_0=a,b_0=b$），而且由上述构造知

（1）$[a,b]\supset[a_1,b_1]\supset[a_2,b_2]\supset\cdots\supset[a_n,b_n]\supset\cdots$；

（2）$\lim\limits_{n\to+\infty}(b_n-a_n)=\lim\limits_{n\to+\infty}\dfrac{b-a}{2^n}=0$.

利用闭区间套定理，存在唯一的数 $\beta\in[a_n,b_n]$，$n=0,1,2,\cdots$，而且 $\lim\limits_{n\to+\infty}a_n=\lim\limits_{n\to+\infty}b_n=\beta$.

下证 β 是 E 的上确界.

先证 β 是 E 的上界,即对任意 $x \in E$,总有 $x \leqslant \beta$. 否则,存在某个 $x_0 \in E$,使得 $\beta < x_0$. 因为 $\lim\limits_{n \to +\infty} b_n = \beta$,从而有 $\lim\limits_{n \to +\infty} b_n < x_0$,故由极限保号性得,存在充分大的正整数 m,有 $b_m < x_0$,这与 $[a_m, b_m]$ 右侧没有 E 中的点矛盾. 此即表明 β 是 E 的上界.

再证对任意 $\varepsilon > 0$,存在某个 $x_0 \in E$,有 $\beta - \varepsilon < x_0$. 事实上,因为 $\lim\limits_{n \to +\infty} a_n = \beta > \beta - \varepsilon$,故由极限保号性,存在充分大的正整数 m,使得 $a_m > \beta - \varepsilon$,从而 $\beta - \varepsilon$ 位于闭区间 $[a_m, b_m]$ 的左侧,再注意到 $[a_m, b_m]$ 中至少含有 E 中一点 x_0,故 $\beta - \varepsilon < a_m \leqslant x_0$,从而可知 β 是 E 的上确界.

最后,证上确界是唯一的. 若 β' 也是 E 的上确界,因为上确界是最小的上界,一方面,$\beta \leqslant \beta'$,另一方面,$\beta' \leqslant \beta$,故 $\beta = \beta'$.

综上可知,若非空数集 E 有上界,则必有唯一的上确界. 同理可以证明,对于非空数集 E 有下界,必有唯一下确界. 确界定理得证.

例 1 求以下数列的上、下确界:

(1) $\left\{ 1 - \dfrac{1}{n} \right\}$;　　(2) $\{ -n | 2 + (-2)^n | \}$;

(3) $\{x_n\}$,其中 $x_n = \begin{cases} k, & n = 2k, \\ 1 + \dfrac{1}{k}, & n = 2k - 1 \end{cases}$ $(k = 1, 2, \cdots)$.

解 (1) 因为 $1 - \dfrac{1}{n} < 1, n = 1, 2, \cdots$,又 $\lim\limits_{n \to +\infty} \left(1 - \dfrac{1}{n} \right) = 1$,故对任意 $\varepsilon > 0$,由极限保号性,存在正整数 N,当 $n > N$ 时,有 $1 - \dfrac{1}{n} > 1 - \varepsilon$,从而表明上确界 $\beta = 1$. 又因为 $0 \leqslant 1 - \dfrac{1}{n}$,特别地,当 $n = 1$ 时,$1 - \dfrac{1}{n} = 0$,故下确界 $\alpha = 0$.

(2) 因为 $x_n = -n | 2 + (-2)^n | \leqslant 0, n = 1, 2, \cdots$,特别地,当 $n = 1$ 时,$x_1 = -1[2 + (-2)] = 0$,故上确界 $\beta = 0$. 又因为 $\lim\limits_{n \to +\infty} -n | 2 + (-2)^n | = -\infty$,故下确界不存在.

(3) 因为 $x_n \geqslant 1, n = 1, 2, \cdots$,又 $\lim\limits_{k \to +\infty} \left(1 + \dfrac{1}{k} \right) = 1$,故下确界 $\alpha = 1$. 又因为 $\lim\limits_{k \to +\infty} k = +\infty$,故上确界 β 不存在.

3.4.3 有限覆盖定理

设 $I = (0, 1), P = \left\{ \left(\dfrac{1}{n+1}, 1 \right) \Big| n = 1, 2, \cdots \right\}$,$I$ 与开区间集 P 有下述关系:对任意给定的 $x \in (0, 1)$,因 $\lim\limits_{n \to +\infty} \dfrac{1}{n+1} = 0$,故由极限保号性,存在充分大的正整数 N,有 $\dfrac{1}{N+1} < x$,从而有 $x \in \left(\dfrac{1}{N+1}, 1 \right)$. 此时,我们说 P 覆盖了区间 I.

一般地,有下面定义:

定义 3.10 给定区间 I（开区间或闭区间）及开区间集 P,若对任意 $x \in I$,至少存在一个 P 中的开区间 Δ,使得 $x \in \Delta$,则称开区间集 P 覆盖了区间 I,或称 I 被 P 覆盖.

定理 3.11（有限覆盖定理） 若开区间集 P 覆盖了闭区间 $[a,b]$,则 P 中存在有限个开区间也覆盖了闭区间 $[a,b]$.

证明 反证法.假若 P 中任何有限多个开区间都不能覆盖 $[a,b]$,即 $[a,b]$ 不存在有限覆盖.将 $[a,b]$ 二等分,则 $\left[a,\dfrac{a+b}{2}\right]$ 与 $\left[\dfrac{a+b}{2},b\right]$ 之中至少有一个不存在有限覆盖（否则,整个闭区间 $[a,b]$ 就存在有限覆盖,这与假设矛盾）,将其中没有有限覆盖的那一个闭区间记为 $[a_1,b_1]$（若二者都没有有限覆盖,则任选其一）.

然后二等分 $[a_1,b_1]$,将其中没有有限覆盖的那一个闭区间记为 $[a_2,b_2]$,照此法无限等分下去,得到闭区间列 $\{[a_n,b_n]\}$ $(a_0=a,b_0=b)$,其中每个闭区间都没有有限覆盖.而且由上述构造知,它们满足

(1) $[a,b] \supset [a_1,b_1] \supset [a_2,b_2] \supset \cdots \supset [a_n,b_n] \supset \cdots$;

(2) $\lim\limits_{n \to +\infty}(b_n-a_n) = \lim\limits_{n \to +\infty}\dfrac{b-a}{2^n} = 0$.

由闭区间套定理知,存在唯一的数 l,使得

$$\lim_{n \to +\infty} a_n = \lim_{n \to +\infty} b_n = l,$$

且 $l \in [a_n,b_n]$, $n=1,2,\cdots$.

从而,$l \in [a_n,b_n] \subset [a,b]$.又由已知条件知开区间集 P 覆盖了 $[a,b]$,故存在开区间 $(p,q) \subset P$,有 $l \in (p,q)$,即 $p < l < q$,由此得

$$p < \lim a_n, \qquad \lim b_n < q,$$

由极限保号性,分别存在正整数 N_1,N_2,使得当 $n > N_1$ 时,有 $p < a_n$;当 $n > N_2$ 时,有 $b_n < q$.

令 $N = \max\{N_1,N_2\}$,则当 $n > N$ 时,同时有

$$p < a_n \quad 及 \quad b_n < q.$$

从而闭区间 $[a_{N+1},b_{N+1}] \subset (p,q)$,此即闭区间 $[a_{N+1},b_{N+1}]$ 被一个开区间 (p,q) 覆盖,这与 $[a_{N+1},b_{N+1}]$ 不存在有限覆盖矛盾.假设不成立,有限覆盖定理得证.

有限覆盖定理也称为紧致性定理,或海涅-博雷尔（Heine-Borel）定理.因此,我们也说闭区间具有紧致性.有限覆盖定理在现代数学的各个分支的发展进程中发挥着重要作用,而且有着深远的影响.

在有限覆盖定理中,闭区间 $[a,b]$ 是本质,即若将闭区间改为开区间,结论不一定成立.

例如,开区间集 $P = \left\{\left(\dfrac{1}{n+1},1\right) \middle| n=1,2,\cdots\right\}$ 覆盖了开区间 $(0,1)$,但 P 中任何有限个开区间都不能覆盖开区间 $(0,1)$.

3.4.4　致密性定理

首先,介绍一下子列的有关知识.

给定数列 $\{a_n\}$,即

$$a_1, a_2, \cdots, a_n, \cdots,$$

按原来的顺序从左向右任意选取无穷多项作成的新数列,叫做原来数列 $\{a_n\}$ 的一个子列,记为 $\{a_{n_k}\}$,即

$$a_{n_1}, a_{n_2}, \cdots, a_{n_k}, \cdots,$$

其中 k 是子列中每项的序号数,即 a_{n_k} 表示子列中的第 k 项,而 n_k 表示 a_{n_k} 是原数列 $\{a_n\}$ 中的第 n_k 项.因此,一般地,有 $n_k \geqslant k$,即 $\{a_{n_k}\}$ 的第 k 项取自于 $\{a_n\}$ 的第 k 项或第 k 项以后的项.进而,从 n_k 及 k 的含义可得下述符号关系:

对任意正整数 h, k,有 $n_h \geqslant n_k \Leftrightarrow h \geqslant k$.

我们关心的是,一个数列收敛与否和它的子列收敛与否有什么关系? 下面的定理给出了明确的回答:

定理 3.12　已知数列 $\{a_n\}$,若 $\lim\limits_{n \to +\infty} a_n = a$,则 $\{a_n\}$ 的任何子列 $\{a_{n_k}\}$ 均收敛,而且 $\lim\limits_{k \to +\infty} a_{n_k} = a$.

证明　因为 $\lim\limits_{n \to +\infty} a_n = a$,由数列极限定义知,对于任意 $\varepsilon > 0$,存在正整数 N,当 $n > N$ 时,有 $|a_n - a| < \varepsilon$.

进而,当 $k > N$ 时,有 $n_k > n_N \geqslant N$,从而

$$|a_{n_k} - a| < \varepsilon,$$

此即表明

$$\lim_{k \to +\infty} a_{n_k} = a.$$

由定理 3.12 知,若 $\{a_n\}$ 存在发散的子列或有两个子列不收敛于同一极限,则 $\{a_n\}$ 发散.比如,数列 $\{(-1)^n\}$ 发散,因其奇数项子列 $\{(-1)^{2k+1}\}$,即 $-1, -1, -1, \cdots, -1, \cdots$ 收敛于 -1;而其偶数项子列 $\{(-1)^{2k}\}$,即 $1, 1, 1, \cdots, 1, \cdots$ 收敛于 1.

另外,由定理 3.12 可得下面重要的推论:

推论 3.2　$\lim\limits_{n \to +\infty} a_n = a$ 的充要条件是 $\lim\limits_{k \to +\infty} a_{2k} = \lim\limits_{k \to +\infty} a_{2k+1} = a$.

证明　必要性由定理 3.12 立得.

下证充分性.因为 $\lim\limits_{k \to +\infty} a_{2k} = a$,$\lim\limits_{k \to +\infty} a_{2k+1} = a$,故由数列极限定义知,对于任意 $\varepsilon > 0$,分别存在正整数 N_1 和 N_2,当 $k > N_1$ 时,有 $|a_{2k} - a| < \varepsilon$;当 $k > N_2$ 时,有 $|a_{2k+1} - a| < \varepsilon$.

令 $N = \max\{N_1, N_2\}$,故当 $k > N$ 时,同时有

$$|a_{2k} - a| < \varepsilon \quad \text{和} \quad |a_{2k+1} - a| < \varepsilon.$$

于是,当 $n > 2N+1$ 时,有 $|a_n - a| < \varepsilon$(因若 $n = 2k$ 为偶数则得 $2k > 2N+1 > 2N$,从而 $k > N$;若 $n = 2k+1$ 为奇数,则得 $2k+1 > 2N+1$,即 $k > N$,从而均符合上面不等式成立的条件).

进而有 $\lim\limits_{n \to +\infty} a_n = a$，充分性得证.

以此为基础，给出下面的定理：

定理 3.13（致密性定理）　任一有界数列必有收敛子列.

证明　用闭区间套定理把所求的收敛子列及其极限"套"出来.

设 $\{a_n\}$ 是有界数列，即存在常数 a, b，使得 $a \leqslant a_n \leqslant b(n = 1, 2, \cdots)$. 把 $[a, b]$ 二等分，则其中至少有一个区间会有 $\{a_n\}$ 中无穷多个项（否则，$[a, b]$ 中只有 $\{a_n\}$ 的有限项，矛盾），把这个子区间记为 $[a_1, b_1]$（若二者均含有 $\{a_n\}$ 的无穷多项，则任取其一），再等分 $[a_1, b_1]$，把其中含有 $\{a_n\}$ 的无穷多项的子区间记为 $[a_2, b_2]$. 照此方法无限进行下去，得到一闭区间列 $\{[a_n, b_n]\}$，其中每个闭区间均含有 $\{a_n\}$ 的无穷多项，而且满足

(1) $[a, b] \supset [a_1, b_1] \supset [a_2, b_2] \supset \cdots \supset [a_n, b_n] \supset \cdots$；

(2) $\lim\limits_{n \to +\infty} (b_n - a_n) = \lim\limits_{n \to +\infty} \dfrac{b - a}{2^n} = 0$.

故由闭区间套定理，存在唯一的 $\xi \in [a, b]$，使得

$$\lim_{n \to +\infty} a_n = \xi, \qquad \lim_{n \to +\infty} b_n = \xi.$$

而且

$$\xi \in [a_k, b_k], \quad k = 1, 2, \cdots.$$

下面构造所求的子列：

在 $[a_1, b_1]$ 中任取 $\{a_n\}$ 的一项，记为 a_{n_1}，在 $[a_2, b_2]$ 中取 $\{a_n\}$ 的一项，记为 a_{n_2}，且使得 $n_2 > n_1$（因 $[a_2, b_2]$ 中含有 $\{a_n\}$ 的无穷多项，这样的 a_{n_2} 是能取到的）. 类似地，在 $[a_3, b_3]$ 中取 $\{a_n\}$ 的一项，记为 a_{n_3}，且使得 $n_3 > n_2$，照此方法一直进行下去，得 $\{a_n\}$ 的一个子列 $\{a_{n_k}\}$，由上述构造知，$\{a_{n_k}\}$ 满足

$$a_{n_k} \in [a_k, b_k], \quad 即 \quad a_k \leqslant a_{n_k} \leqslant b_k, \quad k = 1, 2, \cdots.$$

故由数列极限的两边夹定理得

$$\lim_{k \to +\infty} a_{n_k} = \lim_{k \to +\infty} a_k = \lim_{k \to +\infty} b_k = \xi.$$

从而 $\{a_{n_k}\}$ 即符合要求的收敛子列，定理得证.

致密性定理也叫魏尔斯特拉斯（Weierstrass）定理，该定理是由德国数学家魏尔斯特拉斯首先得到的.

3.4.5　柯西收敛原理

在 2.3 节及 2.5 节中我们已分别叙述了数列形式和函数形式的柯西收敛原理. 下面再重述一遍，而且给出它们的证明：

定理 3.14（数列形式的柯西收敛原理）　数列 $\{a_n\}$ 收敛的充要条件是对任意 $\varepsilon > 0$，总存在正整数 N，当 $n, m > N$ 时，有

$$| a_n - a_m | < \varepsilon.$$

证明　必要性的证明见定理 2.8.

在此只证充分性. 我们将利用致密性定理来证. 首先证明满足充分性条件的数列 $\{a_n\}$ 有界. 取 $\varepsilon_0 = 1$, 则必存在正整数 N_0, 当 $n, m > N_0$ 时, 有

$$| a_n - a_m | < 1.$$

特别地, 令 $m = N_0 + 1$, 则当 $n > N_0$ 时, 有

$$| a_n - a_{N_0+1} | < 1.$$

从而, 当 $n > N_0$ 时, 有

$$| a_n | = | a_n - a_{N_0+1} + a_{N_0+1} | \leqslant | a_n - a_{N_0+1} | + | a_{N_0+1} | \leqslant 1 + | a_{N_0+1} |.$$

令 $M = \max\{| a_1 |, | a_2 |, \cdots, | a_{N_0} |, 1 + | a_{N_0+1} |\}$, 则 $| a_n | \leqslant M, n = 1, 2, \cdots$, 即 $\{a_n\}$ 有界.

由致密性定理知, 在数列 $\{a_n\}$ 中存在收敛子列, 记为 $\{a_{n_k}\}$, 且满足 $\lim\limits_{k \to +\infty} a_{n_k} = a$. 根据数列极限定义, 对于任意 $\varepsilon > 0$, 存在正整数 K, 当 $k > K$ 时, 有

$$| a_{n_k} - a | < \varepsilon.$$

再由充分性条件知, 对上述 $\varepsilon > 0$, 存在正整数 N', 当 $n, m > N'$ 时, 有

$$| a_n - a_m | < \varepsilon.$$

令 $N = \max\{K+1, N'+1\}$, 从而有 $n_N \geqslant n_{k+1}$, 而且 $n_N \geqslant N > N'$, 因此 $| a_{n_N} - a | < \varepsilon$, 而且当 $n > N$ 时, 有 $| a_n - a_{n_N} | < \varepsilon$, 由此得, 对任意 $\varepsilon > 0$, 存在正整数 N, 当 $n > N$ 时, 有

$$| a_n - a | = | a_n - a_{n_N} + a_{n_N} - a | \leqslant | a_n - a_{n_N} | + | a_{n_N} - a |$$
$$< \varepsilon + \varepsilon = 2\varepsilon.$$

即 $\lim\limits_{n \to +\infty} a_n = a$. 充分性得证.

定理 3.15（函数形式的柯西收敛原理）　极限 $\lim\limits_{x \to x_0} f(x)$ 存在的充要条件是对任意 $\varepsilon > 0$, 总存在 $\delta > 0$, 对 $f(x)$ 定义域中的任意 x', x'', 当 $0 < | x' - x_0 | < \delta, 0 < | x'' - x_0 | < \delta$ 时, 有

$$| f(x') - f(x'') | < \varepsilon.$$

证明　必要性. 设 $\lim\limits_{x \to x_0} f(x) = a$, 故由函数极限定义知, 对任意 $\varepsilon > 0$, 存在 $\delta > 0$, 当 $0 < | x - x_0 | < \delta$ 时, 有 $| f(x) - a | < \varepsilon$. 从而, 对 $f(x)$ 定义域中任意 x', x'', 当 $0 < | x' - x_0 | < \delta$ 及 $0 < | x'' - x_0 | < \delta$ 时, 同时有

$$| f(x') - a | < \varepsilon \quad \text{和} \quad | f(x'') - a | < \varepsilon.$$

因此

$$| f(x') - f(x'') | = | (f(x') - a) - (f(x'') - a) | \leqslant | f(x') - a | + | f(x'') - a |$$
$$< \varepsilon + \varepsilon = 2\varepsilon.$$

必要性得证.

充分性. 我们利用海涅定理将函数情形化为数列情形进行处理. 由已知条件, 对任意 $\varepsilon >$

0,存在 $\delta>0$,对 $f(x)$ 定义域中任意 x',x'',当 $0<|x'-x_0|<\delta$ 与 $0<|x''-x_0|<\delta$ 时,有 $|f(x')-f(x'')|<\varepsilon$.从而对 $f(x)$ 定义域中任意数列 $\{x_n\}$ 满足 $\lim\limits_{n\to+\infty}x_n=x_0$,$x_n\neq x_0$,$n=1,2,\cdots$,由数列极限的定义知,对上述 $\delta>0$,存在正整数 N,当 $n>N$ 时,有 $0<|x_n-x_0|<\delta$.进而对任意正整数 $n_1,n_2>N$,当 $0<|x_{n_1}-x_0|<\delta$,$0<|x_{n_2}-x_0|<\delta$ 时,有

$$|f(x_{n_1})-f(x_{n_2})|<\varepsilon.$$

对数列 $\{f(x_n)\}$,由数列形式的柯西收敛原理知数列 $\{f(x_n)\}$ 收敛,进一步由海涅定理知,函数 $y=f(x)$ 在 $x=x_0$ 点存在极限.充分性得证.

习题 3.4

1. 判断下列数集是否存在上（下）确界,若存在,求出上（下）确界.

(1) $\left\{(-1)^n\left(1-\dfrac{1}{2^n}\right)\Big|n=1,2,\cdots\right\}$;　　　　(2) $\{\sin x\,|\,x\in(0,2\pi]\}$;

(3) $\{x\,|\,x\text{ 是有理数且 }x^2<3\}$;　　　　(4) $\left\{(-1)^n\dfrac{1}{5^n}\Big|n=1,2,\cdots\right\}$.

2. 利用柯西收敛原理讨论下列数列的收敛性:

(1) $\{x_n\}$,其中 $x_n=1-\dfrac{1}{2}+\dfrac{1}{3}-\cdots+(-1)^{n+1}\dfrac{1}{n}$,$n=1,2,\cdots$;

(2) $\{x_n\}$,其中 $x_n=1+\dfrac{\sin 1}{2}+\dfrac{\sin 2}{2^2}+\cdots+\dfrac{\sin n}{2^n}$,$n=1,2,\cdots$.

3. 证明:若 A,B 是两个非空数集,且对任意 $x\in A$ 与任意 $y\in B$,都有 $x\leqslant y$,则 $\sup A\leqslant\inf B$.

4. 证明:若数列 $\{x_n\}$ 收敛,则数集 $\{x_n\,|\,n=1,2,\cdots\}$ 一定存在上确界和下确界.

5. 证明:$\sup\{a_n+b_n\}\leqslant\sup\{a_n\}+\sup\{b_n\}$,$\inf\{a_n+b_n\}\geqslant\inf\{a_n\}+\inf\{b_n\}$.

3.5　闭区间上连续函数性质定理的证明

在 3.3 节我们给出了闭区间上连续函数的几个性质定理,本节我们以 3.4 节的实数连续性定理为工具,给出这几个性质定理的证明.

定理 3.16（有界性定理）　若函数 $y=f(x)$ 在闭区间 $[a,b]$ 上连续,则函数 $y=f(x)$ 在闭区间 $[a,b]$ 上有界,即存在常数 $M>0$,对任意 $x\in[a,b]$,有 $|f(x)|\leqslant M$.

证明　由函数 $y=f(x)$ 在 $[a,b]$ 上连续,根据连续函数定义,对任意给定的 $x_0\in[a,b]$,取 $\varepsilon_0=1$,总存在 $\delta_{x_0}>0$（记号 δ_{x_0} 表明 δ 与 x_0 有关）,当 $x\in(x_0-\delta_{x_0},x_0+\delta_{x_0})\bigcap[a,b]$ 时,有

$$|f(x)-f(x_0)|<1.$$

由

$$| f(x) |-| f(x_0) | \leqslant | f(x)-f(x_0) | < 1,$$

得

$$| f(x) | \leqslant | f(x_0) |+1, \quad x \in (x_0-\delta_{x_0}, x_0+\delta_{x_0}).$$

这表明函数 $y=f(x)$，在开区间 $(x_0-\delta_{x_0}, x_0+\delta_{x_0})$ 内有界. 由 x_0 在闭区间 $[a,b]$ 中的任意性知，对 $[a,b]$ 中任意点 x，都存在开区间 $(x-\delta_x, x+\delta_x)$，使得 $y=f(x)$ 在 $(x-\delta_x, x+\delta_x)$ 内有界. 显然，开区间集 $P=\{(x-\delta_x, x+\delta_x)\mid x \in [a,b]\}$ 覆盖了闭区间 $[a,b]$. 根据有限覆盖定理，P 中存在有限个开区间 $(x_k-\delta_{x_k}, x_k+\delta_{x_k})(k=1,2,\cdots,n)$ 覆盖闭区间 $[a,b]$，并且有

$$| f(x) | \leqslant | f(x_k) |+1, \quad x \in (x_k-\delta_{x_k}, x_k+\delta_{x_k}), \quad k=1,2,\cdots,n.$$

令 $M=\max\limits_{1\leqslant k\leqslant n}\{| f(x_k) |+1\}$，则对任意 $x \in [a,b]$，有

$$| f(x) | \leqslant M.$$

综上可知，对任意 $x \in [a,b]$，总存在某个开区间 $(x_k-\delta_{x_k}, x_k+\delta_{x_k})(1\leqslant k\leqslant n)$，使得 $x \in (x_k-\delta_{x_k}, x_k+\delta_{x_k})$，有 $| f(x) | \leqslant | f(x_k) |+1\leqslant M$. 有界性得证.

定理 3.17（最值定理） 若函数 $y=f(x)$ 在闭区间 $[a,b]$ 上连续，则 $y=f(x)$ 在 $[a,b]$ 上取到最大值 M 和最小值 m，即存在 $x_1, x_2 \in [a,b]$，使得

$$f(x_1)=M, \quad f(x_2)=m,$$

且对任何 $x \in [a,b]$，有

$$m \leqslant f(x) \leqslant M.$$

证明 设 $\sup\{f(x)\mid x \in [a,b]\}=M$. 下证 $f(x)$ 在 $[a,b]$ 上能够取到上确界 M，即存在 $x_1 \in [a,b]$，有 $f(x_1)=M$.

用反证法. 假若对任意 $x \in [a,b]$，都有 $f(x)<M$. 记 $F(x)=M-f(x)$，由 $f(x)$ 在 $[a,b]$ 上连续知，$F(x)$ 在 $[a,b]$ 上亦连续，且 $F(x)>0, x \in [a,b]$. 从而函数 $\dfrac{1}{F(x)}=\dfrac{1}{M-f(x)}$ 在 $[a,b]$ 上也连续，根据定理 3.16 得，存在常数 $c>0$，对任意 $x \in [a,b]$，有 $\dfrac{1}{M-f(x)}<c$，即

$$f(x)<M-\frac{1}{c}, \quad x \in [a,b].$$

上式表明 M 不是数集 $\{f(x)\mid x \in [a,b]\}$ 的上确界，矛盾，从而假设不成立. 因此，存在某个 $x_1 \in [a,b]$，使得 $f(x_1)=M$.

对于最小值情况可类似地证明. 定理得证.

定理 3.18（零点存在性定理） 若函数 $y=f(x)$ 在闭区间 $[a,b]$ 上连续，且 $f(a)f(b)<0$，则在 (a,b) 内至少存在一点 ξ，使得

$$f(\xi)=0.$$

证明 用闭区间套定理把 ξ"套"出来.

不妨设 $f(a)<0, f(b)>0$. 将闭区间 $[a,b]$ 二等分，分点是 $\dfrac{a+b}{2}$. 若 $f\left(\dfrac{a+b}{2}\right)=0$，则 $\xi=$

$\dfrac{a+b}{2}$ 即为所求. 若 $f\left(\dfrac{a+b}{2}\right)\neq 0$，不妨设 $f\left(\dfrac{a+b}{2}\right)>0$，则函数 $y=f(x)$ 在闭区间 $\left[a,\dfrac{a+b}{2}\right]$ 的

两个端点的函数值的符号相反，将此区间记为 $[a_1,b_1]$. 再把 $[a_1,b_1]$ 二等分，分点为 $\dfrac{a_1+b_1}{2}$，

若 $f\left(\dfrac{a_1+b_1}{2}\right)=0$，则 $\xi=\dfrac{a_1+b_1}{2}$ 即为所求；若 $f\left(\dfrac{a_1+b_1}{2}\right)\neq 0$，不妨设 $f\left(\dfrac{a_1+b_1}{2}\right)<0$，注意到

$f(b_1)=f\left(\dfrac{a+b}{2}\right)>0$，从而 $y=f(x)$ 在闭区间 $\left[\dfrac{a_1+b_1}{2},b_1\right]$ 的两个端点的函数值的符号相

反，将此区间记为 $[a_2,b_2]$. 照此方法继续进行下去，若在某分点处函数值为 0，则该分点即为

所求，等分过程到此终止；若在每个分点处函数值均不为 0，则无限等分下去，得一闭区间列

$\{[a_n,b_n]\}$（其中 $a_0=a,b_0=b$），对于每个区间 $[a_k,b_k]$ 都有 $f(a_k)f(b_k)<0(k=0,1,2,\cdots)$，而

且，还满足

(1) $[a,b]\supset[a_1,b_1]\supset[a_2,b_2]\supset\cdots\supset[a_n,b_n]\supset\cdots$；

(2) $\lim\limits_{n\to+\infty}(b_n-a_n)=\lim\limits_{n\to+\infty}\dfrac{b-a}{2^n}=0$.

由闭区间套定理知，存在唯一的数 ξ，使得

$$\lim_{n\to+\infty}a_n=\lim_{n\to+\infty}b_n=\xi,$$

而且 $\xi\in[a_n,b_n](n=0,1,2,\cdots)$. 又函数 $y=f(x)$ 在 $[a,b]$ 上连续，从而

$$\lim_{n\to+\infty}f(a_n)f(b_n)=\lim_{n\to+\infty}f(a_n)\lim_{n\to+\infty}f(b_n)=f(\xi)\cdot f(\xi)=[f(\xi)]^2.$$

另一方面，因 $f(a_n)f(b_n)<0(n=0,1,2,\cdots)$，故由极限的保号性知 $\lim\limits_{n\to+\infty}f(a_n)f(b_n)\leqslant$

0，即 $[f(\xi)]^2\leqslant 0$，从而有 $f(\xi)=0$. 定理得证.

下面给出反函数连续性定理的证明：

定理 3.19（反函数连续性定理） 设函数 $y=f(x)$ 在区间 $[a,b]$ 上严格递增（或严格递

减）且连续，记 $f(a)=\alpha,f(b)=\beta$，则在区间 $[\alpha,\beta]$ 上存在反函数 $x=f^{-1}(y)$，$f^{-1}(y)$ 也严格

递增（或严格递减）且在 $[\alpha,\beta]$ 上连续.

证明 下面只就 $y=f(x)$ 是严格递增的情况加以证明，$y=f(x)$ 严格递减的情况可类

似证明.

在第 1 章，我们已说明了反函数的存在性. 由于 $y=f(x)$ 与 $x=f^{-1}(y)$ 函数图形相同，

因此，$y=f(x)$ 与 $x=f^{-1}(y)$ 有相同单调性.

下面只需证两个方面：

(1) 函数 $y=f(x)$ 的值域是 $[\alpha,\beta]$；

(2) 反函数 $x=f^{-1}(y)$ 在 $[\alpha,\beta]$ 上连续.

先证(1). 因 $y=f(x)$ 在 $[a,b]$ 上严格递增，故对任意 $x\in[a,b]$，有 $\alpha=f(a)\leqslant f(x)\leqslant$

$f(b)=\beta$. 由介值定理知，对任意 $y\in[\alpha,\beta]$，存在 $x\in(a,b)$，使得 $f(x)=y$.

再证(2). 需要证明任意 $y_0 \in (\alpha, \beta)$, 有 $f^{-1}(y)$ 在 y_0 连续, 而且在端点 α, β 分别满足右连续和左连续. 有关端点的单侧连续性, 读者可根据左、右连续定义自己证明. 在此, 我们仅证明对任意 $y_0 \in (\alpha, \beta)$, $f^{-1}(y)$ 在 y_0 点连续. 即证对任意 $\varepsilon > 0$, 及任意给定的 $y_0 \in (\alpha, \beta)$, 存在 $\delta > 0$, 当 $|y - y_0| < \delta$ 时, 有

$$| f^{-1}(y) - f^{-1}(y_0) | < \varepsilon.$$

记 $f^{-1}(y_0) = x_0$, $f^{-1}(y) = x$, 从而 $f(x_0) = y_0$, $f(x) = y$. 由于 $|f^{-1}(y) - f^{-1}(y_0)| = |x - x_0|$, 因此, 要使 $|f^{-1}(y) - f^{-1}(y_0)| < \varepsilon$, 只要 $|x - x_0| < \varepsilon$, 即 $x_0 - \varepsilon < x < x_0 + \varepsilon$. 因为 $y = f(x)$ 在 $[a, b]$ 上严格递增, $|x - x_0| < \varepsilon$ 意味着 $f(x_0 - \varepsilon) < f(x) < f(x_0 + \varepsilon)$, 又 $y_0 = f(x_0)$, 进而有

$$f(x_0 - \varepsilon) - f(x_0) < f(x) - y_0 < f(x_0 + \varepsilon) - f(x_0).$$

因此, 令 $\delta = \min\{f(x_0) - f(x_0 - \varepsilon), f(x_0 + \varepsilon) - f(x_0)\}$, 当 $|y - y_0| < \delta$ 时, 有

$$| f^{-1}(y) - f^{-1}(y_0) | < \varepsilon.$$

从而表明反函数 $x = f^{-1}(y)$ 在 $[\alpha, \beta]$ 上连续.

在本节的最后给出一致连续性定理(即定理 3.8)的证明.

定理 3.20 闭区间 $[a, b]$ 上的连续函数 $y = f(x)$ 一定一致连续.

证明 用有限覆盖定理来证明.

设 x_0 是 $[a, b]$ 中任意一点. 因为函数 $y = f(x)$ 在 $[a, b]$ 上连续, 由函数连续的定义, 对任意 $\varepsilon > 0$, 存在 $\delta_{x_0} > 0$, 当 $x \in (x_0 - \delta_{x_0}, x_0 + \delta_{x_0}) \bigcap [a, b]$ 时, 有 $|f(x) - f(x_0)| < \varepsilon$.

对于任意的 $x_1, x_2 \in (x_0 - \delta_{x_0}, x_0 + \delta_{x_0}) \bigcap [a, b]$, 即

$$| x_1 - x_0 | < \delta_{x_0}, \quad | x_2 - x_0 | < \delta_{x_0},$$

有

$$| f(x_1) - f(x_0) | < \varepsilon, \quad | f(x_2) - f(x_0) | < \varepsilon,$$

从而

$$| f(x_1) - f(x_2) | = | (f(x_1) - f(x_0)) - (f(x_2) - f(x_0)) |$$
$$\leqslant | f(x_1) - f(x_0) | + | f(x_2) - f(x_0) | < \varepsilon + \varepsilon = 2\varepsilon. \quad (3.1)$$

再由 x_0 的任意性知, 开区间集 $P = \left\{ \left(x_0 - \dfrac{\delta_{x_0}}{2}, x_0 + \dfrac{\delta_{x_0}}{2} \right) \middle| x_0 \in [a, b] \right\}$ 覆盖了闭区间 $[a, b]$.

根据有限覆盖定理, P 中存在有限个开区间 $\left(x_1 - \dfrac{\delta_{x_1}}{2}, x_1 + \dfrac{\delta_{x_1}}{2} \right)$, $\left(x_2 - \dfrac{\delta_{x_2}}{2}, x_2 + \dfrac{\delta_{x_2}}{2} \right)$, $\cdots$, $\left(x_n - \dfrac{\delta_{x_n}}{2}, x_n + \dfrac{\delta_{x_n}}{2} \right)$ 将闭区间 $[a, b]$ 覆盖.

令 $\delta = \min\left\{ \dfrac{\delta_{x_1}}{2}, \dfrac{\delta_{x_2}}{2}, \cdots, \dfrac{\delta_{x_n}}{2} \right\} > 0$, 下证 δ 符合一致连续的要求.

对任意 $x_1, x_2 \in [a,b]$，当 $|x_1 - x_2| < \delta$ 时，因 x_1 必属于某个开区间 $\left(x_k - \dfrac{\delta_{x_k}}{2}, x_k + \dfrac{\delta_{x_k}}{2}\right)$ $(1 \leqslant k \leqslant n)$，即 $|x_1 - x_k| < \dfrac{\delta_{x_k}}{2}$. 注意到 $\delta \leqslant \dfrac{\delta_{x_k}}{2}$，故

$$| x_2 - x_k | = | x_2 - x_1 + x_1 - x_k | \leqslant | x_2 - x_1 | + | x_1 - x_k |$$
$$< \delta + \frac{\delta_{x_k}}{2} \leqslant \frac{\delta_{x_k}}{2} + \frac{\delta_{x_k}}{2} = \delta_{x_k},$$

即 $x_2 \in (x_k - \delta_{x_k}, x_k + \delta_{x_k})$，再由(3.1)式知

$$| f(x_1) - f(x_2) | < 2\varepsilon.$$

综上可知，对任意 $\varepsilon > 0$，总存在 $\delta = \min\left\{\dfrac{\delta_{x_1}}{2}, \dfrac{\delta_{x_2}}{2}, \cdots, \dfrac{\delta_{x_n}}{2}\right\} > 0$，对任意 $x_1, x_2 \in [a,b]$，当 $|x_1 - x_2| < \delta$ 时，有 $|f(x_1) - f(x_2)| < 2\varepsilon$. 因此，函数 $y = f(x)$ 在闭区间 $[a,b]$ 上一致连续，定理得证.

习题 3.5

1. 证明：若函数 $f(x)$ 在 (a,b) 连续、单调、有界，则 $f(x)$ 在 (a,b) 上一致连续.

2. 应用确界定理证明闭区间连续函数的零点存在定理.

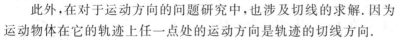

第 4 章

导数与微分

4.1 微积分产生的背景和导数概念

4.1.1 微积分产生的背景

17 世纪,欧洲的科学发生了巨变.航海业的快速发展,机械制造业的蓬勃兴起,透镜的设计,促进了天文学、力学和光学的发展.特别地,当时科学家们面临如何解释地球运动以及整个太阳系运行规律,这涉及四种类型的科学问题:

问题一 求运动物体在任意时刻的速度和加速度;反过来,知道速度表示为时间的函数关系式后,求距离.

解决该问题的困难在于:所涉及的速度和加速度每时每刻都在变化,比如,计算瞬时速度,就不能像计算平均速度那样,用移动的距离除以运动的时间.

问题二 求曲线的切线.

基于纯几何的原因及透镜设计的需要,在研究光线通过透镜的通道问题时,必须知道光线射入透镜的角度,以便应用反射定律.即光线同曲线的法线间的夹角 α(如图 4.1 所示).

法线与切线垂直,因此解决该问题关键在于求出法线或者是求出切线.

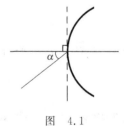

图 4.1

此外,在对于运动方向的问题研究中,也涉及切线的求解.因为运动物体在它的轨迹上任一点处的运动方向是轨迹的切线方向.

问题三 求函数的最大值和最小值问题.

炮弹在炮筒里射出后运行的水平距离(即射程),依赖于炮筒与地面的倾斜角(即发射角)及炮弹的初速度.因此,在初速度一定的前提下,发射角的大小决定了炮弹的最大射程.

另外,研究行星的运动也涉及最大值和最小值问题.例如,求行星离开太阳的最远和最近的距离.

问题四 求曲线长（比如，行星在已知时期中运行轨迹的长度），曲线围成的平面图形面积，曲面围成的立体体积，物体的重心等.

在处理上述科学问题的过程中，诞生了微积分学.微积分的创立者是牛顿（Newton）和莱布尼茨（Leibniz）.经过代数学家们的不懈努力，历时一个多世纪，微积分学才丰富和完善起来.在微积分学的发展历程中，欧拉（Euler）、拉格朗日（Lagrange）、魏尔斯特拉特斯（Weierstrass）、柯西（Cauchy）、傅里叶（Fourier）等著名数学家，作出了巨大的贡献.而作为极限运算的逻辑基础，即实数系的结构，直到 19 世纪后期才建立起来.

4.1.2 导数概念的引入

1. 速度问题

以自由落体运动为例，已知它的位移函数是 $s(t)=\dfrac{1}{2}gt^2$，怎样求出物体在 $t=2$ 时刻的瞬时速度呢？

当 $t=2$ 时，$s(2)=\dfrac{1}{2}g\cdot 2^2$.时刻 $t=2$ 是与前后时刻相关联的，记 Δt 是时间的改变量，则当 $\Delta t>0$ 时，时刻 $2+\Delta t$ 在时刻 2 之后；当 $\Delta t<0$ 时，时刻 $2+\Delta t$ 在时刻 2 之前.因此，在 $|\Delta t|$ 的时间段内，物体的位移为

$$\Delta s = s(2+\Delta t) - s(2) = \frac{1}{2}g\cdot(2+\Delta t)^2 - \frac{1}{2}g\cdot 2^2,$$

进而，Δt 时间段内物体的平均速度为

$$V_{\Delta t} = \frac{\Delta s}{\Delta t} = \frac{\frac{1}{2}g(2+\Delta t)^2 - \frac{1}{2}g\cdot 2^2}{\Delta t} = \frac{1}{2}g\left(\frac{4\Delta t + \Delta t^2}{\Delta t}\right)$$

$$= 2g + \frac{1}{2}g\Delta t,$$

从而，物体在 $t=2$ 时刻的瞬时速度为平均速度 $V_{\Delta t}$ 在时间段 $|\Delta t|$ 趋于零时的极限状态，即

$$V = \lim_{\Delta t\to 0} V_{\Delta t} = \lim_{\Delta t\to 0} \frac{\Delta s}{\Delta t} = \lim_{\Delta t\to 0}\left(2g + \frac{1}{2}g\Delta t\right) = 2g.$$

此时称 $V=2g$ 是函数 $s(t)=\dfrac{1}{2}gt^2$ 在 $t=2$ 时的导数，即在时刻 $t=2$ 处位移对时间的变化率.

一般地，自由落体的物体在 $t=t_0$ 时刻的瞬时速度为 $V_{t_0}=gt_0$.

2. 切线问题

我们知道，求切线方程关键是求出切线的斜率. 如图 4.2 所示，已知曲线方程 $y=f(x)$，求过该曲线上一点

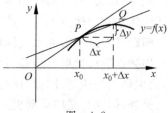

图 4.2

$P(x_0, y_0)$的切线斜率.

为此,在曲线$y = f(x)$上,P点附近任取一点$Q(x, y)$. 过P, Q两点作割线$\overline{PQ}$,则割线$\overline{PQ}$的斜率$k_{\overline{PQ}} = \dfrac{f(x) - f(x_0)}{x - x_0}$. 当$Q$点沿曲线$y = f(x)$无限趋近于点$P$时,割线$\overline{PQ}$的极限位置就是过$P$点的切线. 相应地,过$P$点的切线斜率$k_P = \lim\limits_{Q \to P} k_{\overline{PQ}} = \lim\limits_{x \to x_0} \dfrac{f(x) - f(x_0)}{x - x_0}$.

若记$\Delta x = x - x_0$,即x_0的增量(或改变量);$\Delta y = f(x) - f(x_0) = f(x_0 + \Delta x) - f(x_0)$,即函数值$f(x_0)$的增量(或改变量). 注意到$x \to x_0$等价于$\Delta x \to 0$,因此$k_P = \lim\limits_{\Delta x \to 0} \dfrac{\Delta y}{\Delta x}$,其中$\Delta x = x - x_0, \Delta y = f(x) - f(x_0) = f(x_0 + \Delta x) - f(x_0)$. 从而,过$P$点的切线方程为
$$y - f(x_0) = k_P(x - x_0).$$
此时,我们称k_P是函数$y = f(x)$在(x_0, y_0)点的导数,它表示在$P(x_0, y_0)$点函数值对于自变量的变化率,即斜率.

由上述两个例子可以看出,导数为分式的极限. 下面给出导数的严格数学定义:

定义 4.1 设函数$y = f(x)$在x_0的某邻域内有意义. 若极限$\lim\limits_{x \to x_0} \dfrac{f(x) - f(x_0)}{x - x_0}$存在,则称函数$y = f(x)$在$x_0$点可导,此极限值称为函数$y = f(x)$在$x_0$点的导数,记为$f'(x_0)$,或$\dfrac{\mathrm{d}y}{\mathrm{d}x}\Big|_{x = x_0}$.

若记$\Delta x = x - x_0, \Delta y = f(x) - f(x_0) = f(x_0 + \Delta x) - f(x_0)$,则
$$\frac{\mathrm{d}y}{\mathrm{d}x}\Big|_{x = x_0} = \lim_{\Delta x \to 0} \frac{\Delta y}{\Delta x} = \lim_{\Delta x \to 0} \frac{f(x_0 + \Delta x) - f(x_0)}{\Delta x}.$$

如果上述极限不存在,则称函数$y = f(x)$在x_0点不可导.

由上面的分析可以看出,导数本质为极限值,它描述的是函数在某点的变化率. 与左、右极限对应,对于导数,有下述的左导数和右导数概念.

定义 4.2 设函数$y = f(x)$在x_0的某邻域内有意义. 若极限$\lim\limits_{x \to x_0^+} \dfrac{f(x) - f(x_0)}{x - x_0}$ $\left(\text{或} \lim\limits_{\Delta x \to 0^+} \dfrac{f(x_0 + \Delta x) - f(x_0)}{\Delta x}\right)$存在,则称函数$y = f(x)$在$x_0$点右可导,该极限值称为函数$y = f(x)$在$x_0$点的右导数,记为$f'_+(x_0)$.

类似地,可定义左导数$f'_-(x_0)$,即$f'_-(x_0) = \lim\limits_{x \to x_0^-} \dfrac{f(x) - f(x_0)}{x - x_0}$ $\left(\text{或} \lim\limits_{\Delta x \to 0^-} \dfrac{f(x_0 + \Delta x) - f(x_0)}{\Delta x}\right)$.

由上述定义易证:$f'(x_0)$存在的充要条件是$f'_-(x_0)$和$f'_+(x_0)$都存在而且相等,即$f'_-(x_0) = f'_+(x_0)$.

下面讨论可导与连续的关系.

先看一个简单的例子:

对于函数$y = |x|$,如图4.3所示,我们知道它在$\mathbb{R}$上连续,因此在$x = 0$点连续. 而$y =$

$|x|$ 在 $x=0$ 点是否可导呢？因为 $\lim\limits_{\Delta x \to 0^+} \dfrac{\Delta y}{\Delta x} = \lim\limits_{\Delta x \to 0^+} \dfrac{f(\Delta x + 0) - f(0)}{\Delta x} = \lim\limits_{\Delta x \to 0^+} \dfrac{|\Delta x|}{\Delta x} = \lim\limits_{\Delta x \to 0^+} \dfrac{\Delta x}{\Delta x} =$

1；又 $\lim\limits_{\Delta x \to 0^-} \dfrac{\Delta y}{\Delta x} = \lim\limits_{\Delta x \to 0^-} \dfrac{|\Delta x|}{\Delta x} = \lim\limits_{\Delta x \to 0^-} \dfrac{-\Delta x}{\Delta x} = -1$，即 $y=|x|$ 在 $x=0$

点的左、右导数虽然都存在但不相等. 因此，$y=|x|$ 在 $x=0$ 点不可导. 从而可知函数在某点连续，不一定在该点可导.

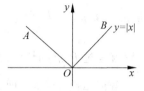

图 4.3

反之，可导必连续，由下面定理给出.

定理 4.1 若函数 $y=f(x)$ 在 x_0 点可导，则函数 $y=f(x)$ 在 x_0 点连续.

证明 设在 x_0 点自变量的改变量为 Δx，相应的函数值的改变量 $\Delta y = f(x_0 + \Delta x) - f(x_0)$. 要证 $f(x)$ 在 x_0 点连续，即证 $\lim\limits_{\Delta x \to 0} \Delta y = 0$. 因为 $f'(x_0)$ 存在，故 $\lim\limits_{\Delta x \to 0} \Delta y = \lim\limits_{\Delta x \to 0} \dfrac{\Delta y}{\Delta x} \Delta x =$ $\lim\limits_{\Delta x \to 0} \dfrac{\Delta y}{\Delta x} \cdot \lim\limits_{\Delta x \to 0} \Delta x = f'(x_0) \cdot 0 = 0$. 从而 $f(x)$ 在 x_0 点可导，则 $f(x)$ 必在 x_0 点连续.

我们再来观察一下图 4.3，折线 AOB 在 $x=0$ 点是一"尖点"，不光滑. 又通过上面的分析我们知道，函数 $y=|x|$ 在 $x=0$ 点不可导. 因此，可导性反映了函数曲线的光滑性.

3. 导数在经济学中的应用

例 1 设某工厂生产一种产品的总成本函数为 $C(x)$（单位：万元）. 试用导数定义解释 $C'(10)=3$ 的经济意义.

解 由导数定义知

$$C'(10) = \lim\limits_{\Delta x \to 0} \frac{C(10+\Delta x) - C(10)}{\Delta x},$$

上式中 $\dfrac{C(10+\Delta x) - C(10)}{\Delta x}$ 表示生产了 10 个单位产品后，再生产 Δx 个单位产品所需增加的平均成本. $C'(10)=3$ 表明在生产了 10 个单位的产品后，生产第 11 个单位产品时所需增加的成本近似值为 3 万元（因为此时 $\Delta x = 1$）.

一般地，我们将成本函数 $y=C(x)$ 在某点 x_0 的导数 $C'(x_0)$ 称为在点 x_0 的边际成本；将收入函数 $y=R(x)$ 在点 x_0 的导数 $R'(x_0)$ 称为在点 x_0 的边际收入；将利润函数 $y=L(x)$ 在点 x_0 的导数 $L'(x_0)$ 称为在点 x_0 的边际利润.

习题 4.1

1. 求曲线 $y=x^3$ 在点 $(2,8)$ 的切线方程与法线方程.

2. 用导数定义求下列函数的导数：

(1) $f(x) = xe^x$；

(2) $f(x) = x^2 - 3x + 5$.

3. 某公司的销售收入 R（单位：万元）是广告费用支出 x（单位：万元）的函数，设 $R = f(x)$，问：

$f'(100) = 2$ 的实际意义是什么？若 $f'(100) = 0.5$ 呢？

4. 若函数 $y = f(x)$ 在 x_0 点可导，求 $\lim\limits_{n \to +\infty} n\left[f\left(x_0 + \dfrac{1}{n}\right) - f(x_0)\right]$.

5. 用定义计算函数

$$f(x) = \begin{cases} x^2, & x \geqslant c, \\ ax + b, & x < c \end{cases}$$

在 c 点的左、右导数. 讨论当 a 和 b 取何值时，函数 $y = f(x)$ 在 c 点可导？

6. 证明：若函数 $f(x)$ 在 x_0 点连续，且 $f(x_0) \neq 0$，而函数 $f^2(x)$ 在 x_0 点可导，则 $f(x)$ 在 x_0 点也可导.

7. 设函数 $f(x)$ 在 x_0 点可导，求下列极限：

(1) $\lim\limits_{h \to 0} \dfrac{f(x_0) - f(x_0 - h)}{h}$;

(2) $\lim\limits_{t \to 0} \dfrac{f(x_0 + 2t) - f(x_0 + t)}{2t}$;

(3) $\lim\limits_{h \to 0} \dfrac{f(x_0 + \alpha h) - f(x_0 + \beta h)}{2h}$;

(4) $\lim\limits_{h \to x_0} \dfrac{f(h) - f(x_0)}{h - x_0}$.

4.2 基本初等函数的导数与求导法则

4.2.1 基本初等函数的导数

例 1 计算 $f(x) = c$（c 是常数）在任意点 x 处的导数.

解 因 $\Delta y = f(x + \Delta x) - f(x) = c - c = 0$，故 $\lim\limits_{\Delta x \to 0} \dfrac{\Delta y}{\Delta x} = \lim\limits_{\Delta x \to 0} \dfrac{0}{\Delta x} = 0$，即 $f'(x) = c' = 0$.

因为函数在某一点的导数即函数在该点的变化率（切线斜率），而常函数在其定义域内函数值保持不变，故其变化率为 0. 从而常函数的导数为 0.

例 2 计算幂函数 $f(x) = x^n$（n 是正整数）在任意点 x 处的导数.

解 因为

$$\Delta y = f(x + \Delta x) - f(x) = (x + \Delta x)^n - x^n$$
$$= nx^{n-1}\Delta x + \frac{n(n-1)}{2!}x^{n-2}(\Delta x)^2 + \cdots + (\Delta x)^n,$$

故

$$\frac{\Delta y}{\Delta x} = nx^{n-1} + \frac{n(n-1)}{2!}x^{n-2}\Delta x + \cdots + (\Delta x)^{n-1},$$

从而

$$\lim_{\Delta x \to 0} \frac{\Delta y}{\Delta x} = \lim_{\Delta x \to 0}\left(nx^{n-1} + \frac{n(n-1)}{2!}x^{n-2}\Delta x + \cdots + (\Delta x)^{n-1}\right) = nx^{n-1},$$

即 $(x^n)' = nx^{n-1}$.

进一步地，对幂函数 $y = x^\mu$（$\mu \neq 0$，μ 为常数），其导函数为

$$(x^\mu)' = \lim_{\Delta x \to 0} \frac{\Delta y}{\Delta x} = \lim_{\Delta x \to 0} \frac{(x+\Delta x)^\mu - x^\mu}{\Delta x} = x^\mu \lim_{\Delta x \to 0} \frac{\left(1+\dfrac{\Delta x}{x}\right)^\mu - 1}{\Delta x}$$

$$= x^{\mu-1} \lim_{\Delta x \to 0} \frac{\left(1+\dfrac{\Delta x}{x}\right)^\mu - 1}{\dfrac{\Delta x}{x}} = \mu x^{\mu-1}$$

$\left(\text{由 } x \to 0 \text{ 时}(1+x)^\mu - 1 \sim \mu x,\text{知}\left(1+\dfrac{\Delta x}{x}\right)^\mu - 1 \sim \mu \dfrac{\Delta x}{x}(\Delta x \to 0)\right).$

特别地，$\left(\dfrac{1}{x}\right)' = -\dfrac{1}{x^2}$，$(\sqrt{x})' = \dfrac{1}{2\sqrt{x}}$.

由上面的例题可以看出，根据导数定义计算函数 $y = f(x)$ 在某点 x 处的导数，可按下面的步骤进行：

（1）设 Δx 是在 x 点处的自变量的改变量，计算出相应的函数值的改变量 $\Delta y = f(x+\Delta x) - f(x)$；

（2）计算比值 $\dfrac{\Delta y}{\Delta x}$；

（3）求极限 $\lim\limits_{\Delta x \to 0} \dfrac{\Delta y}{\Delta x}$.

例3　计算正弦函数 $f(x) = \sin x$ 在任意点 x 处的导数.

解　因为 $\Delta y = f(x+\Delta x) - f(x) = \sin(x+\Delta x) - \sin x = 2\cos\left(x+\dfrac{\Delta x}{2}\right)\sin\dfrac{\Delta x}{2}$，故

$$\frac{\Delta y}{\Delta x} = \frac{2\cos\left(x+\dfrac{\Delta x}{2}\right)\sin\dfrac{\Delta x}{2}}{\Delta x} = \cos\left(x+\frac{\Delta x}{2}\right) \cdot \frac{\sin\dfrac{\Delta x}{2}}{\dfrac{\Delta x}{2}},$$

从而

$$\lim_{\Delta x \to 0} \frac{\Delta y}{\Delta x} = \lim_{\Delta x \to 0}\cos\left(x+\frac{\Delta x}{2}\right)\frac{\sin\dfrac{\Delta x}{2}}{\dfrac{\Delta x}{2}} = \lim_{\Delta x \to 0}\cos\left(x+\frac{\Delta x}{2}\right)\lim_{\Delta x \to 0}\frac{\sin\dfrac{\Delta x}{2}}{\dfrac{\Delta x}{2}} = \cos x.$$

即 $(\sin x)' = \cos x$，$x \in \mathbb{R}$.

类似地，可得 $(\cos x)' = -\sin x$，$x \in \mathbb{R}$.

例4　计算对数函数 $f(x) = \log_a x$（$a > 0$ 且 $a \neq 1$），$x \in (0, +\infty)$ 在 x 点处的导数.

解　因为 $\Delta y = f(x+\Delta x) - f(x) = \log_a(x+\Delta x) - \log_a x = \log_a\left(1+\dfrac{\Delta x}{x}\right)$，故

$$\frac{\Delta y}{\Delta x} = \frac{1}{\Delta x}\log_a\left(1+\frac{\Delta x}{x}\right) = \frac{1}{x}\log_a\left(1+\frac{\Delta x}{x}\right)^{\frac{x}{\Delta x}},$$

从而

$$\lim_{\Delta x\to 0}\frac{\Delta y}{\Delta x} = \lim_{\Delta x\to 0}\frac{1}{x}\log_a\left(1+\frac{\Delta x}{x}\right)^{\frac{x}{\Delta x}} = \frac{1}{x}\log_a\left[\lim_{\Delta x\to 0}\left(1+\frac{\Delta x}{x}\right)^{\frac{x}{\Delta x}}\right] = \frac{1}{x}\log_a e = \frac{1}{x\ln a}$$

特别地,若 $a=e$,则 $(\ln x)' = \frac{1}{x\ln e} = \frac{1}{x}, x\in(0,+\infty)$.

以上利用导数的定义讨论了常函数、幂函数、三角函数(正弦函数、余弦函数)及对数函数的导函数,关于基本初等函数中其他类型函数,如指数函数和反三角函数的导函数放到反函数求导法中讨论.

4.2.2 求导法则

1. 基本求导法则

在前面几章我们基本遵循这样一条路径:概念、性质、运算、应用. 在此也不例外,导数的运算法则是准确、快速计算导数的重要工具,下面分别介绍.

法则1 有限个函数的代数和的导数等于每个函数导数的代数和. 即若函数 $y=f_1(x)$, $y=f_2(x),\cdots,y=f_n(x)(n\geqslant 2)$ 都在 x 点可导,则 $f_1(x)\pm f_2(x)\pm\cdots\pm f_n(x)$ 在 x 点也可导,且有

$$(f_1(x)\pm f_2(x)\pm\cdots\pm f_n(x))' = f'_1(x)\pm f'_2(x)\pm\cdots\pm f'_n(x).$$

法则1利用导数定义即可得证,请读者自己完成证明.

法则2 若函数 $y=u(x)$ 和 $y=v(x)$ 在 x 点可导,则函数 $y=u(x)v(x)$ 在 x 点也可导,且

$$[u(x)v(x)]' = u(x)v'(x) + v(x)u'(x).$$

证明 设 $F(x)=u(x)v(x)$,给 x 以改变量 Δx,则函数值的改变量

$$\begin{aligned}\Delta y &= F(x+\Delta x) - F(x) = u(x+\Delta x)v(x+\Delta x) - u(x)v(x)\\ &= u(x+\Delta x)v(x+\Delta x) - u(x+\Delta x)v(x) + u(x+\Delta x)v(x) - u(x)v(x)\\ &= u(x+\Delta x)[v(x+\Delta x) - v(x)] + v(x)[u(x+\Delta x) - u(x)]\\ &= u(x+\Delta x)\Delta v + v(x)\Delta u,\end{aligned}$$

故

$$\frac{\Delta y}{\Delta x} = u(x+\Delta x)\frac{\Delta v}{\Delta x} + v(x)\frac{\Delta u}{\Delta x}.$$

从而

$$\begin{aligned}\lim_{\Delta x\to 0}\frac{\Delta y}{\Delta x} &= \lim_{\Delta x\to 0}u(x+\Delta x)\cdot\lim_{\Delta x\to 0}\frac{\Delta v}{\Delta x} + v(x)\lim_{\Delta x\to 0}\frac{\Delta u}{\Delta x}\\ &= u(x)v'(x) + v(x)u'(x)\end{aligned}$$

（由于可导必连续，故 $\lim\limits_{\Delta x \to 0} u(x + \Delta x) = u(x)$ ），即

$$[u(x)v(x)]' = u(x)v'(x) + v(x)u'(x).$$

法则 2 可推广至任何有限个函数的乘积，即若函数 $y = f_1(x), y = f_2(x), \cdots, y = f_n(x)$ 都在 x 点可导，则乘积 $y = f_1(x)f_2(x)\cdots f_n(x)$ 也在 x 点可导，且有

$$[f_1(x)f_2(x)\cdots f_n(x)]' = f_1'(x)f_2(x)\cdots f_n(x) + f_1(x)f_2'(x)\cdots f_n(x)$$
$$+ \cdots + f_1(x)f_2(x)\cdots f_{n-1}(x)f_n'(x). \quad (n \geqslant 2).$$

特别地，当 $v(x) = c$（c 为常数）时，有 $[cu(x)]' = cu'(x)$，即在求导过程中，常数因子可以提到导数符号外面。

法则 3　若函数 $y = u(x)$ 和 $y = v(x)$ 在 x 点可导，且 $v(x) \neq 0$，则函数 $y = \dfrac{u(x)}{v(x)}$ 在 x 点也可导，且

$$\left[\frac{u(x)}{v(x)}\right]' = \frac{u'(x)v(x) - u(x)v'(x)}{[v(x)]^2}.$$

证明　令 $G(x) = \dfrac{u(x)}{v(x)}$，由 $v(x)$ 在 x 点可导且 $v(x) \neq 0$，则对于函数 $\dfrac{1}{v(x)}$，有

$$\lim_{\Delta x \to 0} \frac{\dfrac{1}{v(x+\Delta x)} - \dfrac{1}{v(x)}}{\Delta x} = \lim_{\Delta x \to 0} \frac{v(x) - v(x+\Delta x)}{\Delta x} \cdot \frac{1}{v(x+\Delta x)v(x)} = -\frac{v'(x)}{v^2(x)},$$

即 $\dfrac{1}{v(x)}$ 在 x 处可导，从而 $G(x)$ 在 x 点可导，又 $u(x) = G(x)v(x)$，由法则 2 知 $u'(x) = G'(x)v(x) + G(x)v'(x)$，则

$$G'(x) = \left[\frac{u(x)}{v(x)}\right]' = \frac{u'(x) - G(x)v'(x)}{v(x)} = \frac{u'(x)v(x) - u(x)v'(x)}{v^2(x)}.$$

例 5　求 $y = \tan x, y = \cot x$ 及 $y = \sec x$ 和 $y = \csc x$ 的导数。

解　由法则 3 知

$$(\tan x)' = \left(\frac{\sin x}{\cos x}\right)' = \frac{(\sin x)'\cos x - \sin x(\cos x)'}{\cos^2 x} = \frac{\cos^2 x + \sin^2 x}{\cos^2 x}$$

$$= \frac{1}{\cos^2 x} = \sec^2 x,$$

$$(\cot x)' = \left(\frac{\cos x}{\sin x}\right)' = \frac{(\cos x)'\sin x - \cos x(\sin x)'}{\sin^2 x} = \frac{-\sin^2 x - \cos^2 x}{\sin^2 x}$$

$$= -\frac{1}{\sin^2 x} = -\csc^2 x,$$

$$(\sec x)' = \left(\frac{1}{\cos x}\right)' = -\frac{(\cos x)'}{\cos^2 x} = \frac{\sin x}{\cos^2 x} = \tan x \cdot \sec x,$$

$$(\csc x)' = \left(\frac{1}{\sin x}\right)' = -\frac{(\sin x)'}{\sin^2 x} = -\frac{\cos x}{\sin^2 x} = -\cot x \cdot \csc x.$$

2. 反函数的求导法则

法则 4 若函数 $y=f(x)$ 在点 x 的某邻域内严格单调并且连续,在 x 点可导且 $f'(x)\neq0$,则其反函数 $x=f^{-1}(y)$ 在 y 点(y 与 x 对应,即 $y=f(x)$)可导,且有

$$[f^{-1}(y)]'=\frac{1}{f'(x)}.$$

证明 给 y 以改变量 Δy,则 $\Delta x=f^{-1}(y+\Delta y)-f^{-1}(y)$,于是

$$f^{-1}(y+\Delta y)=\Delta x+f^{-1}(y)=\Delta x+x \quad (因为 f^{-1}(y)=x),$$

从而 $y+\Delta y=f(\Delta x+x)$,即

$$\Delta y=f(x+\Delta x)-y=f(x+\Delta x)-f(x).$$

又因为 $y=f(x)$ 连续并且严格单调,根据定理 3.19 知其反函数 $x=f^{-1}(y)$ 也连续且严格单调,从而 $\Delta x\to0$ 与 $\Delta y\to0$ 等价(而且 $\Delta x\neq0$ 与 $\Delta y\neq0$ 也等价). 于是

$$\lim_{\Delta y\to0}\frac{\Delta x}{\Delta y}=\lim_{\Delta x\to0}\frac{1}{\dfrac{\Delta y}{\Delta x}}=\frac{1}{f'(x)},$$

即 $[f^{-1}(y)]'=\dfrac{1}{f'(x)}$.

例 6 计算指数函数 $y=a^x(a>0$ 且 $a\neq1)$ 的导数.

解 因为指数函数 $y=a^x$ 与对数函数 $x=\log_a y$ 互为反函数,由例 4 知,$(\log_a y)'=\dfrac{1}{y\ln a}$,则

$$(a^x)'=\frac{1}{(\log_a y)'}=\frac{1}{\dfrac{1}{y\ln a}}=y\ln a=a^x\ln a.$$

特别地,当 $a=\mathrm{e}$ 时,有 $(\mathrm{e}^x)'=\mathrm{e}^x\ln\mathrm{e}=\mathrm{e}^x$.

例 7 计算反正弦函数 $y=\arcsin x$,$x\in(-1,1)$ 的导数.

解 由于 $y=\arcsin x$ 与正弦函数 $x=\sin y$,$y\in\left(-\dfrac{\pi}{2},\dfrac{\pi}{2}\right)$ 互为反函数,并且 $\cos y>0$ $\left(y\in\left(-\dfrac{\pi}{2},\dfrac{\pi}{2}\right)\right)$,则

$$(\arcsin x)'=\frac{1}{(\sin y)'}=\frac{1}{\cos y}=\frac{1}{\sqrt{1-\sin^2 y}}=\frac{1}{\sqrt{1-x^2}}.$$

类似地,可求得

$$(\arccos x)'=-\frac{1}{\sqrt{1-x^2}},\quad x\in(-1,1).$$

及

$$(\arctan x)'=\frac{1}{1+x^2},\quad x\in\mathbb{R},$$

$$(\text{arccot}x)' = -\frac{1}{1+x^2}, \quad x \in \mathbb{R}.$$

3. 导数公式表

为便于记忆和使用,把所有基本初等函数及双曲函数的求导公式集中在一起,给出如下导数公式表:

(1) $c'=0$,其中 c 是常数;

(2) $(x^a)'=ax^{a-1}$,其中 a 是实数;

(3) $(\log_a x)'=\dfrac{1}{x\ln a}$,其中 $a>0$ 且 $a\neq 1$;

(4) $(a^x)'=a^x\ln a,(e^x)'=e^x$;

(5) $(\sin x)'=\cos x,(\cos x)'=-\sin x,(\tan x)'=\sec^2 x,(\cot x)'=-\csc^2 x,(\sec x)'=\tan x\sec x,(\csc x)'=-\cot x\csc x$;

(6) $(\arcsin x)'=\dfrac{1}{\sqrt{1-x^2}},(\arccos x)'=-\dfrac{1}{\sqrt{1-x^2}},(\arctan x)'=\dfrac{1}{1+x^2},(\text{arccot}x)'=-\dfrac{1}{1+x^2}$;

(7) $(\sinh x)'=\cosh x,(\cosh x)'=\sinh x,(\tanh x)'=\dfrac{1}{\cosh^2 x},(\coth x)'=-\dfrac{1}{\sinh^2 x}$.

在本节最后我们再举两个例子:

例 8 设函数 $y=\dfrac{e^x\cos x}{2-\cot x}+x\arctan x-\dfrac{1}{x}\ln x+5$,计算 y'.

解
$$y'=\left[\frac{e^x\cos x}{2-\cot x}+x\arctan x-\frac{1}{x}\ln x+5\right]'$$
$$=\left(\frac{e^x\cos x}{2-\cot x}\right)'+(x\arctan x)'-\left(\frac{1}{x}\ln x\right)'+5'$$
$$=\frac{(e^x\cos x)'(2-\cot x)-e^x\cos x(2-\cot x)'}{(2-\cot x)^2}$$
$$+x'\arctan x+x(\arctan x)'-\left[\left(\frac{1}{x}\right)'\ln x+\frac{1}{x}(\ln x)'\right]+0$$
$$=\frac{(e^x\cos x-e^x\sin x)(2-\cot x)-e^x\cos x\csc^2 x}{(2-\cot x)^2}$$
$$+\arctan x+\frac{x}{1+x^2}-\left(-\frac{1}{x^2}\ln x+\frac{1}{x^2}\right)$$
$$=\frac{e^x\left[(\cos x-\sin x)(2-\cot x)-\cos x\cdot\csc^2 x\right]}{(2-\cot x)^2}+\arctan x+\frac{1}{x^2}\ln x+\frac{x}{1+x^2}-\frac{1}{x^2}.$$

例 9 k 取何值时,函数 $y=kx^2$ 和 $y=\ln x$ 的曲线相切? 并写出切线方程.

解 设切点为 (x_0,y_0)(如图 4.4 所示),因在切点处两曲线的纵坐标相同,即 $ax_0^2=$

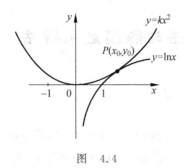

图　4.4

$\ln x_0$；又在切点处两曲线的斜率相同，即

$$\left.(ax^2)'\right|_{x=x_0}=\left.(\ln x)'\right|_{x=x_0},$$

由此，解方程组 $\begin{cases} ax_0^2=\ln x_0, \\ 2ax_0=\dfrac{1}{x_0}, \end{cases}$ 得 $a=\dfrac{1}{2e}$，$x_0=e^{\frac{1}{2}}$，然后将 $x_0=e^{\frac{1}{2}}$ 代入 $y=\ln x$ 得 $y_0=\dfrac{1}{2}$，即切

点 $P\left(e^{\frac{1}{2}},\dfrac{1}{2}\right)$，切线斜率为 $\left.(\ln x)'\right|_{x=x_0}=\dfrac{1}{e^{\frac{1}{2}}}$. 对应的切线方程为 $y-\dfrac{1}{2}=\dfrac{1}{e^{\frac{1}{2}}}(x-e^{\frac{1}{2}})$，即 $y=$

$e^{-\frac{1}{2}}x-\dfrac{1}{2}$.

习题 4.2

1. 求下列函数的导数：

(1) $f(x)=2\cos x-x\sin x+\ln x-3$，并求 $f'(\pi)$；

(2) $f(x)=\dfrac{1}{\sqrt{x}}-\dfrac{1}{x}\arctan x+5x^5-1$；

(3) $f(x)=\dfrac{x\sin x+\cos x}{x\cos x-\sin x}$；

(4) $f(x)=a_nx^n+a_{n-1}x^{n-1}+\cdots+a_1x+a_0$，并求 $f'(0)$，$f'(1)$（其中 $a_n\neq 0$，n 是正整数）；

(5) $f(x)=x^3\cos x-\dfrac{2-x^4}{\sqrt{x}}+xe^x\ln x-5$.

2. 在抛物线 $y=x^2$ 上取横坐标为 $x_1=1$ 和 $x_2=3$ 的两点，过此两点作抛物线的割线，问抛物线上哪一点的切线平行于此割线？

3. 问抛物线 $y=x^2-2x+4$ 在哪一点的切线平行于 x 轴？在哪一点的切线与 x 轴的夹角是 $45°$？

4. 证明：可导的偶函数的导函数是奇函数；可导的奇函数的导函数是偶函数，并举例说明.

5. 设曲线 $y=x^n(n$ 是正整数$)$上点$(1,1)$处的切线交 x 轴于点$(\xi,0)$，求 $\lim\limits_{n\to+\infty}y(\xi)$.

4.3 复合函数求导法与隐函数求导法

4.3.1 复合函数求导法

法则 5 对于复合函数 $y=f[\varphi(x)]$，令 $u=\varphi(x)$，若函数 $y=f(u)$ 在 u 点可导，函数 $u=\varphi(x)$ 在 x 点可导，则复合函数 $y=f[\varphi(x)]$ 在 x 点可导，且有

$$\{f[\varphi(x)]\}' = f'(u)\varphi'(x), \quad \text{或} \quad \frac{\mathrm{d}y}{\mathrm{d}x} = \frac{\mathrm{d}y}{\mathrm{d}u} \cdot \frac{\mathrm{d}u}{\mathrm{d}x}.$$

证明 记 x 的改变量为 Δx，对应地，$\Delta u = \varphi(x+\Delta x) - \varphi(x)$；进而，$\Delta y = f(u+\Delta u) - f(u)$.

因为函数 $y=f(u)$ 在 u 点可导，即 $\lim\limits_{\Delta u \to 0} \frac{\Delta y}{\Delta u} = f'(u)$，从而 $\lim\limits_{\Delta u \to 0}\left[\frac{\Delta y}{\Delta u} - f'(u)\right] = 0$（注意 $f'(u)$ 是常数）. 记 $\frac{\Delta y}{\Delta u} - f'(u) = \alpha$，则 $\lim\limits_{\Delta u \to 0}\alpha = 0$，故 $\Delta y = f'(u)\Delta u + \alpha\Delta u$（此式对 $\Delta u = 0$ 亦成立，因为此时 $\Delta y = f(u+\Delta u) - f(u) = 0$），进而

$$\frac{\Delta y}{\Delta x} = \frac{f'(u)\Delta u + \alpha\Delta u}{\Delta x} = f'(u)\frac{\Delta u}{\Delta x} + \alpha \cdot \frac{\Delta u}{\Delta x},$$

于是

$$\lim_{\Delta x \to 0}\frac{\Delta y}{\Delta x} = \lim_{\Delta x \to 0}\left(f'(u)\frac{\Delta u}{\Delta x} + \alpha \cdot \frac{\Delta u}{\Delta x}\right) = \lim_{\Delta x \to 0}f'(u)\frac{\Delta u}{\Delta x} + \lim_{\Delta x \to 0}\alpha \cdot \frac{\Delta u}{\Delta x}$$

$$= f'(u)\lim_{\Delta x \to 0}\frac{\Delta u}{\Delta x} + \lim_{\Delta x \to 0}\alpha \cdot \lim_{\Delta x \to 0}\frac{\Delta u}{\Delta x}$$

$$= f'(u)\varphi'(x) + \lim_{\Delta u \to 0}\alpha \cdot \varphi'(x)$$

$$= f'(u)\varphi'(x),$$

即 $\{f[\varphi(x)]\}' = f'(u)\varphi'(x) = f'[\varphi(x)]\varphi'(x)$.

注 由表达式 $\frac{\mathrm{d}y}{\mathrm{d}x} = \frac{\mathrm{d}y}{\mathrm{d}u} \cdot \frac{\mathrm{d}u}{\mathrm{d}x}$ 可以看出，$\frac{\mathrm{d}y}{\mathrm{d}x}$ 不但是个记号，即 y 关于 x 的导数，而且具有除法的含义，关于这一点我们讲了微分之后看得会更清楚，$\frac{\mathrm{d}y}{\mathrm{d}x}$ 也叫微商，即两个微分的商.

对于一般的复合函数，有链式法则成立，即若复合函数 $y = f_1[f_2[f_3\cdots[f_n(x)]\cdots]]$ 在 x 点可导，而且每个中间函数在其里层函数的函数值点处均可导，则有链式法则

$$\frac{\mathrm{d}y}{\mathrm{d}x} = \frac{\mathrm{d}f_1}{\mathrm{d}f_2} \cdot \frac{\mathrm{d}f_2}{\mathrm{d}f_3} \cdot \cdots \cdot \frac{\mathrm{d}f_{n-1}}{\mathrm{d}f_n} \cdot \frac{\mathrm{d}f_n}{\mathrm{d}x}$$

成立.

例 1 利用复合函数求导法则,求幂函数 $y = x^{\alpha}\,(\alpha \in \mathbb{R})$ 的导数.

解 将 $y = x^{\alpha}$ 变成复合的指数函数形式,即

$$y = e^{\ln x^{\alpha}} = e^{\alpha \ln x},$$

它是函数 $y = e^u$ 和 $u = \alpha \ln x$ 的复合函数. 因为 $\dfrac{\mathrm{d}y}{\mathrm{d}u} = (e^u)' = e^u$,$\dfrac{\mathrm{d}u}{\mathrm{d}x} = (\alpha \ln x)' = \dfrac{\alpha}{x}$,故由复合函数求导的链式法则,有

$$\frac{\mathrm{d}y}{\mathrm{d}x} = (x^{\alpha})' = (e^{\alpha \ln x})' = \frac{\mathrm{d}y}{\mathrm{d}u} \cdot \frac{\mathrm{d}u}{\mathrm{d}x} = e^u \cdot \frac{\alpha}{x} = e^{\alpha \ln x} \cdot \frac{\alpha}{x}$$

$$= x^{\alpha} \cdot \frac{\alpha}{x} = \alpha x^{\alpha-1}.$$

复合函数求导问题是本章的重点也是难点. 对于复合函数的求导法则要灵活运用. 在复合函数求导过程中,对链式求导法则熟练以后,中间变量一般不用写出,只要本着"由外及里、逐层求导"的原则,直至最后对基本初等函数或基本初等函数的四则运算求导为止,中间由"乘号"相连,这样复合函数的求导便可一气呵成.

例 2 求下列复合函数的导数:

(1) $y = 2^{\sin^2 \frac{1}{x}}$;　　(2) $y = \arcsin(3x^2)$.

解 (1) 这是一个经过三次复合的复合函数,即

$$y = 2^u, \quad u = v^2, \quad v = \sin \omega, \quad \omega = \frac{1}{x}.$$

故

$$\frac{\mathrm{d}y}{\mathrm{d}x} = \frac{\mathrm{d}y}{\mathrm{d}u} \cdot \frac{\mathrm{d}u}{\mathrm{d}v} \cdot \frac{\mathrm{d}v}{\mathrm{d}\omega} \cdot \frac{\mathrm{d}\omega}{\mathrm{d}x}$$

$$= (2^u)' (v^2)' \cdot (\sin\omega)' \left(\frac{1}{x}\right)'$$

$$= 2^u \ln 2 \cdot 2v \cdot \cos\omega \cdot \left(-\frac{1}{x^2}\right)$$

$$= -\frac{1}{x^2} 2^{\sin^2 \frac{1}{x}} \ln 2 \cdot 2 \sin \frac{1}{x} \cdot \cos \frac{1}{x}$$

$$= -\frac{\ln 2}{x^2} \cdot 2^{\sin^2 \frac{1}{x}} \cdot \sin \frac{2}{x}.$$

观察可知,复合函数 $y = 2^{\sin^2 \frac{1}{x}}$ 的最外层函数形式为指数函数 $y = 2^u$,即把 $\sin^2 \dfrac{1}{x}$ 视为一个整体,接下来将谁视为整体便对该整体继续求导,直至最终对基本初等函数或基本初等函数四则运算求导为止,本着"由外及里、逐层求导"的原则,该复合函数的求导可省去中间变

量，计算如下：

$$y' = (2^{\sin^2 \frac{1}{x}})' = 2^{\sin^2 \frac{1}{x}} \cdot \ln 2 \cdot \left(\sin^2 \frac{1}{x}\right)' = 2^{\sin^2 \frac{1}{x}} \ln 2 \cdot 2\sin \frac{1}{x} \left(\sin \frac{1}{x}\right)'$$

$$= 2^{\sin^2 \frac{1}{x}} \ln 2 \cdot 2\sin \frac{1}{x} \cdot \cos \frac{1}{x} \cdot \left(\frac{1}{x}\right)' = -\frac{\ln 2}{x^2} 2^{\sin^2 \frac{1}{x}} \cdot \sin \frac{2}{x}.$$

（2）不设中间变量，直接计算得

$$y' = [\arcsin(3x^2)]' = \frac{1}{\sqrt{1-(3x^2)^2}}(3x^2)' = \frac{6x}{\sqrt{1-9x^4}}.$$

我们再进一步分析一下导数的内涵：对于函数 $y = \sin(2x)$，若求导数 $\dfrac{dy}{dx}$，则 $\dfrac{dy}{dx} = \dfrac{dy}{d(2x)} \cdot$

$\dfrac{d(2x)}{dx} = \dfrac{d(\sin 2x)}{d(2x)} \cdot (2x)' = 2\cos 2x$　（$2x$ 作为整体，即中间变量）. 若求 $\dfrac{dy}{d(2x)}$，则 $\dfrac{dy}{d(2x)} =$

$\dfrac{d(\sin 2x)}{d(2x)} = \cos 2x.$ 这个例子将有助于读者对复合函数求导的进一步理解.

例 3　计算 $y = \dfrac{2}{\sqrt{a^2-b^2}} \arctan\left(\sqrt{\dfrac{a-b}{a+b}} \tan \dfrac{x}{2}\right)$ 的导数.

解　先把 $\sqrt{\dfrac{a-b}{a+b}} \tan \dfrac{x}{2}$ 看作整体，得

$$y' = \frac{2}{\sqrt{a^2-b^2}} \cdot \frac{1}{1 + \left(\sqrt{\dfrac{a-b}{a+b}} \tan \dfrac{x}{2}\right)^2} \cdot \left(\sqrt{\dfrac{a-b}{a+b}} \tan \dfrac{x}{2}\right)'$$

$$= \frac{2}{\sqrt{a^2-b^2}} \cdot \frac{1}{1 + \dfrac{a-b}{a+b}\tan^2 \dfrac{x}{2}} \cdot \sqrt{\dfrac{a-b}{a+b}} \cdot \frac{1}{\cos^2 \dfrac{x}{2}} \cdot \left(\frac{x}{2}\right)'$$

$$= \frac{1}{(a+b)\cos^2 \dfrac{x}{2} + (a-b)\sin^2 \dfrac{x}{2}}$$

$$= \frac{1}{a\left(\cos^2 \dfrac{x}{2} + \sin^2 \dfrac{x}{2}\right) + b\left(\cos^2 \dfrac{x}{2} - \sin^2 \dfrac{x}{2}\right)}$$

$$= \frac{1}{a + b\cos x}.$$

例 4　在某地为了天气预报，从地面上 A 点垂直释放一只探空气球. 观测者所在位置 B 点距离 A 点 90m，当观测者的仰角 θ 达到 $45°$ 后（如图 4.5 所示），问气球的垂直上升速度是多少时才能使观测者的仰角的增长速度为每秒 $1°$？

解　假设探空气球垂直上升距离为 y，因为 $\tan\theta = \dfrac{y}{90}$，所以 $y = 90\tan\theta$. 注意到垂直上升

距离 y 和观测者的仰角 θ 都是时间 t 的函数,记 $y=y(t)$,$\theta=\theta(t)$. 我们所求的即 $\dfrac{\mathrm{d}y}{\mathrm{d}t}$. 利用复合函数求导法则,得

$$\frac{\mathrm{d}y}{\mathrm{d}t} = \frac{\mathrm{d}y}{\mathrm{d}\theta} \cdot \frac{\mathrm{d}\theta}{\mathrm{d}t},$$

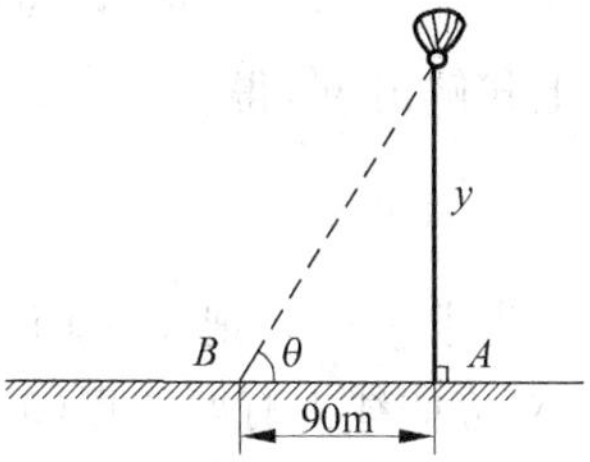

又

$$\frac{\mathrm{d}y}{\mathrm{d}\theta} = (90\tan\theta)' = \frac{90}{\cos^2\theta},$$

于是

$$\frac{\mathrm{d}y}{\mathrm{d}t} = \frac{90}{\cos^2\theta} \frac{\mathrm{d}\theta}{\mathrm{d}t}.$$

图 4.5

将 $\theta=45°$ 及 $\dfrac{\mathrm{d}\theta}{\mathrm{d}t}=1$ 代入上式,得

$$\frac{\mathrm{d}y}{\mathrm{d}t} = \frac{90}{\cos^2 45°} = 180,$$

即气球的垂直上升速度为 $180\ \mathrm{m/s}$.

4.3.2　隐函数求导法

所谓隐函数,即自变量 x 与函数值 y 的对应关系由方程 $F(x,y)=0$ 的形式确定的函数. 与隐函数相对应的是显函数,前面讲过的函数均为显函数,即具有 $y=f(x)$ 的形式.

隐函数关系与显函数关系是相对的. 例如,由方程 $F(x,y)=x-2y+3=0$ 确定隐函数 $y=y(x)$,若由 $F(x,y)=x-2y+3=0$ 解出 $y=\dfrac{1}{2}x+\dfrac{3}{2}$,则变成了显函数形式,但对于后面我们要考虑的大多数隐函数不会像上面的例子那样可以由隐函数容易地解出 y 与 x 的显性函数关系式. 因此,对于隐函数的求导问题,在显函数关系式难以获取的情况下,研究如何从隐函数关系式 $F(x,y)=0$ 直接求导就显得十分必要了. 在本节我们假定隐函数是存在的且可导的,关于隐函数的深入研究将放在下册中探讨. 以下通过例子给出隐函数的求导方法.

例 5　设由方程 $\mathrm{e}^{xy}+\sin(x^2y)=y^2$ 确定隐函数 $y=y(x)$,求 y' 及 $y'(0)$.

解　方程两边对 x 求导,得

$$[\mathrm{e}^{xy}+\sin(x^2y)]' = (y^2)'.$$

注意到 y 是 x 的函数即 $y=y(x)$,从而在求导过程中 y 亦是中间变量. 因此,根据复合函数求导法有

$$\mathrm{e}^{xy} \cdot (xy)' + \cos(x^2y) \cdot (x^2y)' = 2y \cdot y',$$

$$\mathrm{e}^{xy} \cdot (y + xy') + \cos(x^2 y)(2xy + x^2 y') = 2y \cdot y'.$$

由上式解出 y'，得

$$y' = \frac{y\mathrm{e}^{xy} + 2xy\cos(x^2 y)}{x\mathrm{e}^{xy} + x^2\cos(x^2 y) - 2y}. \tag{4.1}$$

为求 $y'(0)$，把 $x=0$ 代入原方程 $\mathrm{e}^{xy} + \sin(x^2 y) = y^2$，解得 $y_1 = 1$，$y_2 = -1$. 故当 $x=0$ 时，对应曲线上有两个点 $(0,1)$，$(0,-1)$，分别将 $x=0$，$y=1$ 及 $x=0$，$y=-1$ 代入(4.1)式，均得

$$y'(0) = \frac{1}{2}.$$

由例 5 可以看出，在隐函数求导过程中，只要注意到 y 是自变量 x 的函数，并且为中间变量，则隐函数求导问题即是复合函数求导问题. 我们以 y^2 为例（注意到 $y = y(x)$），若求 $\dfrac{\mathrm{d}y^2}{\mathrm{d}y}$，则有 $\dfrac{\mathrm{d}y^2}{\mathrm{d}y} = 2y$；若求 $\dfrac{\mathrm{d}(y^2)}{\mathrm{d}x}$，则有 $\dfrac{\mathrm{d}(y^2)}{\mathrm{d}x} = \dfrac{\mathrm{d}(y^2)}{\mathrm{d}y} \cdot \dfrac{\mathrm{d}y}{\mathrm{d}x} = 2yy'\left(\text{记号 } \dfrac{\mathrm{d}y}{\mathrm{d}x} \text{ 与 } y' \text{ 的含义相同}\right)$. 通过上述分析，隐函数求导与复合函数求导之间的关系一目了然.

对于一些特别的函数，如幂指函数或具有连乘形式的（复合）函数，它们的求导可通过取对数方法进行简化. 所谓幂指函数，是指形如 $[u(x)]^{v(x)}$ 的函数（$u(x)$、$v(x)$ 是初等函数），其中 $u(x) > 0$.

例 6　求下列函数的导函数：

(1) $y = x^x$；　　(2) $y = \sqrt{\dfrac{(x-1)(x-2)}{(x-3)(x-4)}}$；　　(3) $y = (x-1)^5(x^2+3)^4(x+1)^6$.

解　(1) $y = x^x$ 是幂指函数.

方法一　将幂指函数转化为复合的指数函数形式，通过复合函数求导法来求解.

$$y = x^x = \mathrm{e}^{x\ln x}, \qquad \text{则} \qquad y' = \mathrm{e}^{x\ln x}(x\ln x)'$$
$$= \mathrm{e}^{x\ln x}\left(\ln x + x \cdot \frac{1}{x}\right)$$
$$= x^x(1 + \ln x).$$

方法二　取对数求导法. 由

$$\ln y = x\ln x,$$

等式两边对 x 求导，得

$$\frac{1}{y} \cdot y' = \ln x + x \cdot \frac{1}{x} = 1 + \ln x.$$

于是

$$y' = y(1 + \ln x) = x^x(1 + \ln x).$$

上述两种求解方法再一次体现了隐函数求导与复合函数求导之间的关系.

(2) 从理论上说，本小题可以直接利用复合函数求导法则来处理，但这种做法的计算步骤太烦琐（读者不妨一试）.

将 $y=\sqrt{\dfrac{(x-1)(x-2)}{(x-3)(x-4)}}$ 两边取对数,得

$$\ln y = \ln\sqrt{\frac{(x-1)(x-2)}{(x-3)(x-4)}} = \frac{1}{2}\big[\ln\mid x-1\mid + \ln\mid x-2\mid - \ln\mid x-3\mid - \ln\mid x-4\mid\big],$$

两边关于 x 求导,得

$$\frac{1}{y}\cdot y' = \frac{1}{2}\Big(\frac{1}{x-1} + \frac{1}{x-2} - \frac{1}{x-3} - \frac{1}{x-4}\Big),$$

从而

$$y' = \frac{1}{2}\sqrt{\frac{(x-1)(x-2)}{(x-3)(x-4)}}\Big(\frac{1}{x-1} + \frac{1}{x-2} - \frac{1}{x-3} - \frac{1}{x-4}\Big).$$

(3) 与上题类似,利用取对数求导法可以将"乘除"转化为"加减",从而简化求导过程,得

$$\ln y = 5\ln\mid x-1\mid + 4\ln(x^2+3) + 6\ln\mid x+1\mid,$$

则

$$y' = (x-1)^5(x^2+3)^4(x+1)^6\Big(\frac{5}{x-1} + \frac{8x}{x^2+3} + \frac{6}{x+1}\Big).$$

注 在(2),(3)中都涉及绝对值的求导,如(2)中 $\ln\mid x-1\mid$、(3)中 $\ln\mid x+1\mid$ 等,请读者思考,这里的绝对值对求导是否有影响.

4.3.3 参数方程求导法

给定参数方程 $\begin{cases} x = \varphi(t), \\ y = \psi(t), \end{cases} t\in[\alpha,\beta]$. 若函数 $x=\varphi(t)$ 与 $y=\psi(t)$ 均可导,且 $\varphi'(t)\neq 0$,$x=\varphi(t)$ 存在反函数 $t=\varphi^{-1}(x)$,则复合函数 $y=\psi(\varphi^{-1}(x))$ 也可导,且有

$$\frac{\mathrm{d}y}{\mathrm{d}x} = \frac{\mathrm{d}y}{\mathrm{d}t}\cdot\frac{\mathrm{d}t}{\mathrm{d}x} = \psi'(t)[\varphi^{-1}(x)]' = \psi'(t)\frac{1}{\varphi'(t)} = \frac{\psi'(t)}{\varphi'(t)}.$$

为便于记忆,形式上,有 $\dfrac{\mathrm{d}y}{\mathrm{d}x} = \dfrac{\mathrm{d}y}{\mathrm{d}t}\Big/\dfrac{\mathrm{d}x}{\mathrm{d}t}$,因为 $\dfrac{\mathrm{d}y}{\mathrm{d}t} = \psi'(t)$,$\dfrac{\mathrm{d}x}{\mathrm{d}t} = \varphi'(t)$,从而 $\dfrac{\mathrm{d}y}{\mathrm{d}x} = \dfrac{\psi'(t)}{\varphi'(t)}$.

例 7 求椭圆 $\dfrac{x^2}{a^2} + \dfrac{y^2}{b^2} = 1$ 上一点 $\Big(\dfrac{a}{\sqrt{2}}, \dfrac{b}{\sqrt{2}}\Big)$ 的切线斜率 k.

解 **方法一** 因点 $\Big(\dfrac{a}{\sqrt{2}}, \dfrac{b}{\sqrt{2}}\Big)$ 在上半椭圆上,从方程中解出 y(取 $y>0$ 的一支),得

$$y = \frac{b}{a}\sqrt{a^2-x^2},$$

故

$$y' = -\frac{bx}{a\sqrt{a^2-x^2}},$$

于是

$$k = y' \Big|_{x=\frac{a}{\sqrt{2}}} = -\frac{b}{a}.$$

方法二 由隐函数求导法，有

$$\frac{2x}{a^2} + \frac{2y}{b^2}y' = 0,$$

得

$$y' = -\frac{b^2 x}{a^2 y},$$

故

$$k = y' \Big|_{\left(\frac{a}{\sqrt{2}}, \frac{b}{\sqrt{2}}\right)} = -\frac{b}{a}.$$

方法三 将椭圆方程化为参数方程，得

$$\begin{cases} x = a\cos t, \\ y = b\sin t, \end{cases} \quad t \in [0, 2\pi].$$

点 $\left(\frac{a}{\sqrt{2}}, \frac{b}{\sqrt{2}}\right)$ 对应 $t = \frac{\pi}{4}$.

由参数方程求导法，得

$$y' = \frac{(b\sin t)'}{(a\cos t)'} = \frac{b\cos t}{-a\sin t} = -\frac{b}{a}\cot t,$$

故 $k = y' \Big|_{t=\frac{\pi}{4}} = -\frac{b}{a}.$

例 8 设气球的半径以 2cm/s 的速度匀速增加，求当球半径 $R = 10$cm 时，其体积 V 的增长速度.

解 我们知道，球的体积 V 与半径 R 的函数关系式为 $V = \frac{4}{3}\pi R^3$. 注意到 V 与 R 均为时间 t 的函数，记 $V = V(t)$, $R = R(t)$, 则所求为 $\dfrac{dV}{dt}\Big|_{\substack{R=10 \\ \frac{dR}{dt}=2}}$. 利用复合函数求导法，得

$$\frac{dV}{dt} = \frac{dV}{dR} \cdot \frac{dR}{dt} = \frac{d\left(\frac{4}{3}\pi R^3\right)}{dR} \cdot \frac{dR}{dt}$$

$$= 4\pi R^2 \cdot \frac{dR}{dt},$$

故

$$\frac{dV}{dt}\Big|_{\substack{R=10 \\ \frac{dR}{dt}=2}} = 800\pi.$$

即当 $R = 10$cm 时，气球的体积 V 的增长速度为 800π cm^3/s.

4.3.4　分段函数求导法

先来看一个例子：

例 9　设函数

$$f(x) = \begin{cases} 1 + x + x^2 \sin \dfrac{1}{x}, & x \neq 0, \\ 1, & x = 0, \end{cases}$$

试问函数 $y = f(x)$ 在 $x = 0$ 点是否可导？若可导，求出 $f'(0)$.

解　首先判断函数 $y = f(x)$ 在 $x = 0$ 点是否连续. 若不连续，则一定不可导，到此即完结.

因为 $\lim\limits_{x \to 0} f(x) = \lim\limits_{x \to 0} \left(1 + x + x^2 \sin \dfrac{1}{x} \right) = 1 = f(0)$，故函数 $y = f(x)$ 在 $x = 0$ 点连续.

再由导数定义知

$$\lim_{\Delta x \to 0} \frac{f(\Delta x + 0) - f(0)}{\Delta x} = \lim_{\Delta x \to 0} \frac{f(\Delta x) - f(0)}{\Delta x}$$

$$= \lim_{\Delta x \to 0} \frac{1 + \Delta x + (\Delta x)^2 \sin \dfrac{1}{\Delta x} - 1}{\Delta x}$$

$$= \lim_{\Delta x \to 0} \left(1 + \Delta x \sin \frac{1}{\Delta x} \right) = 1,$$

从而函数 $y = f(x)$ 在 $x = 0$ 点可导，且 $f'(0) = 1$.

一般地，对于分段函数求导，分段点是问题的关键所在. 在分段点处，首先判断是否连续. 若连续，再利用导数定义（或利用左、右导数）判断是否可导；在非分段点处，按通常的求导法则处理.

下面再看一个例子：

例 10　设函数

$$f(x) = \begin{cases} ax^2 + b, & x \geqslant 1, \\ \mathrm{e}^{\frac{1}{x}}, & x < 1 \end{cases}$$

在 $x = 1$ 点可导，试求 a, b.

解　由 $f(x)$ 在 $x = 1$ 点可导知 $f(x)$ 在 $x = 1$ 点连续，从而

$$\lim_{x \to 1^+} f(x) = \lim_{x \to 1^+} (ax^2 + b) = a + b = \lim_{x \to 1^-} f(x) = \lim_{x \to 1^-} \mathrm{e}^{\frac{1}{x}} = \mathrm{e},$$

由此得 $a + b = \mathrm{e}$. 又

$$f'_+(1) = \lim_{x \to 1^+} (ax^2 + b)' = \lim_{x \to 1^+} (2ax) = 2a,$$

$$f'_-(1) = \lim_{x \to 1^-} (\mathrm{e}^{\frac{1}{x}})' = \lim_{x \to 1^-} \left(-\frac{1}{x^2} \mathrm{e}^{\frac{1}{x}} \right) = -\mathrm{e},$$

由 $f(x)$ 在 $x=0$ 点的可导性知

$$f'_+(1) = f'_-(1),$$

由此得

$$2a = -\mathrm{e}, \quad a = -\frac{\mathrm{e}}{2},$$

于是

$$b = \mathrm{e} - a = \mathrm{e} + \frac{\mathrm{e}}{2} = \frac{3}{2}\mathrm{e}.$$

注意，求分段点处的左、右极限或左、右导数一般用相关定义处理. 而例 10 中的函数 $y=f(x)$ 当 $x \geqslant 1$ 时及当 $x<1$ 时分别对应的导函数 $2ax$ 和 $-\dfrac{1}{x^2}\mathrm{e}^{\frac{1}{x}}$ 在 $x=1$ 处均连续，因此，可以用 $f'_+(1) = \lim\limits_{x\to 1^+}(ax^2+b)'$ 及 $f'_-(1) = \lim\limits_{x\to 1^-}(\mathrm{e}^{\frac{1}{x}})'$ 来计算其在 $x=1$ 点的左、右导数. 也就是在导函数连续的情况下，在某点的左、右导数等于导函数在该点的左、右极限.

习题 4.3

1. 求下列函数的导数：

(1) $y=\sqrt{\dfrac{1+x}{1-x}}$；

(2) $y=\sin\sqrt{\ln x}$；

(3) $y=\sqrt{x+\sqrt{x+\sqrt{x}}}$；

(4) $y=\ln\dfrac{\sqrt{x^2+1}-x}{\sqrt{x^2+1}+x}$；

(5) $y=\dfrac{1}{3}\ln\dfrac{x+1}{\sqrt{x^2-x+1}}+\dfrac{1}{\sqrt{3}}\arctan\dfrac{2x-1}{\sqrt{3}}$；

(6) $y=x^{\frac{1}{x}}$；

(7) $y=(\sin x)^{\cos x}$；

(8) $y=\arctan\left(\sqrt{\dfrac{a-b}{a+b}}\tan\dfrac{x}{2}\right)$ $(a>b>0)$.

2. 求由下列方程所确定的隐函数的导函数.

(1) $xy+\mathrm{e}^y-\sin(xy^2)=1$，确定函数 $y=y(x)$；

(2) $y=x+\ln y$，确定函数 $y=y(x)$；

(3) $x^y=y^x$，确定函数 $y=y(x)$；

(4) $xy=\mathrm{e}^{x+y}$，确定函数 $y=y(x)$.

3. 求曲线 $x^y=x^2y$ 在 $(1,1)$ 点处的切线方程.

4. 设曲线 $y=x^3+ax$ 与曲线 $y=bx^3+c$ 相交于 $(-1,0)$ 点，并在该点有公共切线，求 a，b，c 的值和公共切线方程.

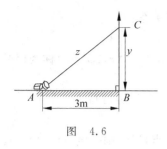

图　4.6

5. 把水注入深 8 米上顶直径也是 8 米的锥形漏斗容器中,其速度为 4 立方米每分钟,问当水深 5 米时,水面上升的速度是多少?

6. 雷达站(位于地面 A 处)正在跟踪垂直发射升空的火箭,雷达站离发射地点 B 处 3 米(如图 4.6 所示),当雷达站距离火箭为 5 米时,测得雷达站到火箭的距离正以 5000 米每小时的速度增长,问此时火箭的垂直上升速度是多少?

4.4 微分及其运算

4.4.1 微分概念的引入

设函数 $y = f(x)$ 在 x_0 点可导(如图 4.7 所示),在 x_0 点给自变量以改变量 Δx,则对应的函数值的改变量为

$$\Delta y = f(x_0 + \Delta x) - f(x_0).$$

故由导数定义知

$$\frac{\Delta y}{\Delta x} \to f'(x_0)(\Delta x \to 0).$$

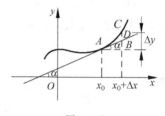

图　4.7

记 $\alpha = \dfrac{\Delta y}{\Delta x} - f'(x_0)$,则 $\alpha \to 0(\Delta x \to 0)$,即 α 为 $\Delta x \to 0$ 时的无穷小量. 从而

$$\frac{\Delta y}{\Delta x} = f'(x_0) + \alpha,$$

$$\Delta y = f'(x_0)\Delta x + \alpha \Delta x, \tag{4.2}$$

注意到 $\dfrac{\alpha \Delta x}{\Delta x} = \alpha \to 0(\Delta x \to 0)$,即 $\alpha \Delta x$ 是比 Δx 高阶的无穷小量 $(\Delta x \to 0)$,故(4.2)式也可写为

$$\Delta y = f'(x_0)\Delta x + o(\Delta x) \quad (\Delta x \to 0).$$

上式第一项 $f'(x_0)\Delta x$ 中,$f'(x_0)$ 是常数,因此当 Δx 充分小时,Δy 的大小主要由 $f'(x_0)\Delta x$ 决定,$f'(x_0)\Delta x$ 称为 Δy 的线性主要部分(简称线性主部). 若记 $\mathrm{d}y = f'(x_0)\Delta x$ $(\Delta x \to 0)$,特别地,对于函数 $y = x$,因为 $y' = x' = 1$,则有 $\mathrm{d}y = \mathrm{d}x = \Delta x(\Delta x \to 0)$. 因此,函数值改变量 Δy 在 x_0 点的线性主部可以记为 $\mathrm{d}y = f'(x_0)\mathrm{d}x$. 在图 4.7 中,函数值的改变量 $\Delta y = BC$,而 $BD = \Delta x \cdot \tan\alpha = f'(x_0)\Delta x$,于是,当 Δx 充分小时,$\Delta y \approx f'(x_0)\Delta x \approx \mathrm{d}y$. 可见 $\mathrm{d}y$ 为函数 $y = f(x)$ 在点 x_0 处切线上的函数值改变量.

以上面的分析为基础,下面给出微分的一般性定义.

定义 4.3 设函数 $y = f(x)$ 在 x_0 点的某邻域内有定义,若在 x_0 点自变量的改变量 Δx

与对应的函数值的改变量 $\Delta y = f(x_0 + \Delta x) - f(x_0)$ 之间有下述关系：

$$\Delta y = A\Delta x + o(\Delta x) \quad (\Delta x \to 0).$$

其中 A 是与 Δx 无关的常数，则称函数 $y = f(x)$ 在 x_0 点可微，其中 $A\Delta x(\Delta x \to 0)$ 称为函数 $y = f(x)$ 在 x_0 点的微分，记为 $\mathrm{d}y = A\Delta x(\Delta x \to 0)$.

由前面的分析知，$\mathrm{d}x = \Delta x(\Delta x \to 0)$，故函数 $y = f(x)$ 在 x_0 点的微分可写为

$$\mathrm{d}y = A\mathrm{d}x.$$

由可微的定义及本节开始的分析知，若函数 $y = f(x)$ 在 x_0 点可导，则一定可微，而且此时 $A = f'(x_0)$. 反过来是否成立呢？即若函数 $y = f(x)$ 在 x_0 点可微，那么该函数在 x_0 点是否一定可导？若可导？A 是否一定为 $f'(x_0)$？

回答是肯定的. 见下面定理.

定理 4.2　函数 $y = f(x)$ 在 x_0 可微的充要条件是：函数 $y = f(x)$ 在 x_0 点可导，并且 $f'(x_0) = A$.

证明　充分性的证明见前面的分析.

下证必要性. 设 $y = f(x)$ 在 x_0 点可微. 由可微定义知，$\Delta y = A\Delta x + o(\Delta x)(\Delta x \to 0)$，其中 A 是与 Δx 无关的常数（仅与 x_0 点有关）. 从而，有

$$\frac{\Delta y}{\Delta x} = A + \frac{o(\Delta x)}{\Delta x} \quad (\Delta x \to 0),$$

故

$$\lim_{\Delta x \to 0} \frac{\Delta y}{\Delta x} = \lim_{\Delta x \to 0} A + \lim_{\Delta x \to 0} \frac{o(\Delta x)}{\Delta x} = A,$$

从而函数 $y = f(x)$ 在 x_0 点可导，并且 $f'(x_0) = A$.

在 4.1 节，我们把函数 $y = f(x)$ 在 x 点的导数记为 $\dfrac{\mathrm{d}y}{\mathrm{d}x}$ 或 $f'(x)$，现在由微分的定义可知 $\dfrac{\mathrm{d}y}{\mathrm{d}x}$ 不仅是导数的记号，而且可以看成两个微分 $\mathrm{d}y$ 与 $\mathrm{d}x$ 之商，因此，导数又称为微商.

总之，由上面的分析，函数的可微性 $\Leftrightarrow$ 可导性，即 $\mathrm{d}y = f'(x)\mathrm{d}x \Leftrightarrow f'(x) = \dfrac{\mathrm{d}y}{\mathrm{d}x}$.

例如，对于函数 $y = \cos 2x$，由复合函数求导法知

$$y' = (\cos 2x)' = -\sin 2x \cdot (2x)' = -2\sin 2x,$$

从而该函数的微分为

$$\mathrm{d}y = y'\mathrm{d}x = -2\sin 2x\mathrm{d}x.$$

由这个简单的例子可以看出，从计算的角度讲，微分与求导仅形式上的不同. 因此，与导数求解情况对应，微分的计算也有相应的运算法则及基本微分公式.

4.4.2　微分的运算法则与基本微分公式

1. $\mathrm{d}[f(x) \pm g(x)] = \mathrm{d}f(x) \pm \mathrm{d}g(x)$;

2. $d[f(x) \cdot g(x)] = g(x)df(x) + f(x)dg(x)$；

3. $d\left[\dfrac{f(x)}{g(x)}\right] = \dfrac{g(x)df(x) - f(x)dg(x)}{g^2(x)}(g(x) \neq 0)$；

4. 复合函数微分法，设函数 $y = f[g(x)]$ 由函数 $y = f(u)$ 及 $u = g(x)$ 复合而成，而且 $u = g(x)$ 在 x 点及 $y = f(u)$ 在 u 点均可微，则复合函数 $y = f[g(x)]$ 在 x 点可微，且有

$$dy = f'[g(x)]g'(x)dx.$$

关于复合函数情况需要进一进说明. 注意到 $du = g'(x)dx$ 及 $u = g(x)$，将它们分别代入 $dy = f'[g(x)]g'(x)dx$ 之中，得 $dy = f'(u)du$. 此形式告诉我们，不论 u 是最终的自变量还是中间变量，微分的形式是不变的. 也就是说，如果 u 是最终自变量，则 $dy = f'(u)du$ 为 y 的最终微分形式；而如果 u 是中间变量，$u = g(x)$，则 $dy = f'(u)du$，只不过 du 可以进一步展开为 $du = g'(x)dx$，即

$$dy = f'(u)du = f'(g(x))g'(x)dx.$$

微分的这种性质称为一阶微分的形式不变性.

为便于读者使用，与基本求导公式相对应，我们将基本微分公式列举如下：

（1）$y = c$（c 为常数），$dy = dc = 0$；

（2）$y = x^{\alpha}$（α 是常实数），$dy = \alpha x^{\alpha-1}dx$；

（3）$y = \log_a x$（$a > 0$ 且 $a \neq 1$），$dy = \dfrac{1}{x\ln a}dx$，特别地，$d\ln x = \dfrac{1}{x}dx$；

（4）$y = a^x$（$a > 0$ 且 $a \neq 1$），$dy = a^x \ln a dx$，特别地，$de^x = e^x dx$；

（5）$y = \sin x$，$dy = \cos x dx$，

　　$y = \cos x$，$dy = -\sin x dx$，

　　$y = \tan x$，$dy = \dfrac{1}{\cos^2 x}dx = \sec^2 x dx$，

　　$y = \cot x$，$dy = -\dfrac{1}{\sin^2 x}dx = -\csc^2 x dx$；

（6）$y = \arcsin x$，$dy = \dfrac{1}{\sqrt{1-x^2}}dx$，

　　$y = \arccos x$，$dy = -\dfrac{1}{\sqrt{1-x^2}}dx$，

　　$y = \arctan x$，$dy = \dfrac{1}{1+x^2}dx$，

　　$y = \operatorname{arccot} x$，$dy = -\dfrac{1}{1+x^2}dx$.

例 1　求下列函数的微分：

（1）$y = x^2\ln(x^2) + \cos(x^2)$；（2）$y = e^{\sin(ax+b)}$（$a, b$ 均为常数）.

解 （1）由复合函数求导法知

$$y' = \left[x^2 \ln(x^2) + \cos(x^2) \right]'$$

$$= 2x\ln(x^2) + x^2 \cdot \frac{1}{x^2} \cdot 2x - \sin x^2 \cdot (x^2)'$$

$$= 2x(\ln x^2 + 1 - \sin x^2),$$

从而

$$\mathrm{d}y = y'\mathrm{d}x = 2x(\ln x^2 + 1 - \sin x^2)\mathrm{d}x.$$

（2）利用一阶微分形式不变性. 令 $u = \sin v, v = ax + b$，则 $y = \mathrm{e}^u$. 于是，由一阶微分形式不变性得

$$\mathrm{d}y = \mathrm{d}\mathrm{e}^u = \mathrm{e}^u\mathrm{d}u, \tag{4.3}$$

又

$$\mathrm{d}u = \mathrm{d}\sin v = \cos v \mathrm{d}v,$$

$$\mathrm{d}v = \mathrm{d}(ax + b) = (ax + b)'\mathrm{d}x = a\mathrm{d}x,$$

将它们分别代入（4.3）式，得

$$\mathrm{d}y = \mathrm{e}^u \cdot \cos v \mathrm{d}v = \mathrm{e}^u \cdot \cos v \cdot a\mathrm{d}x = a\mathrm{e}^{\sin(ax+b)}\cos(ax+b)\mathrm{d}x.$$

例 2 设 $y = \cos[\varphi^2(x) + \psi^2(x)]$，其中 $\varphi(x)$ 及 $\psi(x)$ 在 x 点均可微，求 $\mathrm{d}y$.

解 $\mathrm{d}y = \mathrm{d}\cos[\varphi^2(x) + \psi^2(x)] = -\sin[\varphi^2(x) + \psi^2(x)]\mathrm{d}[\varphi^2(x) + \psi^2(x)]$

$$= -\sin[\varphi^2(x) + \psi^2(x)][\mathrm{d}\varphi^2(x) + \mathrm{d}\psi^2(x)]$$

$$= -\sin[\varphi^2(x) + \psi^2(x)][2\varphi(x)\varphi'(x)\mathrm{d}x + 2\psi(x)\psi'(x)\mathrm{d}x]$$

$$= -2\sin[\varphi^2(x) + \psi^2(x)][\varphi(x)\varphi'(x) + \psi(x)\psi'(x)]\mathrm{d}x.$$

4.4.3 微分在近似计算中的应用

由可微定义知，若 $y = f(x)$ 在 x_0 处可微，当自变量有改变量 Δx 时，函数值的改变量可以写成

$$\Delta y = f'(x_0)\Delta x + o(\Delta x) = \mathrm{d}y + o(\Delta x) \quad (\Delta x \to 0),$$

也就是当 $\Delta x \to 0$ 时，有

$$f(x_0 + \Delta x) - f(x_0) = f'(x_0)\Delta x + o(\Delta x).$$

设 $x = x_0 + \Delta x, \Delta x = x - x_0$，上式又可写为

$$f(x) = f(x_0) + f'(x_0)(x - x_0) + o(x - x_0),$$

从而当 $x \to x_0$ 时，有

$$f(x) \approx f(x_0) + f'(x_0)(x - x_0).$$

例 3　求 $\tan 46°$ 的近似值.

解　设 $y = f(x) = \tan x$，$x_0 = 45° = \dfrac{\pi}{4}$，$\Delta x = x - x_0 = 1° = \dfrac{\pi}{180}$.

由 $f(x) \approx f(x_0) + f'(x_0)(x - x_0)$，得

$$\tan 46° \approx \tan 45° + (\tan x)'\bigg|_{x=45°} \cdot \frac{\pi}{180}.$$

从而

$$\tan 46° \approx 1 + \frac{1}{\cos^2 \dfrac{\pi}{4}} \cdot \frac{\pi}{180} = 1 + \frac{\pi}{90} \approx 1.034\ 889.$$

例 4　求 $\sqrt[3]{8.01}$ 的近似值.

解　设 $y = f(x) = \sqrt[3]{x}$，则 $y' = f'(x) = \dfrac{1}{3\sqrt[3]{x^2}}$，于是

$$\sqrt[3]{8.01} = f(8 + 0.01) \approx f(8) + f'(8) \cdot 0.01 = 2 + \frac{1}{12} \times 0.01 \approx 2.000\ 833\ 3.$$

习题 4.4

1. 求下列函数的微分：

(1) $y = \arcsin\sqrt{1 - x^2}$；　　　　　　(2) $y = x^{\sin x^2}\ (x > 0)$；

(3) $y = \ln\left|\tan\left(\dfrac{x}{2} + \dfrac{\pi}{4}\right)\right|$；　　　　(4) $y = e^{ax}\cos bx\ (a, b$ 均为常数$)$.

2. 设 $u(x), v(x)$ 均是 x 的可微函数，求下列函数的微分 dy.

(1) $y = \ln|\sin(u + v)|$；　　　　　　(2) $y = \arctan\dfrac{u}{v}$.

3. 为了使计算出的球体积准确到 1%，度量半径 r 时允许发生的相对误差最多是多少？

4. 证明：当 $|x|$ 充分小时，有下列近似公式成立：

$$\sin x \approx x, \quad \tan x \approx x, \quad \ln(1 + x) \approx x, \quad e^x \approx 1 + x.$$

5. 证明：$y = \dfrac{e^x + e^{-x}}{2}$ 在 $x > 0$ 时满足微分方程

$$dy = \sqrt{y^2 - 1}\,dx.$$

6. 求下列各数的近似值：

(1) $\sqrt[3]{1.02}$；　　　　(2) $\tan 31°$；　　　　(3) $\sqrt[5]{0.99}$.

4.5　高阶导数与高阶微分

4.5.1　高阶导数

1. 高阶导数的概念

考查函数 $f(x)=2x^5-x^2+9$，则
$$f'(x)=(2x^5-x^2+9)'=10x^4-2x.$$
可以看出，$f'(x)$ 作为 x 的函数仍然可导，而且
$$(f'(x))'=(10x^4-2x)'=40x^3-2,$$
记 $(f'(x))'=f''(x)$，于是，$f''(x)$ 相对于 $f(x)$ 而言为 $f(x)$ 导数的导数，称为 $f(x)$ 的二阶导数. 进而，y 的三阶导数
$$f'''(x)=(f''(x))'=(40x^3-2)'=120x^2.$$

二阶以上（含二阶）的导数称为高阶导数. 以下给出 $f(x)$ 高阶导数的严格数学定义.

定义 4.4　设函数 $y=f(x)$ 的导数 $f'(x)$ 在 x 点仍可导，则 $f'(x)$ 在 x 点的导数 $(f'(x))'$（记为 $f''(x)$）称为 $f(x)$ 在 x 点的二阶导数，即
$$f''(x)=\lim_{\Delta x\to 0}\frac{f'(x+\Delta x)-f'(x)}{\Delta x}.$$

类似地，可定义 $n(n\geqslant 2)$ 阶导数 $f^{(n)}(x)$ 为
$$f^{(n)}(x)=\lim_{\Delta x\to 0}\frac{f^{(n-1)}(x+\Delta x)-f^{(n-1)}(x)}{\Delta x}.$$

注意，n 阶 $(n\geqslant 4)$ 导数均记为 $f^{(n)}(x)$. 另外，$f''(x),f'''(x),f^{(4)}(x),\cdots,f^{(n)}(x)$ 也可分别记为
$$\frac{\mathrm{d}^2 y}{\mathrm{d}x^2},\frac{\mathrm{d}^3 y}{\mathrm{d}x^3},\frac{\mathrm{d}^4 y}{\mathrm{d}x^4},\cdots,\frac{\mathrm{d}^n y}{\mathrm{d}x^n}.$$

以上这些符号是通用的，具体用哪一种记号视相关问题而定.

2. 高阶导数的运算法则

(1) 设函数 $u(x)$ 及 $v(x)$ 都存在直到 $n(n\geqslant 1)$ 阶的导数，则
$$[u(x)\pm v(x)]^{(n)}=u^{(n)}(x)\pm v^{(n)}(x).$$
(2) 莱布尼茨公式：
$$[u(x)v(x)]^{(n)}=\sum_{i=0}^{n}\mathrm{C}_n^i u^{(n-i)}(x)\cdot v^{(i)}(x),$$

其中符号"$\sum$"是求和号,C_n^i 是组合数符号并且 $C_n^i = \dfrac{n!}{i!\,(n-i)!}$,$u^{(0)}(x) = u(x)$.

例 1 已知 $y = \sin x$,求 $y^{(n)}$.

解 因为 $y' = (\sin x)' = \cos x = \sin\left(x + \dfrac{\pi}{2}\right)$,

$$y'' = (y')' = \left[\sin\left(x + \dfrac{\pi}{2}\right)\right]' = \cos\left(x + \dfrac{\pi}{2}\right) = \sin\left(x + \dfrac{2\pi}{2}\right),$$

$$y''' = (y'')' = \left[\sin\left(x + \dfrac{2\pi}{2}\right)\right]' = \cos\left(x + \dfrac{2\pi}{2}\right) = \sin\left(x + \dfrac{3\pi}{2}\right),$$

依次类推,得

$$y^{(n)} = (\sin x)^{(n)} = \sin\left(x + \dfrac{n\pi}{2}\right), \quad n \geqslant 1.$$

同理可得

$$(\cos x)^{(n)} = \cos\left(x + \dfrac{n\pi}{2}\right), \quad n \geqslant 1.$$

例 2 设 $f(x) = \ln(1+x)$,求 $f^{(n)}(x)$.

解 $f'(x) = \dfrac{1}{1+x} = (1+x)^{-1}$,$f''(x) = -(1+x)^{-2}$,$f'''(x) = 1 \cdot 2 \cdot (1+x)^{-3}$,$\cdots$,

$$f^{(n)}(x) = (-1)^{(n-1)} \cdot 1 \cdot 2 \cdots (n-1)(1+x)^{-n} = (-1)^{n-1} \cdot \dfrac{(n-1)!}{(1+x)^n}.$$

类似地,有 $[\ln(ax+b)]^{(n)} = (-1)^{n-1} \cdot (n-1)!\ a^n (ax+b)^{(-n)}$,

$$(\ln x)^{(n)} = (-1)^{(n-1)} \cdot (n-1)!\ x^{-n},$$

$$\left(\dfrac{1}{x}\right)^{(n)} = (-1)^n n!\ x^{-(n+1)}\ \left(\text{注意 } \dfrac{1}{x} \text{ 为 } \ln x \text{ 的导数}\right).$$

例 3 设有复合函数 $y = f[g(x)]$,$x \in I$,其中 $y = f(u)$ 和 $u = g(x)$ 都存在直到二阶的导数,求 $\dfrac{\mathrm{d}^2 y}{\mathrm{d}x^2}$.

解 首先,由复合函数求导的链式法则知

$$\dfrac{\mathrm{d}y}{\mathrm{d}x} = \dfrac{\mathrm{d}f[g(x)]}{\mathrm{d}x} = f'[g(x)]\dfrac{\mathrm{d}g(x)}{\mathrm{d}x} = f'[g(x)]g'(x).$$

由于 $f'[g(x)]$ 仍是复合函数,故有

$$\dfrac{\mathrm{d}^2 y}{\mathrm{d}x^2} = \dfrac{\mathrm{d}}{\mathrm{d}x}\left(\dfrac{\mathrm{d}y}{\mathrm{d}x}\right) = \dfrac{\mathrm{d}[f'(g(x))g'(x)]}{\mathrm{d}x}\text{(利用求导的乘法公式,} u = f'[g(x)], v = g'(x))$$

$$= [f'(g(x))]' \cdot g'(x) + f'(g(x)) \cdot g''(x)$$

$$= [f''(g(x)) \cdot g'(x)] \cdot g'(x) + f'(g(x)) \cdot g''(x)$$

$$= f''[g(x)][g'(x)]^2 + f'[g(x)]g''(x).$$

在例 1 和例 3 中我们使用高阶导数不同的符号,目的是让读者熟悉这两种符号在运算中如何使用.

例 4 （1）设函数 $y = e^{ax} \sin bx (ab \neq 0)$，求 $y^{(n)}(x)(n \geqslant 1)$；（2）设函数 $y = x^3 e^{2x}$，求 $y^{(10)}(x)$.

解 （1）由莱布尼茨公式，有

$$(e^{ax} \sin bx)^{(n)} = \sum_{i=0}^{n} C_n^i (e^{ax})^{(n-1)} \cdot (\sin bx)^{(i)}$$

$$= \sum_{i=0}^{n} C_n^i a^{n-1} e^{ax} \cdot b^i \sin\left(bx + \frac{i}{2}\pi\right)$$

$$\left(因为 (e^{ax})^{(n-i)} = a^{n-i} \cdot e^{ax}, (\sin bx)^{(i)} = b^i \sin\left(bx + \frac{i}{2}\pi\right)\right).$$

（2）由于 $i \geqslant 4$ 时，$(x^3)^{(i)} = 0$，故

$$(x^3 e^{2x})^{(10)} = \sum_{i=0}^{10} C_{10}^i (x^3)^{(i)} \cdot (e^{2x})^{(10-i)}$$

$$= x^3 \cdot 2^{10} \cdot e^{2x} + 10 \cdot 3x^2 \cdot 2^9 e^{2x} + 45 \cdot 6x \cdot 2^8 \cdot e^{2x} + 120 \cdot 6 \cdot 2^7 \cdot e^{2x}$$

$$= 512 e^{2x} (2x^3 + 30x^2 + 135x + 180).$$

例 5 设 $y = \sin^6 x + \cos^6 x$，求 $y^{(n)}$.

解 $y = (\sin^2 x)^3 + (\cos^2 x)^3 = (\sin^2 x + \cos^2 x)(\sin^4 x - \sin^2 x \cos^2 x + \cos^4 x)$

$$= (\sin^2 x + \cos^2 x)^2 - 3\sin^2 x \cos^2 x = 1 - \frac{3}{4}\sin^2 2x = 1 - \frac{3}{4} \cdot \frac{1 - \cos 4x}{2}$$

$$= \frac{5}{8} + \frac{3}{8}\cos 4x.$$

因此，$y^{(n)} = \dfrac{3}{8} \cdot 4^n \cdot \cos\left(4x + \dfrac{n\pi}{2}\right)$.

例 6 设 $y = \dfrac{1}{x^2 - 1}$，求 $y^{(50)}$.

解 因为 $y = \dfrac{1}{x^2 - 1} = \dfrac{1}{2}\left(\dfrac{1}{x-1} - \dfrac{1}{x+1}\right)$，所以

$$y^{(50)} = \frac{1}{2}\left[\frac{50!}{(x-1)^{51}} - \frac{50!}{(x+1)^{51}}\right] = \frac{50!}{2}\left[\frac{1}{(x-1)^{51}} - \frac{1}{(x+1)^{51}}\right].$$

例 7 试从 $\dfrac{dx}{dy} = \dfrac{1}{y'}$ 导出 $\dfrac{d^2 x}{dy^2} = -\dfrac{y''}{(y')^3}(y' \neq 0)$.

解 由于 y' 和 y'' 是函数 y 关于 x 的一阶和二阶导数，而 $\dfrac{d^2 x}{dy^2}$ 为函数 x 对 y 的二阶导数，因此，根据复合函数及反函数的求导法则，有

$$\frac{d^2 x}{dy^2} = \frac{d}{dy}\left(\frac{dx}{dy}\right) = \frac{d}{dy}\left(\frac{1}{y'}\right) = \frac{-\dfrac{d(y')}{dy}}{(y')^2} = -\frac{\dfrac{dy'}{dx} \cdot \dfrac{dx}{dy}}{(y')^2} = -\frac{y'' \cdot \dfrac{1}{y'}}{(y')^2} = -\frac{y''}{(y')^3}.$$

例 8 证明 $f(x) = \arcsin x$ 满足等式

$$(1 - x^2)f^{(n+2)}(x) - (2n+1)xf^{(n+1)}(x) - n^2 f^{(n)}(x) = 0.$$

证明 因为

$$f'(x) = \frac{1}{\sqrt{1-x^2}}, \quad f''(x) = \frac{x}{(1-x^2)\sqrt{1-x^2}} = \frac{x}{1-x^2}f'(x),$$

所以

$$(1-x^2)f''(x) - xf'(x) = 0.$$

对上式两边关于 x 求 n 阶导数,由莱布尼茨公式得

$$C_n^0(1-x^2)[f''(x)]^{(n)} + C_n^1(1-x^2)'[f''(x)]^{(n-1)} + C_n^2(1-x^2)''[f''(x)]^{(n-2)}$$
$$-C_n^0 x[f'(x)]^{(n)} - C_n^1 x'[f'(x)]^{(n-1)} = 0,$$

整理得

$$(1-x^2)f^{(n+2)}(x) + n(-2x)f^{(n+1)}(x) + \frac{n(n-1)}{2!}(-2)f^{(n)}(x)$$
$$-xf^{(n+1)}(x) - n \cdot f^{(n)}(x) = 0,$$

即

$$(1-x^2)f^{(n+2)}(x) - (2n+1)xf^{(n+1)}(x) - n^2 f^{(n)}(x) = 0.$$

例 9 设方程 $x^2 + xy + y^2 = 4$ 确定函数 $y = y(x)$,求 $\dfrac{\mathrm{d}^2 y}{\mathrm{d}x^2}$.

解 对方程两边关于 x 求导,得

$$2x + y + xy' + 2yy' = 0,$$

从而

$$y' = -\frac{2x+y}{2y+x}.$$

进一步地有

$$\frac{\mathrm{d}^2 y}{\mathrm{d}x^2} = -\frac{(2+y')(2y+x) - (2x+y) \cdot (1+2y')}{(2y+x)^2},$$

将 y' 代入上式,整理得

$$\frac{\mathrm{d}^2 y}{\mathrm{d}x^2} = -\frac{6(x^2 + xy + y')}{(x+2y)^3} = -\frac{24}{(x+2y)^3}.$$

另外,本题也可以对于 $2x + y + xy' + 2yy' = 0$ 两边继续关于 x 求导,有

$$2 + y' + y' + xy'' + 2(y')^2 + 2yy'' = 0,$$

从而

$$y'' = \frac{\mathrm{d}^2 y}{\mathrm{d}x^2} = -\frac{2 + 2y' + 2(y')^2}{x + 2y}.$$

将 $y' = -\dfrac{2x+y}{2y+x}$ 代入上式,即得最终结果,请读者自己验证.

例 10 设参数方程 $\begin{cases} x = \ln(1+t^2), \\ y = t - \arctan t, \end{cases}$ 求 $\dfrac{\mathrm{d}^2 y}{\mathrm{d}x^2}$.

解 因为

$$\frac{\mathrm{d}y}{\mathrm{d}x} = \frac{\mathrm{d}y/\mathrm{d}t}{\mathrm{d}x/\mathrm{d}t} = \frac{(t - \arctan t)'}{[\ln(1+t^2)]'} = \frac{1 - \dfrac{1}{1+t^2}}{\dfrac{2t}{1+t^2}} = \frac{t}{2},$$

所以

$$\frac{\mathrm{d}^2 y}{\mathrm{d}x^2} = \frac{\mathrm{d}}{\mathrm{d}x}\left(\frac{\mathrm{d}y}{\mathrm{d}x}\right) = \frac{\mathrm{d}\left(\dfrac{\mathrm{d}y}{\mathrm{d}x}\right)\big/\mathrm{d}t}{\mathrm{d}x/\mathrm{d}t} = \frac{\left(\dfrac{t}{2}\right)'}{[\ln(1+t^2)]'} = \frac{1+t^2}{4t}.$$

4.5.2 高阶微分

与高阶导数对应,有高阶微分的概念及运算.

设函数 $y = f(x)$ 可微,则 $\mathrm{d}y = f'(x)\mathrm{d}x$,即一阶微分.若微分函数 $\mathrm{d}y$ 关于 x 仍然可微,则有

$$\mathrm{d}(\mathrm{d}y) = \mathrm{d}(f'(x)\mathrm{d}x) = (f'(x)\mathrm{d}x)'\mathrm{d}x$$
$$= f''(x)\mathrm{d}x \cdot \mathrm{d}x = f''(x)\mathrm{d}x^2,$$

记 $\mathrm{d}^2 y = \mathrm{d}(\mathrm{d}y)$,则 $\mathrm{d}^2 y = f''(x)\mathrm{d}x^2$,即二阶微分,其中记号 $\mathrm{d}x^2$ 表示 $(\mathrm{d}x)^2$.

一般地,若函数 $y = f(x)$ 有直到 $n(n \geqslant 1)$ 阶的微分,则 $\mathrm{d}^n y = f^{(n)}(x)\mathrm{d}x^n$,其中记号 $\mathrm{d}x^n$ 表示 $(\mathrm{d}x)^n$.

二阶以上(含二阶)的微分称为高阶微分.

类似于一阶导数与一阶微分情况,关于高阶导数与高阶微分,我们有

$$\mathrm{d}^n y = f^{(n)}(x)\mathrm{d}x^n \Leftrightarrow \frac{\mathrm{d}^n y}{\mathrm{d}x^n} = f^{(n)}(x), \quad n \geqslant 1.$$

对于符号 $\mathrm{d}x^n$,需要注意,$\mathrm{d}x^n \neq \mathrm{d}(x^n)$.这是因为 $\mathrm{d}x^n$ 的含义是 $(\mathrm{d}x)^n$,而 $\mathrm{d}(x^n) = (x^n)'\mathrm{d}x = nx^{n-1}\mathrm{d}x$,两者不能混淆.

在 4.4 节我们知道,一阶微分具有形式不变性,但对于一般函数而言,二阶(或二阶以上)的微分就不再具有形式不变性了.例如,对于复合函数 $y = u^3 + 5$,其中 $u = \sin x$,我们知道 $\mathrm{d}y = \mathrm{d}(u^3 + 5) = 3u^2\mathrm{d}u$,此即一阶微分形式不变性.

而二阶微分为

$$\mathrm{d}^2 y = \mathrm{d}(\mathrm{d}y) = \mathrm{d}(3u^2\mathrm{d}u) = \mathrm{d}(3u^2) \cdot \mathrm{d}u + 3u^2\mathrm{d}(\mathrm{d}u)\text{(此处利用微分的乘法公式)}$$
$$= (3u^2)'\mathrm{d}u \cdot \mathrm{d}u + 3u^2\mathrm{d}^2 u$$
$$= 6u\mathrm{d}u^2 + 3u^2\mathrm{d}^2 u = y''\mathrm{d}u^2 + y'\mathrm{d}^2 u,$$

且

$$\mathrm{d}u = \mathrm{d}(\sin x) = (\sin x)'\mathrm{d}x = \cos x\mathrm{d}x,$$
$$\mathrm{d}^2 u = \mathrm{d}(\mathrm{d}u) = \mathrm{d}(\cos x\mathrm{d}x) = (\cos x\mathrm{d}x)'\mathrm{d}x$$
$$= -\sin x\mathrm{d}x \cdot \mathrm{d}x\text{(在对 }x\text{ 求导的过程中,}\mathrm{d}x\text{ 看作常量)}$$
$$= -\sin x\mathrm{d}x^2.$$

由上述推导看出,当 u 是中间变量时,$\mathrm{d}^2 u\neq 0$,从而 $\mathrm{d}^2 y\neq y''\mathrm{d}u^2$,即二阶微分不具有形式不变性.

4.5.3 不可导函数举例

对极限、连续、可导(可微)概念的准确理解,是运用它们进行相关运算的前提,也是学好微积分学的关键.下面的几个反例有助于进一步加深对上述概念的理解.

例 11 证明狄利克雷函数

$$f(x)=\begin{cases}1, & x \text{ 为有理数},\\ 0, & x \text{ 为无理数}\end{cases}$$

在任意点 $x,x\in(-\infty,+\infty)$ 均不可导.

证明 尽管狄利克雷函数满足

$$\lim_{n\to+\infty}\frac{f\left(x+\dfrac{1}{n}\right)-f(x)}{\dfrac{1}{n}}=0$$

$\left(\text{因为 } x+\dfrac{1}{n} \text{ 与 } x \text{ 同为有理数或同为无理数,故 } f\left(x+\dfrac{1}{n}\right)-f(x) \text{ 恒为 } 0\right)$,但该函数在 $(-\infty,+\infty)$ 内处处间断,即不连续,由可导必连续的逆否命题知该函数在任何一点 $x\in(-\infty,+\infty)$ 都不可导.

例 11 从另一个角度说明,求函数在一点的导数时,自变量的改变量 Δx 必须按任何方式趋向于零,而不能只按某种(或某些)特殊方式趋向于零$\left(\text{如 } \Delta x=\dfrac{1}{n}\to 0(n\to+\infty)\right)$.

例 12 设函数 $f(x)=\begin{cases}x, & x\neq 0,\\ 1, & x=0,\end{cases}$ 问 $f(x)$ 在 $x=0$ 点是否可导?

解 虽然当 $x\neq 0$ 时,有 $f'(x)=x'=1$,而且 $\lim\limits_{x\to 0}f'(x)=1$,但 $\lim\limits_{x\to 0}\dfrac{f(x)-f(0)}{x}=\lim\limits_{x\to 0}\dfrac{x-1}{x}$ 不存在,即 $f(x)$ 在 $x=0$ 点不可导.

这个简单的例子告诉我们,利用 $\lim\limits_{x\to x_0}f'(x)$ 来求 $f'(x_0)$ 这一方法,仅限于函数 $y=f(x)$ 在 x_0 点连续的情况.

例 13 设函数 $f(x)=g(x)=|x|$,试问 $f(x)\cdot g(x)$ 在 $x=0$ 点是否可导?

解 我们知道,函数 $|x|$ 在 $x=0$ 点连续但不可导,然而 $f(x)\cdot g(x)=x^2$ 在 $z=0$ 点可导.

此例题说明"可导函数的和、差、积、商仍为可导函数"的逆命题不真.

例 14 证明下列问题:(1)设函数 $y=\sqrt{z}$,$z=x^4$.由导数定义易知 $y=\sqrt{z}$ 在 $z=0$ 点不

可导，$z = x^4$ 在 $x = 0$ 点可导.但其复合函数 $y = \sqrt{x^4} = x^2$ 在 $x = 0$ 点可导.

(2) 设函数 $y = 2z + |z|$，$z = \dfrac{2}{3}x - \dfrac{1}{3}|x|$，这两个函数在 $x = 0$ 点（因为 $x = 0$ 时，$z = 0$）

均不可导，但其复合函数

$$y = 2\left(\frac{2}{3}x - \frac{1}{3}|x|\right) + \left|\frac{2}{3}x - \frac{1}{3}|x|\right| = \frac{4}{3}x - \frac{2}{3}|x| + \left|\frac{2}{3}x - \frac{1}{3}|x|\right|$$

在 $x = 0$ 点可导.

请读者自己完成证明.

例 14 说明，复合函数求导法则是充分条件，而不是必要条件.

我们知道，可导必连续，而连续不一定可导.但在微积分的发展历史上，从微积分创立直到 19 世纪中期，当时人们一直认为一个连续函数除了几个个别点之外，应该在每点都可导，这种认识也与当时的函数几乎都是来源于有实际背景的（如经典力学、天文学、几何学等）问题有关.19 世纪后期魏尔斯特拉斯举例说明，存在处处连续但处处不可导的函数.这是微积分学发展史上的又一里程碑.

习题 4.5

1. 求下列函数的二阶导数：

(1) $y = e^{\sqrt{x}} + e^{-\sqrt{x}}$；　　　　(2) $y = \arctan\dfrac{e^x - e^{-x}}{2}$；

(3) $y = \dfrac{x^2 + 1}{(x+1)^3}$；　　　　(4) $y = \sqrt{a^2 - x^2}$.

2. 求下列函数的 n 阶导数：

(1) $y = \dfrac{\ln x}{x}$；　　　　(2) $y = \sin^3 x$.

3. 证明，函数 $f(x) = \begin{cases} e^{-\frac{1}{x^2}}, & x \neq 0, \\ 0, & x = 0 \end{cases}$ 在 $x = 0$ 点存在 $n\,(n \geq 1)$ 阶导数，且有 $f^{(n)}(0) = 0$.

4. 设函数 $y = f(x)$ 二阶可导，求 $\dfrac{\mathrm{d}^2}{\mathrm{d}x^2}f(f(f(x)))$.

5. 已知 $e^{xy} = a^x y^b$，证明：$(y - \ln a)y'' - 2(y')^2 = 0$.

6. 求下列函数的高阶微分：

(1) $u(x) = e^{\frac{x}{2}}$，$v(x) = \cos 2x$，求 $\mathrm{d}^3(uv)$ 和 $\mathrm{d}^3\left(\dfrac{u}{v}\right)$；

(2) $u(x) = \ln x$，$v(x) = e^x$，求 $\mathrm{d}^3(uv)$ 和 $\mathrm{d}^3\left(\dfrac{u}{v}\right)$.

7. 求下列参数方程的二阶导数 $\dfrac{\mathrm{d}^2 y}{\mathrm{d}x^2}$:

(1) $\begin{cases} x = 2t - t^2, \\ y = 3t - t^3; \end{cases}$ (2) $\begin{cases} x = a(t - \sin t), \\ y = a(1 - \cos t); \end{cases}$

(3) $\begin{cases} x = a\cos^3 t, \\ y = a\sin^3 t; \end{cases}$ (4) $\begin{cases} x = f'(t), \\ y = tf'(t) - f(t), \end{cases}$ 其中 $f''(t)$ 存在且不为 0.

8. 设 $f(x) = \arctan x$,证明它满足方程 $(1 + x^2)y'' + 2xy' = 0$,并求 $f^{(n)}(0)$.

9. 设 $f(x) = \begin{cases} x^4 \sin \dfrac{1}{x}, & x \neq 0, \\ 0, & x = 0, \end{cases}$ 求 $f'(0)$ 和 $f''(0)$.

第 5 章

微分中值定理与导数的应用

5.1　微分中值定理

在第 4 章我们知道了导数概念,掌握了导数及微分的计算方法,但要进一步认识导数自身的性质,进而利用导数研究函数的性质,则需要基于以下的微分学基本定理.

5.1.1　费马定理

定理 5.1(费马(Fermat)定理)　若函数 $y=f(x)$ 在 x_0 点的某邻域 $U(x_0,\delta)$ 内有定义,在 x_0 点可导,并且对任意 $x\in U(x_0,\delta)$,恒有 $f(x)\leqslant f(x_0)$(或 $f(x)\geqslant f(x_0)$),则 $f'(x_0)=0$.

证明　如图 5.1 所示,我们仅对任意 $x\in U(x_0,\delta)$, $f(x)\leqslant f(x_0)$ 的情形给予证明. 对 $x\in U(x_0,\delta)$, $f(x)\geqslant f(x_0)$ 的情况证明类似,请读者自己补充.

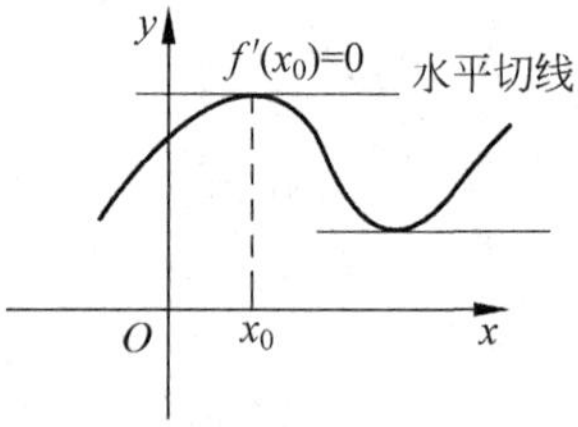

因为 $f'(x_0)$ 存在,从而 $f(x)$ 在 x_0 点左、右导数存在且相等,即 $f'(x_0)=f'_+(x_0)=f'_-(x_0)$,由于对任意 $x\in U(x_0,\delta)$,有 $f(x)\leqslant f(x_0)$,从而当 $x>x_0$ 时,有

$$\frac{f(x)-f(x_0)}{x-x_0}\leqslant 0,$$

故由极限保号性得

$$f'_+(x_0)=\lim_{x\to x_0^+}\frac{f(x)-f(x_0)}{x-x_0}\leqslant 0.$$

当 $x<x_0$ 时,有

$$\frac{f(x)-f(x_0)}{x-x_0}\geqslant 0,$$

故

图 　5.1

$$f'_-(x_0) = \lim_{x \to x_0^-} \frac{f(x) - f(x_0)}{x - x_0} \geqslant 0,$$

因为 $f'(x_0)$ 是常数,所以

$$f'(x_0) = f'_-(x_0) = f'_+(x_0) = 0.$$

费马定理有非常直观的几何解释:若函数 $y = f(x)$ 的曲线在其峰点(对应函数 $y =$ $f(x)$ 的极大值点)或谷点(对应函数的极小值点)处光滑(可导),则过该点的切线是水平的(即对应 $f(x)$ 在该点导数值为 0).

5.1.2 拉格朗日中值定理

以费马定理为基础,下面给出拉格朗日中值定理.

定理 5.2(拉格朗日(Lagrange)中值定理) 若函数 $y = f(x)$ 满足

(1) 在闭区间 $[a,b]$ 上连续;

(2) 在开区间 (a,b) 内可导,

则至少存在一点 $\xi \in (a,b)$,使得

$$f'(\xi) = \frac{f(b) - f(a)}{b - a}.$$

在证明定理之前,我们先分析一下拉格朗日中值定理的结论.如图 5.2 所示,$f'(\xi)$ 即曲线 $y = f(x)$ 上过 ξ 点的切线的斜率,$\dfrac{f(b) - f(a)}{b - a}$ 即连接两端点 $A(a, f(a))$ 和 $B(b, f(b))$ 的线段 AB 的斜率.$f'(\xi) = \dfrac{f(b) - f(a)}{b - a}$ 意味着过 ξ 点的切线平行于线段 AB.

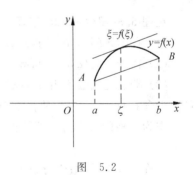

图 5.2

从另一个角度看,$f'(\xi) = \dfrac{f(b) - f(a)}{b - a}$,即

$$\left[f(x) - \frac{f(b) - f(a)}{b - a} x \right]' \bigg|_{x = \xi} = 0.$$

因此,寻找满足拉格朗日中值定理条件的 ξ,等价于寻找使得函数 $F(x) = f(x) - \dfrac{f(b) - f(a)}{b - a} x$ 的导数为 0 的点,这借助于费马定理便可实现.

证明 作辅助函数

$$F(x) = f(x) - \frac{f(b) - f(a)}{b - a} x, \quad x \in [a,b].$$

因为函数 $y = f(x)$ 在 $[a,b]$ 上连续,所以函数 $y = F(x)$ 在 $[a,b]$ 上连续,由定理 3.17 知,函数 $F(x)$ 在 $[a,b]$ 上存在最大值和最小值,即存在 ξ_1 和 ξ_2,对任意 $x \in [a,b]$,有 $F(x) \leqslant F(\xi_1), F(x) \geqslant F(\xi_2)$.以下分两种情况进行讨论.

（1）若 $F(\xi_1)=F(\xi_2)$，此时 $F(x)=F(\xi_1)=F(\xi_2)$，$x\in[a,b]$，即 $F(x)$ 为常函数，从而对任意 $\xi\in(a,b)$，均有 $F'(\xi)=0$，即 $\left(f(x)-\dfrac{f(b)-f(a)}{b-a}x\right)'\Big|_{x=\xi}=0$，展开即得 $f'(\xi)=\dfrac{f(b)-f(a)}{b-a}$，任取 $\xi\in(a,b)$.

（2）若 $F(\xi_1)\neq F(\xi_2)$. 注意到

$$F(a)=f(a)-\frac{f(b)-f(a)}{b-a}\cdot a=\frac{bf(a)-af(b)}{b-a},$$

$$F(b)=f(b)-\frac{f(b)-f(a)}{b-a}\cdot b=\frac{bf(a)-af(b)}{b-a},$$

即 $F(a)=F(b)$，因此，ξ_1 与 ξ_2 至少有一个不位于端点处（否则，将有 $F(\xi_1)=F(\xi_2)$，与前提矛盾）. 不妨设 ξ_1 不位于端点，即 $\xi_1\in(a,b)$. 因函数 $F(x)$ 在 (a,b) 内可导及 ξ_1 是极大值点（最值点一定是极值点，反之不一定成立，后面我们将详细讨论），由费马定理得 $F'(\xi_1)=0$，即 $f'(\xi_1)=\dfrac{f(b)-f(a)}{b-a}$，取 $\xi=\xi_1$，定理得证.

特别地，在拉格朗日中值定理的条件中，若加上条件 $f(a)=f(b)$，则有结论：存在 $\xi\in(a,b)$ 使得 $f'(\xi)=0$. 这种拉格朗日中值定理的特殊情形称为罗尔（Rolle）定理，将其叙述如下：

定理 5.3（罗尔（Rolle）定理）　若函数 $y=f(x)$ 满足

（1）在闭区间 $[a,b]$ 上连续；

（2）在开区间 (a,b) 上可导；

（3）端点处函数值相等 $f(a)=f(b)$，

则至少存在点 $\xi\in(a,b)$，使得 $f'(\xi)=0$.

作为拉格朗日中值定理的特殊情形，罗尔定理的证明可由拉格朗日定理得到，请读者自己完成.

在许多经典的《数学分析》教科书中，往往是先证明罗尔定理，并以此为基础，再讨论拉格朗日中值定理. 本书这样安排是为了凸显拉格朗日中值定理在整个微分中值定理体系中的重要性.

拉格朗日中值定理作为一系列微分中值定理的核心，它是沟通函数与其导数之间的桥梁，是由导数的局部性研究函数整体性的重要工具. 关于其结论的其他变形形式需作进一步说明.

形式一：$f(b)-f(a)=f'(\xi)(b-a)$.

形式二：$f(b)-f(a)=f'[a+\theta(b-a)](b-a)$（记 $\xi=a+\theta(b-a)$，$\theta\in(0,1)$）.

上述两种形式常称为微分中值公式. 它们是利用导数分析函数性质的有效工具. 回顾第 4 章中出现的等式

$$f(x)-f(x_0)=f'(x_0)(x-x_0)+o(x-x_0)\quad(x\to x_0),$$

该式只描述了在 x_0 点的某一邻域内函数所具有的(局部)性质.与之不同,微分中值公式适用于整个分析区间 $[a,b]$,从而反映的是函数在区间上的整体性质.

在拉格朗日中值定理成立的前提条件中,只要有一条不满足,则结论不一定成立.例如,函数 $y=|x|$,$x\in[-1,1]$,函数在 $[-1,1]$ 上连续,在 $(-1,1)$ 除了点 $x=0$ 外均可导,且有 $f(-1)=f(1)=1$,但却不存在一点 $\xi\in(-1,1)$,使得 $f'(\xi)=0$.事实上,因为 $y=|x|$ 在 $x=0$ 点无导数,又当 $x\neq0$ 时,若 $x>0$,有 $f'(x)=1$;若 $x<0$,有 $f'(x)=-1$,因此这样的 ξ 不存在.结论不成立的原因在于在 $x=0$ 点破坏了函数的可导性.

当然,也存在这样的反例,即拉格朗日中值定理的条件不都满足,但却有拉格朗日中值定理结论成立.例如

$$f(x)=\begin{cases}x^2, & -1\leqslant x<1,\\ 4-2x, & 1\leqslant x\leqslant2.\end{cases}$$

$x=1$ 点为函数的间断点,但却存在一点 $\xi\in(-1,1)$,使得拉格朗日中值定理结论成立.

因为 $f'(x)=\begin{cases}2x, & -1<x<1,\\ -2, & 1<x<2,\end{cases}$ 从而存在 $\xi=-\dfrac{1}{6}$,使得

$$f'\left(-\frac{1}{6}\right)=-\frac{1}{3}=\frac{f(2)-f(-1)}{2-(-1)}.$$

上述数例表明,拉格朗日中值定理的条件是充分的,但不是必要的.下面给出几个拉格朗日中值定理的重要推论:

推论 5.1 在 (a,b) 内可导函数 $f(x)$ 为常函数的充要条件是对任意 $x\in(a,b)$,有 $f'(x)=0$.

证明 必要性由导数定义即可得证.

下证充分性.只须证明对任意两点 $x_1,x_2\in(a,b)(x_1\neq x_2)$,都有 $f(x_1)=f(x_2)$.为此,不妨设 $x_1<x_2$,在闭区间 $[x_1,x_2]$ 上利用拉格朗日中值定理,得 $f(x_2)-f(x_1)=f'(\xi)(x_2-x_1)$.因为 $f'(\xi)=0$,从而 $f(x_2)-f(x_1)=0$,即对任意 $x_1,x_2\in(a,b)$,$x_1\neq x_2$,有 $f(x_2)=f(x_1)$,因此 $f(x)$ 为常函数.

推论 5.2 若两个函数 $y=f(x)$ 与 $y=g(x)$ 均在 (a,b) 内可导,且有 $f'(x)=g'(x)$,$x\in(a,b)$,则存在常数 C 使得 $f(x)=g(x)+C$.

证明 令 $F(x)=f(x)-g(x)$,对 $F(x)$ 在 (a,b) 上利用推论 5.1 即可得证.

例 1 设函数 $y=f(x)$ 在 (a,b) 内可导且导数 $f'(x)$ 在 (a,b) 内有界,证明 $y=f(x)$ 在 (a,b) 内一致连续.

证明 首先,因为 $f'(x)$ 在 (a,b) 内有界,存在常数 $M>0$,有 $|f'(x)|\leqslant M$,$x\in(a,b)$.

下证对任意 $\varepsilon>0$ 及任意 $x_1,x_2\in(a,b)$,都存在 $\delta>0$,当 $|x_1-x_2|<\delta$ 时,有 $|f(x_1)-f(x_2)|<\varepsilon$.不妨设 $x_1<x_2$,在 $[x_1,x_2]$ 上由拉格朗日中值定理得,存在 $\xi\in(x_1,x_2)$,使得 $f(x_1)-f(x_2)=f'(\xi)(x_1-x_2)$.于是

$$|f(x_1)-f(x_2)|=|f'(\xi)(x_1-x_2)|=|f'(\xi)|\cdot|x_1-x_2|\leqslant M|x_1-x_2|.$$

从而，为使 $|f(x_1)-f(x_2)|<\varepsilon$，只要 $M|x_1-x_2|<\varepsilon$ 即可. 令 $\delta=\dfrac{\varepsilon}{M}$，当 $|x_1-x_2|<\delta$ 时，有 $|f(x_1)-f(x_2)|<\varepsilon$，即 $y=f(x)$ 在 (a,b) 内一致连续.

例 2　证明不等式 $\dfrac{a}{1+a}<\ln(1+a)<a$，对所有 $a>-1,a\neq0$ 成立.

证明　令 $f(x)=\ln x,x\in(0,+\infty)$，故 $f'(x)=\dfrac{1}{x},x\in(0,+\infty)$.

对任意 $a\in(-1,+\infty)$，且 $a\neq0$，在区间 $[1+a,1]$（若 $a<0$）或 $[1,1+a]$（若 $a>0$）上利用拉格朗日中值定理得，存在 $\xi\in(1+a,1)$（或 $(1,1+a)$），使 $f(1+a)-f(1)=f'(\xi)[(1+a)-1]$，即 $\ln(1+a)-\ln1=\dfrac{1}{\xi}\cdot a=\dfrac{a}{\xi}$，记 $\xi=1+\theta a,\theta\in(0,1)$，则

$$\ln(1+a)=\frac{a}{1+\theta a},$$

当 $a>0$ 时，由 $\dfrac{1}{1+a}<\dfrac{1}{1+\theta a}<1$，得

$$\frac{a}{1+a}<\frac{a}{1+\theta a}<a,\qquad 即\qquad \frac{a}{1+a}<\ln(1+a)<a.$$

当 $a<0$ 时，由 $1<\dfrac{1}{1+\theta a}<\dfrac{1}{1+a}$，得

$$\frac{a}{1+a}<\frac{a}{1+\theta a}<a,\qquad 即\qquad \frac{a}{1+a}<\ln(1+a)<a.$$

例 3　设 $f(x)$ 在 $[0,1]$ 上连续，在 $(0,1)$ 可导，且 $f(0)=0,f(1)=1$. 试证：对任意给定的正数 a,b，在 $(0,1)$ 内存在不同的 ξ 和 ζ，使得 $\dfrac{a}{f'(\xi)}+\dfrac{b}{f'(\zeta)}=a+b$.

证明　因为 a,b 均为正数，从而有 $0<\dfrac{a}{a+b}<1$. 又 $f(x)$ 在 $[0,1]$ 上连续，由介值定理知，存在 $\tau\in(0,1)$，使得 $f(\tau)=\dfrac{a}{a+b}$.

对于 $f(x)$ 在闭区间 $[0,\tau]$ 和 $[\tau,1]$ 上分别利用拉格朗日中值定理，得存在 $\xi\in(0,\tau)$，使 $f(\tau)-f(0)=f'(\xi)(\tau-0)$；存在 $\zeta\in(\tau,1)$，使 $f(1)-f(\tau)=f'(\zeta)(1-\tau)$.

注意到 $f(0)=0,f(1)=1$，从而

$$\tau=\frac{f(\tau)}{f'(\xi)}=\frac{\dfrac{a}{a+b}}{f'(\xi)},\quad 1-\tau=\frac{1-f(\tau)}{f'(\zeta)}=\frac{\dfrac{b}{a+b}}{f'(\zeta)},$$

$$1=\tau+1-\tau=\frac{a}{(a+b)f'(\xi)}+\frac{b}{(a+b)f'(\zeta)},\quad \frac{a}{f'(\xi)}+\frac{b}{f'(\zeta)}=a+b.$$

问题得证.

5.1.3 柯西中值定理

作为拉格朗日中值定理的推广,有下面的柯西定理:

定理 5.4(柯西(Cauchy)中值定理) 若函数 $y = f(x)$ 和 $y = g(x)$ 均在闭区间 $[a,b]$ 上连续,在开区间 (a,b) 内可导,并且 $g'(x) \neq 0$,则至少存在一点 $\xi \in (a,b)$,使得

$$\frac{f(b) - f(a)}{g(b) - g(a)} = \frac{f'(\xi)}{g'(\xi)}.$$

令 $F(x) = f(x) - \dfrac{f(b) - f(a)}{g(b) - g(a)} g(x)$,对 $F(x)$ 利用拉格朗日中值定理即得所求结论.详细过程请读者自己完成.

在柯西中值定理中,若令 $g(x) = x$,即得拉格朗日中值定理,因此柯西中值定理是拉格朗日中值定理的推广.

柯西中值定理与拉格朗日中值定理有相同的几何意义.考虑参数方程

$$\begin{cases} x = g(t), \\ y = f(t), \end{cases} \quad a \leqslant t \leqslant b,$$

如图 5.3 所示,对于连续曲线,其端点弦 $\overline{AB}$ 的斜率为

$$k = \frac{f(b) - f(a)}{g(b) - g(a)}.$$

曲线段上任意一点的切线斜率为

$$y' = \frac{\mathrm{d}y}{\mathrm{d}x} = \frac{\mathrm{d}y/\mathrm{d}t}{\mathrm{d}x/\mathrm{d}t} = \frac{f'(t)}{g'(t)}.$$

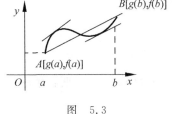

图 5.3

所以 $\dfrac{f'(\xi)}{g'(\xi)}$ 即为曲线在 $[g(\xi), f(\xi)]$ 点处切线的斜率.从而,柯西中值定理结论表明在曲线上至少存在一点 ξ,使得该点的切线平行于连接端点的弦 $\overline{AB}$.

例 4 设 x_1 与 x_2 同号且 $x_1 \neq x_2$,证明 $x_1 \mathrm{e}^{x_2} - x_2 \mathrm{e}^{x_1} = (1 - \xi) \mathrm{e}^{\xi} (x_1 - x_2)$,其中 ξ 介于 x_1 与 x_2 之间.

证明 由于 x_1 与 x_2 同号且 $x_1 \neq x_2$ 知,$x = 0$ 不在 x_1 与 x_2 之间,且 $x_1 - x_2 \neq 0$.要证

$x_1 \mathrm{e}^{x_2} - x_2 \mathrm{e}^{x_1} = (1 - \xi) \mathrm{e}^{\xi}(x_1 - x_2)$,即证 $\dfrac{x_1 \mathrm{e}^{x_2} - x_2 \mathrm{e}^{x_1}}{x_1 - x_2} = (1 - \xi) \mathrm{e}^{\xi}$.因此只需证明 $\dfrac{\dfrac{\mathrm{e}^{x_2}}{x_2} - \dfrac{\mathrm{e}^{x_1}}{x_1}}{\dfrac{1}{x_2} - \dfrac{1}{x_1}} = $

$(1 - \xi) \mathrm{e}^{\xi}$ 即可.

令 $f(x) = \dfrac{\mathrm{e}^x}{x}$,$g(x) = \dfrac{1}{x}$.容易验证 $f(x)$ 与 $g(x)$ 在以 x_1, x_2 为端点的区间内满足柯西

中值定理条件，从而有 $\dfrac{\dfrac{e^{x_2}}{x_2}-\dfrac{e^{x_1}}{x_1}}{\dfrac{1}{x_2}-\dfrac{1}{x_1}}=\dfrac{\dfrac{\xi e^{\xi}-e^{\xi}}{\xi^2}}{-\dfrac{1}{\xi^2}}=(1-\xi)e^{\xi}.$ 问题得证.

注　本题也可令 $f(x)=xe^{\frac{1}{x}}$，然后在以 $\dfrac{1}{x_1}$ 与 $\dfrac{1}{x_2}$ 为端点构成的区间上运用拉格朗日中值定理来证明. 请读者自己验证.

习题 5.1

1. 证明：（1）对任何实数 x_1,x_2，都有
$$|\sin x_1-\sin x_2|\leqslant|x_1-x_2|;$$
（2）对任何实数 x_1,x_2，都有
$$|\arctan x_1-\arctan x_2|\leqslant|x_1-x_2|.$$

2. 证明：（1）$\dfrac{b-a}{b}<\ln\dfrac{b}{a}<\dfrac{b-a}{a}\quad(0<a<b)$；

（2）$\dfrac{a}{1+a^2}<\arctan a<a\quad(a>0)$.

3. 设函数 $y=f(x)$ 和 $y=g(x)$ 均在 $(-\infty,+\infty)$ 内可导，且有
$$f'(x)>g'(x),\quad f(a)=g(a).$$
证明：当 $x>a$ 时，有 $f(x)>g(x)$；当 $x<a$ 时，有 $f(x)<g(x)$.

4. 设函数 $f(x)$ 在点 a 二阶可导，求证：
$$\lim_{h\to0}\frac{f(a+h)-2f(a)+f(a-h)}{h^2}=f''(a).$$

5. 设函数 $f(x)$ 在开区间 (a,b) 内可导，且 $\lim\limits_{x\to a^+}f(x)=A$，$\lim\limits_{x\to b^-}f(x)=B$. 证明：存在一点 $\xi\in(a,b)$，使得 $B-A=f'(\xi)(b-a)$.

6. 设函数 $f(x)$ 在 (a,b) 内可导，且 $f'(x)$ 单调，求证函数 $f'(x)$ 在 (a,b) 内连续.

7. 设 $f(x)$ 在 $[a,b]$ 上可导，$f'_+(a)\neq f'_-(b)$，C 为介于 $f'_+(a)$ 与 $f'_-(b)$ 之间的任一实数，证明：在 (a,b) 内至少存在一点 ξ，使得 $f'(\xi)=C$.

8. 证明：$x^3-3x+C=0(C$ 为常数$)$在闭区间$[0,1]$上不可能有两个不同的根.

9. 设 $f(x)$ 在 (a,b) 内可导，$f'(x)$ 在 (a,b) 内某点 ξ 处极限存在，证明：$f'(x)$ 必在 ξ 处连续.

10. 设 $f(x)$ 满足
（1）在 $[x_0,x_n]$ 上有 $n-1$ 阶连续导数 $f^{(n-1)}(x)$；
（2）在 (x_0,x_n) 内有 n 阶导数 $f^{(n)}(x)$；
（3）$f(x_0)=f(x_1)=\cdots=f(x_n)=0$，

则在 (x_0, x_n) 内至少存在一点 ξ，使得 $f^{(n)}(\xi)=0$.

11. 设 $f(x)=a_n x^n + a_{n-1}x^{n-1}+\cdots+a_1 x+a_0$ 有 $n+1$ 个零点，证明：$f(x)=0$.

12. 若多项式 $p(x)$ 的导数 $p'(x)$ 有 m 个实根，试证 $p(x)$ 至多有 $m+1$ 个实根.

13. 证明下列等式：

（1）$\arcsin x + \arccos x = \dfrac{\pi}{2}, x \in [-1,1]$;

（2）$\arctan x + \text{arccot} x = \dfrac{\pi}{2}, x \in (-\infty, +\infty)$;

（3）$\arcsin x + \arcsin \sqrt{1-x^2} = \dfrac{\pi}{2}, x \in [0,1]$.

5.2 洛必达法则

在求极限时，经常会遇到"$\dfrac{0}{0}$"型或"$\dfrac{\infty}{\infty}$"型的极限形式. 例如，极限 $\lim\limits_{x\to 0}\dfrac{\ln(1+2x)}{x}$ 在 $x\to 0$ 时，分子 $\ln(1+2x)\to 0$，分母 $x\to 0$，此为"$\dfrac{0}{0}$"型极限；又如，极限 $\lim\limits_{x\to\infty}\dfrac{e^x}{x^2}$ 在 $x\to\infty$ 时，分子、分母极限为 ∞，此为"$\dfrac{\infty}{\infty}$"型极限.

对于上述极限问题，极限的基本法则无法使用，这就要求采用新的方法来处理. 洛必达法则正是处理这种"$\dfrac{0}{0}$"型或"$\dfrac{\infty}{\infty}$"型不定式问题十分有效的方法和工具.

不定式类型包括："$\dfrac{0}{0}$"型（注意，"$\dfrac{0}{0}$"是记号，意指在求极限过程中，分子与分母都趋向于 0，而不是 0 除以 0. 下面的记号类似），"$\dfrac{\infty}{\infty}$"型，"$0\cdot\infty$"型，"1^{∞}"型，"0^0"型，"∞^0"型. 其中"$\dfrac{0}{0}$"型与"$\dfrac{\infty}{\infty}$"型是两种基本类型，其他不定式类型可通过适当的恒等变换化归为"$\dfrac{0}{0}$"型或"$\dfrac{\infty}{\infty}$"型. 以下我们介绍处理这种不定式极限的有效方法——洛必达法则.

5.2.1 "$\dfrac{0}{0}$"型洛必达法则

法则 1 若函数 $y=f(x)$ 与 $y=g(x)$ 在 $(a-\delta, a+\delta)(\delta>0)$ 上有定义，并且满足
（1）$\lim\limits_{x\to a}f(x)=\lim\limits_{x\to a}g(x)=0$；
（2）$f'(x)$ 和 $g'(x)$ 在 $(a-\delta, a+\delta)$ 上存在，$g'(x)\neq 0$，而且
$$\lim_{x\to a}\frac{f'(x)}{g'(x)}=A \quad (A \text{ 可以为 } \infty),$$

则有

$$\lim_{x \to a} \frac{f(x)}{g(x)} = \lim_{x \to a} \frac{f'(x)}{g'(x)} = A.$$

上述法则对于 $x \to a^+$（或 $x \to a^-$）及 $x \to \infty$（或 $x \to +\infty, x \to -\infty$）的情况亦成立.

例 1　求 $\lim\limits_{x \to 0} \dfrac{e^x - (1+2x)^{\frac{1}{2}}}{\ln(1+x^2)}$.

解　此式为"$\dfrac{0}{0}$"型，于是

$$
\begin{aligned}
\lim_{x \to 0} \frac{e^x - (1+2x)^{\frac{1}{2}}}{\ln(1+x^2)} &= \lim_{x \to 0} \frac{(e^x - (1+2x)^{\frac{1}{2}})'}{(\ln(1+x^2))'} \\
&= \lim_{x \to 0} \frac{e^x - (1+2x)^{-\frac{1}{2}}}{\dfrac{2x}{1+x^2}} \\
&= \lim_{x \to 0} \frac{1+x^2}{2} \cdot \frac{e^x - (1+2x)^{-\frac{1}{2}}}{x} \quad \text{（再一次使用洛必达法则）} \\
&= \frac{1}{2} \lim_{x \to 0} \frac{e^x + (1+2x)^{-\frac{3}{2}}}{1} = \frac{1}{2} \cdot \frac{2}{1} = 1.
\end{aligned}
$$

例 2　求 $\lim\limits_{x \to 0} \dfrac{e^x - e^{-x} - 2x}{x - \sin x}$.

解　此式为"$\dfrac{0}{0}$"型，于是

$$
\begin{aligned}
\lim_{x \to 0} \frac{e^x - e^{-x} - 2x}{x - \sin x} &= \lim_{x \to 0} \frac{e^x + e^{-x} - 2}{1 - \cos x} \quad \text{（还是"$\dfrac{0}{0}$"型）} \\
&= \lim_{x \to 0} \frac{e^x - e^{-x}}{\sin x} \quad \text{（仍为"$\dfrac{0}{0}$"型）} \\
&= \lim_{x \to 0} \frac{e^x + e^{-x}}{\cos x} = 2.
\end{aligned}
$$

5.2.2　"$\dfrac{\infty}{\infty}$"型洛必达法则

法则 2　若函数 $y = f(x)$ 与 $y = g(x)$ 满足

(1) 在 a 的某去心领域内可导，且 $g'(x) \neq 0$；

(2) $\lim\limits_{x \to a} f(x) = \infty$，　$\lim\limits_{x \to a} g(x) = \infty$；

(3) $\lim\limits_{x \to a} \dfrac{f'(x)}{g'(x)} = A$　（A 可以为 ∞），

则

$$\lim_{x \to a} \frac{f(x)}{g(x)} = \lim_{x \to a} \frac{f'(x)}{g'(x)} = A.$$

对于 $x \to a^+$(或 $x \to a^-$)及 $x \to \infty$(或 $x \to +\infty$, $x \to -\infty$)的情况,法则2亦成立.

例3 求 $\lim\limits_{x \to +\infty} \dfrac{x^\alpha}{e^x}$,$\alpha$ 为任意给定的正实数.

解 此式为"$\dfrac{\infty}{\infty}$"型,于是

$$\lim_{x \to +\infty} \frac{x^\alpha}{e^x} = \lim_{x \to +\infty} \frac{\alpha x^{\alpha-1}}{e^x}.$$

(1) 若 $0 < \alpha \leq 1$,则

$$\lim_{x \to +\infty} \frac{x^\alpha}{e^x} = \lim_{x \to +\infty} \frac{\alpha}{x^{1-\alpha} \cdot e^x} = 0.$$

(2) 若 $2 \geq \alpha > 1$,则

$$\lim_{x \to +\infty} \frac{x^\alpha}{e^x} = \lim_{x \to +\infty} \frac{\alpha x^{\alpha-1}}{e^x} \quad (\text{还是 "}\dfrac{\infty}{\infty}\text{" 型})$$

$$= \lim_{x \to +\infty} \frac{\alpha(\alpha-1)x^{\alpha-2}}{e^x} = 0.$$

(3) 若 $\alpha > 2$,记 $k < \alpha \leq k+1$,k 为某正整数,则反复利用洛必达法则 $k+1$ 次后,得

$$\lim_{x \to +\infty} \frac{x^\alpha}{e^x} = \lim_{x \to +\infty} \frac{\alpha(\alpha-1)(\alpha-2)\cdots(\alpha-k)}{x^{k+1-\alpha} \cdot e^x} = 0.$$

例4 下面两题能否直接用洛必达法则求解?

(1) $\lim\limits_{x \to \infty} \dfrac{x+\sin x}{x+\cos x}$; (2) $\lim\limits_{x \to +\infty} \dfrac{e^x - e^{-x}}{e^x + e^{-x}}$.

解 (1) 属于"$\dfrac{\infty}{\infty}$"型. 我们用洛必达法则尝试求解:

$\lim\limits_{x \to \infty} \dfrac{x+\sin x}{x+\cos x} = \lim\limits_{x \to \infty} \dfrac{1+\cos x}{1-\sin x}$,而 $\lim\limits_{x \to \infty} \dfrac{1+\cos x}{1-\sin x}$ 不存在,这是否意味着原极限 $\lim\limits_{x \to \infty} \dfrac{x+\sin x}{x+\cos x}$ 也不存在呢?

实际上,$\lim\limits_{x \to \infty} \dfrac{x+\sin x}{x+\cos x} = \lim\limits_{x \to \infty} \dfrac{1+\dfrac{\sin x}{x}}{1+\dfrac{\cos x}{x}} = 1 \Big(\text{因为} |\sin x| \leq 1, |\cos x| \leq 1, \dfrac{1}{x} \to 0 (x \to \infty),\text{故}$

$\lim\limits_{x \to \infty} \dfrac{\sin x}{x} = \lim\limits_{x \to \infty} \dfrac{\cos x}{x} = 0\Big)$.

(2) 属于"$\dfrac{\infty}{\infty}$"型. 我们也用洛必达法则尝试求解:

$$\lim_{x \to +\infty} \frac{e^x - e^{-x}}{e^x + e^{-x}} = \lim_{x \to +\infty} \frac{(e^x - e^{-x})'}{(e^x + e^{-x})'} = \lim_{x \to +\infty} \frac{e^x + e^{-x}}{e^x - e^{-x}}$$

$$= \lim_{x \to +\infty} \frac{e^x - e^{-x}}{e^x + e^{-x}}.$$

由此可见，反复应用洛必达法则的结果是 $\lim\limits_{x\to+\infty}\dfrac{e^x-e^{-x}}{e^x+e^{-x}}$ 反复出现，求不出数值，故洛必达法则不适用于直接求解本题.

实际上，$\lim\limits_{x\to+\infty}\dfrac{e^x-e^{-x}}{e^x+e^{-x}}=\lim\limits_{x\to+\infty}\dfrac{1-e^{-2x}}{1+e^{-2x}}=1.$

由例 4 可以看出，并不是所有"$\dfrac{\infty}{\infty}$"型（或"$\dfrac{0}{0}$"型）的不定式都能用洛必达法则处理. 同时例 4 的(1)还告诉我们，当 $\lim\limits_{x\to a}\dfrac{f'(x)}{g'(x)}$ 不存在时，也不能断定 $\lim\limits_{x\to a}\dfrac{f(x)}{g(x)}$ 不存在. 此时，只是表明洛必达法则失效，应再另外寻找其他方法进行求解.

5.2.3 其他类型的不定式

1. "1^∞"型

前面我们讲过的重要极限 $\lim\limits_{x\to 0}(1+x)^{\frac{1}{x}}=e$ 即属此类型. 下面再看一例：

例 5 求 $\lim\limits_{x\to 0}(e^x-x)^{\frac{1}{x^2}}.$

解 本题为"1^∞"型.

因为幂指函数可化为复合型的指数函数形式，即

$$(e^x-x)^{\frac{1}{x^2}}=e^{\frac{1}{x^2}\ln(e^x-x)},$$

从而

$$\lim_{x\to 0}(e^x-x)^{\frac{1}{x^2}}=e^{\lim\limits_{x\to 0}\frac{\ln(e^x-x)}{x^2}},$$

又

$$\lim_{x\to 0}\frac{\ln(e^x-x)}{x^2}\left(\text{“}\frac{0}{0}\text{”型}\right)=\lim_{x\to 0}\frac{e^x-1}{2x(e^x-x)}\left(\text{“}\frac{0}{0}\text{”型}\right)$$

$$=\frac{1}{2}\lim_{x\to 0}\frac{e^x-1}{x}\lim_{x\to 0}\frac{1}{e^x-x}=\frac{1}{2},$$

于是

$$\lim_{x\to 0}(e^x-x)^{\frac{1}{x^2}}=e^{\frac{1}{2}}=\sqrt{e}.$$

2. "∞^0"型

例 6 求 $\lim\limits_{x\to+\infty}x^{\ln\left(1+\frac{1}{x}\right)}.$

解 因为 $x^{\ln\left(1+\frac{1}{x}\right)}=e^{\ln\left(1+\frac{1}{x}\right)\cdot\ln x}$，又

$$\lim_{x\to+\infty}\ln\left(1+\frac{1}{x}\right)\cdot\ln x=\lim_{x\to+\infty}\frac{\ln\left(1+\frac{1}{x}\right)}{\frac{1}{x}}\cdot\frac{\ln x}{x}$$

$$=\lim_{x\to+\infty}\frac{\ln\left(1+\frac{1}{x}\right)}{\frac{1}{x}}\cdot\lim_{x\to+\infty}\frac{\ln x}{x}\quad\text{（分别利用洛必达法则）}$$

$$=\lim_{x\to+\infty}\frac{1}{1+\frac{1}{x}}\cdot\lim_{x\to+\infty}\frac{1}{x}=0,$$

故

$$\lim_{x\to+\infty}x^{\ln\left(1+\frac{1}{x}\right)}=\lim_{x\to+\infty}e^{\ln\left(1+\frac{1}{x}\right)\ln x}=e^{\lim\limits_{x\to+\infty}\ln\left(1+\frac{1}{x}\right)\ln x}$$

$$=e^{0}=1.$$

3. "0^{0}"型

例 7 求 $\lim\limits_{x\to0^{+}}\left[\ln(1+x)\right]^{(e^{x}-1)}$.

解 此题为"0^{0}"型.

因为 $\left[\ln(1+x)\right]^{(e^{x}-1)}=e^{(e^{x}-1)\ln(\ln(1+x))}$，又

$$\lim_{x\to0^{+}}(e^{x}-1)\ln\left[\ln(1+x)\right]=\lim_{x\to0^{+}}\frac{e^{x}-1}{x}\cdot\frac{\ln\left[\ln(1+x)\right]}{\frac{1}{x}}$$

$$=\lim_{x\to0^{+}}\frac{e^{x}-1}{x}\cdot\lim_{x\to0^{+}}\frac{\ln\left[\ln(1+x)\right]}{\frac{1}{x}}\quad\text{（分别利用洛必达法则）}$$

$$=\lim_{x\to0^{+}}e^{x}\cdot\lim_{x\to0^{+}}\frac{\frac{1}{1+x}}{-\frac{1}{x^{2}}\cdot\ln(1+x)}$$

$$=-\lim_{x\to0^{+}}\frac{x^{2}}{\ln(1+x)}\left(\text{"}\frac{0}{0}\text{"型}\right)=\lim_{x\to0^{+}}\frac{2x}{\frac{1}{1+x}}=0,$$

故

$$\lim_{x\to0^{+}}\left[\ln(1+x)\right]^{(e^{x}-1)}=\lim_{x\to0^{+}}e^{(e^{x}-1)\ln\left[\ln(1+x)\right]}=e^{0}=1.$$

4. "$0\cdot\infty$"型

例 8 求 $\lim\limits_{x\to0^{+}}x\cdot\ln x$.

解　$\lim\limits_{x\to0^+}x\ln x=\lim\limits_{x\to0^+}\dfrac{\ln x}{\dfrac{1}{x}}$　（"$\dfrac{\infty}{\infty}$"型）

$$=\lim\limits_{x\to0^+}\dfrac{\dfrac{1}{x}}{-\dfrac{1}{x^2}}=\lim\limits_{x\to0^+}(-x)=0.$$

由上述例子可以看出，洛必达法则是求解不定式极限的十分有效方法. 但有时在求解极限过程中将洛必达法则与其他方法结合使用将会简化计算步骤. 再看下面几个例子.

例 9　求极限 $\lim\limits_{x\to0}\dfrac{e^{-x}-1+\ln(1+x)}{\sin x}$.

解　因为 $x\to0$ 时 $\sin x\to0$，$e^{-x}-1+\ln(1+x)\to0$，此为 "$\dfrac{0}{0}$" 型，而 $\sin x\sim x\,(x\to0)$，于是

$$\lim\limits_{x\to0}\dfrac{e^{-x}-1+\ln(1+x)}{\sin x}=\lim\limits_{x\to0}\dfrac{e^{-x}-1+\ln(1+x)}{x}$$

$$=\lim\limits_{x\to0}\dfrac{-e^{-x}+\dfrac{1}{1+x}}{1}=0.$$

例 10　求极限 $\lim\limits_{x\to0}\dfrac{x(1-e^x)}{1-\cos x}$.

解　此极限为 "$\dfrac{0}{0}$" 型，而 $x\to0$ 时，有 $1+\cos x\sim\dfrac{1}{2}x^2$，$1-e^x\sim-x$，于是

$$\lim\limits_{x\to0}\dfrac{x(1-e^x)}{1-\cos x}=-\lim\limits_{x\to0}\dfrac{x\cdot x}{\dfrac{1}{2}x^2}=-2.$$

习题 5.2

1. 求下列极限：

(1) $\lim\limits_{x\to0}\dfrac{e^x-1}{x^2-x}$;

(2) $\lim\limits_{x\to\frac{\pi}{2}^+}\dfrac{\tan x}{\tan3x}$;

(3) $\lim\limits_{x\to+\infty}\dfrac{\ln x}{x^\alpha}(\alpha>0)$;

(4) $\lim\limits_{x\to0}\dfrac{x^2\sin\dfrac{1}{x}}{\sin x}$;

(5) $\lim\limits_{x\to+\infty}x\left(\dfrac{\pi}{2}-\arctan x\right)$;

(6) $\lim\limits_{x\to0^+}x^x$;

(7) $\lim\limits_{x\to0}\left(\dfrac{e^x+e^{2x}+e^{3x}}{3}\right)^{\frac{1}{x}}$;

(8) $\lim\limits_{x\to0}\dfrac{\ln(2-e^x)}{1+e^{\frac{1}{x}}}$;

(9) $\lim\limits_{x\to 0}\left[\dfrac{\pi}{4x}-\dfrac{\pi}{2x(e^{\pi x}+1)}\right]$；　　　　　　(10) $\lim\limits_{x\to +\infty}\left[x-x^2\ln\left(1+\dfrac{1}{x}\right)\right]$.

2. 设有函数

$$f(x)=\begin{cases}\dfrac{g(x)}{x}, & x\neq 0,\\[2mm] 0, & x=0,\end{cases}$$

其中函数 $g(x)$ 在 $(-\infty,+\infty)$ 上有连续的导数，且 $g''(0)$ 存在，$g(0)=g'(0)=0$，试求 $f'(x)$，并讨论 $f'(x)$ 的连续区间.

3. 设函数 $y=f(x)$ 在邻域 $U(x,\delta)$ 内二阶可导，求证：

$$\lim\limits_{h\to 0}\dfrac{f(x+2h)-2f(x+h)+f(x)}{h^2}=f''(x).$$

4. 设函数 $y=f(x)$ 在邻域 $U(0,\delta)$ 内有连续的一阶导数，且有

$$f(0)=0,\quad f'(0)\neq 0.$$

证明：$\lim\limits_{x\to 0^+}x^{f(x)}=1$.

5. 问 a,b 为何值时，有极限

$$\lim\limits_{x\to 0}\left(\dfrac{\sin 3x}{x^3}+\dfrac{a}{x^2}+b\right)=0$$

成立.

5.3　泰勒公式

5.3.1　泰勒公式的概念

函数 $P_n(x)=a_0+a_1x+a_2x^2+\cdots+a_nx^n(a_n\neq 0)$ 称为 n 次多项式函数. 例如，$y=ax+b$ 与 $y=ax^2+bx+c$ 分别为一次和二次多项式. 对于给定的 x，计算多项式函数值时，仅利用加、减、乘三种运算就可以了. 此外，多项式函数 $P_n(x)$ 对任何 $x\in\mathbb{R}$ 都连续，而且其导数仍是多项式函数，并且满足 n 次多项式的 $n+1$ 阶及更高阶导数都是零. 可见，多项式函数不仅运算简便，而且在连续性、可导性方面具有很好的性质.

对于一般的函数，如幂函数、指数函数、对数函数、三角及反三角函数等，如何求解它们在定义域中任意一点的函数值呢？虽然在某些特殊点的函数值容易计算，但对于一般的点 x_0，函数值则不容易求解，例如 $\sqrt[5]{7.99}$，$\sin 46°$ 等. 在前面微分近似计算中，我们通过公式 $f(x)-f(x_0)=f'(x_0)(x-x_0)+o(x-x_0)(x\to x_0)$ 得出 $f(x)\approx f(x_0)+f'(x_0)(x-x_0)$ 的近似计算公式，其中 $f'(x_0)\neq 0$. 这个近似计算公式存在两个问题：①误差如何控制；②如果 $f'(x_0)=0$，近似计算公式又将怎样呢？

下面的公式可以解决上述这些问题：

定理 5.5（泰勒（Taylor）公式）　若函数 $y=f(x)$ 在 x_0 点的某一邻域 $(x_0-\delta, x_0+\delta)$ 内有直到 $n+1$ 阶的导数，则对于任意 $x \in (x_0-\delta, x_0+\delta)$，$f(x)$ 可展开为

$$f(x) = f(x_0) + f'(x_0)(x-x_0) + \frac{f''(x_0)}{2!}(x-x_0)^2 + \cdots + \frac{f^{(n)}(x_0)}{n!}(x-x_0)^n + R_n(x),$$
(5.1)

其中 $R_n(x) = \dfrac{f^{(n+1)}(\xi)}{(n+1)!}(x-x_0)^{n+1}$（$\xi$ 介于 x_0 与 x 之间）.

$R_n(x)$ 称为拉格朗日余项，(5.1)式称为 $f(x)$ 在 x_0 点的泰勒展开式. 特别地，当 $n=1$ 时，则由(5.1)式得 $f(x) = f(x_0) + f'(\xi)(x-x_0)$，即 $f(x) - f(x_0) = f'(\xi)(x-x_0)$，此为拉格朗日中值定理的结论. 在公式(5.1)中，若 $x_0=0$，则

$$f(x) = f(0) + f'(0)x + \frac{f''(0)}{2!}x^2 + \cdots + \frac{f^{(n)}(0)}{n!}x^n + R_n(x).$$
(5.2)

(5.2)式称为 $f(x)$ 的麦克劳林（Maclaurin）公式.

因为 $\lim\limits_{x \to x_0} \dfrac{R_n(x)}{(x-x_0)^n} = \lim\limits_{x \to x_0} \dfrac{f^{(n+1)}(\xi)}{(n+1)!} \cdot \dfrac{(x-x_0)^{n+1}}{(x-x_0)^n} = 0$，故 $R_n(x) = o[(x-x_0)^n]$ $(x \to x_0)$，这种形式的余项称为皮亚诺（Peano）型余项.

在上述泰勒公式中，若记

$$f_n(x) = f(x_0) + f'(x_0)(x-x_0) + \frac{f''(x_0)}{2!}(x-x_0)^2 + \cdots + \frac{f^{(n)}(x_0)}{n!}(x-x_0)^n,$$

则 $f(x)$ 可写为 $f(x) = f_n(x) + R_n(x) = f_n(x) + o(x-x_0)^n$.

由此可知，当 x 与 x_0 充分接近时，$f(x)$ 与 $f_n(x)$ 便充分接近. 因此，我们可以利用 $f_n(x)$ 来近似计算 $f(x)$，而 $|o(x-x_0)^n| = |f(x) - f_n(x)|$ 即为绝对误差.

以下给出带有皮亚诺型余项的泰勒公式的证明.

证明　令

$$f_n(x) = f(x_0) + f'(x_0)(x-x_0) + \frac{f''(x_0)}{2!}(x-x_0)^2 + \cdots + \frac{f^{(n)}(x_0)}{n!}(x-x_0)^n,$$

记 $R_n(x) = f(x) - f_n(x)$，下证 $R_n(x) = o(x-x_0)^n$（即皮亚诺型余项）.

$$R_n(x) = f(x) - f(x_0) - f'(x_0)(x-x_0) - \frac{f''(x_0)}{2!}(x-x_0)^2 - \cdots - \frac{f^{(n)}(x_0)}{n!}(x-x_0)^n,$$

下面计算 $\lim\limits_{x \to x_0} \dfrac{R_n(x)}{(x-x_0)^n}$（"$\dfrac{0}{0}$"型）. 反复利用洛必达法则，得

$$\lim_{x \to x_0} \frac{R_n(x)}{(x-x_0)^n} = \lim_{x \to x_0} \frac{R'_n(x)}{n(x-x_0)^{n-1}} = \lim_{x \to x_0} \frac{R''_n(x)}{n(n-1)(x-x_0)^{n-2}}$$

$$= \cdots = \lim_{x \to x_0} \frac{R_n^{(n-1)}(x)}{n!(x-x_0)} \left(\text{还是"}\frac{0}{0}\text{"型}\right).$$

因为

$$\lim_{x \to x_0} \frac{R_n^{(n-1)}(x)}{n!(x-x_0)} = \lim_{x \to x_0} \frac{f^{(n-1)}(x) - f^{(n-1)}(x_0) - f^{(n)}(x_0)(x-x_0)}{n!(x-x_0)} \left(\text{"}\frac{0}{0}\text{"型}\right)$$

$$= \lim_{x \to x_0} \frac{f^{(n)}(x) - f^{(n)}(x_0)}{n!} = 0 \text{(因 } f^{(n)}(x) \text{ 在 } x = x_0 \text{ 点连续),}$$

所以 $R_n(x) = o(x - x_0)^n$.

若想得到拉格朗日型余项,需构造其他的辅助函数,然后借助于柯西中值定理获得. 有兴趣的读者可参看复旦大学数学系陈传璋等编《数学分析(上册)》.

5.3.2 实例分析

例1 写出下列函数的麦克劳林公式:

(1) $y = e^x$; (2) $y = \sin x$; (3) $y = (1-x)^\alpha$(α 为任意实数); (4) $y = \ln(1+x)$.

解 (1) 因为 $(e^x)^{(n)} = e^x$, $n = 1, 2, \cdots$,所以

$$y^{(n)}(0) = (e^x)^{(n)} \Big|_{x=0} = e^0 = 1, \quad n = 1, 2, \cdots.$$

于是,由公式(5.2)得

$$e^x = 1 + x + \frac{x^2}{2!} + \frac{x^3}{3!} + \cdots + \frac{x^n}{n!} + o(x^n).$$

(2) 因为 $(\sin x)^{(n)} = \sin\left(x + \frac{n\pi}{2}\right)$, $n = 1, 2, \cdots$,所以

$$y^{(n)}(0) = (\sin x)^{(n)} \Big|_{x=0} = \sin \frac{n\pi}{2} = \begin{cases} 0, & n = 2m, \\ (-1)^{m+1}, & n = 2m-1, \end{cases} \quad m = 1, 2, \cdots.$$

于是,取 $n = 2m$,则

$$\sin x = x - \frac{x^3}{3!} + \frac{x^5}{5!} - \cdots + (-1)^{m-1} \frac{x^{2m-1}}{(2m-1)!} + o(x^{2m}).$$

类似地可以得到 $\cos x = 1 - \frac{x^2}{2!} + \frac{x^4}{4!} - \cdots + (-1)^m \frac{x^{2m}}{(2m)!} + o(x^{2m+1})$.

(3) 因为 $[(1+x)^\alpha]^{(n)} = \alpha(\alpha-1)(\alpha-2)\cdots(\alpha-n+1)(1+x)^{\alpha-n}$, $n = 1, 2, \cdots$,所以

$$y^{(n)}(0) = [(1+x)^\alpha]^{(n)} \Big|_{x=0} = \alpha(\alpha-1)(\alpha-2)\cdots(\alpha-n+1),$$

于是

$$(1+x)^\alpha = 1 + \frac{\alpha}{1!}x + \frac{\alpha(\alpha-1)}{2!}x^2 + \cdots + \frac{\alpha(\alpha-1)\cdots(\alpha-n+1)}{n!}x^n + o(x^n).$$

特别地,若 $\alpha = n$ 为正整数,即得二项式定理

$$(1+x)^n = 1 + nx + \frac{n(n-1)}{2!}x^2 + \cdots + nx^{n-1} + x^n.$$

(4) 因为 $[\ln(1+x)]^{(n)} = (-1)^{n-1}\frac{(n-1)!}{(1+x)^n}$ $(n = 1, 2, \cdots)$, $y^{(n)}(0) = [\ln(1+x)]^{(n)}|_{x=0} = (-1)^{n-1}(n-1)!$ $(n = 1, 2, \cdots)$,所以

$$\ln(1+x) = x - \frac{x^2}{2} + \frac{x^3}{3} - \cdots + (-1)^n \frac{x^n}{n} + o(x^n).$$

下面的例子说明,利用泰勒公式可以简捷地解决一些比较复杂的极限问题,避免应用洛必达法则时的反复求导.但应注意阶的比较.

例 2　求 $\lim\limits_{x\to 0} \dfrac{\cos x - e^{-\frac{x^2}{2}}}{x^4}$.

解　注意到分母是 x 的 4 次方,因此,$\cos x$ 与 $e^{-\frac{x^2}{2}}$ 都应至少展开到 x^4 项,即

$$\cos x = 1 - \frac{x^2}{1!} + \frac{x^4}{4!} + o(x^5) = 1 - \frac{x^2}{2} + \frac{x^4}{24} + o(x^5),$$

$$e^{-\frac{x^2}{2}} = 1 - \frac{x^2}{2} + \frac{1}{2!}\left(-\frac{x^2}{2}\right)^2 + o(x^4) = 1 - \frac{x^2}{2} + \frac{x^4}{8} + o(x^4).$$

故

$$\lim_{x\to 0} \frac{\cos x - e^{-\frac{x^2}{2}}}{x^4} = \lim_{x\to 0} \frac{\left(1 - \frac{x^2}{2} + \frac{x^4}{24} + o(x^5)\right) - \left(1 - \frac{x^2}{2} + \frac{x^4}{8}\right) + o(x^4)}{x^4}$$

$$= \lim_{x\to 0} \frac{-\frac{x^4}{12} + o(x^4)}{x^4} = -\frac{1}{12}.$$

以下给出泰勒公式在近似计算中的应用举例.

例 3　计算 $\sqrt{50}$ 并要求误差不超过 0.0001.

解　由于 $\sqrt{50} = \sqrt{49+1} = 7\sqrt{1+\dfrac{1}{49}}$,考虑函数 $f(x) = \sqrt{1+x}$ 的泰勒展开式.

因为 $f'(x) = \dfrac{1}{2\sqrt{1+x}}$,$f''(x) = -\dfrac{1}{4}(1+x)^{-\frac{3}{2}}$,$f(0)=1$,$f'(0)=\dfrac{1}{2}$,由公式(5.2)知 $f(x) \approx f(0) + f'(0)x$,从而

$$\sqrt{1+\frac{1}{49}} \approx 1 + \frac{1}{2} \times \frac{1}{49} \approx 1.010204,$$

即 $\sqrt{50} \approx 7.071428$.

进一步地,由拉格朗日余项 $R_2(x) = \dfrac{f''(\xi)}{2!}x^2$,$\xi$ 介于 0 与 x 之间,从而

$$\left|R_2\left(\frac{1}{49}\right)\right| = \frac{1}{8}\left|(1+\xi)^{-\frac{3}{2}} \cdot \frac{1}{49^2}\right| \leqslant \frac{1}{8} \cdot \left(\frac{1}{49}\right)^2 \leqslant 0.0001 = 10^{-4},$$

即误差不超过 10^{-4},该近似值满足误差要求.

注　如果精确度要求更高,如要求误差不超过 10^{-6} 等,则需要把 $f(x)$ 多展开几项,直到使误差符合要求即可.

习题 5.3

1. 写出下列函数在点 $x=0$ 处的带皮亚诺型余项的泰勒公式：

(1) $y=\mathrm{e}^{-x}$； (2) $y=\dfrac{x^3+2x+1}{x-1}$.

2. 求下列极限：

(1) $\lim\limits_{x\to+\infty}(\sqrt[3]{x^3+3x}-\sqrt{x^2-2x})$； (2) $\lim\limits_{x\to0}\dfrac{\mathrm{e}^{x^3}-1-x^3}{\sin^6 2x}$；

(3) $\lim\limits_{x\to+\infty}\left(x+\dfrac{1}{2}\right)\ln\left(1+\dfrac{1}{x}\right)$； (4) $\lim\limits_{x\to+\infty}x^2\ln\left(x\sin\dfrac{1}{x}\right)$.

3. 确定常数 a,b，使得当 $x\to0$ 时，

(1) $f(x)=(a+b\cos x)\sin x-x$ 是 x 的 5 阶无穷小量；

(2) $f(x)=\mathrm{e}^x-\dfrac{1+ax}{1-bx}$ 是 x 的 3 阶无穷小量.

4. 设函数 $y=f(x)$ 在 $[a,b]$ 上二阶可导，且 $f'(a)=f'(b)=0$. 求证：存在 $\xi\in(a,b)$，使得

$$|f''(\xi)|\geqslant\dfrac{4}{(b-a)^2}|f(b)-f(a)|.$$

5. 证明：若 $f(x)$ 在 $[a,b]$ 上恒有 $f''(x)>0$，则在 (a,b) 内任意两点 x_1,x_2，都有

$$\dfrac{f(x_1)+f(x_2)}{2}\geqslant f\left(\dfrac{x_1+x_2}{2}\right),$$

其中等号仅在 $x_1=x_2$ 时才成立.

6. 求 $f(x)=x^5-5x+1$ 在 $x=1$ 处的 6 阶泰勒公式.

5.4 导数在函数性质研究方面的应用

5.4.1 函数的单调性与极值

1. 函数的单调性

以抛物线 $y=x^2$（如图 5.4 所示）为例，我们已经知道在 $(-\infty,0)$ 上，函数 $y=x^2$ 严格单调递减，对应函数曲线严格单调下降；在 $[0,+\infty)$ 上，$y=x^2$ 严格单调递增，对应函数曲线严格单调上升.

对 $y=x^2$ 求导得，$y'=(x^2)'=2x$，从而，当 $x\in(-\infty,0)$ 时，$y'<0$；当 $x\in(0,+\infty)$ 时，

$y' > 0$.

因此，$y = x^2$ 严格单调递增时，有 $y' > 0$；$y = x^2$ 严格单调递减时，有 $y' < 0$. 反之，导函数 $y' > 0$ 时，有 $y = x^2$ 单调递增；$y' < 0$ 时，有 $y = x^2$ 单调递减. 由于导数的几何意义为切线的斜率，当 $y' > 0$ 时，意味着过每一点切线的倾斜角为锐角，从而对应曲线上升；当 $y' < 0$ 时，意味着过每一点切线的倾斜角为钝角，从而对应的曲线下降.

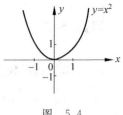

图 5.4

一般地，有下面定理：

定理 5.6 若函数 $y = f(x)$ 在 (a, b) 内可导，则有下述等价关系成立.

(1) 对任意 $x \in (a, b)$，$y' = f'(x) > 0 \Leftrightarrow y = f(x)$ 在 (a, b) 内严格单调递增；

(2) 对任意 $x \in (a, b)$，$y' = f'(x) < 0 \Leftrightarrow y = f(x)$ 在 (a, b) 内严格单调递减.

证明 下面只证(1). (2)的证明与(1)类似，请读者自己完成.

先证必要性. 对任意 $x_1, x_2 \in (a, b)$，$x_1 \neq x_2$，不妨设 $x_1 < x_2$，下证 $f(x_1) < f(x_2)$. 为此，在 $[x_1, x_2]$ 上利用拉格朗日中值定理得

$$f(x_2) - f(x_1) = f'(\xi)(x_2 - x_1), \quad \xi \in (x_1, x_2).$$

由条件知 $f'(\xi) > 0$，故 $f(x_2) - f(x_1) > 0$，即 $f(x_2) > f(x_1)$，从而 $f(x)$ 在 (a, b) 内严格单调递增.

再证充分性. (反证法)假设存在 $x_0 \in (a, b)$，使得 $f'(x_0) < 0$，即 $\lim\limits_{x \to x_0} = \dfrac{f(x) - f(x_0)}{x - x_0} = f'(x_0) < 0$. 由极限的局部保号性知，存在 x_0 点的某邻域 $U(x_0, \delta) \subset (a, b)$，使得当 $x \in U(x_0, \delta)$ 且 $x > x_0$ 时，有 $f(x) < f(x_0)$. 此与 $f(x)$ 在 (a, b) 内严格单调递增矛盾. 从而对任意 $x \in (a, b)$，有 $f'(x) > 0$. 充分性得证.

例1 求函数 $y = x^4(x - 1)^3$ 的单调区间.

解 由定理 5.6 知，y' 的符号决定着函数 $y = f(x)$ 曲线的单调性. 故对函数先求导，得

$$y' = [x^4(x-1)^3]' = 4x^3(x-1)^3 + 3x^4(x-1)^2 = x^3(x-1)^2[4(x-1) + 3x]$$
$$= x^3(x-1)^2(7x - 4),$$

然后求出 y' 的零点，即使得 $y' = 0$ 的点. 由 $y' = x^3(x-1)^2(7x - 4) = 0$，得

$$x_1 = 0, \quad x_2 = 1, \quad x_3 = \frac{4}{7}.$$

从而可知，当 $x \in (-\infty, 0)$ 时，$f'(x) > 0$，此时，函数严格单调递增；当 $x \in \left(0, \dfrac{4}{7}\right)$ 时，$f'(x) < 0$，此时，函数严格单调递减；当 $x \in \left(\dfrac{4}{7}, 1\right)$ 或 $x \in (1, +\infty)$ 时，$f'(x) > 0$，此时，函数亦严格单调递增.

综上可知，函数的单调区间由表 5-1 给出. (记号 ↗ 表示函数单调递增，↘ 表示函数单调递减.)

表　5.1

x	$(-\infty,0)$	$\left(0,\dfrac{4}{7}\right)$	$\left(\dfrac{4}{7},1\right)$	$(1,+\infty)$
y'	+	−	+	+
y	↗	↘	↗	↗

在例 1 中求单调区间时,我们通过使 $f'(x)=0$ 的点将 $f(x)$ 的定义域进行了分割.一般地,称使 $f'(x)=0$ 的点 x 为 $f(x)$ 的驻点.

2. 函数的极值

定义 5.1　设 $f(x)$ 在点 x_0 的某一邻域 $U(x_0,\delta)$ 内有定义,若 $f(x)\geqslant f(x_0)(f(x)\leqslant f(x_0))$,$x\in U(x_0,\delta)$,则称 $f(x_0)$ 是 $f(x)$ 的一个极小值(极大值),这时称 x_0 是 $f(x)$ 的一个极小值点(极大值点).极小值和极大值统称为极值.

再观察抛物线 $y=x^2$,如图 5.4 所示,在 $x=0$ 点左侧 $y'<0$,曲线单调下降;在 $x=0$ 点右侧 $y'>0$,曲线单调上升.因此,$x=0$ 点是其极小值点,$y=0$ 是极小值,即对任意 $x\in\mathbb{R}$,$x^2\geqslant0$.另外,在 $x=0$ 点的切线方程为 $y=0$,故其斜率为 0.从导数的角度看,因 $y'=(x^2)'=2x$,故 $y'(0)=2x\big|_{x=0}=0$,即在其极小值点处的导数为 0.

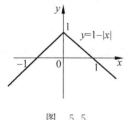

图　5.5

再看折线 $y=1-|x|$,如图 5.5 所示,$x=0$ 点是其极大值点.在其左侧,图像单调上升;在其右侧,图像单调下降.用导数定义易证,在 $x=0$ 点导数不存在.

由上述例题看出,在极值点处有两种情形,即导数值为 0 或导数值不存在.一般地,有下面判定极值存在的方法:

定理 5.7(极值存在的必要条件)　若 x_0 是函数 $y=f(x)$ 的极值点,则有 $f'(x_0)=0$ 或者 $f(x)$ 在 x_0 点不可导.

证明　若在 x_0 点不可导,则结论成立.

若在 x_0 点可导,则必有 $f'(x_0)=0$.因 x_0 点是极值点,故则费马定理可知 $f'(x_0)=0$.

下面给出极值存在的充分条件.

定理 5.8(极值存在的充分条件——判别法则一)　设函数 $y=f(x)$ 在 $(x_0-\delta,x_0)$ 和 $(x_0,x_0+\delta)(\delta>0)$ 内可导,则

(1) 若在 $(x_0-\delta,x_0)$(即 x_0 点左侧)内有 $f'(x)<0$,在 $(x_0,x_0+\delta)$(即在 x_0 点右侧)内有 $f'(x)>0$,则 x_0 点是极小值点;

(2) 若在 $(x_0-\delta,x_0)$ 内 $f'(x)>0$,在 $(x_0,x_0+\delta)$ 内 $f'(x)<0$,则 x_0 点是极大值点.

定理 5.8 是判断是否存在极值的一个通用法则,该定理根据极值的定义 5.1 及曲线升

降与导数符号的关系（即定理 5.6）即可得证.

若函数 $y=f(x)$ 在 x_0 点满足 $f'(x_0)=0$，二阶导数存在并且 $f''(x_0)\neq 0$，则有下面更为直接的判别法则：

定理 5.9（极值存在的充分条件——判别法则二）　若函数 $y=f(x)$ 在 x_0 点满足 $f'(x_0)=0$，二阶导数存在并且 $f''(x_0)\neq 0$，则

(1) 若 $f''(x_0)<0$，则 $f(x_0)$ 是极大值；

(2) 若 $f''(x_0)>0$，则 $f(x_0)$ 是极小值.

证明　(1) 因为 $f'(x_0)=0$，$f(x)$ 在 x_0 点二阶导数存在，则

$$f''(x_0)=\lim_{x\to x_0}\frac{f'(x)-f'(x_0)}{x-x_0}=\lim_{x\to x_0}\frac{f'(x)}{x-x_0}<0,$$

由极限的局部保号性知，存在 x_0 的某个邻域 $U(x_0,\delta)$，当 $x\in U(x_0,\delta)$ 时，$\dfrac{f'(x)}{x-x_0}<0$.

从而，在 $U(x_0,\delta)$ 内，当 $x>x_0$ 时，有 $f'(x)<0$；当 $x<x_0$ 时，有 $f'(x)>0$. 由定理 5.8 知 x_0 点是极大值点，$f(x_0)$ 是极大值.

(2) 的证明与 (1) 类似，请读者自己完成.

例 2　求函数 $f(x)=x^{\frac{2}{3}}(x-5)$ 的极值.

解　由极值存在的必要条件（即定理 5.7）知，极值点可能出现在导数为 0 的点（即驻点）或导数不存在的点处. 因此，为求极值，应先求导，得

$$f'(x)=x^{\frac{2}{3}}+\frac{2}{3}x^{-\frac{1}{3}}(x-5)=\sqrt[3]{x^2}+\frac{2(x-5)}{3\sqrt[3]{x}}$$

$$=\frac{3x+2(x-5)}{3\sqrt[3]{x}}=\frac{5(x-2)}{3\sqrt[3]{x}}.$$

令 $f'(x)=0$，得 $x_1=2$. 另外，当 $x_2=0$ 时，$f'(x)$ 无意义，因此 $x_1=2$ 与 $x_2=0$ 都有可能为极值点，详见表 5.2.

表　5.2

x	$x<0$	0	$(0,2)$	2	$x>2$
$f'(x)$	+	不存在	$-$	0	+
$f(x)$	↗	极大值	↘	极小值	↗

由表 5.2 可见，$x=0$ 是极大值点，极大值为 $f(0)=0$；$x=2$ 是极小值点，极小值为 $f(2)=-3\sqrt[3]{4}$.

再考虑例 1，由表 5.1 知，$x=0$ 点是极大值点，极大值为 $f(0)=0$；$x=\dfrac{4}{7}$ 是极小值点，极小值为 $f\left(\dfrac{4}{7}\right)=\dfrac{4^3\times 3^3}{7^7}$. 显然 $f\left(\dfrac{4}{7}\right)>f(0)$，即对于本题有极小值大于极大值. 这恰恰体

现了极值所具有的局部性质. $x=0$ 与 $x=\dfrac{4}{7}$ 分别对应的函数值作比较是没有意义的. 正如定义 5.1 指出的, 极大值点 (或极小值点) 只要满足该点在其某个充分小的邻域内为峰点 (或谷点) 即可. 因此极大值与极小值之间没有确定的大小关系 (如图 5.6 所示).

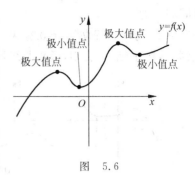

图 5.6

利用上述函数单调性判定定理 (定理 5.6) 及极值存在定理 (定理 5.8 和定理 5.9), 可以证明一些不等式以及求解方程根的个数等问题.

例 3 当 $b>a>c$ 时, 证明 $a^b>b^a$.

证明 为证 $a^b>b^a$, 将不等式两边取以 e 为底的对数, 即
$$b\ln a > a\ln b.$$

作函数 $f(x)=x\ln a-a\ln x(x>a)$, 下证 $f(b)>0$. 因为 $f'(x)=\ln a-\dfrac{a}{x}$, 注意到 $a>e$, 从而 $\ln a>1$. 又 $x>a$, 即 $\dfrac{a}{x}<1$, 有 $f'(x)>0$, 由定理 5.6 知, 当 $x>a$ 时, $f(x)$ 为严格单调递增的函数.

因为 $f(a)=a\ln a-a\ln a=0$, 又 $b>a$, 所以有 $f(b)>f(a)=0$, 即 $b\ln a>a\ln b$.

例 4 设方程 $x^3-3x+a=0$, 问 a 为何值时,

(1) 方程只有一个实根;

(2) 方程有两个不同实根;

(3) 方程有三个不同实根.

分析 由介值定理知, 连续函数 $y=f(x)$ 在闭区间 $[a,b]$ 上若有 $f(a)f(b)<0$, 则方程 $f(x)=0$ 至少存在一实根 $\xi\in(a,b)$. 进而, 若 $y=f(x)$ 在 $[a,b]$ 上严格单调, 则 ξ 是唯一的. 对于连续函数 $y=f(x)$, 若在闭区间 $[a,b]$ 上的最大值点位于 x 轴下方 (或其最小值点位于 x 轴上方), 则此时方程 $f(x)=0$ 无实根. 另外, 实根个数等于函数曲线穿越 x 轴的次数.

解 考虑函数 $f(x)=x^3-3x+a$, 求导得
$$f'(x) = (x^3 - 3x + a)' = 3x^2 - 3,$$
令 $f'(x)=0$, 求得驻点 $x_1=1, x_2=-1$.

又 $f''(x)=6x$, 从而有 $f''(-1)=-6<0, f''(1)=6>0$, 由定理 5.9 知, $x_2=-1$ 是极大值点; $x_1=1$ 是极小值点.

(1) 为使方程 $f(x)=0$ 只有一个实根, 必须满足函数曲线穿越 x 轴有且仅有一次. 注意到
$$\lim_{x\to+\infty}(x^3-3x+a)=+\infty, \qquad \lim_{x\to-\infty}(x^3-3x+a)=-\infty,$$
因此, 如图 5.7 所示, 此时函数的极大值点与极小值点应位于 x 轴同一侧, 有
$$f(-1) \cdot f(1) = (2+a)(a-2) = a^2 - 4 > 0,$$

即 $|a|>2$.

(2) 为使方程 $f(x)=0$ 有两个不同的实根，则函数 $y=f(x)$ 的极大值点或其极小值点必须落在 x 轴上（否则，函数曲线将会穿越 x 轴至少三次），如图 5.8 所示.

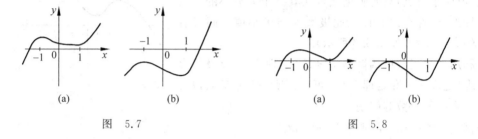

图 5.7   图 5.8

此时，$f(-1)f(1)=0$，得 $a^2-4=0$，即 $a=\pm2$.

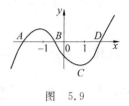

图 5.9

(3) 当 $f(-1)f(1)<0$，即 $a^2-4<0$，$|a|<2$ 时，方程 $f(x)=0$ 有三个不同的实根. 因为此时 $f(1)$ 与 $f(-1)$ 异号，注意到在 $(-1,1)$ 上有 $f'(x)=3x^2-3<0$，即 $y=f(x)$ 严格单调递减，故 $f(-1)>f(1)$，从而 $f(-1)>0$，$f(1)<0$. 于是，函数 $f(x)$ 共有三个严格单调区间 $(-\infty,-1)$，$(-1,1)$ 及 $(1,+\infty)$，从而穿越 x 轴三次穿越 x 轴，如图 5.9 所示，此即表明方程 $f(x)=0$ 有三个不同实根.

3. 函数的最值

由前面的分析可以看出，极值体现的是函数的局部性质. 而下面要讨论的最值则反映的是函数的整体性质. 顾名思义，所谓最大值点（最小值点），即对于函数的整个定义域而言，该点对应的函数值是函数在定义域上的最大值（最小值）.

最值问题具有重要的现实意义. 比如，求解在一定条件下，如何使"产量最多"、"成本最低"、"效率最高"、"用料最省"等问题，在数学上就归结为最大值与最小值问题.

我们知道，闭区间 $[a,b]$ 上的连续函数 $y=f(x)$ 在该区间上存在最大值与最小值，但最值定理并没有指出最值点具体怎么寻找. 现在，基于上述讨论，我们可以具体地求出最值点. $y=f(x)$ 的最值点只可能产生在其极值点及端点处，其中函数值最大者对应的即最大值点；函数值最小者对应的即最小值点.

例 5 某厂每月需要某种产品 100 吨，每批产品订货费为 5 元，每吨产品每月保管费 0.4 元，求最佳批量、最佳批次及最小库存总费用.

解 设厂家每次购进 x 吨，则每月平均库存量为 $\dfrac{x}{2}$ 吨. 每月库存费为 $0.4\cdot\dfrac{x}{2}$.

因每次购进 x 吨，而每月需求量为 100 吨，故每月分 $\dfrac{100}{x}$ 次进货，订货费为 $5\cdot\dfrac{100}{x}$ 元. 于是，库存总费用是

$$C(x) = 0.4 \cdot \frac{x}{2} + 5 \cdot \frac{100}{x}, \quad x > 0.$$

令 $C'(x) = 0$，得 $0.2 - \dfrac{500}{x^2} = 0$，$x = 50$. 由于驻点唯一，由该问题的实际意义知，当 $x = 50$ 时，$C(x)$ 取得最小值 $C(50) = 20$ 元. 而最佳批量是每月每次购进 50 吨，最佳批次是 $\dfrac{100}{50} = 2$ 次.

5.4.2 函数的凹凸性和拐点

观察正弦曲线 $y = \sin x$，$x \in [-\pi, \pi]$（如图 5.10 所示）. 弧 $\overset{\frown}{ABO}$ 下凸，弧 $\overset{\frown}{OCD}$ 上凸.

原点 O 是上凸弧与下凸弧的转折点，称为**拐点**. 进一步地，在上凸弧 $\overset{\frown}{OCD}$ 上任取两点 $(x_1, f(x_1))$ 和 $(x_2, f(x_2))$，由图 5.10 可以看出，x_1 与 x_2 中点的函数值 $f\left(\dfrac{x_1 + x_2}{2}\right)$ 大于 $\dfrac{f(x_1) + f(x_2)}{2}$（$f(x_1)$ 与 $f(x_2)$ 的平均值）. 类似

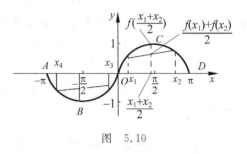

图 5.10

地，在下凸弧 $\overset{\frown}{ABO}$ 上任取两点 $(x_3, f(x_3))$，$(x_4, f(x_4))$，有 $f\left(\dfrac{x_3 + x_4}{2}\right)$ 小于 $\dfrac{f(x_3) + f(x_4)}{2}$.

从几何直观可见，这是上凸（或下凸）弧的本质刻画. 一般地，有下面定义：

定义 5.2 设函数 $y = f(x)$ 在 $[a, b]$ 上连续，若对 $[a, b]$ 中任意两点 x_1, x_2，恒有

$$f\left(\frac{x_1 + x_2}{2}\right) \geqslant \frac{f(x_1) + f(x_2)}{2},$$

则称 $y = f(x)$ 在 $[a, b]$ 上是上凸函数（若"$\geqslant$"改为"$>$"，则称为严格上凸函数）.

若对 $[a, b]$ 中任意两点 x_1, x_2，恒有

$$f\left(\frac{x_1 + x_2}{2}\right) \leqslant \frac{f(x_1) + f(x_2)}{2},$$

则称 $y = f(x)$ 在 $[a, b]$ 上是下凸函数（若"$\leqslant$"改为"$<$"，则称为严格下凸函数）.（回顾定义 1.6，当 $\lambda_1 = \lambda_2 = \dfrac{1}{2}$ 时，即为定义 5.2 的形式.）

我们再进一步观察正弦曲线 $y = \sin x$，$x \in [-\pi, \pi]$，如图 5.10 所示. 其下凸弧 $\overset{\frown}{ABO}$，有 $y'' = -\cos x > 0$，$x \in (-\pi, 0)$；其上凸弧 $\overset{\frown}{OCD}$，有 $y'' = -\cos x < 0$，$x \in (0, \pi)$.

一般地，对于有二阶导数的函数，函数的凹凸性有下述判定定理：

定理 5.10 设函数 $y = f(x)$ 在 (a,b) 内存在二阶导数 $f''(x)$，则

(1) 若在 (a,b) 内有 $f''(x) < 0$，$f(x)$ 在 (a,b) 内上凸；

(2) 若在 (a,b) 内有 $f''(x) > 0$，$f(x)$ 在 (a,b) 内下凸.

证明 下面只证(1).(2)可类似地证明.

在 (a,b) 内任取两点 x_1, x_2，不妨设 $x_1 < x_2$. 记 $x_0 = \dfrac{x_1 + x_2}{2}$. 下证 $f(x_0) \geqslant$ $\dfrac{f(x_1) + f(x_2)}{2}$，即 $f(x_1) + f(x_2) - 2f(x_0) \leqslant 0$. 为此，首先在闭区间 $[x_1, x_0]$ 上利用拉格朗日中值定理，得

$$f(x_1) - f(x_0) = f'(\xi_1)(x_1 - x_0), \quad \xi_1 \in (x_1, x_0).$$

再在闭区间 $[x_0, x_2]$ 上利用拉格朗日中值定理，得

$$f(x_2) - f(x_0) = f'(\xi_2)(x_2 - x_0), \quad \xi_2 \in (x_0, x_2),$$

从而

$$(f(x_1) - f(x_0)) + (f(x_2) - f(x_0)) = f'(\xi_1)(x_1 - x_0) + f'(\xi_2)(x_2 - x_0), \quad (5.3)$$

且有 $\xi_1 < \xi_2$.

注意到 $x_0 = \dfrac{x_1 + x_2}{2}$，将其代入(5.3)式右边，整理得，

$$f(x_1) + f(x_2) - 2f(x_0) = \frac{x_2 - x_1}{2} \cdot (f'(\xi_2) - f'(\xi_1)). \quad (5.4)$$

因为 $f''(x) < 0, x \in (a,b)$，即 $f'(x)$ 在 (a,b) 上单调递减. 又 $\xi_2 > \xi_1$，从而 $f'(\xi_2) < f'(\xi_1)$，因此(5.4)式右边小于 0，即 $f(x_1) + f(x_2) - 2f(x_0) < 0$. 由定义 5.2 知 $f(x)$ 在 (a,b) 内上凸.

由于拐点为函数上凸与下凸的分界点，结合定理 5.8 知，在拐点 $(x_0, f(x_0))$ 处，必有 $f''(x_0) = 0$，或 $f''(x)$ 在 x_0 点不存在. 这是拐点存在的必要条件.

例 6 求函数 $y = (x+6)\mathrm{e}^{\frac{1}{x}}$ 的单调区间、极值、凹凸区间及拐点.

解 该函数的定义域为 $(-\infty, 0) \cup (0, +\infty)$. 令 $y' = \mathrm{e}^{\frac{1}{x}}\left(1 - \dfrac{x+6}{x^2}\right) = 0$，得驻点 $x_1 = -2, x_2 = 3$. 再令

$$y'' = \mathrm{e}^{\frac{1}{x}}\left[\frac{-x^2 + x + 6}{x^4} + \frac{(2x-1)x^2 - 2x(x^2 - x - 6)}{x^4}\right]$$

$$= \mathrm{e}^{\frac{1}{x}} \cdot \frac{13x + 6}{x^4} = 0,$$

得

$$x_3 = -\frac{6}{13}.$$

函数在各区间上一阶、二阶导函数的符号及函数相关性质如表 5.3 所示.

表　5.3

x	$(-\infty,-2)$	-2	$\left(-2,-\dfrac{6}{13}\right)$	$-\dfrac{6}{13}$	$\left(-\dfrac{6}{13},0\right)$	0	$(0,3)$	3	$(3,+\infty)$
y'	$+$	0	$-$	$-$	$-$		$-$	0	$+$
y''	$-$		$-$	0	$+$		$+$		$+$
y	↗上凸	$4\mathrm{e}^{-\frac{1}{2}}$ 极大	↘上凸	拐点	↘下凸	无定义	↘下凸	$9\mathrm{e}^{\frac{1}{3}}$ 极小	↗

由表 5.3 知,函数 $y=(x+6)\mathrm{e}^{\frac{1}{x}}$ 的单调递增区间为 $(-\infty,-2)$ 和 $(3,+\infty)$；单调递减区间为 $(-2,0)$ 和 $(0,3)$. 极大值为 $f(-2)=4\mathrm{e}^{-\frac{1}{2}}$；极小值为 $f(3)=9\mathrm{e}^{\frac{1}{3}}$. 下凹区间为 $\left(-\dfrac{16}{3},0\right)$ 和 $(0,+\infty)$,上凸区间为 $\left(-\infty,-\dfrac{6}{13}\right)$,拐点为 $\left(-\dfrac{6}{13},\dfrac{72}{13}\mathrm{e}^{-\frac{13}{6}}\right)$.

对于初学者,我们还须提醒一下:

一阶导数的符号,体现着函数曲线的单调性;二阶导数的符号体现着函数曲线的凹凸性;极值点与单调区间相关;拐点与凹凸区间相关.

5.4.3　函数曲线的渐近线

我们知道,双曲线 $y=\dfrac{1}{x}$ 有两条渐近线 $x=0$(即 y 轴)和 $y=0$(即 x 轴),如图 5.11 所示.下面具体分析.

首先看渐近线 $y=0$. 当 $|x|$ 越来越大时,双曲线 $y=\dfrac{1}{x}$($x>0$ 对应第一象限中的一支；$x<0$ 对应第三象限中的一支)与 x 轴就越来越靠近,当 $|x|\to+\infty$ 时,双曲线 $y=\dfrac{1}{x}$ 的极限位置为 x 轴,用极限语言表述为 $\lim\limits_{x\to\infty}\dfrac{1}{x}=0$.

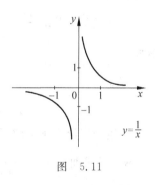

图　5.11

再看渐近线 $x=0$. 当 $x\to0$ 时,双曲线与 y 轴就靠得越来越近,其极限位置就是 y 轴,即 $\lim\limits_{x\to0}\dfrac{1}{x}=\infty$.

显然,x 轴是双曲线 $y=\dfrac{1}{x}$ 的水平渐近线；y 轴是双曲线 $y=\dfrac{1}{x}$ 的垂直渐近线.

以下给出函数渐近线的严格定义.

定义 5.3　一般地,对于函数 $y=f(x)$,若有 $\lim\limits_{x\to\infty}f(x)=0$,则直线 $y=0$,即 x 轴称为 $y=f(x)$ 的水平渐近线(具体地,若 $\lim\limits_{x\to+\infty}f(x)=0$,则 x 轴正半轴为其水平渐近线；若 $\lim\limits_{x\to-\infty}f(x)=$

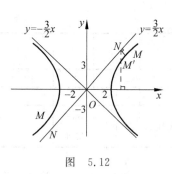

图 5.12

0，则 x 轴负半轴为其水平渐近线）. 若有 $\lim_{x \to c} f(x) = \infty$，则直线 $x = c$ 称为 $y = f(x)$ 的垂直渐近线.

除了上面两种情况外，函数曲线还有形如 $y = ax + b$ 的斜渐近线，如双曲线 $\dfrac{x^2}{4} - \dfrac{y^2}{9} = 1$ 有两条斜渐近线 $y = \pm \dfrac{3}{2} x$（如图 5.12 所示）.

在双曲线 $\dfrac{x^2}{4} - \dfrac{y^2}{9} = 1$ 上取动点 M，过 M 点作渐近线 $y = \dfrac{3}{2} x$ 的垂线，垂足为 N. 则 M 到 $y = \dfrac{3}{2} x$ 的距离为 $\overline{MN}$. 过 N 点作 x 轴的垂线，与双曲线交于 M' 点. 易知，当 $x \to \infty$ 时，$\overline{MN} \to 0$ 等价于 $\overline{M'N} \to 0$.

若记 $M'\left(x, 3\sqrt{\dfrac{x^2}{4} - 1}\right)$，$N\left(x, \dfrac{3}{2} x\right)$（因 M' 点与 N 点有相同的横坐标），则 $\overline{M'N} = \left| 3\sqrt{\dfrac{x^2}{4} - 1} - \dfrac{3}{2} x \right|$，由此得 $\lim_{x \to \infty} \left| 3\sqrt{\dfrac{x^2}{4} - 1} - \dfrac{3}{2} x \right| = 0$.

定义 5.4　一般地，直线 $y = ax + b$ 是函数曲线 $y = f(x)$ 的斜渐近线，如果满足极限

$$\lim_{x \to \infty} [f(x) - (ax + b)] = 0.$$

由定义 5.4 知

$$\lim_{x \to \infty} \left[\frac{f(x)}{x} - a - \frac{b}{x} \right] = \lim_{x \to \infty} \frac{1}{x} \cdot [f(x) - (ax + b)] = 0,$$

从而

$$a = \lim_{x \to \infty} \frac{f(x)}{x} - \lim_{x \to \infty} \frac{b}{x} = \lim_{x \to \infty} \frac{f(x)}{x},$$

$$b = \lim_{x \to \infty} (f(x) - ax).$$

上述分析给出了求解函数 $y = f(x)$ 斜渐近线的方法.

例 7　求曲线 $y = \dfrac{x}{x^2 + 2x - 3}$ 的渐近线.

解　因为

$$y = \frac{x^3}{x^2 + 2x - 3} = \frac{x^3}{(x-1)(x+3)},$$

并且

$$\lim_{x \to 1} \frac{x^3}{(x-1)(x+3)} = \infty, \quad \lim_{x \to -3} \frac{x^3}{(x-1)(x+3)} = \infty,$$

从而，曲线有垂直渐近线 $x = -3$ 和 $x = 1$.

再求其斜渐近线. 由

$$a = \lim_{x \to \infty} \frac{f(x)}{x} = \lim_{x \to \infty} \frac{x^3}{x(x-1)(x+3)} = 1,$$

$$b = \lim_{x \to \infty}(f(x) - ax) = \lim_{x \to \infty}\left(\frac{x^3}{(x-1)(x+3)} - x\right) = -2,$$

从而其斜渐近线为 $y = x - 2$. 又 $\lim\limits_{x \to \infty}\dfrac{x^3}{x^2 + 2x - 3} = \infty$(而不趋向于常数),故该函数没有水平渐近线.

5.4.4 函数曲线作图

作为上面知识的综合运用,我们可以根据函数的解析式绘出其草图.无论从理论上还是应用上,作图很重要,因为图像的直观性可使我们能够更清楚地认识函数的性质.

函数作图的基本步骤如下:

(1) 求出函数 $y = f(x)$ 的定义域,从而确定其图像的范围(所在象限);

(2) 判定函数是否具有奇偶性,从而确定图像是否关于 y 轴(或原点 O)对称;

(3) 判定函数是否具有周期性,因为由周期函数在其一个周期内的变化情况可推断其在整个定义域上的变化规律;

(4) 求出函数单调区间、极值点、凹凸区间及拐点;

(5) 求出函数渐近线(如果存在);

(6) 写出关键点坐标:比如间断点,一阶及二阶导数不存在的点.

此外,还可以观察曲线是否通过特殊点,例如原点 $(0,0)$,$(\pm 1, \pm 1)$,$(0, \pm 1)$,$(\pm 1, 0)$等.

基于上述步骤,便可以通过描点绘制函数草图了.

例 8 作出函数 $y = \dfrac{x^3}{x^2 + 2x - 3}$ 的草图.

解 该函数定义域为 $(-\infty, -3) \cup (-3, 1) \cup (1, +\infty)$.其性质如表 5.4 所示.

表 **5.4**

x	$(-\infty, -2-\sqrt{13})$	$-2-\sqrt{13}$	$(-2-\sqrt{13}, -3)$	$(-3, 0)$	0	$(0, 1)$	$(1, -2+\sqrt{13})$	$-2+\sqrt{13}$	$(-2+\sqrt{13}, +\infty)$
y'	$+$	0	$-$	$-$	0	$-$	$-$	0	$+$
y''	$-$	$-$	$-$	$+$	0	$-$	$+$	$+$	$+$
y	↗上凸	极大	↘上凸	↘下凸	拐点	↘上凸	↘下凸	极小	↗下凸

另外,注意到 $\lim\limits_{x \to \infty}\dfrac{x^3}{x^2 + 2x - 3} = \infty$,故该函数值域为 $(-\infty, +\infty)$.再由例 7 知,曲线的渐近线方程为 $y = x - 2$,$x = 1$,$x = -3$.基于上述信息函数草图绘制如下(见图 5.13):

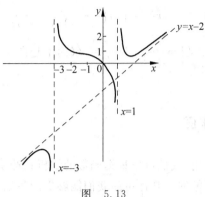

图　5.13

习题 5.4

1. 求下列函数的单调区间和极值：

(1) $f(x)=(\sqrt{x}-1)e^x$；　　　　　(2) $f(x)=x\ln x$；

(3) $f(x)=\dfrac{(1+x)^{3/2}}{\sqrt{x}}$；　　　　(4) $f(x)=(x+1)e^{-2x}$.

2. 求下列函数在给定区间上的最值：

(1) $y=x^5-5x^4+5x^3+1, x\in[-1,2]$；

(2) $y=2\tan x-\tan^2 x, x\in\left[0,\dfrac{\pi}{2}\right)$.

3. 求下列函数的凹凸区间及拐点：

(1) $f(x)=\dfrac{2x-1}{(x+1)^2}$；　　　　(2) $f(x)=(x^2-x)e^x$.

4. 证明下列不等式：

(1) $\tan x>x+\dfrac{x^3}{3}, x\in\left(0,\dfrac{\pi}{2}\right)$；　　(2) $\dfrac{2x}{\pi}<\sin x<x, x\in\left(0,\dfrac{\pi}{2}\right)$；

(3) $\dfrac{1-x}{1+x}<e^{-2x}, x\in(0,1)$；　　(4) $\dfrac{1}{2^{p-1}}\leqslant x^p+(1-x)^p\leqslant 1, x\in[0,1], p>1$.

5. 证明：方程 $\arctan x-\ln(1+x)=0$ 有两个不同实根.

6. 设函数 $y=f(x)$ 在区间 $[0,+\infty)$ 上连续，$f'(x)$ 在 $(0,+\infty)$ 内严格递增，且有 $f(0)=0$. 证明：$\dfrac{f(x)}{x}$ 在 $(0,+\infty)$ 内严格递增.

7. 设某种商品的单价为 p 时，售出的商品数量 Q 可以表示成 $Q=\dfrac{a}{p+b}-c$，其中 a,b,c 均为正数，且 $a>bc$.

（1）求 p 在何范围变化时,使得相应的销售额增加或减小?

（2）要使销售额最大,商品单价应取何值? 最大销售额是多少?

8. 甲、乙两厂合用一变压器,若两厂用同型号线架设输电线路,问变压器建在输电干线的何处,所需的输电线最短(如图5.14所示).

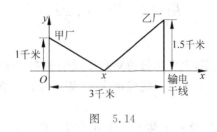

图　5.14

5.5　一元函数微分学在经济中的应用

5.5.1　弹性与灵敏度分析

我们知道,函数的变化率$\left(\text{即导数}\lim\limits_{\Delta x \to 0}\dfrac{\Delta y}{\Delta x}\right)$是通过把自变量的改变量($\Delta x$)与相应的函数值的改变量 Δy 进行比较,从而判别函数值随自变量变化的快慢程度.但在经济分析中仅仅研究变化率是不够的,往往需要对两个变量的相对改变量进行比较,以反映其变化的本质及函数值对自变量反应的灵敏度.

例如,一台电视机的价格是 2000 元,一台计算器的价格是 20 元,若它们各涨价 2 元,显然它们价格的绝对改变量是相同的,但对于电视机来讲,上涨 2 元微不足道,因为只上涨了 0.1%;而对于计算器而言其价格则上涨了 10%.

通常价格与销售量反向变化.比如,某商品价格从 10 元涨到 12 元时,销量从 100 件降到 66 件.简单地把二者的绝对变化量进行比较不能深入地反映销量对于价格的依赖关系.事实上,由价格上涨 20% 导致销量下降 34%,可以说明,当价格水平达到 10 元时,每上涨 1%,销量下降 1.7%,即$\dfrac{34\%}{20\%}=1.7$.这样把二者的相对改变量进行比较后就反映出,销量对于价格变动反应的灵敏度.

定义 5.5　设函数 $y=f(x)$ 在点 x_0 的某邻域内有定义,并且在 x_0 点可导,$f(x_0)\neq 0$,函数的相对改变量 $\dfrac{\Delta y}{y_0}=\dfrac{f(x_0+\Delta x)-f(x_0)}{f(x_0)}$ 与自变量的相对改变量 $\dfrac{\Delta x}{x_0}$ 之比的极限

$$\lim_{\Delta x \to 0}\frac{\Delta y/y_0}{\Delta x/x_0}=\lim_{\Delta x \to 0}\frac{\Delta y}{\Delta x}\cdot\frac{y_0}{x_0}=f'(x_0)\cdot\frac{x_0}{f(x_0)}$$

称为函数 $y=f(x)$ 在点 x_0 处的弹性，记作

$$\frac{Ey}{Ex}\bigg|_{x=x_0} \quad \text{或} \quad \frac{Ef(x)}{Ex}\bigg|_{x=x_0}.$$

进而，若 $f(x)$ 在 $[a,b]$ 上可导，则它在 (a,b) 中任意点 x 处的弹性

$$\frac{Ef(x)}{Ex}=f'(x)\cdot\frac{x}{f(x)}$$

称为函数 $f(x)$ 的弹性函数.

弹性的本质是相对变化率，表现函数值对自变量的相对变化所作出的反应，即灵敏度.

对函数 $f(x)$ 及自变量 x 赋予不同的经济含义，则可以得到常见的需求价格弹性和需求收入弹性.

例 1　（需求价格弹性）若 Q 表示某商品的市场需求量，商品价格为 p，若需求函数 $Q=Q(p)$ 可导，则商品的需求价格弹性为

$$E_p=\frac{EQ}{Ep}=\frac{p}{Q(p)}\cdot\frac{\mathrm{d}Q}{\mathrm{d}p}.$$

需求价格弹性 E_p 一般为负，这表明当商品的价格上升（或下降）1% 时，其需求量将减少（或增加）约 $|E_p|$%。因此，经济学中，比较商品需求价格弹性大小时，通常采用弹性的绝对值 $|E_p|$. 当我们说某商品的需求价格弹性大时，是指其绝对值大.

当 $E_p=-1$（即 $|E_p|=1$）时，称为单位弹性，此时商品需求量变动的百分比与价格变动的百分比相等；

当 $E_p<-1$（即 $|E_p|>1$）时，称为高弹性，此时商品需求量变动的百分比高于价格变动的百分比，价格变动对于需求量影响较大；

当 $-1<E_p<0$（即 $0<|E_p|<1$）时，称为低弹性，此时商品需求量变动百分比低于价格变动的百分比，价格变动对需求量的影响较小.

例 2　用需求价格弹性分析总收益的变化情况.

在商品经济中，商品经营者关心的是商品价格的提升（$\Delta p>0$）或下降（$\Delta p<0$）对其总收益的影响. 假设销售收益 $R=Qp$（Q 为销售量，p 为商品价格），当 p 有微小改变量 Δp 时，有

$$\Delta R\approx\mathrm{d}R=\mathrm{d}(Qp)=Q\mathrm{d}p+p\mathrm{d}Q=\left(1+\frac{p}{Q}\frac{\mathrm{d}Q}{\mathrm{d}p}\right)Q\mathrm{d}p,$$

即

$$\Delta R\approx(1+E_p)Q\mathrm{d}p.$$

由于 $E_p<0$，因此 $\Delta R\approx(1-|E_p|)Q\mathrm{d}p$.

当 $|E_p|>1$（高弹性）时，降价（$\mathrm{d}p<0$）可使总收益增加（$\Delta R>0$），薄利多销且薄利多得；提价（$\mathrm{d}p>0$）将使总收益减少（$\Delta R<0$）；

当 $|E_p|<1$（低弹性）时，降价可使总收益减少（$\Delta R<0$），提价使总收益增加；

当 $|E_p|=1$（单位弹性）时，总收益近似为 0（$\Delta R\approx0$），即提价或降价对总收益没有明显

影响.

例 3 假设某商品的需求函数为 $Q = \mathrm{e}^{-\frac{p}{4}}$,求:

(1) 商品的需求价格弹性函数;

(2) $p = 3,4,5$ 时的需求价格弹性,并给以适当经济解释.

解 (1) $\dfrac{\mathrm{d}Q}{\mathrm{d}p} = -\dfrac{1}{4}\mathrm{e}^{-\frac{p}{4}}$,从而 $E_p = \dfrac{p}{Q} \cdot \dfrac{\mathrm{d}Q}{\mathrm{d}p} = \dfrac{p}{\mathrm{e}^{-\frac{p}{4}}} \cdot \left(-\dfrac{1}{4}\mathrm{e}^{-\frac{p}{4}}\right) = -\dfrac{p}{4}$.

(2) 当 $p = 3$ 时,$|E_p| = 0.75 < 1$,为低弹性,说明 $p = 3$ 时,需求变动的幅度小于价格变动的幅度,即价格上涨 1%,需求量下降 0.75%;此时降价使总收益减少,提价使总收益增加;

当 $p = 4$ 时,$|E_p| = 1$,为单位弹性,说明 $p = 4$ 时,需求变动的幅度等于价格变动的幅度,即价格上升 1%,需求量下降 1%,此时提价或降价对总收益没有明显影响;

当 $p = 5$ 时,$|E_p| = 1.25 > 1$,为高弹性,说明 $p = 5$ 时,需求变动的幅度高于价格变动的幅度,即价格上升 1%需求量下降 1.25%,此时降价将使总收益增加,提价则使总收益减少.

除了上述需求价格弹性之外,经济学中也经常涉及需求收入弹性的问题. 也就是分析人们的收入变动对商品需求量的影响情况.

例 4(需求收入弹性) 假设人们的收入 M,对某商品的需求量为 Q,则人们对该商品的需求收入弹性为

$$E_M = \frac{M}{Q}\frac{\mathrm{d}Q}{\mathrm{d}M}.$$

一般来说,商品的需求量是收入的递增函数. 因此,需求收入弹性 E_M 通常为正. 由于

$$\frac{\Delta Q}{Q} \approx \frac{\Delta M}{M}E_M,$$

从而当收入增加(或降低)1%时,需求量增加(或下降)$E_M\%$.

5.5.2 边际函数与经济问题最优解

1. 边际函数

已知导数 $f'(x_0)$ 表示函数 $y = f(x)$ 在 x_0 点处的变化率,当 Δx 充分小时,$\Delta y = f(x_0 + \Delta x) - f(x_0) \approx f'(x_0)\Delta x$.

当 $\Delta x = 1$(即 x 改变一个单位)与 x_0 的值相比充分小时,则有 $\Delta y \approx f'(x_0)$,此即表明 $f(x)$ 在 x_0 点处当 x 改变一个单位时,函数值近似改变 $f'(x_0)$ 个单位.

因此,在经济学中 $f'(x)$ 称为 $f(x)$ 的**边际函数**.

例 5 设生产某产品 x 个单位的总成本 $C(x) = 1000 + 0.012x^2$ 元 ,求边际成本 $C'(x)$,并对 $C'(1000)$ 的经济意义进行解释.

解 边际成本 $C'(x) = 0.024x$,故 $C'(1000) = 0.024 \times 1000 = 24$.即当产量达到 1000 个

单位时,再增加一个单位产量则增加 24 元的成本.

例 6 设某产品的价格 p 与销售量 Q 的关系是 $p=10-\dfrac{Q}{5}$,求总收益函数,边际收益函数,并对销售量为 30 时的边际收益进行解释.

解 总收益为

$$R(Q) = Q \cdot p = 10Q - \frac{Q^2}{5},$$

边际收益为

$$R'(Q) = 10 - \frac{2Q}{5}.$$

将 $Q=30$ 代入得 $R'(30)=10-\dfrac{2}{5}\times 30=-2$,

这表示当销售量为 30 个单位时,再售出一个产品总收益反而减少 2 个单位.

2. 最大利润原则

设总收益 $R(Q)$,总成本为 $C(Q)$,其中 Q 为产量(或销量),则总利润为
$$L(Q) = R(Q) - C(Q),$$
$L(Q)$ 取得最大值的必要条件是 $L'(Q)=R'(Q)-C'(Q)=0$,即 $R'(Q)=C'(Q)$.

从而表明,最优产量必是利润函数的驻点.因此,利润最大化的必要条件是:边际收益等于边际成本.

例 7 设某产品价格函数为 $p=60-\dfrac{x}{1000}$ $(x\geqslant 10^4)$,其中 x 为销售量.又设生产这种产品 x 件的总成本为 $C(x)=60\,000+20x$,试求收益函数并求产量为多少时利润 L 最大,验证最大利润原则.

解 收益函数为

$$R(x) = x \cdot p = 60x - \frac{x^2}{1000} \quad (x \geqslant 10^4),$$

故利润为

$$L(x) = R(x) - C(x) = 40x - \frac{x^2}{1000} - 60000.$$

令 $L'(x)=40-\dfrac{x}{500}=0$,得 $x=20\,000$ 件.

又 $L''(x)=-\dfrac{1}{500}<0$,故当产量 x 为 20 000 件时利润最大,此时

$$R'(20\,000) = 60 - \frac{20\,000}{50} = 20, \quad C'(20\,000) = 20,$$

即

$$R'(20\,000)=C'(20\,000).$$

又 $R''(20\,000)=-\dfrac{1}{500},C''(20\,000)=0$，即

$$R''(20\,000)<C''(20\,000).$$

这符合利润最大原则.

例8 一商家销售某种商品的价格为 $p=7-0.2Q$ 万元/吨，Q 为销售量（单位：吨），商品的成本函数为 $C=3Q+1$ 万元.

(1) 若每销售 1 吨商品，政府要征税 T 万元，求该商家获最大利润时的销售量；

(2) T 为何值时，政府税收额最大.

解 (1) 利润函数为

$$\begin{aligned}L(Q)&=(P-T)Q-C\\&=(7-0.2Q-T)Q-(3Q+1)\\&=-0.2Q^2+(4-T)Q-1.\end{aligned}$$

令 $L'(Q)=-0.4Q+4-T=0$，得 $Q=\dfrac{5}{2}(4-T)$. 又 $L''(Q)=-0.4<0$，故当 $Q=\dfrac{5}{2}(4-T)$ 时，商家获得最大利润.

(2) 政府税收额

$$\widetilde{T}=T\cdot Q=T\cdot\frac{5}{2}(4-T)=10T-\frac{5}{2}T^2.$$

令 $\widetilde{T}'=10-5T=0$，得 $T=2$. 又因 $\widetilde{T}''=-5<0$，故当 $T=2$ 时，政府税收总额最大.

习题 5.5

1. 某商品的需求量（单位：只）与价格 p（单位：元）的函数关系为 $Q=30000-p^2$，若涨价 1%，需求将按 1% 的幅度下降. 求此时价格 p 是多少？

2. 设某商品的需求函数为 $Q=10-\dfrac{p}{2}$，求：

(1) 需求弹性；

(2) 在 $p=3$ 时，若价格上涨 1%，总收益增加还是减少？ 它将变化百分之几？

3. 某产品的需求函数为 $p=10-3Q$，平均成本 $\overline{C}=Q$，求产品的需求量是多少时可使利润最大，并求出最大利润.

4. 设某产品的需求函数和供给函数分别为

$$Q_d=14-2p,\quad Q_s=-4+2p.$$

若厂商以供需一致来控制产量，政府对产品征收的税率为 t，求：

(1) t 为何值时，征税收益最大，最大值是多少？

(2) 征税前后的均衡价格和均衡产量.

5. 某旅行社组织风景区旅游团,若每团人数不超过 30 人,飞机票每张收费 900 元;若每团人数多于 30 人,则给予优惠,每多 1 人,机票每张减少 10 元,直至每张降为 450 元,每团乘飞机,旅行社需付给航空公司包机费 15 000 元.

（1）写出飞机票的价格函数;

（2）每团人数为多少时,旅行社可获最大利润?

6. 设糕点厂加工生产 A 类糕点的总成本函数和收入函数分别为(单位:元)
$$C(x) = 100 + 2x + 0.02x^2, \quad R(x) = 7x + 0.01x^2,$$
求边际利润函数及当产量 x 分别为 $200, 250, 300$(单位:千克)时的边际利润,并说明其经济意义.

7. 某商品在市场销售中,为提高销售量,降价了 15%,结果销售量增长了 18%,试求该商品的需求价格弹性.

8. 经济市场调查得知,某瓶装儿童饮料需求函数为 $Q(p) = 75 - p^2$(p 为价格,单位:元),试求:

（1）该饮料的需求价格弹性函数;

（2）如果该饮料定价为每瓶 6 元,此时若价格上升 1%,总收益增加还是减少? 将变化百分之几?

第 6 章

不定积分

6.1 不定积分的概念和运算法则

6.1.1 不定积分的概念

前面几章我们学习了一元函数微分学,现在开始学习一元函数积分学.我们知道,如果已知物体的运动路径是 $s=s(t)$,其中 t 是时间,s 是运动物体的位移,那么物体在 t 时刻的瞬时速度 $v(t)=s'(t)$.现在考虑其反问题,即知道物体在每一时刻的瞬时速度 $v=v(t)$,如何求物体的运动路径 $s(t)$? 从数学上讲,即已知 $s(t)$ 的导函数 $s'(t)$,如何求原来的函数 $s(t)$(称 $s(t)$ 为 $s'(t)$ 的原函数)的问题.这是求导问题的反问题,即不定积分.

定义 6.1 若函数 $f(x)$ 与 $F(x)$ 满足 $F'(x)=f(x)$,$x \in I$,则称 $F(x)$ 是 $f(x)$ 的一个原函数.函数 $f(x)$ 的所有原函数称为 $f(x)$ 的不定积分,记为 $\int f(x)\mathrm{d}x$,其中 x 称为积分变量,$f(x)$ 称为被积函数,$f(x)\mathrm{d}x$ 称为积分表达式,"$\int$"称为积分号(它是一种运算符号).

由拉格朗日中值定理的推论知,若两个函数 $F(x)$ 与 $G(x)$ 满足 $F'(x)=G'(x)$,则 $G(x)=F(x)+C$,即 $F(x)$ 与 $G(x)$ 相差常数 C.因此,只要知道 $f(x)$ 的任意一个原函数 $F(x)$,则有 $\int f(x)\mathrm{d}x=F(x)+C$($C$ 是任意常数).可见,一个函数的无穷多个原函数彼此仅相差一个常数.

例如,因为 $(\cos x^2)'=-2x\sin x^2$,故 $\int -2x\sin x^2 \mathrm{d}x=\cos x^2+C$;又如,$(\arcsin x)'=\dfrac{1}{\sqrt{1-x^2}}$,故 $\int \dfrac{1}{\sqrt{1-x^2}}\mathrm{d}x=\arcsin x+C$.

已知导数的几何意义为切线斜率,作为求导的逆运算,不定积分也有其几何意义.

假设 $F(x)$ 是 $f(x)$ 的一个原函数,那么原函数 $y=F(x)$ 是平面直角坐标系中的这样一条曲线，在其上任意一点 $(x, F(x))$ 的切线斜率等于 $f(x)$，曲线 $y=F(x)$ 称为 $f(x)$ 的一条
积分曲线. 将此积分曲线 $y=F(x)$ 沿 y 轴平行移动可得到无
穷多条积分曲线，即 $y=F(x)+C$ 形成一个曲线族，称为 $f(x)$
的积分曲线族. 所以，不定积分 $\int f(x) \mathrm{d}x$ 的几何意义便是一个
积分曲线族，并且满足在横坐标相同的点处，各积分曲线的切
线平行，而且斜率都等于 $f(x)$（见图 6.1）.

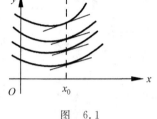

图 6.1

例 1 求函数 $f(x)=x$ 过点 $(1,1)$ 的积分曲线.

解 由于

$$y = \int f(x) \mathrm{d}x = \int x \mathrm{d}x = \frac{1}{2}x^2 + C,$$

将点坐标代入上式，解得 $C=\frac{1}{2}$. 因此所求的积分曲线为

$$y = \frac{1}{2}x^2 + \frac{1}{2}.$$

6.1.2 不定积分的基本运算法则

一方面，由不定积分的定义知，

$$\left(\int f(x) \mathrm{d}x\right)' = (F(x) + C)' = f(x),$$

换成微分的形式，即

$$\mathrm{d}\left(\int f(x) \mathrm{d}x\right) = \left(\int f(x) \mathrm{d}x\right)' \mathrm{d}x = f(x) \mathrm{d}x;$$

另一方面，若 $F(x)$ 是可导函数，则由不定积分的定义得

$$\int F'(x) \mathrm{d}x = F(x) + C,$$

换成微分的形式，即

$$\int \mathrm{d}F(x) = F(x) + C.$$

因此，不定积分与微分为互逆运算.

我们知道，对于可导函数 $F(x)$ 与 $G(x)$，有

$$(F(x) \pm G(x))' = F'(x) + G'(x),$$
$$(F(x))' = CF(x)', \quad C \text{ 为常数.}$$

对应地，不定积分有下述基本运算法则：

$$(1) \int [f(x) \pm g(x)] \mathrm{d}x = \int f(x) \mathrm{d}x \pm \int g(x) \mathrm{d}x;$$

(2) $\int Cf(x)\mathrm{d}x = C\int f(x)\mathrm{d}x$，$C$ 为非零常数.

证明 只证(1),(2)可以类似证明.

为证明(1),只须证明等式 $\left(\int (f(x)\pm g(x))\mathrm{d}x\right)' = \left(\int f(x)\mathrm{d}x \pm \int g(x)\mathrm{d}x\right)'$ 成立即可. 事实上，$\left[\int (f(x)\pm g(x))\mathrm{d}x\right]' = f(x) \pm g(x)$. 又 $\left(\int f(x)\mathrm{d}x \pm \int g(x)\mathrm{d}x\right)' = \left(\int f(x)\mathrm{d}x\right)' \pm \left(\int g(x)\mathrm{d}x\right)' = f(x) \pm g(x)$，从而(1)得证.

6.1.3 不定积分的基本公式

利用 $\int F'(x)\mathrm{d}x = F(x)+C$，对应于 4.2 节基本求导公式，可以得到下面不定积分的基本公式：

(1) $\int 0\mathrm{d}x = C(C\text{ 为常数})$，$\int 1\mathrm{d}x = x + C$；

(2) $\int x^a\mathrm{d}x = \dfrac{1}{1+\alpha}x^{1+\alpha} + C$，$\alpha \neq -1$ 且为常数，$\int \dfrac{\mathrm{d}x}{x} = \ln|x| + C(x \neq 0)$；

(3) $\int a^x\mathrm{d}x = \dfrac{1}{\ln a}a^x + C$，$a > 0$ 且 $a \neq 1$，$\int \mathrm{e}^x\mathrm{d}x = \mathrm{e}^x + C$；

(4) $\int \sin x\mathrm{d}x = -\cos x + C$；

(5) $\int \cos x\mathrm{d}x = \sin x + C$；

(6) $\int \dfrac{\mathrm{d}x}{\cos^2 x} = \tan x + C$；

(7) $\int \dfrac{\mathrm{d}x}{\sin^2 x} = -\cot x + C$；

(8) $\int \dfrac{\mathrm{d}x}{\sqrt{1-x^2}} = \arcsin x + C = -\arccos x + C$；

(9) $\int \dfrac{\mathrm{d}x}{1+x^2} = \arctan x + C = -\mathrm{arccot}\, x + C$；

(10) $\int \sinh x\mathrm{d}x = \cosh x + C$，$\int \cosh x\mathrm{d}x = \sinh x + C$.

例 2 求下列不定积分：

(1) $\int \dfrac{\mathrm{d}x}{\sqrt{3x}}$；　　　　　(2) $\int \dfrac{\sqrt{x} - x^3\mathrm{e}^x + x^2}{x^3}\mathrm{d}x$；　　　　　(3) $\int \dfrac{\cos 2x}{\cos^2 x\sin^2 x}\mathrm{d}x$；

(4) $\int \dfrac{2x^2}{1+x^2}\mathrm{d}x$；　　　　(5) $\int \tan^2 x\mathrm{d}x$.

解 (1) $\int \dfrac{\mathrm{d}x}{\sqrt{3x}} = \int 3^{-\frac{1}{2}} \cdot x^{-\frac{1}{2}} \mathrm{d}x = \dfrac{1}{\sqrt{3}} \cdot \int x^{-\frac{1}{2}} \mathrm{d}x = \dfrac{1}{\sqrt{3}} \cdot \dfrac{x^{1+\left(-\frac{1}{2}\right)}}{1+\left(-\dfrac{1}{2}\right)} + C$

$$= \dfrac{2}{\sqrt{3}} x^{\frac{1}{2}} + C = \dfrac{2}{\sqrt{3}} \sqrt{x} + C.$$

(2) $\displaystyle\int \dfrac{\sqrt{x} - x^3 \mathrm{e}^x + x^2}{x^3} \mathrm{d}x = \int \left(x^{-\frac{5}{2}} - \mathrm{e}^x + \dfrac{1}{x} \right) \mathrm{d}x$

$$= \int x^{-\frac{5}{2}} \mathrm{d}x - \int \mathrm{e}^x \mathrm{d}x + \int \dfrac{1}{x} \mathrm{d}x$$

$$= -\dfrac{2}{3} x^{-\frac{3}{2}} - \mathrm{e}^x + \ln|x| + C.$$

(3) $\displaystyle\int \dfrac{\cos 2x}{\cos^2 x \sin^2 x} \mathrm{d}x = \int \dfrac{\cos^2 x - \sin^2 x}{\cos^2 x \sin^2 x} \mathrm{d}x$

$$= \int \left(\dfrac{1}{\sin^2 x} - \dfrac{1}{\cos^2 x} \right) \mathrm{d}x$$

$$= \int \dfrac{\mathrm{d}x}{\sin^2 x} - \int \dfrac{\mathrm{d}x}{\cos^2 x}$$

$$= -\cot x - \tan x + C.$$

(4) $\displaystyle\int \dfrac{2x^2}{1+x^2} \mathrm{d}x = 2 \int \dfrac{x^2}{1+x^2} \mathrm{d}x = 2 \int \dfrac{1+x^2-1}{1+x^2} \mathrm{d}x$

$$= 2 \int \left(1 - \dfrac{1}{1+x^2} \right) \mathrm{d}x = 2 \int \mathrm{d}x - 2 \int \dfrac{\mathrm{d}x}{1+x^2}$$

$$= 2x - 2\arctan x + C.$$

(5) $\displaystyle\int \tan^2 x \mathrm{d}x = \int (\sec^2 x - 1) \mathrm{d}x = \int \sec^2 x \mathrm{d}x - \int \mathrm{d}x$

$$= \int \dfrac{\mathrm{d}x}{\cos^2 x} - x$$

$$= \tan x - x + C.$$

注 中间步并未在 $\int \mathrm{d}x$ 的结果 x 后面加常数 C_1，这是因为 $\int \dfrac{\mathrm{d}x}{\cos^2 x}$ 中还有一个任意常数，只需在最终运算结果中加上任意常数 C 即可.

例 3 某厂生产某种产品，每日生产的产品的总成本 y 的变化率（即边际成本）是日产量 x 的函数 $y' = 5x + 4x^2$，已知固定成本为 500 元，求总成本与日产量的函数关系.

解 因边际成本为

$$y' = 5x + 4x^2,$$

故总成本为

$$y = \int (5x + 4x^2) \mathrm{d}x = \dfrac{5}{2} x^2 + \dfrac{4}{3} x^3 + C, \quad C \text{ 是待定常数}.$$

又固定成本为 500 元,即当 $x=0$ 时,$y=500$,代入上式得 $C=500$. 于是,总成本 y 与日产量 x 的函数关系为 $y=\dfrac{5}{2}x^2+\dfrac{4}{3}x^3+500$.

例 4 已知 $f(x)$ 的一个原函数是 e^{-x^2},求不定积分 $\displaystyle\int f'(x)\,\mathrm{d}x$.

解 由已知得 $\displaystyle\int f(x)\,\mathrm{d}x=\mathrm{e}^{-x^2}+C$,从而 $f(x)=(\mathrm{e}^{-x^2}+C)'=-2x\mathrm{e}^{-x^2}$,于是

$$\int f'(x)\,\mathrm{d}x=f(x)+C=-2x\mathrm{e}^{-x^2}+C.$$

例 5 已知 $\displaystyle\int f(x)\,\mathrm{d}x=\sin^2 x+C$,求不定积分 $\displaystyle\int\dfrac{(\sin x+\cos x)^3}{1+f(x)}\,\mathrm{d}x$.

解 因为 $\displaystyle\int f(x)\,\mathrm{d}x=\sin^2 x+C$,所以

$$f(x)=(\sin^2 x+C)'=2\sin x\cos x=\sin 2x,$$

从而

$$1+f(x)=1+\sin 2x=(\sin x+\cos x)^2,$$

则

$$\int\dfrac{(\sin x+\cos x)^3}{1+f(x)}\,\mathrm{d}x=\int\dfrac{(\sin x+\cos x)^3}{(\sin x+\cos x)^2}\,\mathrm{d}x=\int(\sin x+\cos x)\,\mathrm{d}x$$

$$=\int\sin x\,\mathrm{d}x+\int\cos x\,\mathrm{d}x$$

$$=\sin x-\cos x+C.$$

习题 6.1

1. 求下列不定积分:

(1) $\displaystyle\int(2\mathrm{e}^x-2^{x+1})\,\mathrm{d}x$;　　　(2) $\displaystyle\int\cos^2\dfrac{x}{2}\,\mathrm{d}x$;　　　(3) $\displaystyle\int\dfrac{\mathrm{d}x}{x^2(1+x^2)}$;

(4) $\displaystyle\int\dfrac{x^3+\sqrt{x^3}-3}{\sqrt{x}}\,\mathrm{d}x$.

2. 设 $f'(\ln x)=1+x$,求 $f(x)$.

3. 设 $\displaystyle\int xf(x)\,\mathrm{d}x=\ln(x+\sqrt{1+x^2})+C$,求 $\displaystyle\int\dfrac{\mathrm{d}x}{f(x)}$.

4. 某产品在时刻 t(单位:h)的总产量的变化率为

$$p'(t)=100+24\sqrt{t},$$

求此产品的产量与 t 的函数关系为 $p(t)$,已知 $t=0$ 时,$p(0)=0$.

5. 描述污染程度大小的重要指标是排放污染物总量的多少.已知某地区湖水在近期内严重污染,其污染的增长速度为

$$A'(t) = \frac{3}{4} t^{-\frac{3}{4}} (t^{\frac{1}{4}} + 3)^2,$$

其中 t 以年为单位,污染物总量 $A(t)$ 以污染的适当单位来度量.假如最初的污染物总量为 27 个单位,计算 16 年后的污染物总量达到多少?

6. 已知 $f(x)$ 的一个原函数为 $\frac{1}{2} x e^{-x}$,求不定积分 $\int \frac{x-1}{f(x)} dx$.

7. 设 $a>0, b>0$,求不定积分 $\int \frac{1}{\sqrt{a^2 x^2 \pm b^2}} dx$.

6.2 换元法和分部积分法

6.2.1 换元法

1. 凑微分法（即第一换元法）

在 6.1 节我们学习了不定积分的基本运算,掌握了一些基本的积分公式,但很多不定积分无法直接利用基本积分公式求解,例如求 $\int \sin 2x \, dx$,不能利用基本公式 $\int \sin x \, dx = -\cos x + C$,得出 $\int \sin 2x \, dx = -\cos 2x + C$,因为 $(-\cos 2x + C)' = 2\sin 2x$ 而不是 $\sin 2x$. 为此需要把 dx 变成 $\frac{1}{2} d(2x)$（dx 为积分变量 x 的微分,因此 $d(2x) = (2x)' dx = 2dx$）,从而

$$\int \sin 2x \, dx = \int \sin 2x \cdot \frac{1}{2} d(2x) = \frac{1}{2} \int \sin 2x \, d(2x)$$

$$= -\frac{1}{2} \cos 2x + C.$$

注 本题在计算中将 $2x$ 作为一个整体,以 $2x$ 作为积分变量再利用基本公式 $\int \sin x \, dx = -\cos x + C$ 得到最终结果. 显然,在将积分变量由 x 变为 $2x$ 的过程中,关键是把原来微分 dx 凑成了新的微分形式 $d(2x)$,这种求解不定积分的方法称为凑微分法.

凑微分法也称为第一换元法. 一般地,设 $\int f(t) dt = F(t) + C$,其中 $t = \varphi(x)$ 关于 x 可导,则

$$\int f[\varphi(x)] \varphi'(x) dx = \int f[\varphi(x)] d\varphi(x) = F[\varphi(x)] + C.$$

下面给出几种常用的凑微分的形式：

(1) $\int f(ax+b)\mathrm{d}x = \dfrac{1}{a}\int f(ax+b)\mathrm{d}(ax+b)\,(a\neq0)$；

(2) $\int f(\mathrm{e}^x)\mathrm{e}^x\mathrm{d}x = \int f(\mathrm{e}^x)\mathrm{d}\mathrm{e}^x$；

(3) $\int f(\ln x)\dfrac{1}{x}\mathrm{d}x = \int f(\ln x)\mathrm{d}\ln x$；

(4) $\int f(x^a)x^{a-1}\mathrm{d}x = \dfrac{1}{a}\int f(x^a)\mathrm{d}x^a\,(a\neq0)$；

(5) $\int f(\sin x)\cos x\mathrm{d}x = \int f(\sin x)\mathrm{d}\sin x$；

(6) $\int f(\cos x)\sin x\mathrm{d}x = -\int f(\cos x)\mathrm{d}\cos x$；

(7) $\int f(\arcsin x)\dfrac{1}{\sqrt{1-x^2}}\mathrm{d}x = \int f(\arcsin x)\mathrm{d}\arcsin x$；

(8) $\int f(\arctan x)\dfrac{1}{1+x^2}\mathrm{d}x = \int f(\arctan x)\mathrm{d}\arctan x$；

(9) $\int f(\tan x)\sec^2 x\mathrm{d}x = \int f(\tan x)\mathrm{d}\tan x$；

(10) $\int f(\cot x)\csc^2 x\mathrm{d}x = -\int f(\cot x)\mathrm{d}\cot x$.

下面再举几例：

例1 求下列不定积分：

(1) $\int x\sqrt{x^2-3}\,\mathrm{d}x$；　　(2) $\int \tan x\mathrm{d}x$；　　(3) $\int \dfrac{\mathrm{d}x}{x\ln\sqrt{x}}$；

(4) $\int \dfrac{\mathrm{d}x}{a^2-x^2}\,(a>0)$.

解 (1) $\int x\sqrt{x^2-3}\,\mathrm{d}x = \dfrac{1}{2}\int\sqrt{x^2-3}\,\mathrm{d}(x^2-3)$

$\qquad\qquad = \dfrac{1}{2}\int(x^2-3)^{\frac{1}{2}}\mathrm{d}(x^2-3)$

$\qquad\qquad = \dfrac{1}{3}(x^2-3)^{\frac{3}{2}}+C.$

(2) $\int\tan x\mathrm{d}x = \int\dfrac{\sin x}{\cos x}\mathrm{d}x = -\int\dfrac{\mathrm{d}\cos x}{\cos x}$

$\qquad = -\ln|\cos x|+C$

$\qquad = \ln\dfrac{1}{|\cos x|}+C = \ln|\sec x|+C.$

(3) $\displaystyle\int \frac{\mathrm{d}x}{x\ln\sqrt{x}} = \int \frac{\mathrm{d}x}{\frac{1}{2}x\ln x} = 2\int \frac{\mathrm{d}\ln x}{\ln x} = 2\ln|\ln x| + C.$

$$(4)\ \int \frac{\mathrm{d}x}{a^2 - x^2} = \int \frac{\mathrm{d}x}{(a-x)(a+x)} = \frac{1}{2a}\int \left(\frac{1}{a+x} + \frac{1}{a-x}\right)\mathrm{d}x$$

$$= \frac{1}{2a}\int \frac{\mathrm{d}x}{a+x} + \frac{1}{2a}\int \frac{\mathrm{d}x}{a-x} = \frac{1}{2a}\int \frac{\mathrm{d}(a+x)}{a+x} - \frac{1}{2a}\int \frac{\mathrm{d}(a-x)}{a-x}$$

$$= \frac{1}{2a}\ln|a+x| - \frac{1}{2a}\ln|a-x| + C$$

$$= \frac{1}{2a}\ln\left|\frac{a+x}{a-x}\right| + C.$$

例 2   求下列不定积分：

(1) $\displaystyle\int (2x+3)^{50}\mathrm{d}x;$ (2) $\displaystyle\int \frac{1}{x^2+a^2}\mathrm{d}x\,(a\neq 0);$ (3) $\displaystyle\int x^2 \mathrm{e}^{x^3}\mathrm{d}x;$

(4) $\displaystyle\int \sin x\cos x\mathrm{d}x.$

解   (1) $\displaystyle\int (2x+3)^{50}\mathrm{d}x = \frac{1}{2}\int (2x+3)^{50}\mathrm{d}(2x+3) = \frac{1}{2}\cdot\frac{1}{51}(2x+3)^{51} + C = \frac{1}{102}(2x+$

$3)^{51} + C;$

(2) $\displaystyle\int \frac{1}{x^2+a^2}\mathrm{d}x = \frac{1}{a}\int \frac{1}{1+\left(\frac{x}{a}\right)^2}\mathrm{d}x = \int \frac{1}{1+\left(\frac{x}{a}\right)^2}\mathrm{d}\left(\frac{x}{a}\right) = \arctan\frac{x}{a} + C;$

(3) $\displaystyle\int x^2 \mathrm{e}^{x^3}\mathrm{d}x = \frac{1}{3}\int \mathrm{e}^{x^3}\mathrm{d}x^3 = \frac{1}{3}\mathrm{e}^{x^3} + C;$

(4) $\displaystyle\int \sin x\cos x\mathrm{d}x = \int \sin x\mathrm{d}(\sin x) = \frac{1}{2}\sin^2 x + C_1$，或者 $\displaystyle\int \sin x\cos x\mathrm{d}x = \frac{1}{2}\int \sin 2x\mathrm{d}x = $

$\displaystyle\frac{1}{4}\int \sin 2x\mathrm{d}(2x) = -\frac{1}{4}\cos 2x + C_2.$

注   由于 $-\dfrac{1}{4}\cos 2x = -\dfrac{1}{4}(1-2\sin^2 x) = \dfrac{1}{2}\sin^2 x - \dfrac{1}{4}$，从而(4)中的两个结果均正确，

只不过 $C_2 = C_1 + \dfrac{1}{4}.$

2. 第二换元法

先看以下例题：

例 3   求 $\displaystyle\int \sqrt{4-x^2}\,\mathrm{d}x.$

分析   首先，本题没有相应的基本积分公式可直接使用；再者，凑微分法对于本题也失效．本题的关键在于被积函数为根式（即无理式）．下面我们通过适当的变量代换，使无理式

变为有理式进而加以求解.

解 令 $x=2\sin t,t\in\left[-\dfrac{\pi}{2},\dfrac{\pi}{2}\right]$,则

$$\mathrm{d}x=2\cos t\mathrm{d}t,\qquad \sqrt{4-x^2}=2\cos t,$$

于是

$$\int\sqrt{4-x^2}\,\mathrm{d}x=\int 2\cos t\cdot 2\cos t\mathrm{d}t$$

$$=4\int\cos^2 t\mathrm{d}t=\dfrac{4}{2}\int(1+\cos 2t)\mathrm{d}t=2\int\mathrm{d}t+2\int\cos 2t\mathrm{d}t$$

$$=2t+\int\cos 2t\mathrm{d}2t=2t+\sin 2t+C. \qquad (6.1)$$

下面将 t 换为原来的积分变量 x. 由于 $\sin t=\dfrac{x}{2}$,在直角三角形中

(图 6.2),t 的三角函数结果均可由 x 表示,注意到 $\sin 2t=2\sin t\cos t$ 及

$\cos t=\dfrac{\sqrt{4-x^2}}{2}$,从而 $\sin 2t=2\cdot\dfrac{x}{2}\cdot\dfrac{\sqrt{4-x^2}}{2}=\dfrac{x}{2}\sqrt{4-x^2}$,$t=\arcsin\dfrac{x}{2}$.

图 6.2

将它们代入(6.1)式,得

$$\int\sqrt{4-x^2}\,\mathrm{d}x=2\arcsin\dfrac{x}{2}+\dfrac{x}{2}\sqrt{4-x^2}+C.$$

类似地,计算可得

$$\int\sqrt{a^2-x^2}\,\mathrm{d}x=\dfrac{a^2}{2}\arcsin\dfrac{x}{a}+\dfrac{1}{2}x\sqrt{a^2-x^2}+C(a>0).$$

一般地,对于换元积分法,有下述定理:

定理 6.1 设函数 $y=f(x)$ 在区间 I 上连续,$x=\varphi(t)$ 及 $\varphi'(t)$ 均连续,并且 $x=\varphi(t)$ 存在连续反函数 $t=\varphi^{-1}(x)$,若 $\int f[\varphi(t)]\varphi'(t)\mathrm{d}t=F(t)+C$,则 $\int f(x)\mathrm{d}x=F[\varphi^{-1}(x)]+C$.

证明 要证 $\int f(x)\mathrm{d}x=F[\varphi^{-1}(x)]+C$,只需证明 $(F[\varphi^{-1}(x)])'=f(x)$. 利用复合函数求导法则及反函数求导法则,有

$$(F[\varphi^{-1}(x)])'=(F(t))'=F'(t)\cdot[\varphi^{-1}(x)]'. \qquad (6.2)$$

又 $F'(t)=f[\varphi(t)]\varphi'(t)$,$[\varphi^{-1}(x)]'=\dfrac{1}{\varphi'(t)}$,将它们分别代入(6.2)式,得

$$(F[\varphi^{-1}(x)])'=f[\varphi(t)]\cdot\varphi'(t)\cdot\dfrac{1}{\varphi'(t)}=f[\varphi(t)]=f(x).$$

显然,上述不定积分的换元积分公式是复合函数求导(或求微分)的逆运算.

例 4 求下列不定积分:

(1) $\int\dfrac{\mathrm{d}x}{\sqrt{x^2+a^2}}(a>0)$;   (2) $\int\dfrac{\mathrm{d}x}{x\sqrt{1+x^2}}$;

$(3) \int \sqrt{\dfrac{1-x}{1+x}} dx ;$ 　　　　　　　$(4) \int \dfrac{x^2}{(2x+1)^5} dx.$

解 (1) 作变量替换，令 $x = a \tan t, t \in \left(-\dfrac{\pi}{2}, \dfrac{\pi}{2}\right)$，则

$$dx = d(a \tan t) = a \sec^2 t \, dt, \quad \sqrt{x^2 + a^2} = \sqrt{a^2 \tan^2 t + a^2} = a \sec t,$$

从而

$$\int \dfrac{dx}{\sqrt{x^2 + a^2}} = \int \dfrac{a \sec^2 t \, dt}{a \sec t} = \int \sec t \, dt$$

$$= \ln | \sec t + \tan t | + C'$$

$$= \ln \left| \dfrac{\sqrt{x^2 + a^2}}{a} + \dfrac{x}{a} \right| + C' \left(\text{因为 } \sec t = \dfrac{1}{a} \sqrt{x^2 + a^2} \right)$$

$$= \ln(x + \sqrt{x^2 + a^2}) - \ln a + C' \left(\text{因为 } x + \sqrt{x^2 + a^2} > 0 \right)$$

$$= \ln(x + \sqrt{a^2 + x^2}) + C, \quad C = C' - \ln a.$$

(2) 令 $t = \dfrac{1}{x}$（称为"倒代换"），则 $dx = -\dfrac{1}{t^2} dt$，于是，

当 $x > 0$ 时，

$$\int \dfrac{dx}{x \sqrt{1+x^2}} = \int \dfrac{dx}{x^2 \sqrt{x^{-2}+1}} = -\int \dfrac{dt}{\sqrt{1+t^2}}$$

$$= -\ln(t + \sqrt{1+t^2}) + C \text{（利用例 4 第(1)小题的结果）}$$

$$= -\ln \left| \dfrac{1 + \sqrt{1+x^2}}{x} \right| + C.$$

当 $x < 0$ 时，$\int \dfrac{dx}{x \sqrt{1+x^2}} = \int \dfrac{dx}{x^2 \sqrt{x^{-2}+1}} = \int \dfrac{dt}{\sqrt{1+t^2}}.$

$$\sqrt{1+x^2} = -x \sqrt{1+x^{-2}} = \ln \left| t + \sqrt{1+t^2} \right| + C$$

$$= \ln \left| \dfrac{1 - \sqrt{1+x^2}}{x} \right| + C \left(\text{因为 } \sqrt{1+t^2} = -\dfrac{\sqrt{1+x^2}}{x} \right)$$

$$= -\ln \left| \dfrac{1 + \sqrt{1+x^2}}{x} \right| + C.$$

总之，有 $\int \dfrac{dx}{x \sqrt{1+x^2}} = -\ln \left| \dfrac{1 + \sqrt{1+x^2}}{x} \right| + C.$

(3) $\int \sqrt{\dfrac{1-x}{1+x}} dx = \int \dfrac{1-x}{\sqrt{1-x^2}} dx = \int \dfrac{dx}{\sqrt{1-x^2}} - \int \dfrac{x \, dx}{\sqrt{1-x^2}}$

$$= \arcsin x + \int \dfrac{d(1-x^2)}{2 \sqrt{1-x^2}}$$

$$= \arcsin x + \sqrt{1-x^2} - C.$$

(4) 令 $t = 2x + 1$，故 $dx = \dfrac{1}{2}dt$，于是

$$\int \frac{x^2}{(2x+1)^5}dx = \frac{1}{2}\int \frac{\left[\frac{1}{2}(t-1)\right]^2}{t^5}dt = \frac{1}{8}\int (t^{-3} - 2t^{-4} + t^{-5})dt$$

$$= \frac{1}{8}\left[\int t^{-3}dt - 2\int t^{-4}dt + \int t^{-5}dt\right]$$

$$= -\frac{1}{16}t^{-2} + \frac{1}{12}t^{-3} - \frac{1}{32}t^{-4} + C$$

$$= -\frac{1}{16(2x+1)^2} + \frac{1}{12(2x+1)^3} - \frac{1}{32(2x+1)^4} + C.$$

6.2.2 分部积分法

有些不定积分，比如 $\int \ln x dx$ 不能用上面凑微分或变量替换法解决. 为此，需要介绍下面的分部积分法：

定理 6.2 设函数 $u(x)$ 及 $v(x)$ 均在区间 I 上可微，则

$$\int u(x)dv(x) = u(x)v(x) - \int v(x)du(x),$$

简记为

$$\int u dv = uv - \int u du.$$

证明 只需证明 $\left(\int u(x)dv(x)\right)' = \left(u(x)v(x) - \int v(x)du(x)\right)'$.

因为，由不定积分定义知 $\left(\int u(x)dv(x)\right)' = \left(\int u(x)v'(x)dx\right)' = u(x)v'(x)$，又

$$\left(u(x)v(x) - \int v(x)u'(x)dx\right)' = (u(x)v(x))' - v(x)u'(x)$$

$$= u'(x)v(x) + u(x)v'(x) - v(x)u'(x) = u(x)v'(x),$$

从而

$$\left(\int u(x)dv(x)\right)' = \left(u(x)v(x) - \int v(x)du(x)\right)',$$

即

$$\int u(x)dv(x) = u(x)v(x) - \int v(x)du(x),$$

定理得证.

在分部积分法 $\int u dv = uv - \int v du$ 中，往往 $\int u dv$ 不容易求解，通过分部积分公式化为

$\int v\mathrm{d}u$ 就变得容易求解了. 因此, 使用分部积分法的关键是恰当选取 u 和 v, 使得 $\int v\mathrm{d}u$ 比 $\int u\mathrm{d}v$ 简单易求解. 分部积分公式是函数乘积求导（或求微）的逆运算.

对于 $\int \ln x\mathrm{d}x$, 令 $u=\ln x$, $v=x$, 则由定理 6.2 得,

$$\int \ln x\mathrm{d}x = \int u\mathrm{d}v = uv - \int v\mathrm{d}u = x\ln x - \int x\mathrm{d}(\ln x)$$

$$= x\ln x - \int x\cdot\frac{1}{x}\mathrm{d}x = x\ln x - \int 1\mathrm{d}x = x\ln x - x + C.$$

下面再看几个例子:

例 5 求下列不定积分:

(1) $\int x^2\cos x\mathrm{d}x$;　　　　　(2) $\int \mathrm{e}^x\sin x\mathrm{d}x$;

(3) $\int \dfrac{\ln(1+\mathrm{e}^x)}{\mathrm{e}^x}\mathrm{d}x$;　　　　(4) $\int \cos(\ln x)\mathrm{d}x$.

解 (1) 由于 $\int x^2\cos x\mathrm{d}x = \int x^2\mathrm{d}\sin x$, 故令 $u=x^2$, $v=\sin x$. 于是

$$\int x^2\cos x\mathrm{d}x = \int u\mathrm{d}v = uv - \int v\mathrm{d}u$$

$$= x^2\sin x - \int \sin x\mathrm{d}x^2$$

$$= x^2\sin x - 2\int x\sin x\mathrm{d}x. \tag{6.3}$$

又

$$\int x\sin x\mathrm{d}x = \int x\mathrm{d}(-\cos x)$$

$$= -x\cos x - \int(-\cos x)\mathrm{d}x = -x\cos x + \sin x + C',$$

代入(6.3)式, 得

$$\int x^2\cos x\mathrm{d}x = x^2\sin x - 2(-x\cos x + \sin x + C')$$

$$= x^2\sin x + 2x\cos x - 2\sin x + C, \quad C = -2C'.$$

(2) 因为 $\int \mathrm{e}^x\sin x\mathrm{d}x = \int \sin x\mathrm{d}\mathrm{e}^x$, 所以令 $u=\sin x$, $v=\mathrm{e}^x$, 于是

$$\int \mathrm{e}^x\sin x\mathrm{d}x = uv - \int v\mathrm{d}u = \mathrm{e}^x\sin x - \int \mathrm{e}^x\mathrm{d}\sin x$$

$$= \mathrm{e}^x\sin x - \int \mathrm{e}^x\cos x\mathrm{d}x. \tag{6.4}$$

又

$$\int \mathrm{e}^x\cos x\mathrm{d}x = \int \cos x\mathrm{d}\mathrm{e}^x\text{（再一次利用分部积分法）}$$

$$= e^x \cos x - \int e^x d\cos x = e^x \cos x + \int e^x \sin x dx,$$

代入(6.4)式,得

$$\int e^x \sin x dx = e^x \sin x - \left(e^x \cos x + \int e^x \sin x dx \right)$$

$$= e^x \sin x - e^x \cos x - \int e^x \sin x dx.$$

把 $\int e^x \sin x dx$ 看作未知量,解方程得

$$\int e^x \sin x dx = \frac{1}{2} (e^x \sin x - e^x \cos x) + C.$$

对于第(2)小题,因为 $\int e^x \sin x dx = \int e^x d(-\cos x)$,故也可令 $u = e^x, v = -\cos x$,请读者自己求解.

(3) 因为 $\int \dfrac{\ln x}{(1-x)^2} dx = \int \ln x d(1-x)^{-1}$,所以令 $u = \ln x, v = (1-x)^{-1}$,得

$$\int \frac{\ln x}{(1-x)^2} dx = uv - \int v du$$

$$= (1-x)^{-1} \ln x - \int (1-x)^{-1} d(\ln x)$$

$$= (1-x)^{-1} \ln x - \int \frac{1}{x(1-x)} dx$$

$$= \frac{\ln x}{1-x} - \int \left(\frac{1}{x} + \frac{1}{1-x} \right) dx = \frac{\ln x}{1-x} + \ln \left| \frac{1-x}{x} \right| + C.$$

(4) 令 $u = \cos(\ln x), v = x$,故

$$\int \cos(\ln x) dx = x\cos(\ln x) - \int x d(\cos(\ln x))$$

$$= x\cos(\ln x) + \int x \sin(\ln x) \cdot \frac{1}{x} dx$$

$$= x\cos(\ln x) + \int \sin(\ln x) dx. \tag{6.5}$$

又

$$\int \sin(\ln x) dx = x\sin(\ln x) - \int x d(\sin(\ln x))$$

$$= x\sin(\ln x) - \int x\cos(\ln x) \cdot \frac{1}{x} dx$$

$$= x\sin(\ln x) - \int \cos(\ln x) dx,$$

代入(6.5)式得

$$\int \cos(\ln x) dx = x\cos(\ln x) + x\sin(\ln x) - \int \cos(\ln x) dx,$$

从而

$$\int \cos(\ln x)\,\mathrm{d}x = \frac{1}{2}\left[x\cos(\ln x) + x\sin(\ln x)\right] + C$$

$$= \frac{x}{2}\left[\cos(\ln x) + \sin(\ln x)\right] + C.$$

由例 5 可以看出，凑微分法与分部积分法是相辅相成的，一般在应用分部积分法之前，先借助于凑微分法对被积函数作适当的变形．

因此，在使用分部积分法之前，选择 u, v 实质上是选择被积函数中哪类函数与 $\mathrm{d}x$ 结合来凑微分的问题．我们将常见的类型按优先结合等级分为以下三类：

（1）指数函数、三角函数；

（2）幂函数；

（3）对数函数、反三角函数．

具体来看：① 若被积函数为指数函数与三角函数的乘积，那么它们均可与 $\mathrm{d}x$ 结合凑成微分 $\mathrm{d}u$ 的形式，如例 5(2)；

② 若被积函数为指数函数与幂函数或三角函数与幂函数的乘积，则只能是指数函数或三角函数与 $\mathrm{d}x$ 结合凑成微分 $\mathrm{d}u$，如例 5(1)；

③ 若被积函数是对数函数或反三角函数与其他函数的乘积，则只能是其他函数与 $\mathrm{d}x$ 结合凑成微分 $\mathrm{d}u$，如例 5(3)；

④ 若被积函数仅为一种函数且无法用换元方法求解，则考虑将积分变量 x 视为 u，直接运用分部积分公式，如例 5(4)．

例 6 求下列不定积分：

（1）$\displaystyle\int \sqrt{x^2 + a^2}\,\mathrm{d}x\,(a > 0)$；   （2）$\displaystyle\int \sqrt{x^2 - a^2}\,(a > 0)$．

解　（1）$\displaystyle I = \int \sqrt{x^2 + a^2}\,\mathrm{d}x$

$$= x\sqrt{x^2 + a^2} - \int x \cdot \frac{x}{\sqrt{x^2 + a^2}}\,\mathrm{d}x$$

$$= x\sqrt{x^2 + a^2} - \int \frac{x^2 + a^2}{\sqrt{x^2 + a^2}}\,\mathrm{d}x + \int \frac{a^2}{\sqrt{a^2 + x^2}}\,\mathrm{d}x$$

$$= x\sqrt{x^2 + a^2} - I + a^2\ln(x + \sqrt{x^2 + a^2}) + C_1.$$

故

$$I = \frac{x}{2}\sqrt{x^2 + a^2} + \frac{a^2}{2}\ln(x + \sqrt{x^2 + a^2}) + C, C = \frac{C_1}{2}.$$

（2）与（1）的求解步骤类似，解得

$$\int \sqrt{x^2 - a^2}\,\mathrm{d}x = \frac{x}{2}\sqrt{x^2 - a^2} - \frac{a^2}{2}\ln(x + \sqrt{x^2 - a^2}) + C.$$

习题 6.2

1. 用变量替换法求下列不定积分:

(1) $\int \dfrac{x^2}{\sqrt{x^3+1}} \mathrm{d}x$;

(2) $\int \dfrac{\cos x}{\sin^2 x} \mathrm{d}x$;

(3) $\int \cos^3 x \sin x \mathrm{d}x$;

(4) $\int \dfrac{\ln^2 x}{x} \mathrm{d}x$;

(5) $\int \dfrac{\mathrm{d}x}{9x^2+4}$;

(6) $\int \tan^4 x \mathrm{d}x$;

(7) $\int \dfrac{\mathrm{d}x}{1+\mathrm{e}^x}$;

(8) $\int \dfrac{x\mathrm{e}^{-\sqrt{1-x^2}}}{\sqrt{1-x^2}} \mathrm{d}x$.

2. 用分部积分法求下列不定积分:

(1) $\int x^2 \cos x \mathrm{d}x$;

(2) $\int x^n \ln x \mathrm{d}x$;

(3) $\int (\arcsin x)^2 \mathrm{d}x$;

(4) $\int x \arctan \sqrt{x^2-1} \mathrm{d}x$;

(5) $\int \dfrac{x^2 \mathrm{e}^x}{(x+2)^2} \mathrm{d}x$;

(6) $\int \dfrac{\ln x}{(1-x)^2} \mathrm{d}x$.

3. 计算下列各题:

(1) 设 $\dfrac{1}{x\mathrm{e}^x}$ 为 $f(x)$ 的一个原函数,计算 $\int x f'(x) \mathrm{d}x$;

(2) 设 $\int \dfrac{f'(1+\ln x)}{x} \mathrm{d}x = x^2 + C$,求 $f(x)$;

(3) 设 $\int \mathrm{e}^x f(x) \mathrm{d}x = \sqrt{\mathrm{e}^x+1} + C$,求 $\int \dfrac{1}{f(x)} \mathrm{d}x$.

6.3 有理函数的不定积分

6.3.1 预备知识

形如 $\int \dfrac{P(x)}{Q(x)} \mathrm{d}x$ 的不定积分即为有理函数的不定积分,其中 $P(x)$ 与 $Q(x)$ 均为关于 x 的多项式.

被积函数 $\dfrac{P(x)}{Q(x)}$ 称为有理分式,当 $P(x)$ 的次数大于或等于 $Q(x)$ 的次数时,称为有理假分式;当 $P(x)$ 的次数小于 $Q(x)$ 的次数时,称为有理真分式.

根据多项式除法,有理假分式总能化为一个多项式与有理真分式之和的形式.例如

$$\frac{x^4-3}{x^2+2x+1} = x^2 - 2x + 3 - \frac{4x+6}{x^2+2x+1}.$$

根据代数学知识，对任意多项式 $Q(x)$ 总能分解为

$$Q(x) = a(x-a_1)^{a_1} \cdots (x-a_k)^{a_k} \cdot (x^2+p_1x+q_1)^{\beta_1} \cdots (x^2+p_sx+q_s)^{\beta_s},$$

其中 $a_1, \cdots, a_k, \beta_1, \cdots, \beta_s$ 均为正整数；二次三项式 $x^2+p_ix+q_i (i=1,2,\cdots,s)$ 没有实根，有共轭复根. 而且，有理真分式 $\dfrac{P(x)}{Q(x)}$ 可分解为

$$\frac{P(x)}{Q(x)} = \frac{A_{11}}{(x-a_1)^{a_1}} + \frac{A_{12}}{(x-a_1)^{a_1-1}} + \cdots + \frac{A_{1a_1}}{x-a_1} + \cdots + \frac{A_{a_k 1}}{(x-a_k)^{a_k}} + \frac{A_{a_k 2}}{(x-a_k)^{a_k-1}} + \cdots$$

$$+ \frac{A_{a_k a_k}}{x-a_k} + \frac{P_1x+Q_1}{(x^2+p_1x+q_1)^{\beta_1}} + \cdots + \frac{P_2x+Q_2}{(x^2+p_1x+q_1)^{\beta_1-1}} + \cdots + \frac{P_{\beta_1}x+Q_{\beta_1}}{x^2+p_1x+q_1}$$

$$+ \cdots + \frac{U_1x+V_1}{(x^2+p_sx+q_s)^{\beta_s}} + \frac{U_2x+V_2}{(x^2+p_sx+q_s)^{\beta_s-1}} + \cdots + \frac{U_{\beta_s}x+V_{\beta_s}}{x^2+p_sx+q_s}, \tag{6.6}$$

其中 A_i, P_k, Q_k, U_m, V_m 均为常数.

由此知，对有理真分式 $\dfrac{P(x)}{Q(x)}$，把 $\dfrac{P(x)}{Q(x)}$ 写成 (6.6) 式的形式，然后通过比较两端同次幂的系数，则可得到其分解式.

例 1　把 $\dfrac{3x^3-1}{(x+1)^2(x-1)^3}$ 分解成简单分式之和.

解　设

$$\frac{3x^3-1}{(x+1)^2(x-1)^3} = \frac{A_1}{(x+1)^2} + \frac{A_2}{x+1} + \frac{B_1}{(x-1)^3} + \frac{B_2}{(x-1)^2} + \frac{B_3}{x-1},$$

由此得

$$3x^3-1 = A_1(x-1)^3 + A_2(x+1)(x-1)^3 + B_1(x+1)^2$$
$$+ B_2(x+1)^2(x-1) + B_3(x+1)^2(x-1)^2.$$

在上述恒等式中，若令 $x=1$，得 $2=4B_1$，故 $B_1=\dfrac{1}{2}$. 若令 $x=-1$，可得 $A_1=\dfrac{1}{2}$.

对

$$3x^3-1 = A_1(x-1)^3 + A_2(x+1)(x-1)^3 + B_1(x+1)^2$$
$$+ B_2(x+1)^2(x-1) + B_3(x+1)^2(x-1)^2$$

两边求导，再令 $x=-1$，得

$$A_2 = -\frac{3}{8}.$$

比较常数项得

$$-1 = -A_1 - A_2 + B_1 - B_2 + B_3.$$

注意到 $A_1=B_1=\dfrac{1}{2}, A_2=-\dfrac{3}{8}$，从而

$$-B_2 + B_3 = -\frac{11}{8},$$

比较四次方系数得
$$A_2 + B_3 = 0,$$
故
$$B_3 = -A_2 = \frac{3}{8},$$

而 $B_2 = B_3 + \frac{11}{8} = \frac{7}{4}$. 因此

$$\frac{3x^3-1}{(x+1)^2(x-1)^3} = \frac{1}{2(x+1)^2} - \frac{3}{8(x+1)} + \frac{1}{2(x-1)^3} + \frac{7}{4(x-1)^2} + \frac{3}{8(x-1)}.$$

例 2 把 $\dfrac{2x+2}{(x-1)(x^2+1)^2}$ 分解成简单的分式之和.

解 设

$$\frac{2x+2}{(x-1)(x^2+1)^2} = \frac{A}{x-1} + \frac{B_1 x + C_1}{x^2+1} + \frac{B_2 x + C_2}{(x^2+1)^2},$$

由此得
$$2x+2 = A(x^2+1)^2 + (B_1 x + C_1)(x-1) + (B_2 x + C_2)(x-1).$$
若令 $x=1$, 则可得 $A=1$.

比较四次方项系数得
$$A + B_1 = 0,$$
从而
$$B_1 = -A = -1.$$

比较三次方项系数得 $C_1 - B_1 = 0$, 故
$$C_1 = B_1 = -1.$$

比较常数项得 $A - C_2 - C_1 = 2$, 故
$$C_2 = A - C_1 - 2 = 0.$$

比较二次方项系数得 $2A + B_2 + B_1 - C_1 = 0$, 故
$$B_2 = C_1 - B_1 - 2A = -2.$$

从而

$$\frac{2x+2}{(x-1)(x^2+1)^2} = \frac{1}{x-1} - \frac{x+1}{x^2+1} - \frac{2x}{(x^2+1)^2}.$$

由上面的分析知, 任何一个真分式 $\dfrac{P(x)}{Q(x)}$ 都可以分解成下面 4 种类型的简单分式之和:

(1) $\dfrac{A}{x-a}$;

(2) $\dfrac{A}{(x-a)^n}$ $(n=2,3,\cdots)$;

（3）$\dfrac{Bx+C}{x^2+px+q}$；

（4）$\dfrac{Bx+C}{(x^2+px+q)^n}(n=2,3,\cdots)$.

其中 A,B,C,a,p,q 均为常数，且二次三项式 x^2+px+q 没有实根. 对应地，求不定积分 $\displaystyle\int\dfrac{P(x)}{Q(x)}\mathrm{d}x$ 就化解为求形如 $\displaystyle\int\dfrac{A}{x-a}\mathrm{d}x$，$\displaystyle\int\dfrac{A}{(x-a)^n}\mathrm{d}x(n=2,3,\cdots)$，$\displaystyle\int\dfrac{Bx+C}{x^2+px+q}\mathrm{d}x$ 或 $\displaystyle\int\dfrac{Bx+C}{(x^2+px+q)^n}(n=2,3,\cdots)$ 的不定积分问题了.

6.3.2　有理函数不定积分的计算

1. $\displaystyle\int\dfrac{A}{x-a}\mathrm{d}x.$

由基本积分公式及凑微分法，可知

$$\int\dfrac{A}{x-a}\mathrm{d}x=A\int\dfrac{\mathrm{d}(x-a)}{x-a}=A\ln|x-a|+C.$$

2. $\displaystyle\int\dfrac{A}{(x-a)^n}\mathrm{d}x(n=2,3,\cdots).$

$$\int\dfrac{A}{(x-a)^n}\mathrm{d}x=A\int\dfrac{\mathrm{d}(x-a)}{(x-a)^n}=-\dfrac{A}{n-1}\cdot\dfrac{1}{(x-a)^{n-1}}+C(n=2,3,\cdots).$$

3. $\displaystyle\int\dfrac{Bx+C}{x^2+px+q}\mathrm{d}x$，其中 $p^2-4q<0.$

因为 $x^2+px+q=\left(x+\dfrac{p}{2}\right)^2+\left(q-\dfrac{p^2}{4}\right)$，所以

$$\int\dfrac{Bx+C}{x^2+px+q}\mathrm{d}x=\int\dfrac{Bx}{x^2+px+q}\mathrm{d}x+\int\dfrac{C\mathrm{d}x}{x^2+px+q}$$

$$=\dfrac{B}{2}\int\dfrac{2x+p-p}{x^2+px+q}\mathrm{d}x+\int\dfrac{C\mathrm{d}x}{x^2+px+q}$$

$$=\dfrac{B}{2}\int\dfrac{\mathrm{d}(x^2+px+q)}{x^2+px+q}+\int\dfrac{C-\dfrac{Bp}{2}}{x^2+px+q}\mathrm{d}x$$

$$=\dfrac{B}{2}\ln(x^2+px+q)+\left(C-\dfrac{Bp}{2}\right)\int\dfrac{\mathrm{d}x}{\left(x+\dfrac{p}{2}\right)^2+\left(q-\dfrac{p^2}{4}\right)} \qquad (6.7)$$

又

$$\int\dfrac{\mathrm{d}x}{\left(x+\dfrac{p}{2}\right)^2+\left(q-\dfrac{p^2}{4}\right)}=\dfrac{1}{q-\dfrac{p^2}{4}}\int\dfrac{\mathrm{d}x}{\left[\dfrac{x+\dfrac{p}{2}}{\sqrt{q-\dfrac{p^2}{4}}}\right]^2+1}$$

$$= \frac{1}{q - \frac{p^2}{4}} \cdot \sqrt{q - \frac{p^2}{4}} \int \frac{\mathrm{d}\left(\dfrac{x + \dfrac{p}{2}}{\sqrt{q - \dfrac{p^2}{4}}}\right)}{\left(\dfrac{x + \dfrac{p}{2}}{\sqrt{q - \dfrac{p^2}{4}}}\right)^2 + 1}$$

$$= \frac{1}{\sqrt{q - \dfrac{p^2}{4}}} \arctan \frac{x + \dfrac{p}{2}}{\sqrt{q - \dfrac{p^2}{4}}}$$

$$= \frac{2}{\sqrt{4q - p^2}} \arctan \frac{2x + p}{\sqrt{4q - p^2}} + C,$$

代入(6.7)式即得

$$\int \frac{Bx + C}{x^2 + px + q} = \frac{B}{2} \ln(x^2 + px + q) + \frac{2C - Bp}{\sqrt{4q - p^2}} \arctan \frac{2x + p}{\sqrt{4q - p^2}} + C.$$

4. $\displaystyle\int \frac{Bx + C}{(x^2 + px + q)^n} \mathrm{d}x \, (n = 2, 3, \cdots).$

$$\int \frac{Bx + C}{(x^2 + px + q)^n} \mathrm{d}x = \int \frac{Bx + \dfrac{Bp}{2} - \dfrac{Bp}{2} + C}{(x^2 + px + q)^n} \mathrm{d}x$$

$$= \frac{B}{2} \int \frac{\mathrm{d}(x^2 + px + q)}{(x^2 + px + q)^n} + \left(C - \frac{Bp}{2}\right) \int \frac{\mathrm{d}x}{(x^2 + px + q)^n},$$

而

$$\int \frac{\mathrm{d}(x^2 + px + q)}{(x^2 + px + q)^n} = \frac{1}{1 - n}(x^2 + px + q)^{-n+1} + C,$$

记

$$I_n = \int \frac{\mathrm{d}x}{(x^2 + px + q)^n} = \int \frac{\mathrm{d}x}{\left[\left(x + \dfrac{p}{2}\right)^2 + \left(q - \dfrac{p^2}{4}\right)\right]^n},$$

设

$$t = x + \frac{p}{2}, \quad q - \frac{p^2}{4} = a^2 \quad \left(因为 \ q - \frac{p^2}{4} > 0\right),$$

故

$$I_n = \int \frac{\mathrm{d}t}{(t^2 + a^2)^n} = \frac{1}{a^2} \int \frac{t^2 + a^2 - t^2}{(t^2 + a^2)^n} \mathrm{d}t$$

$$= \frac{1}{a^2} I_{n-1} + \frac{1}{2a^2(n-1)} \int t \, \mathrm{d}\left[\frac{1}{(t^2 + a^2)^{n-1}}\right]$$

$$= \frac{1}{a^2} I_{n-1} + \frac{1}{2a^2(n-1)} \cdot \frac{t}{(t^2+a^2)^{n-1}} - \frac{1}{2a^2(n-1)} \int \frac{\mathrm{d}t}{(t^2+a^2)^{n-1}}$$

$$= \frac{t}{2a^2(n-1)(t^2+a^2)^{n-1}} + \frac{2n-3}{2a^2(n-1)} I_{n-1}.$$

又

$$I_1 = \int \frac{\mathrm{d}t}{t^2+a^2} = \frac{1}{a} \arctan \frac{t}{a} + C_1,$$

因此，由上面关于 I_n 的递推关系式即可求出 $I_2, I_3, \cdots, I_n$. 进而可得 $\int \frac{Bx+C}{(x^2+px+q)^n} \mathrm{d}x.$

上面 4 种基本的有理分式不定积分的推导过程，为我们计算具体的有理函数不定积分提供了参考依据. 下面看几个有理分式不定积分的例题.

例 3 求 $\int \frac{2x+2}{(x-1)(x^2+1)^2} \mathrm{d}x.$

解 由例 2 知

$$\frac{2x+2}{(x-1)(x^2+1)^2} = \frac{1}{x-1} - \frac{x+1}{x^2+1} - \frac{2x}{(x^2+1)^2},$$

故

$$\int \frac{2x+2}{(x-1)(x^2+1)^2} = \int \frac{\mathrm{d}x}{x-1} - \int \frac{x+1}{x^2+1} \mathrm{d}x - \int \frac{2x\mathrm{d}x}{(x^2+1)^2}$$

$$= \ln|x-1| - \frac{1}{2}\ln(x^2+1) - \arctan x + \frac{1}{x^2+1} + C.$$

例 4 求 $\int \frac{x^3+1}{x^2+x-2} \mathrm{d}x.$

解 因为

$$\frac{x^3+1}{x^2+x-2} = x-1 + \frac{3x-1}{x^2+x-2} = x-1 + \frac{7}{3(x+2)} + \frac{2}{3(x-1)},$$

所以

$$\int \frac{x^3+1}{x^2+x-2} \mathrm{d}x = \int (x-1)\mathrm{d}x + \int \frac{7}{3(x+2)} \mathrm{d}x + \int \frac{2}{3(x-1)} \mathrm{d}x$$

$$= \frac{1}{2}x^2 - x + \frac{7}{3}\ln|x+2| + \frac{2}{3}\ln|x-1| + C.$$

习题 6.3

求下列有理函数的不定积分：

(1) $\int \frac{2x^2+3}{x^2(x^2+1)} \mathrm{d}x$；　　　　　　(2) $\int \frac{1}{x(x^{10}+2)} \mathrm{d}x$；　　　　　　(3) $\int \frac{x^2}{(2x+3)^9} \mathrm{d}x$；

(4) $\displaystyle\int \frac{x^3+1}{(x^2-4x+5)^2}\mathrm{d}x$;　　　(5) $\displaystyle\int \frac{\mathrm{d}x}{x^3+1}$;　　　(6) $\displaystyle\int \frac{\mathrm{d}x}{(x+1)(x^2+1)}$;

(7) $\displaystyle\int \frac{x-1}{x(x+1)^2}\mathrm{d}x$;　　　(8) $\displaystyle\int \frac{x^3+1}{x^2+x+1}\mathrm{d}x$.

6.4　简单无理函数与三角函数的不定积分

6.4.1　简单无理函数的不定积分

对求解无理函数的不定积分,重要且基本的原则是通过适当的变量替换化归为有理函数不定积分.下面的类型划分及具体的解法仅供参考,读者应灵活运用所学方法解决实际问题.

1. $\displaystyle\int R\left(x,\sqrt[n]{\frac{ax+b}{cx+d}}\right)\mathrm{d}x$ 型的积分,其中 $R(x,y)$ 表示关于 x,y 的有理函数,$ad-bc\neq 0$.

令 $\displaystyle\sqrt[n]{\frac{ax+b}{cx+d}}=t$,则 $\displaystyle x=\frac{dt^n-b}{a-ct^n}$(记为 $\varphi(t)$),故

$$\int R\left(x,\sqrt[n]{\frac{ax+b}{cx+d}}\right)\mathrm{d}x=\int R(\varphi(t),t)\varphi'(t)\mathrm{d}t,$$

从而将无理函数不定积分化归为有理函数的不定积分.

例 1　求 $\displaystyle\int \frac{x+1}{\sqrt[3]{3x+1}}\mathrm{d}x$.

解　令 $t=\sqrt[3]{3x+1}$,得 $x=\dfrac{1}{3}(t^3-1)$,于是

$$\mathrm{d}x=t^2\mathrm{d}t,$$

故

$$\int \frac{x+1}{\sqrt[3]{3x+1}}\mathrm{d}x=\int \frac{\dfrac{1}{3}(t^3-1)+1}{t}t^2\mathrm{d}t$$

$$=\frac{1}{3}\int (t^4+2t)\mathrm{d}t=\frac{1}{3}\left(\frac{1}{5}t^5+t^2\right)+C$$

$$=\frac{1}{3}\left[\frac{1}{5}(3x+1)^{\frac{5}{3}}+(3x+1)^{\frac{2}{3}}\right]+C$$

$$=\frac{1}{5}(x+2)(3x+1)^{\frac{2}{3}}+C.$$

例 2　求 $\displaystyle\int x\sqrt{\frac{1+x}{1-x}}\mathrm{d}x$.

分析 若令 $t=\sqrt{\dfrac{1+x}{1-x}}$，则可得 $x=\dfrac{t^2-1}{t^2+1}$，由此尽管可化为有理函数的不定积分，但求解起来却非常复杂. 因此，下面我们用另外的替换方法处理.

解 由

$$\int x\cdot\sqrt{\frac{1+x}{1-x}}\,\mathrm{d}x=\int\frac{x(1+x)}{\sqrt{1-x^2}}\,\mathrm{d}x=\int\frac{x}{\sqrt{1-x^2}}\,\mathrm{d}x+\int\frac{x^2}{\sqrt{1-x^2}}\,\mathrm{d}x,$$

又

$$\int\frac{x^2}{\sqrt{1-x^2}}\,\mathrm{d}x\xlongequal[t\in\left(-\frac{\pi}{2},\frac{\pi}{2}\right)]{\diamondsuit\,x=\sin t}\int\frac{\sin^2 t}{\cos t}\cdot\cos t\,\mathrm{d}t=\frac{1}{2}t-\frac{1}{4}\sin 2t+C$$

$$=\frac{1}{2}\arcsin x-\frac{1}{2}x\sqrt{1-x^2}+C,$$

故

$$\int x\cdot\sqrt{\frac{1+x}{1-x}}\,\mathrm{d}x=-\sqrt{1-x^2}+\frac{1}{2}\arcsin x-\frac{1}{2}x\sqrt{1-x}+C.$$

2. $\displaystyle\int\frac{Ax+B}{\sqrt{ax^2+bx+c}}\,\mathrm{d}x(a\neq0)$ 型或 $\displaystyle\int(Ax+B)\sqrt{ax^2+bx+c}\,\mathrm{d}x$ 型的不定积分. 这种类型的不定积分可通过配方法化归为下述常见的不定积分情形：

$$\int\frac{\mathrm{d}x}{\sqrt{p^2-x^2}},\quad\int\frac{\mathrm{d}x}{\sqrt{x^2\pm p^2}},\quad\int\sqrt{p^2-x^2}\,\mathrm{d}x\quad\text{或}\quad\int\sqrt{x^2\pm p^2}\,\mathrm{d}x.$$

例3 求 $\displaystyle\int\frac{x^2}{\sqrt{a^2-x^2}}\,\mathrm{d}x(a>0)$.

解 **方法一** 因为

$$\int\frac{x^2}{\sqrt{a^2-x^2}}\,\mathrm{d}x=-\int\frac{a^2-x^2}{\sqrt{a^2-x^2}}\,\mathrm{d}x+\int\frac{a^2}{\sqrt{a^2-x^2}}\,\mathrm{d}x$$

$$=-\int\sqrt{a^2-x^2}\,\mathrm{d}x+a^2\int\frac{\mathrm{d}x}{\sqrt{a^2-x^2}},$$

又

$$\int\sqrt{a^2-x^2}\,\mathrm{d}x=\frac{x}{2}\sqrt{a^2-x^2}+\frac{a^2}{2}\arcsin\frac{x}{a}+C_1,$$

$$\int\frac{\mathrm{d}x}{\sqrt{a^2-x^2}}=\arcsin\frac{x}{a}+C_2,$$

所以

$$\int\frac{x^2}{\sqrt{a^2-x^2}}\,\mathrm{d}x=-\frac{x}{2}\sqrt{a^2-x^2}-\frac{a^2}{2}\arcsin\frac{x}{a}-C_1+a^2\arcsin\frac{x}{a}+a^2C_2$$

$$=-\frac{x}{2}\sqrt{a^2-x^2}+\frac{a^2}{2}\arcsin\frac{x}{a}+C,C=a^2C_2-C_1.$$

方法二 直接利用三角代换法求解.

令 $x=a\sin t,t\in\left(-\dfrac{\pi}{2},\dfrac{\pi}{2}\right)$. 从而 $t=\arcsin\dfrac{x}{a}$，$\cos t=\dfrac{1}{a}\sqrt{a^2-x^2}$，故

$$\int\frac{x^2}{\sqrt{a^2-x^2}}\,\mathrm{d}x=\int\frac{a^2\sin^2 t}{a\cos t}\cdot a\cos t\,\mathrm{d}t$$

$$= \frac{a^2}{2} \int (1 - \cos 2t)\, \mathrm{d}t = \frac{a^2}{2} \left(t - \frac{1}{2}\sin 2t \right) + C$$

$$= \frac{a^2}{2} (t - \sin t \cos t) + C$$

$$= -\frac{x}{2}\sqrt{a^2 - x^2} + \frac{a^2}{2}\arcsin\frac{x}{a} + C.$$

例 4 求 $\int x^3 \sqrt{4 - x^2}\, \mathrm{d}x.$

解 $\int x^3 \sqrt{4 - x^2}\, \mathrm{d}x = \frac{1}{2} \int x^2 \sqrt{4 - x^2}\, \mathrm{d}x^2$

$$= \frac{1}{2} \int (4 - x^2 - 4) \sqrt{4 - x^2}\, \mathrm{d}(4 - x^2)$$

$$= \frac{1}{2} \int (4 - x^2)^{\frac{3}{2}}\, \mathrm{d}(4 - x^2) - 2 \int (4 - x^2)^{\frac{1}{2}}\, \mathrm{d}(4 - x^2)$$

$$= \frac{1}{5} (4 - x^2)^{\frac{5}{2}} - \frac{4}{3}(4 - x^2)^{\frac{3}{2}} + C.$$

6.4.2 三角函数的不定积分

我们考虑形如 $\int R(\sin x, \cos x)\, \mathrm{d}x$ 的情况：

令 $t = \tan\dfrac{x}{2}, x \in (-\pi, \pi)$，则

$$x = 2\arctan t, \quad \mathrm{d}x = \frac{2}{1 + t^2}\, \mathrm{d}t,$$

$$\sin x = \frac{2\tan\dfrac{x}{2}}{1 + \tan^2\dfrac{x}{2}} = \frac{2t}{1 + t^2},$$

$$\cos x = \frac{1 - \tan^2\dfrac{x}{2}}{1 + \tan^2\dfrac{x}{2}} = \frac{1 - t^2}{1 + t^2}.$$

于是

$$\int R(\sin x, \cos x)\, \mathrm{d}x = \int R\left(\frac{2t}{1 + t^2}, \frac{1 - t^2}{1 + t^2} \right) \frac{2}{1 + t^2}\, \mathrm{d}t.$$

从而，我们将三角函数的不定积分转化为有理函数的不定积分. 这种代换称为万能代换.

例 5 求不定积分 $\int \dfrac{1 - r^2}{1 - 2r\cos x + r^2}\, \mathrm{d}x \quad (0 < r < 1, |x| < \pi).$

解 令 $t=\tan\dfrac{x}{2}$，则 $x=2\arctan t$，$\mathrm{d}x=\dfrac{2}{1+t^2}\mathrm{d}t$，$\cos x=\dfrac{1-t^2}{1+t^2}$，于是

$$\int\frac{1-r^2}{1-2r\cos x+r^2}\mathrm{d}x=\int\frac{1-r^2}{1-2r\cdot\dfrac{1-t^2}{1+t^2}+r^2}\cdot\frac{2}{1+t^2}\mathrm{d}t$$

$$=\int\frac{2(1-r^2)}{(1-r)^2+(1+r)^2t^2}\mathrm{d}t=\frac{2(1-r)}{1+r}\int\frac{\mathrm{d}t}{\left(\dfrac{1-r}{1+r}\right)^2+t^2}$$

$$=2\arctan\frac{1+r}{1-r}t+C=2\arctan\left(\frac{1-r}{1+r}\tan\frac{x}{2}\right)+C.$$

就理论而言，三角函数的不定积分通过万能代换总能转化为有理函数不定积分处理. 但下面的几种特殊情况我们可以选择更为简便的代换形式.

① 若 $R(-\sin x,\cos x)=-R(\sin x,\cos x)$，则可令 $t=\cos x$；

② 若 $R(\sin x,-\cos x)=-R(\sin x,\cos x)$，则可令 $t=\sin x$；

③ 若 $R(-\sin x,-\cos x)=R(\sin x,\cos x)$，则可令 $t=\tan x$.

例 6 求下列不定积分：

(1) $\displaystyle\int\frac{\cos^5 x}{\sin^4 x}\mathrm{d}x$；   (2) $\displaystyle\int\frac{\sin^2 x\cos x}{\sin x+\cos x}\mathrm{d}x$.

解 (1) 由于 $\dfrac{(-\cos x)^5}{\sin^4 x}=-\dfrac{\cos^5 x}{\sin^4 x}$，因此本题属于上述特殊情况②. 令 $t=\sin x$，则

$$\int\frac{\cos^5 x}{\sin^4 x}\mathrm{d}x=\int\frac{(1-t^2)^2}{t^4}=\int(t^{-4}-2t^{-2}+1)\mathrm{d}t$$

$$=-\frac{1}{3t^3}+\frac{2}{t}+t+C$$

$$=-\frac{1}{3\sin^3 x}+\frac{2}{\sin x}+\sin x+C.$$

(2) 由于 $\dfrac{(-\sin x)^2(-\cos x)}{-\sin x-\cos x}=\dfrac{\sin^2 x\cos x}{\sin x+\cos x}$，因此本题属于上述特殊情况③. 令 $t=\tan x$，则 $\mathrm{d}t=\dfrac{1}{\cos^2 x}\mathrm{d}x$，于是

$$\int\frac{\sin^2 x\cos x}{\sin x+\cos x}\mathrm{d}x=\int\frac{\tan^2 x\cos^5 x}{\sin x+\cos x}\cdot\frac{\mathrm{d}x}{\cos^2 x}$$

$$=\int\frac{\tan^2 x}{(1+\tan x)(1+\tan^2 x)^2}\cdot\frac{\mathrm{d}x}{\cos^2 x}=\int\frac{t^2}{(1+t)(1+t^2)^2}\mathrm{d}t$$

$$=\frac{1}{4}\left(\int\frac{\mathrm{d}t}{1+t}+\int\frac{1-t}{1+t^2}\mathrm{d}t-2\int\frac{1-t}{(1+t^2)^2}\mathrm{d}t\right)$$

$$=\frac{1}{4}\left(\ln\left|\frac{1+t}{\sqrt{1+t^2}}\right|-\frac{1+t}{1+t^2}\right)+C$$

$$= \frac{1}{4}\left(\ln\left|\frac{1+\tan x}{\sqrt{1+\tan^2 x}}\right| - \frac{1+\tan x}{1+\tan^2 x}\right) + C.$$

6.4.3 综合例题

例 7 求下列不定积分：

(1) $\displaystyle\int \sin^2 x \cdot \cos^3 x \, dx$；　　　　(2) $\displaystyle\int \sin 5x \cdot \cos 3x \, dx.$

解 (1) $\displaystyle\int \sin^2 x \cdot \cos^3 x \, dx = \int \sin^2 x \cdot \cos^2 x \cdot \cos x \, dx$

$$= \int \sin^2 x(1 - \sin^2 x) \, d\sin x = \int (\sin^2 x - \sin^4 x) \, d\sin x$$

$$= \frac{1}{3}\sin^3 x - \frac{1}{5}\sin^5 x + C.$$

(2) 因为 $\sin 5x \cdot \cos 3x = \dfrac{1}{2}(\sin 8x + \sin 2x)$，从而

$$\int \sin 5x \cdot \cos 3x \, dx = \frac{1}{2}\int (\sin 8x + \sin 2x) \, dx$$

$$= \frac{1}{2}\left(-\frac{1}{8}\cos 8x - \frac{1}{2}\cos 2x\right) + C$$

$$= -\frac{1}{16}\cos 8x - \frac{1}{4}\cos 2x + C.$$

例 8 求下列不定积分：

(1) $\displaystyle\int \arcsin\sqrt{\frac{x}{1+x}} \, dx$；　　　　(2) $\displaystyle\int \frac{\cos 2x}{\sin^4 x + \cos^4 x} \, dx.$

解 (1) 用分部积分法，得

$$\int \arcsin\sqrt{\frac{x}{1+x}} \, dx = x\arcsin\sqrt{\frac{x}{1+x}} - \int x \cdot \frac{1}{2\sqrt{x}\,(1+x)} \, dx$$

$$= x\arcsin\sqrt{\frac{x}{1+x}} - \int \frac{1+x-1}{2\sqrt{x}\,(1+x)} \, dx$$

$$= x\arcsin\sqrt{\frac{x}{1+x}} - \sqrt{x} + \arctan\sqrt{x} + C.$$

(2) 令 $t = \tan x$，则

$$\int \frac{\cos 2x}{\sin^4 x + \cos^4 x} \, dx = \int \frac{1 - \tan^2 x}{\tan^4 x + 1} \cdot \sec^2 x \, dx$$

$$= \int \frac{1-t^2}{1+t^4} \, dt = \int \frac{\dfrac{1}{t^2} - 1}{\dfrac{1}{t^2} + t^2} \, dt$$

$$= \int \frac{-\left(\frac{1}{t} + t\right)'}{\left(\frac{1}{t} + t\right)^2 - 2} \mathrm{d}t,$$

再令 $u = \frac{1}{t} + t$. 则 $\mathrm{d}u = \mathrm{d}\left(\frac{1}{t} + t\right) = \left(\frac{1}{t} + t\right)' \mathrm{d}t$，于是

$$\int \frac{-\left(\frac{1}{t} + t\right)'}{\left(\frac{1}{t} + t\right)^2 - 2} \mathrm{d}t = -\int \frac{\mathrm{d}u}{u^2 - 2} = \frac{1}{2\sqrt{2}} \int \left(\frac{1}{u + \sqrt{2}} - \frac{1}{u - \sqrt{2}}\right) \mathrm{d}u$$

$$= \frac{1}{2\sqrt{2}} \ln \left| \frac{u + \sqrt{2}}{u - \sqrt{2}} \right| + C$$

$$= \frac{1}{2\sqrt{2}} \ln \left| \frac{\frac{1}{t} + t + \sqrt{2}}{\frac{1}{t} + t - \sqrt{2}} \right| + C$$

$$= \frac{1}{2\sqrt{2}} \ln \left| \frac{t^2 + \sqrt{2}t + 1}{t^2 - \sqrt{2}t + 1} \right| + C$$

$$= \frac{1}{2\sqrt{2}} \ln \left| \frac{\sec^2 x + \sqrt{2}\tan x}{\sec^2 x - \sqrt{2}\tan x} \right| + C.$$

通过上面的讲解，不难看出，不定积分形式多样，求解方法十分灵活. 因此，计算不定积分是个综合问题。读者在熟练掌握基本公式、基本方法和常用技巧的同时，需要通过大量的练习才能对不定积分运算自如.

习题 6.4

1. 计算下列无理函数不定积分：

(1) $\displaystyle\int \frac{\mathrm{d}x}{\sqrt{x}(1 + x)}$;　　　　(2) $\displaystyle\int \frac{\mathrm{d}x}{x\sqrt{x^2 + 1}}$;　　　　(3) $\displaystyle\int \frac{x + 1}{\sqrt{x^2 + x + 1}} \mathrm{d}x$;

(4) $\displaystyle\int \frac{x^2}{\sqrt{x^2 - 2}} \mathrm{d}x$;　　　　(5) $\displaystyle\int x^3 \sqrt[3]{1 + x^2}\, \mathrm{d}x$;　　　　(6) $\displaystyle\int \sqrt{\frac{a + x}{a - x}}\, \mathrm{d}x$.

2. 计算下列三角函数不定积分：

(1) $\displaystyle\int \frac{\mathrm{d}x}{\sin^2 x \cos x}$;　　　　(2) $\displaystyle\int \frac{\cos x}{\sin x + 2\cos x} \mathrm{d}x$;　　　　(3) $\displaystyle\int \sqrt{\frac{1 + \sin x}{1 - \sin x}} \cos x \mathrm{d}x$;

(4) $\displaystyle\int \frac{\tan^3 x}{\sqrt{\cos x}} \mathrm{d}x$;　　　　(5) $\displaystyle\int \sin^4 x \cos^4 x\, \mathrm{d}x$;

(6) $\displaystyle\int \sqrt{1 - \sin 2x}\, \mathrm{d}x \left(0 \leqslant x \leqslant \frac{\pi}{2}\right)$.

3. 计算下列不定积分：

(1) $\displaystyle\int \frac{\ln x}{x\sqrt{1+\ln x}}\mathrm{d}x$；

(2) $\displaystyle\int \frac{\mathrm{d}x}{\sqrt{1-\sin^4 x}}$；

(3) $\displaystyle\int \frac{\arcsin x}{x^2}\mathrm{d}x$；

(4) $\displaystyle\int \frac{\mathrm{d}x}{\sqrt{1+\mathrm{e}^{2x}}}$；

(5) $\displaystyle\int \frac{x\mathrm{e}^x}{\sqrt{\mathrm{e}^x-1}}\mathrm{d}x$；

(6) $\displaystyle\int x\mathrm{e}^x\cos x\,\mathrm{d}x$.

6.5 常微分方程简介

6.5.1 微分方程的定义及相关概念

数学分析中研究的函数,反映的是客观现实世界变化过程中量与量之间的关系.但在一些比较复杂的变化过程中,变量之间的函数关系往往很难直接得到,却比较容易地建立变量与其微分(导数)之间的关系式.这种联系着自变量、未知函数及其导数的关系式,称之为**微分方程**.自变量个数只有一个的情况称为**常微分方程**；自变量个数为两个或两个以上的情况称为**偏微分方程**,本节我们仅考虑常微分方程情形.

微分方程理论现在已成为数学的一个重要分支,而且广泛应用于经济及其他学科的研究领域之中.下面看两个有关微分方程的例子:

例1(物体冷却过程的数学模型) 把某物体放置于空气中,在时刻 $t=0$,测得它的温度为 $u_0=150℃$,$10\mathrm{min}$ 后测量得温度为 $u_1=100℃$,我们求此物体的温度 u 与时间 t 的关系,并计算 $20\mathrm{min}$ 后物体的温度.假定空气的温度保持为 $u_a=24℃$.

解 设物体在时刻 t 的温度为 $u=u(t)$,则温度的变化速度为 $\dfrac{\mathrm{d}u}{\mathrm{d}t}$.根据牛顿冷却定律,热量总是从温度高的物体向温度低的物体传导；在一定的温度范围内,一个物体的温度变化速度与这一物体的温度和其所在的介质的温度的差值成比例,因此

$$\frac{\mathrm{d}u}{\mathrm{d}t}=-k(u-u_a),$$

这里 $k>0$ 为此例常数.$\Big($此处说明一下：因物体的温度随时间而逐渐降低,故 $\dfrac{\mathrm{d}u}{\mathrm{d}t}<0$；又 $u>u_a$,即 $u-u_a>0$,于是,上述微分方程的左边应有负号.$\Big)$

由 $\dfrac{\mathrm{d}u}{\mathrm{d}t}=-k(u-u_a)$,得

$$\frac{\mathrm{d}u}{u-u_a}=-k\mathrm{d}t,$$

两边求不定积分,得

$$\int \frac{\mathrm{d}u}{u-u_a}=\int -k\mathrm{d}t.$$

从而
$$\ln(u - u_a) = -kt + C_1,$$
即
$$u - u_a = \mathrm{e}^{-kt+C_1} = \mathrm{e}^{C_1} \cdot \mathrm{e}^{-kt}.$$
令 $C = \mathrm{e}^{C_1}$，得
$$u = u_a + C\mathrm{e}^{-kt}.$$
再根据初始条件：$t = 0$ 时，$u = u_0$，解得
$$C = u_0 - u_a,$$
从而，有
$$u(t) = u_a + (u_0 - u_a)\mathrm{e}^{-kt}.$$

下面来确定常数 k. 因为 $t = 10$ 时，$u_1 = 100$，即
$$u_1 = u_a + (u_0 - u_a)\mathrm{e}^{-10k},$$
故
$$k = \frac{1}{10}\ln\frac{u_0 - u_a}{u_1 - u_a}.$$

把 $u_0 = 150, u_1 = 100, u_a = 24$ 代入上式，得
$$k = \frac{1}{10}\ln\frac{150 - 24}{100 - 24} = \frac{1}{10}\ln 1.66 \approx 0.051.$$
从而
$$u = 24 + 126\mathrm{e}^{-0.051t}.$$

由上式解得，当 $t_2 = 20$ 时，$u_2 = 64℃$.

例 2 求过点 $(1,2)$ 且切线斜率为 $2x$ 的曲线方程.

解 设所求的曲线方程为 $y = y(x)$，则由题意得
$$\begin{cases} \dfrac{\mathrm{d}y}{\mathrm{d}x} = 2x, \\ y(1) = 2. \end{cases}$$

由 $\dfrac{\mathrm{d}y}{\mathrm{d}x} = 2x$ 得
$$\mathrm{d}y = 2x\mathrm{d}x,$$
两边求不定积分得
$$\int \mathrm{d}y = \int 2x\mathrm{d}x,$$
从而，有
$$y = x^2 + C.$$

下面由初始条件 $y(1) = 2$ 确定常数 C. 因为 $2 = 1^2 + C$，故 $C = 1$，因此，所求曲线方程为
$$y = x^2 + 1.$$

从上面两个例子可以看出,利用微分方程解决实际问题主要步骤如下:

(1) 根据具体问题建立相应的微分方程;

(2) 求解微分方程,得到相应的函数关系式 $y = y(x)$;

(3) 通过初始条件确定函数中的待定常数.

对于一阶微分方程及二阶常系数线性微分方程的求解方法,下面将分别予以详细论述. 为此,先给出几个相关概念.

定义 6.2 一般地,n 阶常微分方程具有形式

$$F\left(x, y, \frac{\mathrm{d}y}{\mathrm{d}x}, \cdots, \frac{\mathrm{d}^n y}{\mathrm{d}x^n}\right) = 0, \tag{6.8}$$

其中 $F\left(x, y, \frac{\mathrm{d}y}{\mathrm{d}x}, \cdots, \frac{\mathrm{d}^n y}{\mathrm{d}x^n}\right)$ 是关于 $x, y, \frac{\mathrm{d}y}{\mathrm{d}x}, \cdots, \frac{\mathrm{d}^n y}{\mathrm{d}x^n}$ 的已知函数,而且必须含有 $\frac{\mathrm{d}^n y}{\mathrm{d}x^n}$,其中 x 是自变量,y 是函数值.

例如,$\frac{\mathrm{d}^2 y}{\mathrm{d}x^2} - \left(\frac{\mathrm{d}y}{\mathrm{d}x}\right)^2 - 10xy = 0$ 是二阶微分方程;$x(y')^3 = 1 + y'$ 是三阶微分方程.

定义 6.3 形如

$$\frac{\mathrm{d}^n y}{\mathrm{d}x^n} + a_1(x)\frac{\mathrm{d}^{n-1} y}{\mathrm{d}x^{n-1}} + \cdots + a_{n-1}(x)\frac{\mathrm{d}y}{\mathrm{d}x} + a_n(x)y = f(x) \tag{6.9}$$

的微分方程称为 n 阶线性微分方程. 其中 $a_1(x), \cdots, a_n(x), f(x)$ 是关于 x 的已知函数. 不能表示成(6.9)式形式的微分方程统称为非线性方程.

例如,方程 $\frac{\mathrm{d}^2 \varphi}{\mathrm{d}t^2} + \frac{g}{l}\sin\varphi = 0$ 是二阶非线性方程.

下面再给出解、通解和特解的概念.

定义 6.4 若函数 $y = \varphi(x)$ 代入方程(6.8)后,使方程(6.8)变为恒等式,则称函数 $y = \varphi(x)$ 为方程(6.8)的解.

我们把含有 n 个独立的任意常数 $C_1, C_2, \cdots, C_n$ 的解 $y = \varphi(x, C_1, C_2, \cdots, C_n)$ 称为 n 阶方程(6.8)的通解.

为了确定微分方程一个特定的解,我们通常给出这个解所必需满足的条件,即定解条件. 常见的定解条件是初始条件. n 阶微分方程(6.8)的初始条件指如下的 n 个条件:

$$y(x_0) = y_0, \quad \frac{\mathrm{d}y(x_0)}{\mathrm{d}x} = y_0^{(1)}, \quad \cdots, \quad \frac{\mathrm{d}^{n-1} y(x_0)}{\mathrm{d}x^{n-1}} = y_0^{(n-1)},$$

其中 $x_0, y_0, y_0^{(1)}, \cdots, y_0^{(n-1)}$ 是给定的 $n+1$ 个常数.

进而,我们把满足初始条件的解称为微分方程的特解.

例如,本节例 1 中微分方程 $\frac{\mathrm{d}u}{\mathrm{d}t} = -k(u - u_a)$ 的通解为 $u = 24 + ce^{-kt}$;满足初始条件 $u(0) = u_0 = 150$ 的特解为 $u = 24 + 126e^{-0.051t}$. 例 2 中微分方程 $\frac{\mathrm{d}y}{\mathrm{d}x} = 2x$ 的通解为 $y = x^2 + C$;满足初始条件 $y(1) = 2$ 的特解为 $y = x^2 + 1$.

6.5.2 一阶微分方程

1. 变量分离微分方程

形如 $\dfrac{\mathrm{d}y}{\mathrm{d}x} = f(x)\varphi(y)$ 的方程称为变量分离微分方程，其中 $f(x)$，$\varphi(y)$ 分别是关于 x 和 y 的连续函数.

下面给出变量分离微分方程的求解方法：

若 $\varphi(y) \neq 0$，由 $\dfrac{\mathrm{d}y}{\mathrm{d}x} = f(x)\varphi(x)$ 得 $\dfrac{\mathrm{d}y}{\varphi(y)} = f(x)\mathrm{d}x$，两边求不定积分，有

$$\int \frac{\mathrm{d}y}{\varphi(y)} = \int f(x)\mathrm{d}x + C, \tag{6.10}$$

其中把 $\displaystyle\int \frac{\mathrm{d}y}{\varphi(y)}$ 及 $\displaystyle\int f(x)\mathrm{d}x$ 分别理解为 $\dfrac{1}{\varphi(y)}$，$f(x)$ 的某一个原函数，从而，(6.10) 式即为 $\dfrac{\mathrm{d}y}{\mathrm{d}x} = f(x)\varphi(y)$ 的通解.

另外，若存在 y_0 使 $\varphi(y_0) = 0$，则直接代入方程 $\dfrac{\mathrm{d}y}{\mathrm{d}x} = f(x)\varphi(y)$ 验证可知，$y = y_0$ 也是该方程的解.

例 3 求微分方程 $x + yy' = 0$ 的通解.

解 将原方程分离变量，得

$$y\mathrm{d}y = -x\mathrm{d}x,$$

两边求不定积分，得

$$\int y\mathrm{d}y = \int -x\mathrm{d}x,$$

即 $\dfrac{1}{2}y^2 = -\dfrac{1}{2}x^2 + C_1$. 于是，方程通解为 $x^2 + y^2 = C$，其中 $C = 2C_1$.

例 4 求方程

$$\frac{\mathrm{d}y}{\mathrm{d}x} = P(x)y$$

的通解，其中 $P(x)$ 是关于 x 的连续函数.

解 将变量分离，得

$$\frac{\mathrm{d}y}{y} = P(x)\mathrm{d}x,$$

对上式两边积分，得

$$\ln |y| = \int P(x)\mathrm{d}x + C_1,$$

从而

$$| y | = e^{\int P(x) \mathrm{d}x + C_1} = e^{C_1} \cdot e^{\int P(x) \mathrm{d}x},$$

即

$$y = \pm e^{C_1} \cdot e^{\int P(x) \mathrm{d}x}.$$

记 $C = \pm e^{C_1}$,则 $y = C e^{\int P(x) \mathrm{d}x}$.

另外,直接验证可知 $y = 0$ 也是原方程的解,此时有 $C = 0$,因此 $y = C e^{\int P(x) \mathrm{d}x}$ 是通解,其中 C 是任意常数.

2. 一阶线性微分方程

形如

$$\frac{\mathrm{d}y}{\mathrm{d}x} = P(x)y + Q(x) \tag{6.11}$$

的方程称为一阶线性微分方程,其中 $P(x), Q(x)$ 均为关于 x 的连续函数.

若 $Q(x) \equiv 0$,则方程(6.11)化为

$$\frac{\mathrm{d}y}{\mathrm{d}x} = P(x)y. \tag{6.12}$$

方程(6.12)称为一阶齐次线性方程.

相应地,$Q(x) \neq 0$ 时,方程(6.11)称为一阶非齐次线性方程. 由前面的例 4 知,一阶齐次线性方程的通解为

$$y = C e^{\int P(x) \mathrm{d}x}, \quad C \text{ 是任意常数.}$$

现在我们讨论一阶非齐次线性方程的通解的求法:把齐次线性方程(6.12)的通解中的常数 C 变易为 x 的待定函数 $C(x)$,使它满足方程(6.11),从而求出 $C(x)$.

假设方程(6.11)的解为

$$y = C(x) e^{\int P(x) \mathrm{d}x}, \tag{6.13}$$

其中 $C(x)$ 是 x 的待定函数.

因为

$$\frac{\mathrm{d}y}{\mathrm{d}x} = \frac{\mathrm{d}(C(x) e^{\int P(x) \mathrm{d}x})}{\mathrm{d}x} = \frac{\mathrm{d}C(x)}{\mathrm{d}x} \cdot e^{\int P(x) \mathrm{d}x} + C(x) P(x) e^{\int P(x) \mathrm{d}x},$$

代入方程(6.11),得

$$\frac{\mathrm{d}C(x)}{\mathrm{d}x} \cdot e^{\int P(x) \mathrm{d}x} + C(x) P(x) e^{\int P(x) \mathrm{d}x} = P(x) C(x) e^{\int P(x) \mathrm{d}x} + Q(x).$$

从而

$$\frac{\mathrm{d}C(x)}{\mathrm{d}x} = Q(x) e^{-\int P(x) \mathrm{d}x}.$$

对上式两边积分,有

$$C(x) = \int Q(x) e^{-\int p(x)\,dx}\,dx + C,$$

将其代入(6.13)式，得

$$y = \left(\int Q(x) e^{-\int P(x)\,dx}\,dx + C \right) e^{\int P(x)\,dx}. \tag{6.14}$$

此即方程(6.11)的通解，其中 C 为任意常数.

上述解法称为常数变易法，该方法是常微分方程理论中重要方法之一.

例 5　求方程 $y' + y = x^2$ 的通解.

解　利用常数变易法求解. 首先求出对应的齐次方程 $y' + y = 0$ 的通解为 $y = C e^{-x}$. 然后，令 $y = C(x) e^{-x}$ 为原方程的通解，其中 $C(x)$ 是关于 x 的待定函数. 将通解代入原方程得

$$(C(x) e^{-x})' + C(x) e^{-x} = x^2,$$

即

$$C'(x) e^{-x} - C(x) e^{-x} + C(x) e^{-x} = x^2.$$

或

$$C'(x) = x^2 e^x.$$

从而

$$dC(x) = x^2 e^x\,dx.$$

对上式两边积分得

$$C(x) = \int x^2 e^x\,dx = (x^2 - 2x + 2) e^x + C,$$

因此，原方程的通解为

$$y = \left[(x^2 - 2x + 2) e^x + C \right] e^{-x} = x^2 - 2x + 2 + C e^{-x},\ C\ 是任意常数.$$

例 6　求方程 $(x + y)\,dy - dx = 0$ 的通解.

解　此方程若把 y 看成 x 的函数，则不是线性方程. 但若反过来，即把 x 看作 y 的函数，则得一阶线性微分方程

$$\frac{dx}{dy} - x = y.$$

由一阶线性微分方程的通解结果(6.14)式知，方程的通解为

$$x = e^{\int P(y)\,dy} \left[\int Q(y) e^{-\int P(y)\,dy}\,dy + C \right]$$

$$= e^{\int dy} \left[\int y e^{-\int dy}\,dy + C \right] (因为此时\ P(y) = 1, Q(y) = y)$$

$$= e^y \left[\int y e^{-y}\,dy + C \right]$$

$$= C e^y - e^y \left[y e^{-y} + e^{-y} \right]$$

$$= C e^y - y - 1,\quad C\ 为任意常数.$$

当然，本题由 $\dfrac{\mathrm{d}x}{\mathrm{d}y}-x=y$ 出发也可直接利用常数变易法求解.

下面给出有关微分方程的应用实例：

例7 某银行账户以当年余额的 5% 的年利率连续每年盈取利息，假设最初存入的数额为 1000 元，并且之后没有其他数额存入和取出.

（1）写出账户中余额所满足的微分方程；

（2）求解此方程.

解 （1）设在 t 年账户中的余额为 $y(t)$ 元. 因为利息为连续盈取，即按连续复利计算，又在任意时刻都有

$$\text{余额的增长率}=5\%\times\text{当时的余额},$$

从而账户余额关于时间 t 所满足的微分方程为

$$\frac{\mathrm{d}y}{\mathrm{d}t}=0.05y.$$

（2）用分离变量法求解上述微分方程，得通解为

$$y=C\mathrm{e}^{0.05t},$$

再将初始条件 $y(0)=1000$ 代入上式，有

$$C=1000,$$

从而符合题设条件的特解为

$$y=1000\mathrm{e}^{0.05t}.$$

6.5.3 二阶常系数线性微分方程及其解法

形如

$$y''+py'+qy=f(x) \tag{6.15}$$

的方程称为二阶常系数线性微分方程，其中 p,q 均为常数，$f(x)$ 是关于 x 的已知函数.

若 $f(x)\equiv 0$，此时称为二阶常系数齐次线性方程；

若 $f(x)\neq 0$，此时称为二阶常系数非齐次线性方程.

1. 二阶常系数齐次线性方程的解法

给定二阶常系数齐次线性方程

$$y''+py'+qy=0, \tag{6.16}$$

下面给出求解方程(6.16)的欧拉待定指数函数法.

设 $y=\mathrm{e}^{\lambda x}$ 是方程(6.16)的解，其中 λ 是待定常数，可以是实数，也可以是复数. 将 $y=\mathrm{e}^{\lambda x}$ 代入方程(6.16)得

$$\lambda^2 e^{\lambda x} + p\lambda e^{\lambda x} + q e^{\lambda x} = 0,$$

即

$$e^{\lambda x}(\lambda^2 + p\lambda + q) = 0.$$

由于 $e^{\lambda x} > 0$，从而有

$$\lambda^2 + p\lambda + q = 0. \tag{6.17}$$

因此，$y = e^{\lambda x}$ 是方程(6.16)的解的充要条件为 λ 是方程(6.17)的根.称关于 λ 的一元二次方程(6.17)为方程(6.16)的特征方程,特征方程的根为方程(6.16)的特征根或特征值.

下面根据特征根的取值情况,给出方程(6.16)的通解.

(1) 若方程(6.17)有两个不相同实根 λ_1,λ_2,对应地,方程(6.16)有两个线性无关的特解 $e^{\lambda_1 x},e^{\lambda_2 x}$,故此时方程(6.16)的通解为

$$y = C_1 e^{\lambda_1 x} + C_2 e^{\lambda_2 x}, \quad C_1,C_2 \text{ 为任意常数}.$$

(2) 若方程(6.17)有两个相同实根 $\lambda = \lambda_1 = \lambda_2$,对应地,方程(6.16)有一个特解 $e^{\lambda x}$.另外,直接验证易知 $xe^{\lambda x}$ 亦为方程(6.16)的特解,而且 $e^{\lambda x}$ 与 $xe^{\lambda x}$ 线性无关,故此时方程(6.16)的通解为

$$y = C_1 e^{\lambda x} + C_2 x e^{\lambda x}, C_1,C_2 \text{ 为任意常数}.$$

(3) 若方程(6.17)有一对共轭复根 $\lambda_1 = \alpha + i\beta,\lambda_2 = \alpha - i\beta$,其中 $\alpha = -\dfrac{p}{2},\beta = \dfrac{\sqrt{4q-p^2}}{2}$.

这时,通过直接验证可知,方程(6.16)有两个线性无关的特解 $e^{(\alpha+i\beta)x},e^{(\alpha-i\beta)x}$,故方程(6.16)的通解为

$$y = C_1 e^{(\alpha+i\beta)x} + C_2 e^{(\alpha-i\beta)x}.$$

根据欧拉公式 $e^{it} = \cos t + i\sin t$,其中 t 是实数,上式可改写为

$$y = (C_1 \cos\beta x + C_2 \sin\beta x)e^{\alpha x}, \quad C_1,C_2 \text{ 为任意常数}.$$

例8 求方程 $y'' + 4y' + 4y = 0$ 的通解.

解 其特征方程为

$$\lambda^2 + 4\lambda + 4 = 0,$$

该特征方程有重根 $\lambda_1 = \lambda_2 = -2$,故原方程通解为

$$y = (C_1 + C_2 x)e^{-2x}, \quad C_1,C_2 \text{ 为任意常数}.$$

例9 求方程 $y'' + 2y' + 2y = 0$ 的通解.

解 其特征方程为

$$\lambda^2 + 2\lambda + 2 = 0,$$

解得该特征方程有一对共轭复根 $-1 \pm i$,故原方程通解为

$$y = e^{-x}(C_1 \cos x + C_2 \sin x), \quad C_1,C_2 \text{ 为任意常数}.$$

2．二阶常系数非齐次线性方程的解法

定理 6.3　设 $y^*(x)$ 是二阶非齐次线性方程

$$y'' + py' + qy = f(x) \tag{6.18}$$

的一个特解，$y_0(x)$ 是它对应的齐次线性方程的通解，则为 $y_0(x) + y^*(x)$ 是方程（6.18）的通解．

证明　由于 $y^*(x)$ 是方程（6.18）的特解，$y_0(x)$ 为对应齐次线性方程的通解，从而

$$(y^*(x))'' + p(y^*(x))' + qy^*(x) = f(x),$$
$$y_0''(x) + py_0'(x) + qy_0(x) = 0.$$

于是

$$(y^*(x) + y_0(x))'' + p(y^*(x) + y_0(x))' + q(y^*(x) + y_0(x))$$
$$= (y^*(x))'' + y_0''(x) + p(y^*(x))' + py_0'(x) + qy^*(x) + qy_0(x)$$
$$= [(y^*(x))'' + p(y^*(x))' + qy^*(x)] + [y_0''(x) + py_0'(x) + qy_0(x)]$$
$$= f(x).$$

此即表明 $y_0(x) + y^*(x)$ 是方程（6.18）的解．

注意到 $y_0(x)$ 中会有两个独立的任意常数，因此，$y_0(x) + y^*(x)$ 是方程（6.18）的通解．

现在我们关心的是如何寻找方程（6.18）的特解 $y^*(x)$．我们所寻找的特解与 $f(x)$ 的形式及特征根密切相关，具体见表 6.1.

表　6.1

$f(x)$ 的形式	条件	特解 $y^*(x)$ 的形式
$f(x)$ 是多项式	$q \neq 0$	$y^*(x)$ 与 $f(x)$ 为同次多项式
	$q = 0, p \neq 0$	$y^*(x)$ 是比 $f(x)$ 高一次的多项式
$f(x) = a\mathrm{e}^{kx}$	k 不是特征根	$y^*(x) = b\mathrm{e}^{kx}$
	k 是单特征根	$y^*(x) = bx\mathrm{e}^{kx}$
	k 是重特征根	$y^*(x) = bx^2\mathrm{e}^{kx}$
$f(x) = a\cos\omega x + b\sin\omega x$	$\pm\omega\mathrm{i}$ 不是特征根	$y^*(x) = a_1\cos\omega x + b_1\sin\omega x$
	$\pm\omega\mathrm{i}$ 是特征根	$y^*(x) = x(a_1\cos\omega x + b_1\sin\omega x)$

将表 6.1 中的特解 $y^*(x)$，代入方程

$$y'' + py' + qy = f(x),$$

然后用比较系数法即可求得特解 $y^*(x)$ 的具体形式．

例 10　求方程 $y'' - 2y' - 3y = \mathrm{e}^{-x}$ 的通解．

解　特征方程为

$$\lambda^2 - 2\lambda - 3 = 0,$$

解得两个互异特征根 $\lambda_1 = -1, \lambda_2 = 3$．故对应的齐次方程的通解为

$$y_0 = C_1 \mathrm{e}^{-x} + C_2 \mathrm{e}^{3x}.$$

因为 $f(x) = \mathrm{e}^{-x}$，而此时 $k = -1$ 对应特征方程的单根，由表 6.1 知，可设原方程的特解 $y^*(x) = bx\mathrm{e}^{-x}$，代入原方程后比较两边 e^{-x} 的系数得

$$b = -\frac{1}{4},$$

于是

$$y^*(x) = -\frac{1}{4}x\mathrm{e}^{-x}.$$

因此，原方程的通解为

$$y = y_0(x) + y^*(x) = C_1\mathrm{e}^{-x} + C_2\mathrm{e}^{3x} - \frac{1}{4}x\mathrm{e}^{-x}, C_1, C_2 \text{ 为任意常数}.$$

例 11　求方程 $y'' + y = \cos x$ 的通解.

解　其特征方程为

$$\lambda^2 + 1 = 0,$$

解得特征根为 $\pm \mathrm{i}$. 因此，对应的齐次线性方程的通解为

$$y_0(x) = C_1\cos x + C_2\sin x.$$

因为 $f(x) = \cos x$，由表 6.1 知，此时 $\omega = 1$，而 $\pm\omega\mathrm{i} = \pm\mathrm{i}$ 是特征根，故可设特解

$$y^*(x) = x(a_1\cos x + b_1\sin x),$$

将其代入原方程，得

$$2b_1\cos x - 2a_1\sin x = \cos x,$$

比较两边 $\cos x$ 及 $\sin x$ 的系数知

$$a_1 = 0, \quad b_1 = \frac{1}{2},$$

于是，求得特解 $y^*(x) = \frac{1}{2}x\sin x$. 从而，原方程的通解为

$$y = C_1\cos x + C_2\sin x + \frac{1}{2}x\sin x, \quad C_1, C_2 \text{ 为任意常数}.$$

习题 6.5

1. 求下列微分方程的通解：

(1) $\dfrac{\mathrm{d}y}{\mathrm{d}x} = \mathrm{e}^{x-y}$；

(2) $xy' - y\ln y = 0$；

(3) $4x\mathrm{d}x - 5y\mathrm{d}y = 5x^2y\mathrm{d}y - 2xy^2\mathrm{d}x$；

(4) $y^2\mathrm{d}x + (x+1)\mathrm{d}y = 0$，并求满足初始条件 $x=0, y=1$ 的特解；

(5) $(1+x)y\mathrm{d}x + (1-y)x\mathrm{d}y = 0$；

(6) $(xy^2+x)\mathrm{d}x+(y-x^2y)\mathrm{d}y=0.$

2. 求下列微分方程的通解：

(1) $\dfrac{\mathrm{d}y}{\mathrm{d}x}=y+\sin x;$

(2) $\dfrac{\mathrm{d}y}{\mathrm{d}x}+3y=\mathrm{e}^{2x};$

(3) $\dfrac{\mathrm{d}y}{\mathrm{d}x}=\dfrac{y}{x+y^3};$

(4) $\dfrac{\mathrm{d}y}{\mathrm{d}x}-\dfrac{2y}{x+1}=(x+1)^3;$

(5) $xy^2\mathrm{d}y=(x^3+y^3)\mathrm{d}x;$

(6) $y'+3y\tan 3x=\sin 6x.$

3. 求下列微分方程的通解：

(1) $y''-y'=x^2\mathrm{e}^x;$

(2) $y''-4y'+13y=0;$

(3) $y''-y'=4x+3;$

(4) $y''+2y'+2y=\mathrm{e}^{-x}\cos x;$

(5) $y''-6y'+25y=2\sin x+\cos x;$

(6) $y''-6y'-13y=14.$

4. 已知 $y_1(x)$ 与 $y_2(x)$ 分别为方程 $y''+ay'+by=f_1(x)$ 和 $y''+ay'+by=f_2(x)$ 的解，证明：$y_1(x)+y_2(x)$ 是方程 $y''+ay'+by=f_1(x)+f_2(x)$ 的解.

5. 已知某产品的边际收入为 $100+50\mathrm{e}^{-0.5x}$，其中 x 为销售量（单位：千件），当销售量为 10 000 件时，总收入为 200 元，求总收入函数.

第 7 章

定 积 分

本章介绍一元函数微积分学中的一个重要概念——定积分.从历史上来看,定积分是由计算曲边封闭图形的面积而产生的.作为和式的极限,定积分与前面讲述的不定积分在表面上看来是两类不同的问题,并且事实上两者也确实是独立发展起来的.在 17 世纪,牛顿和莱布尼茨分别发现了两者之间的内在联系,给出了微积分基本定理——牛顿-莱布尼茨公式,建立了定积分与不定积分之间的桥梁,并使得定积分的计算变得切实可行,而不再局限于定义和其几何意义,从而推动了定积分的发展,拓宽了定积分的应用领域.

本章将从定积分的概念、可积性的判断、定积分的性质、计算以及定积分的应用等方面分别进行阐述.

7.1 定积分的概念

7.1.1 定积分概念的引入

1. 曲边梯形面积的求解

在初等数学中,我们学习过利用公式求解平面图形的面积,如三角形、梯形、平行四边形、圆等,但这仅限于规则的平面图形.对于不规则的平面图形,例如由任意形状的闭曲线所围成的平面区域的面积,我们并没有求解公式.那么对于这种一般的几何图形,如何求解其面积呢?任意一条封闭曲线围成的图形,通常可以用互相垂直的直线把它分成若干部分,使每一部分都是一个"曲边梯形"或"曲边三角形(见图 7.1)".所谓曲边梯形,是指由三条直角边和一条曲线弧所围成的封闭图形,其中两条直角边相互平行,第三角直边与它们垂直,称为底边(见图 7.2(a));当一条平行直角边退缩成一点时,曲边梯形就变为曲线三角形(见图 7.2(b)).因此,一般图形的面积问题可以转化为曲边梯形或曲边三角形的面积问题来考虑.

设曲边梯形由非负连续函数 $y=f(x)$,$x=a$,$x=b$ 以及 x 轴围成(图 7.2(a)),其面积

记为 S.

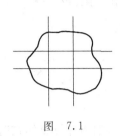

图　7.1

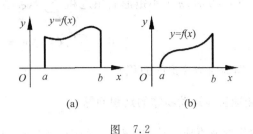

(a)　　　　(b)

图　7.2

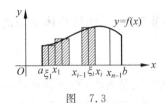

图　7.3

曲边梯形由于其高是变化的,没有直接求解面积的公式.但是我们可以利用已知知识推导未知内容.矩形面积公式已知,当曲边梯形被垂直于 x 轴的直线细分时,可以得到若干小的曲边梯形,如果用小矩形面积代替同底的小的曲边梯形面积(见图 7.3),然后加和,可以得到整个曲边梯形面积的近似值.显然,分割程度越细,近似度越高.我们将这种"以直代曲"的思想,通过四个步骤具体表述如下:

(1) 分割　区间 $[a,b]$ 内部任意插入 $n-1$ 个分点 $a=x_0<x_1<\cdots<x_{i-1}<x_i<\cdots<x_n=b$. 将区间 $[a,b]$ 分成 n 个小区间 $[x_0,x_1],\cdots,[x_{i-1},x_i],\cdots,[x_{n-1},x_n]$,每一个小区间的长度记为 $\Delta x_i=x_i-x_{i-1}(i=1,2,\cdots,n)$. 过每个分点 x_i 作 x 轴的垂线,这些垂线与曲线 $y=f(x)$ 相交,将曲边梯形分成 n 个小的曲边梯形.每一个小的曲边梯形面积记为 $\Delta S_i(i=1,2,\cdots,n)$.

(2) 近似(以直代曲)　在每个小区间 $[x_{i-1},x_i]$ 中,任取一点 $\xi_i(x_{i-1}\leqslant\xi_i\leqslant x_i)$,计算出 $f(\xi_i)(i=1,2,\cdots,n)$. 以 $f(\xi_i)$ 为高,Δx_i 为底边长的小矩形面积为 $f(\xi_i)\Delta x_i$. 由于 $f(x)$ 为连续曲线,故 $f(\xi_i)\Delta x_i$ 为 ΔS_i 的一个近似值,即

$$\Delta S_i\approx f(\xi_i)\Delta x_i,\quad i=1,2,\cdots,n.$$

(3) 求和　整个曲边梯形的面积 S 为 n 个小曲边梯形面积的加和,它可以由 n 个小矩形面积的加和来近似,即

$$S=\sum_{i=1}^n\Delta S_i\approx\sum_{i=1}^n f(\xi_i)\Delta x_i.$$

(4) 取极限　不难看出,对于曲边梯形的分割越细,小矩形面积之和与曲边梯形的面积近似程度越高.但在任何有限过程中,n 个小矩形面积之和 $\sum\limits_{i=1}^n f(\xi_i)\Delta x_i$ 总是曲边梯形面积的近似值,只有在无限过程中,应用极限方法才能转化为曲边梯形的面积.

令 $\lambda(T)$ 是分法 T 将区间 $[a,b]$ 分成 n 小区间之长的最大者,即

$$\lambda(T)=\max\{\Delta x_1,\cdots,\Delta x_i,\cdots,\Delta x_n\},$$

于是,当 $\lambda(T)\to0$ 时就意味着将区间 $[a,b]$ 无限细分,使所有小区间长度趋近于 0.

如果 $\lambda(T) \to 0$ 时，n 个小矩形面积之和 $\sum\limits_{i=1}^{n} f(\xi_i)\Delta x_i$ 存在极限，设

$$\lim_{\lambda(T)\to 0} \sum_{i=1}^{n} f(\xi_i)\Delta x_i = S,$$

则极限值 S 即为曲边梯形的面积.

2. 作变速直线运动物体的路程问题

设物体作变速直线运动，其速率 $v = v(t)$ 是时间 t 的函数，如何计算物体在时间间隔 $[a, b]$ 内运动的路程.

计算该问题的困难在于物体作的是变速运动，即 $v(t)$ 不是常数函数. 如果物体是匀速直线运动，则容易求得物体在时间间隔 $[a, b]$ 内的路程 S 为

$$S = v(t)(b - a).$$

变速直线运动与匀速直线运动之间并非毫无关联，如果时间间隔足够小，那么在足够小的时间段内的用匀速近似替代变速，问题便可得以求解. 其分析思路与曲边梯形面积的求解类似，步骤包括分割、近似、求和、取极限四步，具体如下：

（1）分割　在时间间隔 $[a, b]$ 内插入 $n-1$ 个分点，将区间任意分为 n 份. $a = t_0 < t_1 < \cdots < t_{i-1} < t_i < \cdots < t_n = b$. 第 i 个小区间的长记为 $\Delta t_i = t_i - t_{i-1}(i = 1, 2, \cdots, n)$.

（2）近似（以不变代变）　在第 i 个小区间 $[t_{i-1}, t_i]$ 上任取一点 $\xi_i(t_{i-1} \leqslant \xi_i \leqslant t_i)$. 以 ξ_i 时刻点的速度 $v(\xi_i)$ 代替整个小区间 $[t_{i-1}, t_i]$ 上每一时刻的速度，即将时间间隔 Δt_i 时间段内的运动视为速度 $v(\xi_i)$ 的匀速直线运动. 那么在时间间隔 Δt_i 内运动的路程为

$$\Delta S_i \approx v(\xi_i)\Delta t_i, \quad i = 1, 2, \cdots, n.$$

（3）求和　在整个时间段 $[a, b]$ 内，变速直线运动物体的路程近似值为

$$S = \sum_{i=1}^{n} \Delta S_i \approx \sum_{i=1}^{n} v(\xi_i)\Delta t_i.$$

（4）取极限　记 $\lambda(T) = \max\{\Delta t_1, \Delta t_2, \cdots, \Delta t_n\}$，当 $\lambda(T)$ 越小时，以 $\sum\limits_{i=1}^{n} v(\xi_i)\Delta t_i$ 代替物体的路程近似程度越好. 如果 $\lambda(T) \to 0$ 时，$\sum\limits_{i=1}^{n} v(\xi_i)\Delta t_i$ 极限存在，那么该极限值为作变速直线运动物体从时刻 a 到时刻 b 的运动路程，即

$$\lim_{\lambda(T)\to 0} \sum_{i=1}^{n} v(\xi_i)\Delta t_i = S.$$

上述两个引例，一个是几何学中的面积问题，一个是物理学中的路程问题. 虽然它们的实际意义属于不同范畴，但从抽象的数量关系角度来看，问题的解决思路和分析步骤完全相同，在表达形式上最后都归结为计算一个特定函数和形式的极限. 在现实中，还有很多类似的问题. 例如物理学中的变力作功，几何学中平面曲线弧长以及经济学中消费者剩余、生产者剩余等问题，都可以通过上述分析思路完成求解. 在数学上，将这一分析方法和表达形式

加以抽象概括,得到定积分的概念.

7.1.2　定积分的定义

定义 7.1 （积分和（黎曼和））设函数 $f(x)$ 在区间 $[a,b]$ 上有定义.在 $[a,b]$ 内任意插入 $n-1$ 个分点

$$a = x_0 < x_1 < \cdots < x_{i-1} < x_i < \cdots < x_n = b.$$

将 $[a,b]$ 分成 n 个小区间 $[x_{i-1},x_i](i=1,2,\cdots,n)$,在每一个小区间 $[x_{i-1},x_i]$ 上各任取一点 $\xi_i(x_{i-1} \leqslant \xi_i \leqslant x_i)$.作和式

$$\sigma = \sum_{i=1}^{n} f(\xi_i)\Delta x_i.$$

其中 $\Delta x_i = x_i - x_{i-1}(i=1,2,\cdots,n)$.和数 σ 称为函数 $f(x)$ 在区间 $[a,b]$ 上的积分和.

在历史上,和数 σ 是黎曼(Riemann)首先给出的,因此积分和亦称黎曼和.

定义 7.2（定积分（黎曼积分））　设函数 $f(x)$ 在 $[a,b]$ 有定义,对于区间 $[a,b]$ 的任意分法 T 和任意一组点列 $\{\xi_1,\cdots,\xi_i,\cdots,\xi_n\}$,$x_{i-1} \leqslant \xi_i \leqslant x_n(i=1,2,\cdots,n)$,有积分和

$$\sigma = \sum_{i=1}^{n} f(\xi_i)\Delta x_i.$$

记 $\lambda(T) = \max_{1 \leqslant i \leqslant n}\{\Delta x_i\}$,若当 $\lambda(T) \to 0$ 时,积分和 σ 存在极限,记为 I,而此极限 I 与区间的分法和 ξ_i 的取法均无关,即

$$\lim_{\lambda(T) \to 0} \sum_{i=1}^{n} f(\xi_i)\Delta x_i = I.$$

换言之,$\forall \varepsilon > 0, \exists \delta > 0$,不论分法 T 如何,也不论 ξ_i 在 $[x_{i-1},x_i]$ 中如何选取,只要 $\lambda(T) < \delta$,有

$$|\sigma - I| = \left| \sum_{i=1}^{n} f(\xi_i)\Delta x_i - I \right| < \varepsilon,$$

则 $f(x)$ 在 $[a,b]$ 上可积,I 为函数 $f(x)$ 在 $[a,b]$ 上的定积分（亦称黎曼积分）,记作 $\int_a^b f(x)\mathrm{d}x$,表示为

$$I = \int_a^b f(x)\mathrm{d}x = \lim_{\lambda(T) \to 0} \sum_{i=1}^{n} f(\xi_i)\Delta x_i,$$

其中 a 和 b 分别称为定积分的下限和上限,$f(x)$ 称为被积函数,$f(x)\mathrm{d}x$ 称为被积表达式,x 称为积分变量.

若当 $\lambda(T) \to 0$,积分和 σ 不存在极限,则称函数 $f(x)$ 在 $[a,b]$ 上不可积.

从定积分的概念,我们不难看出,上述两个引例都可用定积分表述如下:

曲边梯形的面积 S 是曲边函数 $f(x)$ 在区间 $[a,b]$ 上的定积分,即

$$S = \lim_{\lambda(T) \to 0} \sum_{i=1}^{n} f(\xi_i) \Delta x_i = \int_a^b f(x) \mathrm{d}x.$$

作变速直线运动物体的路程 S 是速度函数 $v(t)$ 在时间间隔 $[a,b]$ 上的定积分，即

$$S = \lim_{\lambda(T) \to 0} \sum_{i=1}^{n} v(\xi_i) \Delta t_i = \int_a^b v(t) \mathrm{d}t.$$

7.1.3 定积分的几何意义

由第一个引例可知，若 $f(x)$ 为连续函数且 $f(x) \geqslant 0$，定积分 $\int_a^b f(x) \mathrm{d}x$ 表示由曲线 $y = f(x)$，直线 $x = a$，$x = b$ 以及 x 轴所围成的曲边梯形的面积 S，即 $S = \int_a^b f(x) \mathrm{d}x$（如图 7.2(a) 所示）.

然而，面积的值必定是非负的，作为和形式的极限，定积分的数值则可正、可负. 因此，定积分并非简单地表示函数 $f(x)$ 在区间 $[a,b]$ 上对应的面积.

若 $f(x) \leqslant 0$，由 $y = f(x)$，$x = a$，$x = b$ 以及 x 轴所围图形位于 x 轴下方，定积分表示的为该图形面积的相反数.

若 $f(x)$ 在区间 $[a,b]$ 上既有正值又有负值，此时定积分 $\int_a^b f(x) \mathrm{d}x$ 表示的是函数 $f(x)$ 与 $x = a$，$x = b$ 及 x 轴所围图形面积的代数和，即位于 x 轴上方的面积减去位于 x 轴下方的面积.

综上可知，定积分 $\int_a^b f(x) \mathrm{d}x$ 的几何意义是函数 $y = f(x)$ 与 $x = a$，$x = b$ 及 x 轴所围面积的代数和. 由此不难得到

$$\int_a^b \mathrm{d}x = b - a, \qquad \int_a^b 0 \mathrm{d}x = 0.$$

有关定积分的概念有以下几点需要注意：

（1）定积分在形式上虽然与不定积分相似，但定积分是黎曼和的极限，是一个数，不定积分则是原函数族.

（2）黎曼和虽然与分法 T 和 ξ_i 的取法有关，但黎曼和的极限存在则要求与分法 T 和 ξ_i 的取法无关. 因此，定积分仅与被积函数 $f(x)$ 和积分区间 $[a,b]$ 有关，与区间分法 T，ξ_i 的取法以及积分变量用什么字母表示无关.

（3）极限过程 $\lambda(T) \to 0$ 与 $n \to +\infty$ 并不等价，其中 n 表示对区间 $[a,b]$ 的分割份数. 前者表示对区间 $[a,b]$ 的无限细分，而后者只有在等分时才表示对区间的无限细分.

例 1 写出函数 $y = \sin x$ 在 $[0,1]$ 区间上的一个黎曼和，要求对 $[0,1]$ 区间 n 等分，且在每一个小区间 $[x_i, x_{i+1}]$ 上取 ξ_i 为小区间的左端点，$i = 0,1,2,\cdots,n-1$.

解 根据定积分的概念，函数 $y = \sin x$ 在 $[0,1]$ 区间上的一个黎曼和 σ 可以表示为

$$\sigma = \sum_{i=0}^{n-1} f(\xi_i) \Delta x_i = \sum_{i=0}^{n-1} \frac{1}{n} \cdot \sin \frac{i}{n}.$$

例 2 求 $\displaystyle\int_{-2}^{2} \sqrt{4-x^2}\,\mathrm{d}x$.

解 由函数 $y = \sqrt{4-x^2}$ 知 $x^2 + y^2 = 4(y \geqslant 0)$,即函数 y 表示以原点为圆心,2 为半径的上半圆,如图 7.4 所示.根据定积分的几何意义,该定积分表示图 7.4 阴影部分面积,从而 $\displaystyle\int_{-2}^{2} \sqrt{4-x^2}\,\mathrm{d}x = 2\pi$.

例 3 利用定积分的概念计算由函数 $y = x^2$,直线 $x = 1$,x 轴所围成的平面图形的面积 S(如图 7.5 所示).

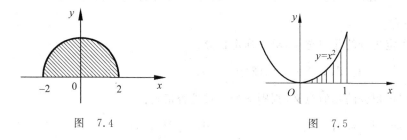

图 7.4 图 7.5

解 根据定积分的几何意义,平面图形的面积 S 为函数 $y = x^2$ 在区间 $[0,1]$ 上的定积分,即

$$S = \int_0^1 x^2\,\mathrm{d}x.$$

由于定积分的值与区间的分法和 ξ_i 的取法无关,为计算方便起见,不妨将 $[0,1]$ 区间 n 等分,取 ξ_i 为小区间的 $[x_{i-1}, x_i]$ 的右端点,即 $\xi_i = x_i$. 此时黎曼和

$$\sigma = \sum_{i=1}^{n} f(\xi_i) \Delta x_i = \sum_{i=1}^{n} \left(\frac{i}{n}\right)^2 \cdot \frac{1}{n} = \frac{1}{n^3} \sum_{i=1}^{n} i^2.$$

由 $1^2 + 2^2 + \cdots + n^2 = \dfrac{n(n+1)(2n+1)}{6}$ 知,当 $\lambda \to 0$ 即 $n \to \infty$ 时,有

$$S = \int_0^1 x^2\,\mathrm{d}x = \lim_{n \to \infty} \frac{1}{n^3} \sum_{i=1}^{n} i^2 = \lim_{n \to \infty} \frac{n(n+1)(2n+1)}{6\,n^3} = \frac{1}{3}.$$

习题 7.1

1. 设 $f(x)$ 在 $[a,b]$ 上可积,求证:

(1) $\displaystyle\int_a^b f(x)\,\mathrm{d}x = \lim_{n \to \infty} \frac{b-a}{n} \sum_{i=1}^{n} f\left[a + \frac{(i-1)(b-a)}{n}\right]$;

(2) $\displaystyle\int_a^b f(x)\mathrm{d}x = \lim_{n\to\infty}\frac{b-a}{n}\sum_{i=1}^n f\Big[a+\frac{i(b-a)}{n}\Big]$；

(3) $\displaystyle\int_a^b f(x)\mathrm{d}x = \lim_{n\to\infty}\frac{b-a}{2n}\Big[f(a)+2f\Big(a+\frac{b-a}{n}\Big)+\cdots+2f\Big(a+\frac{(n-1)(b-a)}{n}\Big)+f(b)\Big]$.

2. 设 $f(x)$ 为线性函数，$f(x)=ax+b$，其中 a、b 为常数，用定积分的定义计算定积分 $\displaystyle\int_0^1 f(x)\mathrm{d}x$.

3. 若 $f(x)\equiv c,x\in[a,b]$，那么 $f(x)$ 在 $[a,b]$ 上是否可积，若可积，其积分值等于多少？

4. 设 $f(x)$ 在 $[a,b]$ 上可积，且 $\displaystyle\int_a^b f(x)\mathrm{d}x>0$，试证：存在 $[\alpha,\beta]\subset[a,b]$，使得对任意 $x\in[\alpha,\beta]$ 都有 $f(x)>0$.

5. 利用定积分的几何意义，求下列定积分：

(1) $\displaystyle\int_{-2}^3 |x+1|\,\mathrm{d}x$；　　　　　　(2) $\displaystyle\int_{-3}^1 x\mathrm{d}x$.

6. 根据定积分的几何意义，判别下列等式是否正确：

(1) $\displaystyle\int_0^{2\pi}\sin x\mathrm{d}x=0$；　　　　　(2) $\displaystyle\int_{-1}^1 x^2\mathrm{d}x=2\int_0^1 x^2\mathrm{d}x$；

(3) $\displaystyle\int_{-2}^2 x^3\mathrm{d}x=0$；　　　　　　(4) $\displaystyle\int_{-1}^1 |3x|\,\mathrm{d}x=3\int_0^1 x\mathrm{d}x$.

7.2　可积准则

7.2.1　可积的必要条件

由 7.1 节定积分的概念可知，一个函数 $f(x)$ 在一个区间 $[a,b]$ 上的定积分是在对区间 $[a,b]$ 无限细分时，其黎曼和的极限值. 若极限值存在，则 $f(x)$ 在区间 $[a,b]$ 上可积，否则，$f(x)$ 在 $[a,b]$ 为不可积函数.

根据可积的定义，不难得到函数可积的必要条件.

定理 7.1　若函数 $f(x)$ 在区间 $[a,b]$ 上可积，则函数 $f(x)$ 在区间 $[a,b]$ 上必有界.

证明　（反证法）假设 $f(x)$ 在 $[a,b]$ 上无界，对区间 $[a,b]$ 的任意分法 T，至少存在一个小区间，不妨设 $[x_0,x_1]$，使得函数 $f(x)$ 在 $[x_0,x_1]$ 上无界. 从而，有

$$|\sigma|=\Big|\sum_{i=1}^n f(\xi_i)\Delta x_i\Big|=\Big|f(\xi_1)\Delta x_1+\sum_{i=2}^n f(\xi_i)\Delta x_i\Big|\geqslant|f(\xi_1)\Delta x_1|-\Big|\sum_{i=2}^n f(\xi_i)\Delta x_i\Big|.$$

给定 $\xi_i\in[x_{i-1},x_i],i=2,\cdots,n$，则 $\Big|\displaystyle\sum_{i=2}^n f(\xi_i)\Delta x_i\Big|$ 为常数，不妨设 $\Big|\displaystyle\sum_{i=2}^n f(\xi_i)\Delta x_i\Big|=C$. 因为

$f(x)$ 在 $[x_0,x_1]$ 上无界,即 $\forall M>0$,$\exists \xi_1 \in [x_0,x_1]$,有 $|f(\xi_1)|>\dfrac{M+C}{\Delta x_1}$,从而,$\forall M>0$,

$\exists \xi_1 \in [x_0,x_1]$,有 $|\sigma| = \left| \displaystyle\sum_{i=1}^{n} f(\xi_i)\Delta x_i \right| > \dfrac{M+C}{\Delta x_1} \cdot \Delta x_1 - C = M$,即积分和 σ 无界,从而积

分和 σ 不存在极限,此与前提假设 $f(x)$ 在 $[a,b]$ 上可积矛盾. 证毕.

注 函数 $f(x)$ 在 $[a,b]$ 上有界只是可积的必要条件,而非充分条件. 也就是说,某些函数即便是有界的,也可能不可积. 例如,狄利克雷函数

$$D(x) = \begin{cases} 1, & x \text{ 为}[0,1] \text{ 上的有理数,} \\ 0, & x \text{ 为}[0,1] \text{ 上的无理数.} \end{cases}$$

显然,$D(x)$ 在 $[0,1]$ 上有界,但它在 $[0,1]$ 上不可积.

因为,在 $[0,1]$ 上,有理数与无理数是处处稠密的,任意小的区间上既存在有理数又存在无理数. 若每个小区间上的 ξ_i 取有理数,则积分和 $\sigma = \displaystyle\sum_{i=1}^{n} D(\xi_i)\Delta x_i = \sum_{i=1}^{n} \Delta x_i = 1$;若每个小区间上的 ξ_i 取无理数,则积分和为 $\sigma = \displaystyle\sum_{i=1}^{n} D(\xi_i)\Delta x_i = 0$. 从而当 $[0,1]$ 无限细分时,积分和 σ 的极限不存在,即函数 $D(x)$ 在 $[0,1]$ 上不可积.

7.2.2 大和、小和及其性质

既然有可积函数必有界,而有界函数未必可积,那么满足什么条件的有界函数是可积的呢?

设函数 $f(x)$ 在区间 $[a,b]$ 上有界,那么对于任意分法 T,将 $[a,b]$ 分成 n 个小区间:

$$[x_0,x_1],[x_1,x_2],\cdots,[x_{i-1},x_i],\cdots,[x_{n-1},x_n].$$

显然 $f(x)$ 在每一个小区间 $[x_{i-1},x_i]$($i=1,2,\cdots,n$)上也有界,从而有上确界和下确界,分别用 M_i 和 m_i($i=1,2,\cdots,n$)来表示.

定义 7.3(大和与小和) 对于 $[a,b]$ 上的有界函数 $f(x)$ 和区间 $[a,b]$ 的任意分法 T. 将 $[a,b]$ 分为 n 个小区间,每个小区间长度记为 Δx_i($i=1,2,\cdots,n$). M_i 和 m_i 分别表示在第 i 个小区间 $[x_{i-1},x_i]$($i=1,2,\cdots,n$)上函数 $f(x)$ 的上确界和下确界. 作和数

$$S(T) = \sum_{i=1}^{n} M_i \Delta x_i, \quad s(T) = \sum_{i=1}^{n} m_i \Delta x_i,$$

称 $S(T)$ 是分法 T 的大和,$s(T)$ 是分法 T 的小和.

显然分法 T 确定之后,大和 $S(T)$ 和小和 $s(T)$ 也就确定了. 可见积分和 σ 不仅与分法 T 有关,还与每个小区间上 ξ_i 的取法相关,而大和、小和仅与分法 T 有关,这是积分和与大和、小和的主要区别. 为了研究函数 $f(x)$ 的可积性,接下来讨论大和、小和以及积分和之间的关系.

性质 7.1 对于区间 $[a,b]$ 的任意一个分法 T,任何积分和都介于小和与大和之间,即

$$s(T) \leqslant \sum_{i=1}^{n} f(\xi_i) \Delta x_i \leqslant S(T).$$

证明 对任意分法 T 以及 $\forall \xi_i \in [x_{i-1}, x_i]$，都有

$$m_i \leqslant f(\xi_i) \leqslant M_i, \quad i = 1, 2, \cdots, n.$$

所以

$$s(T) = \sum_{i=1}^{n} m_i \Delta x_i \leqslant \sum_{i=1}^{n} f(\xi_i) \Delta x_i \leqslant \sum_{i=1}^{n} M_i \Delta x_i = S(T).$$

性质 7.2 对于区间 $[a,b]$ 的任意一个分法 T，大和与小和分别是分法 T 所有积分和的上确界和下确界，即

$$s(T) = \inf_{\xi_i} \Big\{ \sum_{i=1}^{n} f(\xi_i) \Delta x_i \Big\}, \quad S(T) = \sup_{\xi_i} \Big\{ \sum_{i=1}^{n} f(\xi_i) \Delta x_i \Big\}.$$

证明 由性质 7.1 可知，对任意分法 T 及任意 $\xi_i \in [x_{i-1}, x_i] (i=1,2,\cdots,n)$，都有 $\sum_{i=1}^{n} f(\xi_i) \Delta x_i \leqslant S(T)$. 又 M_i 为 $f(x)$ 在 $[x_{i-1}, x_i]$ 上的上确界，由上确界的定义知，$\forall \varepsilon > 0$，$\exists \xi_i \in [x_{i-1}, x_i]$，有

$$M_i - \varepsilon < f(\xi_i) \leqslant M_i, \quad i = 1, 2, \cdots, n.$$

从而

$$\sum_{i=1}^{n} M_i \Delta x_i - \varepsilon \sum_{i=1}^{n} \Delta x_i < \sum_{i=1}^{n} f(\xi_i) \Delta x_i \leqslant \sum_{i=1}^{n} M_i \Delta x_i,$$

即

$$S(T) - \varepsilon < \sum_{i=1}^{n} f(\xi_i) \Delta x_i \leqslant S(T).$$

所以 $S(T)$ 是对应于分法 T 的所有积分和的上确界，$S(T) = \sup\limits_{\xi_i} \Big\{ \sum\limits_{i=1}^{n} f(\xi_i) \Delta x_i \Big\}$. 同理可证 $s(T) = \inf\limits_{\xi_i} \Big\{ \sum\limits_{i=1}^{n} f(\xi_i) \Delta x_i \Big\}$.

性质 7.3 对区间 $[a,b]$ 的任意分法 T，若在分法 T 中增加新的分点组成一个新分法 T'，则有

$$s(T) \leqslant s(T'), \quad S(T') \leqslant S(T).$$

即分点增多时，小和不减，大和不增.

证明 不失一般性，只须讨论增加一个新分点的情形，其余新分点可通过逐次增加一个分点而得到. 假设原来分法 T 为

$$a = x_0 < x_1 < \cdots < x_{i-1} < x_i \cdots < x_n = b.$$

新增加的分点 x' 位于分法 T 的第 i 个小区间 $[x_{i-1}, x_i]$ 内，即 $x_{i-1} < x' < x_i$. 加入新的分点后，对应的分法记为 T'. 显然分法 T 与分法 T' 的区别仅在于分法 T 的小区间 $[x_{i-1}, x_i]$ 在新分法 T' 中分成了 $[x_{i-1}, x']$ 和 $[x', x_i]$ 两个小区间，其余小区间没有变化. 设 m_i, m_i', m_i'' 分别

是函数 $f(x)$ 在区间 $[x_{i-1},x_i]$，$[x_{i-1},x']$ 和 $[x',x_i]$ 的下确界，显然有 $m_i\leqslant m'_i,m'_i\leqslant m''_i$. 从而有

$$m_i(x_i-x_{i-1})=m_i(x'-x_{i-1})+m_i(x_i-x')\leqslant m'_i(x'-x_{i-1})+m''_i(x_i-x'),$$

即 $s(T)\leqslant s(T')$. 同理可证，$S(T')\leqslant S(T)$.

性质 7.4 对区间 $[a,b]$ 的任意两个分法 T,T'，有 $s(T)\leqslant S(T')$，即任意分法 T 的小和都不会超过任意分法 T' 的大和.

证明 对于 $[a,b]$ 的任意两个分法 T 与 T'，把它们的分点合在一起，得到一个新的分法 T''. T'' 可以看作是分法 T 增加 T' 中的分点而得到的. 由性质 7.3 知 $s(T)\leqslant s(T''),S(T'')\leqslant S(T')$. 又 $s(T'')\leqslant S(T'')$，从而

$$s(T)\leqslant S(T').$$

性质 7.5 对于区间 $[a,b]$ 所有的分法 T，所有小和的集合存在上确界，所有大和的集合存在下确界，并且有 $\sup\limits_{T}\{s(T)\}\leqslant\inf\limits_{T}\{S(T)\}$.

证明 由性质 7.4 知所有小和的集合有上界，因为任何一个大和都是它的一个上界，从而有上确界. 记 $l=\sup\limits_{T}\{s(T)\}$. 易知，对任意一个大和 $S(T)$ 有 $S(T)\geqslant l$. 这说明对所有大和的集合有下界，因而有下确界，记 $L=\inf\limits_{T}\{S(T)\}$，从而 $l\leqslant L$，即 $\sup\limits_{T}\{s(T)\}\leqslant\inf\limits_{T}\{S(T)\}$. 可以看出，对任何小和大和，都有

$$s(T)\leqslant l\leqslant L\leqslant S(T).$$

7.2.3 可积的充要条件

函数 $f(x)$ 在区间 $[a,b]$ 上是否可积取决于黎曼和 $\sum\limits_{i=1}^{n}f(\xi_i)\Delta x_i$ 当 $\lambda(T)\to 0$ 时极限是否存在. 由大小和的性质 7.1 知，对任意分法 T，总有 $s(T)\leqslant\sum\limits_{i=1}^{n}f(\xi_i)\Delta x_i\leqslant S(T)$.

定理 7.2（可积准则） 函数 $f(x)$ 在区间 $[a,b]$ 上可积的充要条件是 $\lim\limits_{\lambda(T)\to 0}[S(T)-s(T)]=0$.

证明 必要性. 设 I 为 $f(x)$ 在 $[a,b]$ 上的定积分值. 则对 $\forall\varepsilon>0,\exists\delta>0$，不论分法 T 如何，也不论 ξ_i 在 $[x_{i-1},x_i]$ $(i=1,2,\cdots,n)$ 中如何选取，只要 $\lambda(T)<\delta$，就有 $\left|\sum\limits_{i=1}^{n}f(\xi_i)\Delta x_i-I\right|<\varepsilon$ 或 $I-\varepsilon<\sum\limits_{i=1}^{n}f(\xi_i)\Delta x_i<I+\varepsilon$. 由性质 7.2，有 $I-\varepsilon\leqslant s(T)\leqslant S(T)\leqslant I+\varepsilon$. 所以当 $\lambda(T)<\delta$ 时，$|s(T)-I|\leqslant\varepsilon,|S(T)-I|\leqslant\varepsilon$，即 $\lim\limits_{\lambda(T)\to 0}S(T)=\lim\limits_{\lambda(T)\to 0}s(T)=I$. 也就是 $\lim\limits_{\lambda(T)\to 0}[S(T)-s(T)]=0$.

充分性. 由 $\lim\limits_{\lambda(T)\to 0}[S(T)-s(T)]=0$ 知，$\forall\varepsilon>0,\exists\delta>0$，对任意分法 T 及 ξ_i 在 $[x_{i-1},x_i]$ 中的任意取法，当 $\lambda(T)<\delta$ 时，有 $S(T)-s(T)<\varepsilon$. 由性质 7.5 知，$s(T)\leqslant l\leqslant L\leqslant S(T)$，于是

有 $L-l \leqslant S(T)-s(T) < \varepsilon$，即 $\lim\limits_{\lambda(T)\to 0} |L-l| = 0$. 令 $I = l = L$，又 $s(T) \leqslant \sum\limits_{i=1}^{n} f(\xi_i)\Delta x_i \leqslant$ $S(T)$，从而 $\left| \sum\limits_{i=1}^{n} f(\xi_i)\Delta x_i - I \right| \leqslant S(T)-s(T) < \varepsilon$. 因此 $f(x)$ 在 $[a,b]$ 上可积. 证毕.

定义 7.4（振幅）　对于区间 $[a,b]$ 的分法 T, m_i, M_i 分别为函数 $f(x)$ 在第 i 个小区间 $[x_{i-1}, x_i]$ 上的下、上确界，即 $M_i = \sup\{f(x) \mid x \in [x_{i-1}, x_i]\}, m_i = \inf\{f(x) \mid x \in [x_{i-1}, x_i]\}, i = 1, 2, \cdots, n$. 记 $\omega_i = M_i - m_i$，称 ω_i 为函数 $f(x)$ 在区间 $[x_{i-1}, x_i]$ 上的振幅.

根据定理 7.2，$f(x)$ 在 $[a,b]$ 上可积当且仅当 $\lim\limits_{\lambda(T)\to 0} [S(T)-s(T)] = 0$，又因为 $S(T) - s(T) = \sum\limits_{i=1}^{n} M_i\Delta x_i - \sum\limits_{i=1}^{n} m_i\Delta x_i = \sum\limits_{i=1}^{n}(M_i-m_i)\Delta x_i = \sum\limits_{i=1}^{n} \omega_i\Delta x_i$，则可积的充要条件又可以写成另外一种等价形式：

$$\lim_{\lambda(T)\to 0} \sum_{i=1}^{n} \omega_i\Delta x_i = 0.$$

上述形式使用起来较为方便，例如前面讨论过的狄利克雷函数 $D(x)$ 在 $[0,1]$ 上的不可积性，便可用上述方式进行判别. 因为 $D(x)$ 在 $[0,1]$ 上的任何小区间振幅均为 1，所以 $\sum\limits_{i=1}^{n} \omega_i\Delta x_i = \sum\limits_{i=1}^{n} \Delta x_i = 1$，故 $D(x)$ 在 $[0,1]$ 上不可积.

可积准则的几何意义可以直观的通过图 7.6 来表示. 根据图 7.6 知，可积准则的几何意义是：$f(x)$ 在 $[a,b]$ 上可积的等价条件是图中阴影部分面积之和（即 n 个小矩形面积之和）在 $\lambda(T)\to 0$ 时可以任意小.

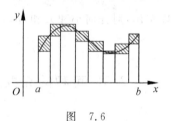

图　7.6

7.2.4　三类可积函数

以下给出常用的判断函数可积的充分条件.

定理 7.3　函数 $f(x)$ 在闭区间 $[a,b]$ 上连续，则 $f(x)$ 在 $[a,b]$ 上一定可积.

证明　因为 $f(x)$ 在 $[a,b]$ 上连续，从而一致连续，故对 $\forall \varepsilon > 0, \exists \delta > 0, \forall x', x'' \in [a,b]$，只要 $|x'-x''| < \delta$，就有 $|f(x')-f(x'')| < \varepsilon$. 取某一分法 T，使得 $\lambda(T) = \max\limits_{1\leqslant i\leqslant n}\{\Delta x_i\} < \delta$.

由于 $f(x)$ 在 $[x_{i-1}, x_i]$ 上连续，从而有最大值 $f(\xi_i')$ 和最小值 $f(\xi_i'')$，其中 $\xi_i', \xi_i'' \in [x_{i-1}, x_i]$ $(i = 1, 2, \cdots, n)$. 因而 $|\xi_i' - \xi_i''| \leqslant \Delta x_i < \delta$. 进一步地，$w_i = |f(\xi_i') - f(\xi_i'')| < \varepsilon$ $(i = 1, 2, \cdots, n)$. 因此 $\sum\limits_{i=1}^{n} w_i\Delta x_i < \varepsilon \sum\limits_{i=1}^{n}\Delta x_i = \varepsilon(b-a)$. 由可积准则知 $f(x)$ 在 $[a,b]$ 上可积.

定理 7.4　若函数 $f(x)$ 在闭区间 $[a,b]$ 上单调，则 $f(x)$ 在 $[a,b]$ 上可积.

证明　不妨设 $f(x)$ 在 $[a,b]$ 上单调递增，且不恒为常数（因为 $f(x) \equiv C, x \in [a,b]$ 显然

可积),则在每一个小区间 $[x_{i-1}, x_i]$ 上,有 $M_i = f(x_i), m_i = f(x_{i-1})(i=1,2,\cdots,n)$. 振幅 $w_i = f(x_i) - f(x_{i-1})$, $\sum\limits_{i=1}^{n} w_i \Delta x_i = \sum\limits_{i=1}^{n} [f(x_i) - f(x_{i-1})] \Delta x_i$. 从而对于 $\forall \varepsilon > 0$, 取 $\delta = \dfrac{\varepsilon}{f(b) - f(a)} > 0$, 对 $[a,b]$ 的任一分法 T, 只要 $\lambda(T) < \delta$, 就有

$$\sum_{i=1}^{n} w_i \Delta x_i = \sum_{i=1}^{n} [f(x_i) - f(x_{i-1})] \Delta x_i < \frac{\varepsilon}{f(b) - f(a)} \cdot \sum_{i=1}^{n} \Delta x_i = \varepsilon.$$

由可积准则知 $f(x)$ 在 $[a,b]$ 上可积.

定理 7.5 函数 $f(x)$ 在闭区间 $[a,b]$ 上有界,且有有限个间断点,则 $f(x)$ 在 $[a,b]$ 上可积.

证明 设函数 $f(x)$ 在闭区间 $[a,b]$ 有 k 个间断点 $x_1, x_2, \cdots, x_k$. $\forall \varepsilon > 0$, 作每个间断点的 ε 邻域,即取 $\delta_1 = \varepsilon$ 每个邻域为 $(x_i - \delta_1, x_i + \delta_1)$, $i = 1,2,\cdots,k$, 每个领域的长度为 $2\delta_1 = 2\varepsilon$. 那么, $[a,b] - \bigcup\limits_{i=1}^{k} (x_i - \delta_1, x_i + \delta_1)$ 至多为 $[a,b]$ 的 $k+1$ 个闭子区间,记为 $I_1, I_2, \cdots, I_j (j \leqslant k+1)$. 函数 $f(x)$ 在这些闭子区间上连续,从而一致连续. $\forall \varepsilon > 0, \exists \delta_2 > 0$, 对任意分法 T, 只要 $\lambda(T) < \delta_2$. 每个闭子区间 I_j 被分成若干小区间,并且 $f(x)$ 在每个小区间上的振幅 ω_i 一致小于 ε.

取 $\delta = \min\{\delta_1, \delta_2\}$, 对区间 $[a,b]$ 任意分法 T, 只要 $\lambda(T) < \delta$, 有 $\sum\limits_{i=1}^{n} \omega_i \Delta x_i = \sum \omega'_i \Delta x'_i + \sum \omega''_i \Delta x''_i$, 其中 $\sum \omega'_i \Delta x'_i$ 是不包含间断点的那些小区间的振幅和, $\sum \omega''_i \Delta x''_i$ 是包含间断点的小区间的振幅和. 那么,有以下结论成立:

$$\sum \omega'_i \Delta x'_i \leqslant \varepsilon \sum \Delta x'_i < \varepsilon(b-a),$$

$$\sum \omega''_i \Delta x''_i \leqslant 2M \sum \Delta x''_i < 8Mk\varepsilon.$$

由于 $f(x)$ 在 $[a,b]$ 上有界,不妨设为 M, 则 $\sum \omega''_i \leqslant 2M$. 此外, $\Delta x''_i$ 为分法 T 中包含间断点的小区间的长度之和,由 $\Delta x''_i < 4\varepsilon$, 有 $\sum \Delta x''_i < 4k\varepsilon$. 从而有上述结论成立.

因此,对 $\forall \varepsilon > 0, \exists \delta = \min\{\delta_1, \delta_2\}$, 对区间 $[a,b]$ 的任意分法 T, 只要 $\lambda(T) < \delta$, 有 $\lim\limits_{\lambda(T) \to 0} \sum\limits_{i=1}^{n} \omega_i \Delta x_i = 0$, 从而 $f(x)$ 在 $[a,b]$ 上可积.

注意,定理 7.5 给出的是可积的充分条件而不是必要条件, $f(x)$ 在 $[a,b]$ 上有界,有无穷个间断点时,也有可能可积. 例如,函数

$$f(x) = \begin{cases} 0, & x = 0, \\ \dfrac{1}{n}, & \dfrac{1}{n+1} < x \leqslant \dfrac{1}{n}, n \in \mathbb{N}^+. \end{cases}$$

显然 $f(x)$ 在 $[0,1]$ 上有界，且有无穷多个间断点，但根据定理 7.4 知 $f(x)$ 在 $[0,1]$ 单调增加，从而 $f(x)$ 在 $[0,1]$ 上可积.

习题 7.2

1. 判断下列函数的可积性：

(1) $f(x)=\begin{cases}-1, & x\text{ 为}[0,1]\text{中的有理数,}\\ 1, & x\text{ 为}[0,1]\text{中的无理数;}\end{cases}$ (2) $f(x)=\begin{cases}0, & x\text{ 为}[0,1]\text{中的有理数,}\\ x, & x\text{ 为}[0,1]\text{中的无理数.}\end{cases}$

2. 设 $f(x)$ 为在 $[a,b]$ 上有无穷多个不连续点 $a_n(n=1,2,\cdots)$ 的有界函数，又设 $a_n\to a_0$ $(n\to+\infty)$，试证 $f(x)$ 在 $[a,b]$ 上可积.

3. 证明下面不连续函数在闭区间 $[0,1]$ 上可积.

(1) $f(x)=\begin{cases}\operatorname{sgn}\left(\sin\dfrac{\pi}{x}\right), & x\neq 0,\\ 0, & x=0;\end{cases}$ (2) $f(x)=\begin{cases}\dfrac{1}{x}-\left[\dfrac{1}{x}\right], & x\neq 0,\\ 0, & x=0.\end{cases}$

4. 若函数 $f(x)$ 在 $[a,b]$ 上单调增加，证明下面不等式成立：

$$f(a)(b-a)\leqslant \int_a^b f(x)\mathrm{d}x\leqslant f(b)(b-a).$$

5. 证明：若函数 $f(x)$ 在 $[a,b]$ 可积，则 $[f(x)]^2$ 在 $[a,b]$ 上也可积.

7.3 定积分的性质

7.3.1 定积分的基本性质

在定积分的定义中，实际假定了积分下限小于积分上限，即 $a<b$，为了今后使用方便，规定：当 $a>b$ 时，$\displaystyle\int_a^b f(x)\mathrm{d}x = -\int_b^a f(x)\mathrm{d}x$；当 $a=b$ 时，$\displaystyle\int_a^b f(x)\mathrm{d}x = 0$.

性质 7.6 若函数 $f(x)$ 在 $[a,b]$ 上可积，c 为任意常数，则 $cf(x)$ 在 $[a,b]$ 上可积，且

$$\int_a^b cf(x)\mathrm{d}x = c\int_a^b f(x)\mathrm{d}x.$$

证明 对 $[a,b]$ 的任意分法 T，不论 ξ_i 在 $[x_{i-1},x_i]$ 上如何选取，都有

$$\sum_{i=1}^n cf(\xi_i)\Delta x_i = c\sum_{i=1}^n f(\xi_i)\Delta x_i.$$

因为 $f(x)$ 在 $[a,b]$ 上可积，故为 $\lambda(T)\to 0$ 时，上式左右极限同时存在，且有

$$\lim_{\lambda(T)\to 0}\sum_{i=1}^n cf(\xi_i)\Delta x_i = \lim_{\lambda(T)\to 0} c\sum_{i=1}^n f(\xi_i)\Delta x_i = c\lim_{\lambda(T)\to 0}\sum_{i=1}^n f(\xi_i)\Delta x_i = c\int_a^b f(x)\mathrm{d}x.$$

这就证明了 $cf(x)$ 在 $[a,b]$ 上可积,且

$$\int_a^b cf(x)\mathrm{d}x = c\int_a^b f(x)\mathrm{d}x.$$

性质 7.7 若函数 $f(x)$ 和 $g(x)$ 都在 $[a,b]$ 上可积,则 $f(x)\pm g(x)$ 在 $[a,b]$ 上也可积,且有

$$\int_a^b [f(x)\pm g(x)]\mathrm{d}x = \int_a^b f(x)\mathrm{d}x \pm \int_a^b g(x)\mathrm{d}x.$$

证明 对 $[a,b]$ 的任意分法 T,不论 ξ_i 在 $[x_{i-1},x_i]$ 上如何选取,都有

$$\sum_{i=1}^n [f(\xi_i)\pm g(\xi_i)]\Delta x_i = \sum_{i=1}^n f(\xi_i)\Delta x_i \pm \sum_{i=1}^n g(\xi_i)\Delta x_i.$$

由于 $f(x),g(x)$ 在 $[a,b]$ 上可积,故当 $\lambda(T)\to 0$ 时,上式右端极限存在,从而有

$$\lim_{\lambda(T)\to 0}\sum_{i=1}^n [f(\xi_i)\pm g(\xi_i)]\Delta x_i = \lim_{\lambda(T)\to 0}\Big[\sum_{i=1}^n f(\xi_i)\Delta x_i \pm \sum_{i=1}^n g(\xi_i)\Delta x_i\Big]$$

$$= \lim_{\lambda(T)\to 0}\sum_{i=1}^n f(\xi_i)\Delta x_i \pm \lim_{\lambda(T)\to 0}\sum_{i=1}^n g(\xi_i)\Delta x_i$$

$$= \int_a^b f(x)\mathrm{d}x \pm \int_a^b g(x)\mathrm{d}x.$$

因此,$f(x)\pm g(x)$ 在 $[a,b]$ 上可积,且

$$\int_a^b [f(x)\pm g(x)]\mathrm{d}x = \int_a^b f(x)\mathrm{d}x \pm \int_a^b g(x)\mathrm{d}x.$$

推论 7.1 若 $f_i(x)$ 在 $[a,b]$ 上可积,c_i 为任意常数,$i=1,2,\cdots,n$,则 $\sum_{i=1}^n c_i f_i(x)$ 在 $[a,b]$ 上可积,且有

$$\int_a^b [c_1 f_1(x)+c_2 f_2(x)+\cdots+c_n f_n(x)]\mathrm{d}x = \sum_{i=1}^n c_i\int_a^b f(x)\mathrm{d}x.$$

证明 由性质 7.6 和性质 7.7 即可得证.

性质 7.8 若 $f(x)$ 与 $g(x)$ 都在 $[a,b]$ 上可积,则 $f(x)g(x)$ 也在 $[a,b]$ 上可积.

证明 由可积必有界知,存在 $M>0$,$\forall x\in[a,b]$,$|f(x)|\leqslant M$,$|g(x)|\leqslant M$. 对于 $[a,b]$ 的任意分法 T,不论 ξ_i',ξ_i'' 在 $[x_{i-1},x_i]$ 上如何选取,ω_i,ω_i' 分别为 $f(x)$ 和 $g(x)$ 在小区间 $[x_{i-1},x_i]$ 上的振幅,则有

$$|f(\xi_i'')g(\xi_i'')-f(\xi_i')g(\xi_i')| = |[f(\xi_i'')-f(\xi_i')]g(\xi_i'')+[g(\xi_i'')-g(\xi_i')]f(\xi_i')|$$

$$\leqslant |f(\xi_i'')-f(\xi_i')|\cdot|g(\xi_i'')|+|g(\xi_i'')-g(\xi_i')|\cdot|f(\xi_i')|$$

$$\leqslant \omega_i\cdot M+\omega_i'\cdot M.$$

假设 $f(x)g(x)$ 在小区间 $[x_{i-1},x_i]$ 上的振幅为 Ω_i,根据上式有 $0\leqslant\Omega_i\leqslant\omega_i M+\omega_i'M(i=1,2,\cdots,n)$. 因为 $f(x)$ 和 $g(x)$ 可积,所以 $\lim_{\lambda(T)\to 0}\sum_{i=1}^n \omega_i\Delta x_i = 0$,$\lim_{\lambda(T)\to 0}\sum_{i=1}^n \omega_i'\Delta x_i = 0$. 从而

$\lim\limits_{\lambda(T)\to 0}\sum\limits_{i=1}^{n}\Omega_i\Delta x_i=0$. 由可积准则知，$f(x)g(x)$ 在 $[a,b]$ 上可积.

注 $f(x),g(x)$ 在 $[a,b]$ 上都可积，积分值 $\int_a^b f(x)g(x)\mathrm{d}x$ 与 $\left(\int_a^b f(x)\mathrm{d}x\right)\left(\int_a^b g(x)\mathrm{d}x\right)$ 不一定相等.

性质 7.9   （定积分的可加性）若 $a<c<b$，且函数 $f(x)$ 在 $[a,c]$ 和 $[c,b]$ 上都可积，则 $f(x)$ 在 $[a,b]$ 上也可积，且

$$\int_a^b f(x)\mathrm{d}x=\int_a^c f(x)\mathrm{d}x+\int_c^b f(x)\mathrm{d}x. \tag{7.1}$$

反之，若 $f(x)$ 在 $[a,b]$ 上可积，则 $f(x)$ 在 $[a,c]$ 和 $[c,b]$ 上也可积，且 (7.1) 式仍成立.

证明   对于 $[a,b]$ 的任意分法 T，分点 c 有以下两种情形：

情形 1 c 是分法 T 的某一分点. 记 T_1,T_2 分别为分法 T 在区间 $[a,c]$ 和 $[c,b]$ 上的相应分法，$\sum\limits_a^b(T)$ 表示区间 $[a,b]$ 上分法 T 的振幅和形式 $\sum\limits_{i=1}^{n}\omega_i\Delta x_i$. $\sum\limits_a^c(T_1)$，$\sum\limits_c^b(T_2)$ 与 $\sum\limits_a^b(T)$ 的意义相似. 由于 c 是分法 T 的分点，则 $\sum\limits_a^b(T)=\sum\limits_a^c(T_1)+\sum\limits_c^b(T_2)$. $f(x)$ 在 $[a,c]$ 和 $[c,b]$ 上可积意味着 $\lim\limits_{\lambda(T_1)\to 0}\sum\limits_a^c(T_1)=0$，$\lim\limits_{\lambda(T_2)\to 0}\sum\limits_c^b(T_2)=0$，从而有 $\lim\limits_{\lambda(T)\to 0}\sum\limits_a^b(T)=0$，根据可积准则知，$f(x)$ 在 $[a,b]$ 上可积，且 (7.1) 式成立.

情形 2 c 不是分法 T 的分点. 将 c 作为一个新的分点加入到分法 T 中得到一个新的分法 T'. 振幅和 $\sum\limits_a^b(T)$ 与 $\sum\limits_a^b(T')$ 的区别仅在于前者包含 c 的小区间对应的项换成后者以 c 为端点的两个小区间对应的两项. 不妨设它们分别为 $\omega_i\Delta x_i$ 和 $\omega'_j\Delta x_j$ 和 $\omega'_k\Delta x'_k$. 则差式 $\sum\limits_a^b(T)-\sum\limits_a^b(T')=\omega_i\Delta x_i-\omega'_j\Delta x'_j-\omega'_k\Delta x'_k$. 当 $\lambda(T)\to 0$ 时 $\Delta x_i\to 0$，$\Delta x'_j\to 0$，$\Delta x'_k\to 0$，振幅 $\omega_i,\omega'_j,\omega'_k$ 均有界. 有 $\lim\limits_{\lambda(T)\to 0}\left[\sum\limits_a^b(T)-\sum\limits_a^b(T')\right]=0$. 由情形 1 知 $\lim\limits_{\lambda(T)\to 0}\sum\limits_a^b(T')=0$，从而 $\lim\limits_{\lambda(T)\to 0}\sum\limits_a^b(T)=0$.

因此，对于任意分法 T，不论 c 是否是分点，只要 $f(x)$ 在 $[a,c]$ 和 $[c,b]$ 上可积，$f(x)$ 在 $[a,b]$ 上一定可积，且 (7.1) 式成立.

反之，若 $f(x)$ 在 $[a,b]$ 上可积，即 $\lim\limits_{\lambda(T)}\sum\limits_a^b(T)=0$，则 $\forall\varepsilon>0$，$\exists\delta>0$，对任意分法 T，只要 $\lambda(T)<\delta$，就有 $\sum\limits_a^b(T)=\sum\limits_{i=1}^{n}\omega_i\Delta x_i<\varepsilon$. 记 T_1 和 T_2 分别是 $[a,c]$ 与 $[c,b]$ 上的任意一个分法，只要 $\lambda(T_1)<\delta$，$\lambda(T_2)<\delta$，将 T_1 和 T_2 的分点结合起来形成对区间 $[a,b]$ 的一个分法 T，

显然有 $\lambda(T)<\delta$. 从而，$\sum\limits_a^c(T_1)\leqslant\sum\limits_a^b(T)<\varepsilon,\sum\limits_c^b(T_2)\leqslant\sum\limits_a^b(T)<\varepsilon$. 因此，$f(x)$ 在 $[a,b]$ 上可积，则 $f(x)$ 在 $[a,c]$ 和 $[c,b]$ 上均可积，(7.1)式显然成立.

推论 7.2 若 $f(x)$ 在区间 $[a_{i-1},a_i](i=1,2,\cdots,n)$ 上都可积，则 $f(x)$ 在 $[a_0,a_n]$ 上也可积，且

$$\int_{a_0}^{a_n}f(x)\mathrm{d}x=\int_{a_0}^{a_1}f(x)\mathrm{d}x+\int_{a_1}^{a_2}f(x)\mathrm{d}x+\cdots+\int_{a_{n-1}}^{a_n}f(x)\mathrm{d}x. \tag{7.2}$$

反之，若 $f(x)$ 在 $[a_0,a_n]$ 上可积，则 a_i 为 $[a_0,a_n]$ 内部点，则 $f(x)$ 在 $[a_{i-1},a_i](i=1,2,\cdots,n)$ 上都可积，(7.2)式亦然成立.

性质 7.10 若 $f(x)$ 在区间 $[a,b]$ 上可积，且 $\forall x\in[a,b]$，有 $f(x)\geqslant0(f(x)\leqslant0)$，则

$$\int_a^b f(x)\mathrm{d}x\geqslant0\quad\left(\int_a^b f(x)\mathrm{d}x\leqslant0\right).$$

证明 因为 $\forall x\in[a,b],f(x)\geqslant0$，所以对 $[a,b]$ 的任意分法 T. 不论 ξ_i 在 $[x_{i-1},x_i]$ 中如何选取，都有 $f(\xi_i)\geqslant0,\Delta x_i=x_{i-1}-x_i>0,i=1,2,\cdots,n$，从而

$$\sum_{i=1}^n f(\xi_i)\Delta x_i\geqslant0.$$

由极限的保号性知 $\int_a^b f(x)\mathrm{d}x=\lim\limits_{\lambda(T)\to0}\sum\limits_{i=1}^n f(\xi_i)\Delta x_i\geqslant0$. 同理可证 $f(x)\leqslant0$ 的情形.

推论 7.3 若 $f(x)$ 和 $g(x)$ 都在 $[a,b]$ 上可积，且对任意 $x\in[a,b]$，有 $f(x)\leqslant g(x)$，则 $\int_a^b f(x)\mathrm{d}x\leqslant\int_a^b g(x)\mathrm{d}x$.

推论 7.4 若 $f(x)$ 在区间 $[a,b]$ 上可积，且对任意 $x\in[a,b]$，有 $m\leqslant f(x)\leqslant M$，则

$$m(b-a)\leqslant\int_a^b f(x)g(x)\mathrm{d}x\leqslant M(b-a).$$

性质 7.11 若 $f(x)$ 在区间 $[a,b]$ 上可积，则函数 $|f(x)|$ 在 $[a,b]$ 上也可积(此时称 $f(x)$ 在 $[a,b]$ 上绝对可积)，且有

$$\left|\int_a^b f(x)\mathrm{d}x\right|\leqslant\int_a^b|f(x)|\mathrm{d}x.$$

证明 对于 $[a,b]$ 的任意分法 T，设 $f(x)$ 与 $|f(x)|$ 在小区间 $[x_{i-1},x_i]$ 上的振幅分别为 ω_i 和 ω_i^*，$\forall x_i',x_i''\in[x_{i-1},x_i]$，有 $\big||f(x_i'')|-|f(x_i')|\big|\leqslant|f(x_i'')-f(x_i')|$，因而

$$\big||f(x_i'')|-|f(x_i')|\big|\leqslant\sup\{|f(x_i'')-f(x_i')|\,|\,x_i',x_i''\in[x_{i-1},x_i]\}\leqslant\omega_i,\quad i=1,2,\cdots,n.$$

所以

$$\omega_i^*=\sup\left\{\big||f(x_i'')|-|f(x_i')|\big|\,\Big|\,x_i',x_i''\in[x_{i-1},x_i]\right\}\leqslant\omega_i,\text{即 }\omega_i^*\leqslant\omega_i,\quad i=1,2,\cdots,n.$$

那么

$$0 \leqslant \sum_{i=1}^{n} \omega_i^* \Delta x_i \leqslant \sum_{i=1}^{n} \omega_i \Delta x_i.$$

由于 $f(x)$ 在 $[a,b]$ 上可积，有 $\lim\limits_{\lambda(T) \to 0} \sum\limits_{i=1}^{n} \omega_i \Delta x_i = 0$，从而 $\lim\limits_{\lambda(T) \to 0} \sum\limits_{i=1}^{n} \omega_i^* \Delta x_i = 0$. 因此 $|f(x)|$ 在 $[a,b]$ 上也可积.

进一步地，$\forall x \in [a,b]. -|f(x)| \leqslant f(x) \leqslant |f(x)|$，所以

$$-\int_a^b |f(x)| \, \mathrm{d}x \leqslant \int_a^b f(x) \mathrm{d}x \leqslant \int_a^b |f(x)| \, \mathrm{d}x,$$

即

$$\left| \int_a^b f(x) \mathrm{d}x \right| \leqslant \int_a^b |f(x)| \, \mathrm{d}x.$$

注 性质 7.11 说明 $f(x)$ 可积必绝对可积，但反之不一定成立，即绝对可积的函数本身并不一定可积. 例如，函数 $f(x) = \begin{cases} 1, & x \text{ 为有理数}, \\ -1, & x \text{ 为无理数}. \end{cases}$，$|f(x)| \equiv 1, x \in [0,1]$，显然在 $[0,1]$ 上 $f(x)$ 绝对可积，但 $f(x)$ 本身在 $[0,1]$ 上不可积. 由于有理数与无理数分布的稠密性，对于 $[0,1]$ 的任意分法 T，小区间 $[x_{i-1}, x_i]$ 上的振幅 $\omega_i = 2(i=1,2,\cdots,n)$，所以 $\lim\limits_{\lambda(T) \to 0} \sum\limits_{i=1}^{n} \omega_i \Delta x_i = \lim\limits_{\lambda(T) \to 0} 2 \sum\limits_{i=1}^{n} \Delta x_i = 2 \neq 0$，从而 $f(x)$ 本身不可积.

7.3.2　积分中值定理

定理 7.6（积分中值定理） 设 $f(x)$ 与 $g(x)$ 在区间 $[a,b]$ 上都可积，且 $g(x)$ 不变号，$m \leqslant f(x) \leqslant M$，则存在 $\mu, m \leqslant \mu \leqslant M$，使得

$$\int_a^b f(x)g(x)\mathrm{d}x = \mu \int_a^b g(x)\mathrm{d}x. \tag{7.3}$$

如果 $f(x)$ 在 $[a,b]$ 上连续，则存在 $\xi \in [a,b]$，使得

$$\int_a^b f(x)g(x)\mathrm{d}x = f(\xi)\int_a^b g(x)\mathrm{d}x. \tag{7.4}$$

证明 因为 $f(x),g(x)$ 均在 $[a,b]$ 上可积，由性质 7.8 知 $\int_a^b f(x)g(x)\mathrm{d}x$ 存在. $g(x)$ 在 $[a,b]$ 上不变号，不妨设 $\forall x \in [a,b]$，有 $g(x) \geqslant 0$，则 $\int_a^b g(x)\mathrm{d}x \geqslant 0$. 由 $m \leqslant f(x) \leqslant M$ 知，$\forall x \in [a,b]$，有

$$mg(x) \leqslant f(x)g(x) \leqslant Mg(x),$$

$$m\int_a^b g(x)\mathrm{d}x \leqslant \int_a^b f(x)g(x)\mathrm{d}x \leqslant M\int_a^b g(x)\mathrm{d}x. \tag{7.5}$$

若 $\int_a^b g(x)\mathrm{d}x = 0$，则 $\int_a^b f(x)g(x)\mathrm{d}x = 0$. 此时在 m 与 M 之间任取 μ，都有 (7.3) 式成立.

若 $\int_a^b g(x)\mathrm{d}x > 0$，由 (7.5) 式得

$$m \leqslant \frac{\int_a^b f(x)g(x)\mathrm{d}x}{\int_a^b g(x)\mathrm{d}x} \leqslant M. \tag{7.6}$$

令 $\mu = \dfrac{\int_a^b f(x)g(x)\mathrm{d}x}{\int_a^b g(x)\mathrm{d}x}$，则有 $\int_a^b f(x)g(x)\mathrm{d}x = \mu\int_a^b g(x)\mathrm{d}x$.

当 $f(x)$ 连续时，m,M 分别为 $f(x)$ 在 $[a,b]$ 上的最小值和最大值. 若 $\int_a^b g(x)\mathrm{d}x = 0$，则在 (a,b) 内任取一点 ξ，(7.4) 式均成立；若 $\int_a^b g(x)\mathrm{d}x > 0$，由 (7.6) 式及闭区间上连续函数的介值定理知，$\exists\,\xi\in[a,b]$，使得 $f(\xi) = \dfrac{\int_a^b f(x)g(x)\mathrm{d}x}{\int_a^b g(x)\mathrm{d}x}$，即

$$\int_a^b f(x)g(x)\mathrm{d}x = f(\xi)\int_a^b g(x)\mathrm{d}x.$$

作为积分中值定理的特殊情况，当 $g(x)=1$ 时，有下述结论.

定理 7.7 若 $f(x)$ 在 $[a,b]$ 上可积，且 $m\leqslant f(x)\leqslant M$，则存在 $\mu,m\leqslant\mu\leqslant M$，使

$$\int_a^b f(x)\mathrm{d}x = M(b-a). \tag{7.7}$$

若 $f(x)$ 在 $[a,b]$ 连续，则存在 $\xi\in[a,b]$，使得

$$\int_a^b f(x)\mathrm{d}x = f(\xi)(b-a). \tag{7.8}$$

注 (7.8) 式的几何意义是：如果 $f(x)\geqslant 0$，由积分 $\int_a^b f(x)\mathrm{d}x$ 表示的连续曲线 $y=f(x)$，$x=a,x=b$ 及 x 轴所围成的曲边梯形的面积等于以 $[a,b]$ 上某一点的函数值 $f(\xi)$ 为高、以区间 $[a,b]$ 的长为底的矩形面积，如图 7.7 所示.

进一步地，(7.8) 式可看成梯形面积公式

$$面积 = 中位线 \times 高$$

的推广，其中高为 $b-a$，如图 7.8 所示.

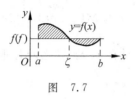

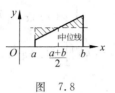

图 7.7   图 7.8

习题 7.3

1. 设 $f(x)$ 在 $[a,b]$ 上可积，$g(x)$ 在 $[a,b]$ 上不可积，证明 $f(x)+g(x)$ 在 $[a,b]$ 上不可积.

2. 设 $f(x),g(x)$ 在 $[a,b]$ 上都不可积，问 $f(x)+g(x),f(x) \cdot g(x)$ 在 $[a,b]$ 上的可积性如何？

3. 设 $\forall x\in[a,b],f(x)\geqslant 0$，且 $f(x)$ 在 $[a,b]$ 上连续，若存在 $\xi\in[a,b]$，使得 $f(\xi)>0$，证明 $\int_a^b f(x)\mathrm{d}x>0$.

4. 若 $f(x),g(x)$ 在 $[a,b]$ 都可积，试证明 $\max\{f(x),g(x)\},\min\{f(x),g(x)\}$ 在 $[a,b]$ 上均可积.

5. （施瓦茨不等式）设 $f(x),g(x)$ 在 $[a,b]$ 可积，证明 $\left[\int_a^b f(x)g(x)\mathrm{d}x\right]^2\leqslant$

$\int_a^b f^2(x)\mathrm{d}x\int_a^b g^2(x)\mathrm{d}x\ (a<b)$.

6. 比较下列积分之间的大小：

(1) $\int_0^1 \mathrm{e}^{-x}\mathrm{d}x$ 与 $\int_0^1 \mathrm{e}^{-x^2}\mathrm{d}x$；

(2) $\int_3^5 (\ln x)^2\mathrm{d}x$ 与 $\int_3^5 \ln x\mathrm{d}x$；

(3) $\int_0^{\frac{\pi}{2}} \sin^8 x\mathrm{d}x$ 与 $\int_0^{\frac{\pi}{2}} \sin^2 x\mathrm{d}x$；

(4) $\int_1^2 x^2\mathrm{d}x$ 与 $\int_1^2 x^3\mathrm{d}x$.

7. 利用定积分的性质，估计下列积分值：

(1) $I=\int_0^{\frac{\pi}{2}} \dfrac{\sin x}{x}\mathrm{d}x$；

(2) $I=\int_0^2 \dfrac{5-x}{9-x^2}\mathrm{d}x$；

(3) $I=\int_0^1 \mathrm{e}^{x^2}\mathrm{d}x$；

(4) $I=\int_0^{\frac{\pi}{2}} \dfrac{1}{\sqrt{1-\dfrac{1}{2}\sin^2 x}}\mathrm{d}x$.

7.4 微积分基本定理

7.4.1 变限积分函数及其性质

通过前面的学习我们已经知道,对于定积分 $\int_a^b f(x)\mathrm{d}x$ 而言,其积分值是一个与被积函数 $f(x)$ 以及积分限 a,b 有关(与积分变量 x 无关)的常数. 因此,当被积函数 $f(x)$ 不变,积分下限 a 固定,积分上限为积分区间 $[a,b]$ 上的任意一点 x 时(即 $\forall x\in[a,b]$), $\int_a^x f(x)\mathrm{d}x$ 是一个与积分上限 x 相对应的数值,从而 $\int_a^x f(t)\mathrm{d}t$ 形成了一个与 x 一一对应的函数关系. 类似地,如果积分上限 b 固定,积分下限由 a 变为 $[a,b]$ 上的任意点 x,那么 $\int_x^b f(t)\mathrm{d}t$ 也表示与 x 相对应的函数.

定义 7.5 若函数 $f(x)$ 在 $[a,b]$ 上可积,则对于 $[a,b]$ 中任一固定点 x,积分 $\int_a^x f(t)\mathrm{d}t$ 存在且由 x 唯一确定,因而是 x 的函数,记作 $\Phi(x)$,即

$$\Phi(x)=\int_a^x f(t)\mathrm{d}t, \quad x\in[a,b].$$

称 $\Phi(x)$ 为可变上限积分函数.

类似地,记 $G(x)=\int_x^b f(t)\mathrm{d}t$, $x\in[a,b]$,称 $G(x)$ 为可变下限积分函数. 可变上限积分函数与可变下限积分函数统称为变限积分函数.

由定积分的运算性质知,交换积分上、下限定积分变为原来的相反数,即

$$\int_x^b f(t)\mathrm{d}t=-\int_b^x f(t)\mathrm{d}t.$$

因此,对于变限积分函数性质的讨论,我们仅对可变上限积分函数进行研究,可变下限积分函数的性质可类似推得,不另赘述.

定理 7.8 设 $f(x)$ 在 $[a,b]$ 上可积,则 $\Phi(x)=\int_a^x f(t)\mathrm{d}t$ 是区间 $[a,b]$ 上的连续函数.

证明 因为 $f(x)$ 在 $[a,b]$ 上可积,故必有界,即存在 $M>0$,使 $|f(x)|\leqslant M$,对 $\forall x\in[a,b]$ 均成立. 对 $\forall x\in(a,b)$, Δx 为改变量且 $x+\Delta x\in[a,b]$,则

$$|\Delta\Phi(x)|=|\Phi(x+\Delta x)-\Phi(x)|$$

$$=\left|\int_a^{x+\Delta x}f(t)\mathrm{d}t-\int_a^x f(t)\mathrm{d}t\right|=\left|\int_x^{x+\Delta x}f(t)\mathrm{d}t\right|$$

$$\leqslant\left|\int_x^{x+\Delta x}|f(t)|\mathrm{d}t\right|\leqslant M|\Delta x|.$$

由此可知，当 $\Delta x \to 0$ 时，$\Delta \Phi(x) \to 0$，即 $\lim\limits_{\Delta x \to 0} \Delta \Phi(x) = 0$，所以 $\Phi(x)$ 在 x 点连续，由 x 的任意性，$\Phi(x)$ 在区间 (a,b) 上是连续函数.

对于 a,b 两个端点的连续性，与上述证明类似，因而 $\Phi(x)$ 在闭区间 $[a,b]$ 上连续.

更进一步地，关于可变上限积分函数的可导性，我们有以下定理.

定理 7.9 若 $f(x)$ 在 $[a,b]$ 上连续，则 $\Phi(x) = \displaystyle\int_a^x f(t)\mathrm{d}t$ 在 $[a,b]$ 上可导，并且有

$$\Phi'(x) = \left(\int_a^x f(t)\mathrm{d}t \right)' = f(x), \quad x \in [a,b],$$

即可变上限积分函数 $\Phi(x)$ 是被积函数 $f(x)$ 的一个原函数.

证明 只须证明对任意 $x \in [a,b]$，有

$$\Phi'(x) = \lim_{\Delta x \to 0} \frac{\Phi(x + \Delta x) - \Phi(x)}{\Delta x} = f(x).$$

设自变量 x 有改变量 Δx，使 $x + \Delta x \in [a,b]$，则

$$\Phi(x + \Delta x) - \Phi(x) = \int_a^{x+\Delta x} f(t)\mathrm{d}t - \int_a^x f(t)\mathrm{d}t$$

$$= \int_a^x f(t)\mathrm{d}t + \int_x^{x+\Delta x} f(t)\mathrm{d}t - \int_a^x f(t)\mathrm{d}t = \int_x^{x+\Delta x} f(t)\mathrm{d}t.$$

由定理 7.7 知 $\Phi(x + \Delta x) - \Phi(x) = \displaystyle\int_x^{x+\Delta x} f(t)\mathrm{d}t = f(\xi)\Delta x$，$\xi$ 介于 x 和 $x + \Delta x$ 之间. 从而 $\Phi'(x) = \lim\limits_{\Delta x \to 0} \dfrac{\Phi(x + \Delta x) - \Phi(x)}{\Delta x} = \lim\limits_{\Delta x \to 0} \dfrac{f(\xi)\Delta x}{\Delta x} = \lim\limits_{\Delta x \to 0} f(\xi)$.

因为 $f(x)$ 在 $[a,b]$ 上的连续函数，所以当 $\Delta x \to 0$ 时，$\xi \to x$，即 $\lim\limits_{\Delta x \to 0} f(\xi) = f(x)$，那么 $\Phi'(x) = f(x)$. 定理得证.

由此可见，尽管定积分与不定积分（原函数）的概念完全不同，但是二者之间存在密切的联系. 当 $f(x)$ 在 $[a,b]$ 上连续时，$f(x)$ 在 $[a,b]$ 上必存在原函数，并且 $\Phi(x) = \displaystyle\int_a^x f(t)\mathrm{d}t$ 即为 $f(x)$ 在 $[a,b]$ 上的一个原函数. 因此，定理 7.9 也称为原函数存在性定理.

关于变限积分函数的可导性，它的一般形式如下：

推论 7.5 设 $f(x)$ 在 $[a,b]$ 上连续，$\alpha(x), \beta(x)$ 是 $[a,b]$ 上的可导函数，且 $a \leqslant \alpha(x) \leqslant b$，$a \leqslant \beta(x) \leqslant b, x \in [a,b]$，那么

$$\left(\int_{\alpha(x)}^{\beta(x)} f(t)\mathrm{d}t \right)' = f[\beta(x)]\beta'(x) - f[\alpha(x)]\alpha'(x).$$

证明 设 $\Phi(x) = \displaystyle\int_a^x f(t)\mathrm{d}t$，由定积分的可加性知

$$\int_{\alpha(x)}^{\beta(x)} f(t)\mathrm{d}t = \int_{\alpha(x)}^a f(t)\mathrm{d}t + \int_a^{\beta(x)} f(t)\mathrm{d}t$$

$$= \int_a^{\beta(x)} f(t)\mathrm{d}t - \int_a^{\alpha(x)} f(t)\mathrm{d}t = \Phi[\beta(x)] - \Phi[\alpha(x)].$$

根据复合函数的求导法则,有

$$
\begin{aligned}
\left(\int_{\alpha(x)}^{\beta(x)} f(t)\mathrm{d}t\right)' &= \{\Phi[\beta(x)] - \Phi[\alpha(x)]\}' \\
&= \Phi'[\beta(x)]\beta'(x) - \Phi'[\alpha(x)]\alpha'(x) \\
&= f[\beta(x)]\beta'(x) - f[\alpha(x)]\alpha'(x).
\end{aligned}
$$

作为推论 7.5 的特殊情形,以下两个等式显然成立.

推论 7.6 设 $f(x)$ 在 $[a,b]$ 上连续,$\alpha(x)$ 在 $[a,b]$ 上可导,且 $a \leqslant \alpha(x) \leqslant b$,$x \in [a,b]$,则有

$$
G'(x) = \left(\int_x^b f(t)\mathrm{d}t\right)' = -f(x),
$$

$$
\left[\int_{\alpha(x)}^b f(t)\mathrm{d}t\right]' = -f[\alpha(x)]\alpha'(x).
$$

例 1 求极限 $\lim\limits_{x\to 0} \dfrac{\displaystyle\int_0^x f(t)(x-t)\mathrm{d}t}{x^2}$,其中 $f(x)$ 是 $(-\infty, +\infty)$ 内的连续函数.

解 由于

$$
\int_0^x f(t)(x-t)\mathrm{d}t = x\int_0^x f(t)\mathrm{d}t - \int_0^x f(t)t\mathrm{d}t,
$$

当 $x\to 0$ 时,有 $\lim\limits_{x\to 0}\int_0^x f(t)\mathrm{d}t = 0$,$\lim\limits_{x\to 0}\int_0^x f(t)t\mathrm{d}t = 0$. 因此,根据洛必达法则知

$$
\begin{aligned}
\lim_{x\to 0} \frac{\displaystyle\int_0^x f(t)(x-t)\mathrm{d}t}{x^2} &= \lim_{x\to 0} \frac{\displaystyle x\int_0^x f(t)\mathrm{d}t - \int_0^x f(t)t\mathrm{d}t}{x^2} \\
&= \lim_{x\to 0} \frac{\displaystyle\int_0^x f(t)\mathrm{d}t + xf(x) - xf(x)}{2x} \\
&= \lim_{x\to 0} \frac{\displaystyle\int_0^x f(t)\mathrm{d}t}{2x} \\
&= \lim_{x\to 0} \frac{f(x)}{2} = \frac{1}{2}f(0).
\end{aligned}
$$

例 2 设 $f(x)$ 在 $(-\infty, +\infty)$ 连续,且 $f(x) > 0$,证明 $F(x) = \dfrac{\displaystyle\int_0^x tf(t)\mathrm{d}t}{\displaystyle\int_0^x f(t)\mathrm{d}t}$ 在 $(0, +\infty)$ 内单调递增.

证明 由于 $\left(\int_0^x tf(t)\mathrm{d}t\right)' = xf(x)$,$\left(\int_0^x f(t)\mathrm{d}t\right)' = f(x)$,则

$$F'(x) = \frac{xf(x)\int_0^x f(t)\mathrm{d}t - f(x)\int_0^x tf(t)\mathrm{d}t}{\left(\int_0^x f(t)\mathrm{d}t\right)^2}$$

$$= \frac{f(x)\int_0^x (x-t)f(t)\mathrm{d}t}{\left(\int_0^x f(t)\mathrm{d}t\right)^2}.$$

因为 $f(x)>0$，则 $x>0$ 时 $\int_0^x f(t)\mathrm{d}t > 0$，又因为 $t\in[0,x]$，有 $(x-t)f(t)\geqslant 0$，从而 $\int_0^x (x-t)f(t)\mathrm{d}t \geqslant 0$，所以 $F'(x)\geqslant 0, x\in(0,+\infty)$. 故 $F(x)$ 在 $(0,+\infty)$ 内单调递增.

7.4.2 微积分基本定理

由可变上限积分函数的可导性，可以得到微积分中一个非常重要的基本定理.

定理 7.10（微积分基本定理） 设 $f(x)$ 在 $[a,b]$ 上连续，$F(x)$ 是 $f(x)$ 的一个原函数，则

$$\int_a^b f(x)\mathrm{d}x = F(b) - F(a). \tag{7.9}$$

证明 由定理 7.9 知，可变上限积分函数 $\Phi(x) = \int_a^x f(t)\mathrm{d}t$ 是 $f(x)$ 的一个原函数. 又 $f(x)$ 的原函数之间仅相差常数 C，从而 $F(x) = \Phi(x) + C$.

令 $x=a$，则 $F(a) = \Phi(a) + C = \int_a^a f(t)\mathrm{d}t + C = C$；

令 $x=b$，则 $F(b) = \Phi(b) + C = \int_a^b f(t)\mathrm{d}t + C = \int_a^b f(x)\mathrm{d}x + F(a)$.

因此 $\int_a^b f(t)\mathrm{d}t = F(b) - F(a)$.

(7.9)式称为微积分基本公式，亦称牛顿-莱布尼茨公式. 有时将 $F(b)-F(a)$ 表为 $F(x)\Big|_a^b$，因此公式(7.9)也可写成 $\int_a^b f(x)\mathrm{d}x = F(x)\Big|_a^b$.

定理 7.10 指出，对于连续函数 $f(x)$ 求定积分时，只须求出 $f(x)$ 的一个原函数，然后根据公式(7.9)计算函数值的差即可. 于是，牛顿-莱布尼茨公式使得求连续函数定积分的问题转化为先求被积函数的原函数，再计算函数在积分上、下限处函数值的差. 因此，利用牛顿-莱布尼茨公式求定积分很简单. 但是，当被积函数的原函数不能用初等函数表示时，该公式便无效了.

例 3 求下列定积分：

(1) $\int_0^1 \dfrac{\mathrm{d}x}{1+x^2}$； (2) $\int_1^e \dfrac{\mathrm{d}x}{x}$； (3) $\int_0^{\frac{\pi}{2}} \left|\dfrac{1}{2} - \sin x\right| \mathrm{d}x$； (4) $\int_{\frac{\pi}{4}}^{\frac{\pi}{3}} \dfrac{1}{\sin x \cos x}\mathrm{d}x$.

解 （1）已知 $\int \dfrac{\mathrm{d}x}{1+x^2}=\arctan x+C$，从而有

$$\int_0^1 \frac{\mathrm{d}x}{1+x^2}=\arctan x\mid_0^1=\arctan1-\arctan0=\frac{\pi}{4}.$$

（2）由 $\int \dfrac{\mathrm{d}x}{x}=\ln|x|+C$ 知 $\int_1^{\mathrm{e}}\dfrac{\mathrm{d}x}{x}=\ln|x|\Big|_1^{\mathrm{e}}=\ln\mathrm{e}-\ln1=1.$

（3）$\displaystyle\int_0^{\frac{\pi}{2}}\left|\frac{1}{2}-\sin x\right|\mathrm{d}x=\int_0^{\frac{\pi}{6}}\left(\frac{1}{2}-\sin x\right)\mathrm{d}x+\int_{\frac{\pi}{6}}^{\frac{\pi}{2}}\left(\sin x-\frac{1}{2}\right)\mathrm{d}x$

$$=\left(\frac{x}{2}+\cos x\right)\Big|_0^{\frac{\pi}{6}}+\left(-\cos x-\frac{x}{2}\right)\Big|_{\frac{\pi}{6}}^{\frac{\pi}{2}}=\sqrt{3}-1-\frac{\pi}{12}.$$

（4）$\displaystyle\int_{\frac{\pi}{4}}^{\frac{\pi}{3}}\frac{1}{\sin x\cos x}\mathrm{d}x=\int_{\frac{\pi}{4}}^{\frac{\pi}{3}}\frac{\sin^2 x+\cos^2 x}{\sin x\cos x}\mathrm{d}x=\int_{\frac{\pi}{4}}^{\frac{\pi}{3}}(\tan x+\cot x)\mathrm{d}x$

$$=\left[-\ln\mid\cos x\mid+\ln\mid\sin x\mid\right]\Big|_{\frac{\pi}{4}}^{\frac{\pi}{3}}=-\ln\frac{1}{2}+\ln\frac{\sqrt{3}}{2}$$

$$=\frac{1}{2}\ln3.$$

例 4 设 $f(x)$ 在 $[1,3]$ 上连续，且满足 $f(x)=x^2\displaystyle\int_1^3 f(x)\mathrm{d}x-2$，求 $f(x)$.

解 $f(x)$ 在 $[1,3]$ 上连续，则 $\displaystyle\int_1^3 f(x)\mathrm{d}x$ 为常数，不妨设 $k=\displaystyle\int_1^3 f(x)\mathrm{d}x$，因此 $f(x)=kx^2-2$. 从而

$$k=\int_1^3 f(x)\mathrm{d}x=\int_1^3(kx^2-2)\mathrm{d}x=\left(k\cdot\frac{1}{3}x^3-2x\right)\Big|_1^3=9k-6-\frac{1}{3}k+2,$$

可得 $k=\dfrac{12}{23}$. 即 $f(x)=\dfrac{12}{23}x^2-2.$

习题 7.4

1. 求下列极限：

（1）$\displaystyle\lim_{x\to0}\frac{1}{x}\int_0^x \cos t^2\mathrm{d}t$；

（2）$\displaystyle\lim_{x\to0}\frac{1}{x}\int_0^x\frac{1-\cos t}{t}\mathrm{d}t$；

（3）$\displaystyle\lim_{x\to\infty}\left(\int_0^x \mathrm{e}^{t^2}\mathrm{d}t\right)^{\frac{1}{x^2}}$；

（4）$\displaystyle\lim_{x\to0}\frac{x}{1-\mathrm{e}^{x^2}}\int_0^x \mathrm{e}^{t^2}\mathrm{d}t$；

（5）$\displaystyle\lim_{x\to+\infty}\frac{1}{x}\int_0^x(t+t^2)\mathrm{e}^{t^2-x^2}\mathrm{d}t$；

（6）$\displaystyle\lim_{x\to0}\frac{1}{x}\int_0^x(1+\sin2t)^{\frac{1}{t}}\mathrm{d}t$.

2. 求下列导数：

（1）$\displaystyle\frac{\mathrm{d}}{\mathrm{d}x}\int_{\sqrt{x}}^x(\sin t^2-\cos t^2)\mathrm{d}t$；

（2）$\displaystyle\frac{\mathrm{d}}{\mathrm{d}x}\int_0^{x^2}(t^2-x^2)\sin t\mathrm{d}t$.

3. 求下列定积分：

(1) $\displaystyle\int_{-1}^{3}(3x^2-2x+5)\mathrm{d}x$；

(2) $\displaystyle\int_{0}^{2}\frac{1}{4+x^2}\mathrm{d}x$；

(3) $\displaystyle\int_{2}^{3}\frac{\mathrm{d}x}{x^4-x^2}$；

(4) $\displaystyle\int_{0}^{\frac{\pi}{2}}\sin^2 x\cos x\mathrm{d}x$；

(5) $\displaystyle\int_{\frac{\pi}{6}}^{\frac{\pi}{3}}\tan^2 x\mathrm{d}x$；

(6) $\displaystyle\int_{a}^{b}|x|\mathrm{d}x\,(a<b)$；

(7) $\displaystyle\int_{-1}^{4}\max\{1,x^4\}\mathrm{d}x$；

(8) $\displaystyle\int_{0}^{1}|x-a|x\mathrm{d}x$。

4. 设 $f(x)$ 在 $[a,b]$ 上连续，且 $f(x)>0$，令 $F(x)=\displaystyle\int_{a}^{x}f(t)\mathrm{d}t+\int_{b}^{x}\frac{1}{f(t)}\mathrm{d}t$，求证：(1) $F'(x)\geqslant 2$；(2) $F(x)$ 在 (a,b) 内有且仅有一个零点。

5. 设 $f(x)=\displaystyle\int_{0}^{x}t(1-t)\mathrm{e}^{-2t}\mathrm{d}t$，问当 x 为何值时，$f(x)$ 取得极值。

6. 证明：若 $f(x)$ 在 $[a,b]$ 上可积，则 $\varPhi(x)=\displaystyle\int_{a}^{x}f(t)\mathrm{d}t$ 在 $[a,b]$ 上连续。

7. 证明：若 $f(x)$ 在 $(-\infty,+\infty)$ 上连续，且 $f(x)=\displaystyle\int_{a}^{x}f(t)\mathrm{d}t$，则 $f(x)\equiv 0$。

8. 证明：若 $f(x)$ 在 $[a,b]$ 上连续，则 $\forall x,x_0\in[a,b]$，有 $\displaystyle\lim_{h\to 0}\frac{1}{h}\int_{x_0}^{x}[f(t+h)-f(t)]\mathrm{d}t=f(x)-f(x_0)$。

7.5　定积分的换元积分法与分部积分法

由 7.4 节可知用牛顿-莱布尼茨公式计算定积分时，需要求解被积函数的原函数。在第 6 章不定积分中，求解原函数有换元法和分部积分法，这两种方法在求解定积分时照样适用。

7.5.1　定积分的换元积分法

定理 7.11　设 $f(x)$ 在 $[a,b]$ 上连续，$x=\varphi(t)$ 定义在 $[\alpha,\beta]$ 上有连续导数，当 $\alpha\leqslant t\leqslant\beta$ 时，有 $a\leqslant\varphi(t)\leqslant b$，又 $\varphi(\alpha)=a$，$\varphi(\beta)=b$，则

$$\int_{a}^{b}f(x)\mathrm{d}x=\int_{\alpha}^{\beta}f[\varphi(t)]\varphi'(t)\mathrm{d}t. \tag{7.10}$$

证明　设 $F(x)$ 是 $f(x)$ 的一个原函数，即 $F'(x)=f(x)$。由复合函数求导法则知，$F[\varphi(t)]$ 是 $f[\varphi(t)]\varphi'(t)$ 的一个原函数，所以由牛顿-莱布尼茨公式，有

$$\int_{a}^{b}f(x)\mathrm{d}x=F(x)\Big|_{a}^{b}=F(b)-F(a),$$

$$\int_a^\beta f[\varphi(t)]\varphi'(t)\mathrm{d}t = F[\varphi(t)]\Big|_a^\beta = F[\varphi(\beta)] - F[\varphi(\alpha)] = F(b) - F(a),$$

即

$$\int_a^b f(x)\mathrm{d}x = \int_a^\beta f[\varphi(t)]\varphi'(t)\mathrm{d}t.$$

定理得证.

(7.10)式称为定积分的换元公式.

注 (7.10)式中积分限 a 和 b 以及 α 和 β 孰大孰小无关紧要,重要的是要 α 对应 a, β 对应 b,即 $\varphi(\alpha)=a,\varphi(\beta)=b$. 用一句话概括定积分换元积分法的要点:"换元必换限,换限要对应".

例1 求下列定积分:

(1) $\displaystyle\int_0^a \sqrt{a^2-x^2}\,\mathrm{d}x$;   (2) $\displaystyle\int_1^2 \frac{\sqrt{x^2-1}}{x^4}\mathrm{d}x$;

(3) $\displaystyle\int_0^{\ln 2} \sqrt{\mathrm{e}^x-1}\,\mathrm{d}x$;   (4) $\displaystyle\int_0^{\frac{\pi}{2}} x\sin x^2\,\mathrm{d}x$.

解 (1) 设 $x=a\sin t, t\in\left[0,\frac{\pi}{2}\right]$,有 $\mathrm{d}x=a\cos t\mathrm{d}t$. 当 $x=0$ 时,$t=0$;当 $x=a$ 时,$t=\frac{\pi}{2}$,

从而 $\displaystyle\int_0^a \sqrt{a^2-x^2}\,\mathrm{d}x = a^2\int_0^{\frac{\pi}{2}}\cos^2 t\mathrm{d}t = \frac{a^2}{2}\left(t+\frac{\sin 2t}{2}\right)\Big|_0^{\frac{\pi}{2}} = \frac{\pi a^2}{4}$.

(2) 设 $x=\sec t, t\in\left[0,\frac{\pi}{2}\right)$,则 $\mathrm{d}x=\sec t\tan t\mathrm{d}t$,且当 $x=1$ 时,$t=0$;当 $x=2$ 时,$t=\frac{\pi}{3}$.

从而

$$\int_1^2 \frac{\sqrt{x^2-1}}{x^4}\mathrm{d}x = \int_0^{\frac{\pi}{3}}\frac{\tan t}{\sec^4 t}\sec t\cdot\tan t\mathrm{d}t = \int_0^{\frac{\pi}{3}}\sin^2 t\cos t\mathrm{d}t = \int_0^{\frac{\pi}{3}}\sin^2 t\mathrm{d}\sin t = \frac{1}{3}\sin^3 t\Big|_0^{\frac{\pi}{3}} = \frac{\sqrt{3}}{8}.$$

(3) 设 $\sqrt{\mathrm{e}^x-1}=t$,即 $x=\ln(1+t^2)$,则 $\mathrm{d}x=\frac{2t}{1+t^2}\mathrm{d}t$. 当 $x=0$ 时,$t=0$;当 $x=\ln 2$ 时,$t=1$. 从而 $\displaystyle\int_0^{\ln 2}\sqrt{\mathrm{e}^x-1}\,\mathrm{d}x = 2\int_0^1\frac{t^2}{1+t^2}\mathrm{d}t = 2\int_0^1\left(1-\frac{1}{1+t^2}\right)\mathrm{d}t = 2(t-\arctan t)\Big|_0^1 = 2-\frac{\pi}{2}$.

(4) 设 $x^2=t$,则 $2x\mathrm{d}x=\mathrm{d}t$,当 $x=0$ 时,$t=0$;当 $x=\frac{\pi}{2}$ 时,$t=\frac{\pi^2}{4}$. 从而 $\displaystyle\int_0^{\frac{\pi}{2}}x\sin x^2\mathrm{d}x = \frac{1}{2}\int_0^{\frac{\pi^2}{4}}\sin t\mathrm{d}t = -\frac{1}{2}\cos t\Big|_0^{\frac{\pi^2}{4}} = \frac{1}{2}-\frac{1}{2}\cos\frac{\pi^2}{4}$.

例2 设函数 $f(x)$ 在 $[-a,a]$ 上连续,证明:

若 $f(x)$ 是偶函数,则 $\displaystyle\int_{-a}^a f(x)\mathrm{d}x = 2\int_0^a f(x)\mathrm{d}x$;

若 $f(x)$ 是奇函数,则 $\displaystyle\int_{-a}^a f(x)\mathrm{d}x = 0$.

证明 已知 $\int_{-a}^{a} f(x)\mathrm{d}x = \int_{-a}^{0} f(x)\mathrm{d}x + \int_{0}^{a} f(x)\mathrm{d}x$. 对于积分 $\int_{-a}^{0} f(x)\mathrm{d}x$，若 $f(x)$ 是偶函数，即 $f(x) = f(-x)$. 设 $x = -t$，有 $\mathrm{d}x = -\mathrm{d}t$，于是

$$\int_{-a}^{0} f(x)\mathrm{d}x = -\int_{a}^{0} f(-t)\mathrm{d}t = \int_{0}^{a} f(t)\mathrm{d}t = \int_{0}^{a} f(x)\mathrm{d}x,$$

则

$$\int_{-a}^{a} f(x)\mathrm{d}x = \int_{-a}^{0} f(x)\mathrm{d}x + \int_{0}^{a} f(x)\mathrm{d}x = 2\int_{0}^{a} f(x)\mathrm{d}x.$$

若 $f(x)$ 是奇函数，即 $f(x) = -f(-x)$，设 $x = -t$，有 $\mathrm{d}x = -\mathrm{d}t$，于是

$$\int_{-a}^{0} f(x)\mathrm{d}x = -\int_{a}^{0} f(-t)\mathrm{d}t = \int_{0}^{a} f(-t)\mathrm{d}x = -\int_{0}^{a} f(t)\mathrm{d}t = -\int_{0}^{a} f(x)\mathrm{d}x,$$

则

$$\int_{-a}^{a} f(x)\mathrm{d}x = \int_{-a}^{0} f(x)\mathrm{d}x + \int_{0}^{a} f(x)\mathrm{d}x = -\int_{0}^{a} f(x)\mathrm{d}x + \int_{0}^{a} f(x)\mathrm{d}x = 0.$$

例 3 证明：若函数 $f(x)$ 是以 T 为周期的连续函数，则

$$\int_{a}^{a+T} f(x)\mathrm{d}x = \int_{0}^{T} f(x)\mathrm{d}x.$$

证明 已知 $\int_{a}^{a+T} f(x)\mathrm{d}x = \int_{a}^{0} f(x)\mathrm{d}x + \int_{0}^{T} f(x)\mathrm{d}x + \int_{T}^{a+T} f(x)\mathrm{d}x$. 对于 $\int_{T}^{a+T} f(x)\mathrm{d}x$ 设 $x = t + T$，有 $\mathrm{d}x = \mathrm{d}t$，于是

$$\int_{T}^{a+T} f(x)\mathrm{d}x = \int_{0}^{a} f(t+T)\mathrm{d}t = \int_{0}^{a} f(t)\mathrm{d}t = \int_{0}^{a} f(x)\mathrm{d}x = -\int_{a}^{0} f(x)\mathrm{d}x,$$

则

$$\begin{aligned}
\int_{a}^{a+T} f(x)\mathrm{d}x &= \int_{a}^{0} f(x)\mathrm{d}x + \int_{0}^{T} f(x)\mathrm{d}x + \int_{T}^{a+T} f(x)\mathrm{d}x \\
&= \int_{a}^{0} f(x)\mathrm{d}x + \int_{0}^{T} f(x)\mathrm{d}x - \int_{a}^{0} f(x)\mathrm{d}x \\
&= \int_{0}^{T} f(x)\mathrm{d}x.
\end{aligned}$$

例 2 和例 3 是函数的几何性质在定积分中的体现. 例 2 说明在关于原点对称的积分区间上，如果被积函数是偶函数，则积分值为以原点为中心的半个积分区间上积分值的两倍；如果被积函数是奇函数，则积分值为零. 例 3 说明：以 T 为周期的可积周期函数，在任意一个长度为 T 的区间上的定积分都相等. 函数的这些几何性质使得某些积分的计算更简单.

例 4 计算定积分 $\int_{-1}^{1} \dfrac{2x^2 + x\cos x}{1 + \sqrt{1-x^2}}\mathrm{d}x$.

解 $\int_{-1}^{1} \dfrac{2x^2 + x\cos x}{1 + \sqrt{1-x^2}}\mathrm{d}x = \int_{-1}^{1} \dfrac{2x^2}{1 + \sqrt{1-x^2}}\mathrm{d}x + \int_{-1}^{1} \dfrac{x\cos x}{1 + \sqrt{1-x^2}}\mathrm{d}x.$

由于被积函数 $\dfrac{2x^2}{1 + \sqrt{1-x^2}}$ 为偶函数，$\dfrac{x\cos x}{1 + \sqrt{1-x^2}}$ 为奇函数，从而有

$$\int_{-1}^{1} \frac{2x^2}{1+\sqrt{1-x^2}}dx = 2\int_{0}^{1} \frac{2x^2}{1+\sqrt{1-x^2}}dx, \quad \int_{-1}^{1} \frac{x\cos x}{1+\sqrt{1-x^2}}dx = 0.$$

因此

$$\int_{-1}^{1} \frac{2x^2+x\cos x}{1+\sqrt{1-x^2}}dx = 2\int_{0}^{1} \frac{2x^2}{1+\sqrt{1-x^2}}dx = 4\int_{0}^{1} \frac{x^2(1-\sqrt{1-x^2})}{1-(1-x^2)}dx$$

$$= 4\int_{0}^{1}(1-\sqrt{1-x^2})dx = 4 - 4\int_{0}^{1}\sqrt{1-x^2}\,dx = 4-\pi.$$

例 5 若 $f(x)$ 在 $[0,1]$ 上连续,证明以下两个等式成立:

(1) $\int_{0}^{\frac{\pi}{2}} f(\sin x)dx = \int_{0}^{\frac{\pi}{2}} f(\cos x)dx$;

(2) $\int_{0}^{\pi} xf(\sin x)dx = \frac{\pi}{2}\int_{0}^{\pi} f(\sin x)dx$. 并据此计算定积分 $\int_{0}^{\pi} \frac{x\sin x}{1+\cos^2 x}dx$.

证明 (1) 设 $x=\frac{\pi}{2}-t$,则 $dx=-dt$. 当 $x=0$ 时,$t=\frac{\pi}{2}$;当 $x=\frac{\pi}{2}$ 时,$t=0$. 于是

$$\int_{0}^{\frac{\pi}{2}} f(\sin x)dx = -\int_{\frac{\pi}{2}}^{0} f\left[\sin\left(\frac{\pi}{2}-t\right)\right]dt = \int_{0}^{\frac{\pi}{2}} f(\cos t)dt = \int_{0}^{\frac{\pi}{2}} f(\cos x)dx.$$

(2) 设 $x=\pi-t$,则 $dx=-dt$. 当 $x=0$ 时,$t=\pi$;当 $x=\pi$ 时,$t=0$. 于是

$$\int_{0}^{\pi} xf(\sin x)dx = -\int_{\pi}^{0}(\pi-t)f[\sin(\pi-t)]dt = \int_{0}^{\pi}(\pi-t)f(\sin t)dt$$

$$= \pi\int_{0}^{\pi} f(\sin t)dt - \int_{0}^{\pi} tf(\sin t)dt = \pi\int_{0}^{\pi} f(\sin x)dx - \int_{0}^{\pi} xf(\sin x)dx,$$

所以

$$\int_{0}^{\pi} xf(\sin x)dx = \frac{\pi}{2}\int_{0}^{\pi} f(\sin x)dx.$$

根据上式知

$$\int_{0}^{\pi} \frac{x\sin x}{1+\cos^2 x}dx = \frac{\pi}{2}\int_{0}^{\pi} \frac{\sin x}{1+\cos^2 x}dx$$

$$= -\frac{\pi}{2}\int_{0}^{\pi} \frac{1}{1+\cos^2 x}d(\cos x)$$

$$= -\frac{\pi}{2}\arctan(\cos x)\Big|_{0}^{\pi}$$

$$= -\frac{\pi}{2}\left(-\frac{\pi}{4}-\frac{\pi}{4}\right) = \frac{\pi^2}{4}.$$

例 6 计算定积 $\int_{0}^{2\pi} |\sin nx|\,dx$.

解 由例 3 知以 T 为周期的可积周期函数 $f(x)$ 在任意一个长为 T 的区间上的定积分都相等. 对任意自然数 n,有

$$\int_{0}^{nT} f(x)dx = \int_{0}^{T} f(x)dx + \int_{T}^{2T} f(x)dx + \cdots + \int_{(n-1)T}^{nT} f(x)dx = n\int_{0}^{T} f(x)dx.$$

因为 $|\sin nx|$ 在 $(-\infty,+\infty)$ 上是连续的周期函数，其周期为 $\dfrac{\pi}{n}$，所以

$$\int_0^{2\pi} |\sin nx| \, \mathrm{d}x = \int_0^{2n\left(\frac{\pi}{n}\right)} |\sin nx| \, \mathrm{d}x = 2n\int_0^{\frac{\pi}{n}} |\sin nx| \, \mathrm{d}x$$

$$= 2n\int_0^{\frac{\pi}{n}} \sin nx \, \mathrm{d}x = -2\cos nx \Big|_0^{\frac{\pi}{n}} = 4.$$

例 7　设 $f(x)=\begin{cases} x\mathrm{e}^{-x^2}, & x\geqslant 0, \\ \dfrac{1}{1+\cos x}, & -1<x<0. \end{cases}$　计算定积分 $\displaystyle\int_1^4 f(x-2)\,\mathrm{d}x$.

解　设 $x-2=t$，则 $\mathrm{d}x=\mathrm{d}t$. 当 $x=1$ 时，$t=-1$；当 $x=4$ 时，$t=2$. 于是

$$\int_1^4 f(x-2)\,\mathrm{d}x = \int_{-1}^2 f(x)\,\mathrm{d}x = \int_{-1}^0 \frac{\mathrm{d}t}{1+\cos t} + \int_0^2 t\mathrm{e}^{-t^2}\,\mathrm{d}t = \tan\frac{t}{2}\Big|_{-1}^0 - \frac{1}{2}\mathrm{e}^{-t^2}\Big|_0^2$$

$$= \tan\frac{1}{2} - \frac{1}{2}\mathrm{e}^{-4} + \frac{1}{2}.$$

例 8　设连续函数 $f(x)$ 满足 $f(1)=2$，且 $\displaystyle\int_0^x f(2x-t)t\mathrm{d}t = x^2$，求定积分 $\displaystyle\int_1^2 f(x)\,\mathrm{d}x$.

解　令 $u=2x-t$，则 $\mathrm{d}u=-\mathrm{d}t$. 当 $t=0$ 时，$u=2x$；当 $t=x$ 时 $u=x$. 于是

$$\int_0^x f(2x-t)t\mathrm{d}t = -\int_{2x}^x f(u)(2x-u)\mathrm{d}u = \int_x^{2x} 2xf(u)\mathrm{d}u - \int_x^{2x} uf(u)\mathrm{d}u$$

$$= 2x\int_x^{2x} f(u)\mathrm{d}u - \int_x^{2x} uf(u)\mathrm{d}u,$$

$$\left[\int_0^x f(2x-t)t\mathrm{d}t\right]' = \left[2x\int_x^{2x} f(u)\mathrm{d}u\right]' - \left[\int_x^{2x} uf(u)\mathrm{d}u\right]'$$

$$= 2\int_x^{2x} f(u)\mathrm{d}u + 2x[f(2x)\cdot 2 - f(x)] - [2xf(2x)\cdot 2 - xf(x)]$$

$$= 2\int_x^{2x} f(u)\mathrm{d}u + 4xf(2x) - 2xf(x) - 4xf(2x) + xf(x)$$

$$= 2\int_x^{2x} f(u)\mathrm{d}u - xf(x).$$

由于

$$\left[\int_0^x f(2x-t)t\mathrm{d}t\right]' = [x^2]' = 2x,$$

从而有

$$2\int_x^{2x} f(u)\mathrm{d}u - xf(x) = 2x.$$

取 $x=1$，得

$$2\int_1^2 f(u)\mathrm{d}u - f(1) = 2,$$

所以

$$\int_1^2 f(u)\,\mathrm{d}u = \frac{2+f(1)}{2} = 2,$$

即

$$\int_1^2 f(x)\,\mathrm{d}x = 2.$$

7.5.2 定积分的分部积分法

定理 7.12 设函数 $u(x), v(x)$ 在 $[a,b]$ 有连续导数,则

$$\int_a^b u(x)v'(x)\,\mathrm{d}x = u(x)v(x)\Big|_a^b - \int_a^b u'(x)v(x)\,\mathrm{d}x,$$

也可简单记为

$$\int_a^b u\,\mathrm{d}v = (uv)\Big|_a^b - \int_a^b v\,\mathrm{d}u. \tag{7.11}$$

证明 由假设条件知下述等式成立:

$$(uv)' = u'v + uv'.$$

且等式中各项都在 $[a,b]$ 上连续,因而都可积. 于是有

$$(uv)\Big|_a^b = \int_a^b (uv)'\,\mathrm{d}x = \int_a^b u'v\,\mathrm{d}x + \int_a^b uv'\,\mathrm{d}x,$$

$$\int_a^b uv'\,\mathrm{d}x = (uv)\Big|_a^b - \int_a^b uv'\,\mathrm{d}x.$$

即

$$\int_a^b u\,\mathrm{d}v = (uv)\Big|_a^b - \int_a^b v\,\mathrm{d}u.$$

例 9 计算定积分 $\int_0^{\frac{1}{2}} \arcsin x\,\mathrm{d}x$.

解
$$\int_0^{\frac{1}{2}} \arcsin x\,\mathrm{d}x = x\arcsin x\Big|_0^{\frac{1}{2}} - \int_0^{\frac{1}{2}} x\,\mathrm{d}\arcsin x$$
$$= x\arcsin x\Big|_0^{\frac{1}{2}} - \int_0^{\frac{1}{2}} \frac{x}{\sqrt{1-x^2}}\,\mathrm{d}x$$
$$= x\arcsin x\Big|_0^{\frac{1}{2}} + \sqrt{1-x^2}\,\Big|_0^{\frac{1}{2}} = \frac{\pi}{12} + \frac{\sqrt{3}}{2} - 1.$$

例 10 计算定积分 $\int_{\frac{1}{e}}^{e} |\ln x|\,\mathrm{d}x$.

解
$$\int_{\frac{1}{e}}^{e} |\ln x|\,\mathrm{d}x = -\int_{\frac{1}{e}}^{1} \ln x\,\mathrm{d}x + \int_1^e \ln x\,\mathrm{d}x$$

$$= -\left[(x\ln x)\Big|_{\frac{1}{e}}^{1} - \int_{\frac{1}{e}}^{1} x\mathrm{d}\ln x \right] + (x\ln x)\Big|_{1}^{e} - \int_{1}^{e} x\mathrm{d}\ln x$$

$$= -\frac{2}{e} + 2.$$

例 11   计算定积分 $\int_0^1 e^{\sqrt{x}}\mathrm{d}x$.

解   令 $\sqrt{x} = t, x = t^2, \mathrm{d}x = 2t\mathrm{d}t$，当 $x=0$ 时 $t=0$；当 $x=1$ 时 $t=1$. 从而有

$$\int_0^1 e^{\sqrt{x}}\mathrm{d}x = \int_0^1 2te^t\mathrm{d}t = 2\int_0^1 t\mathrm{d}e^t = 2\left(te^t\Big|_0^1 - \int_0^1 e^t\mathrm{d}t \right)$$

$$= 2[e - (e-1)] = 2.$$

注   本例题是集换元积分法和分部积分法的综合题.

例 12   假设 $f(x) = \int_1^{x^2} \frac{\sin t}{t}\mathrm{d}t$，求定积分 $\int_0^1 xf(x)\mathrm{d}x$.

解 $\frac{\sin t}{t}$ 没有初等形式的原函数，无法直接求出 $f(x)$.

$$\int_0^1 xf(x)\mathrm{d}x = \frac{1}{2}\int_0^1 f(x)\mathrm{d}(x^2) = \frac{1}{2}\left[x^2 f(x) \right]\Big|_0^1 - \frac{1}{2}\int_0^1 x^2\mathrm{d}f(x)$$

$$= \frac{1}{2}f(1) - \frac{1}{2}\int_0^1 x^2 f'(x)\mathrm{d}x.$$

因为

$$f(x) = \int_1^{x^2} \frac{\sin t}{t}\mathrm{d}t, \quad f(1) = 0, \quad f'(x) = \frac{\sin x^2}{x^2}\cdot 2x = \frac{2\sin x^2}{x},$$

所以

$$\int_0^1 xf(x)\mathrm{d}x = \frac{1}{2}f(1) - \frac{1}{2}\int_0^1 x^2 f'(x)\mathrm{d}x$$

$$= -\frac{1}{2}\int_0^1 x^2\cdot\frac{2\sin x^2}{x}\mathrm{d}x = -\frac{1}{2}\int_0^1 \sin x^2\mathrm{d}x^2$$

$$= \frac{1}{2}\left[\cos x^2 \right]\Big|_0^1 = \frac{1}{2}(\cos 1 - 1).$$

例 13   计算 $I_n = \int_0^{\frac{\pi}{2}} \sin^n x\mathrm{d}x$，$n\in\mathbb{N}$.

解 $I_0 = \int_0^{\frac{\pi}{2}} \sin^0 x\mathrm{d}x = \int_0^{\frac{\pi}{2}}\mathrm{d}x = \frac{\pi}{2}, I_1 = \int_0^{\frac{\pi}{2}} \sin x\mathrm{d}x = (-\cos x)\Big|_0^{\frac{\pi}{2}} = 1.$

当 $n\geqslant 2$ 时，

$$I_n = \int_0^{\frac{\pi}{2}} \sin^n x\mathrm{d}x = \int_0^{\frac{\pi}{2}} \sin^{n-1} x\mathrm{d}(-\cos x)$$

$$= (-\sin^{n-1} x\cos x)\Big|_0^{\frac{\pi}{2}} + \int_0^{\frac{\pi}{2}} \cos x\mathrm{d}(\sin^{n-1} x)$$

$$= (n-1)\int_0^{\frac{\pi}{2}} \sin^{n-2}x\cos^2 x\,\mathrm{d}x = (n-1)\int_0^{\frac{\pi}{2}} \sin^{n-2}x(1-\sin^2 x)\,\mathrm{d}x$$

$$= (n-1)\int_0^{\frac{\pi}{2}} \sin^{n-2}x\,\mathrm{d}x - (n-1)\int_0^{\frac{\pi}{2}} \sin^n x\,\mathrm{d}x,$$

即

$$I_n = (n-1)I_{n-2} - (n-1)I_n, \quad \text{或} \quad I_n = \frac{n-1}{n}I_{n-2}.$$

（1）当 n 为偶数时,设 $n=2k$,有

$$I_{2k} = \frac{2k-1}{2k}I_{2k-2} = \frac{(2k-1)(2k-3)}{2k(2k-2)}I_{2k-4} = \cdots$$

$$= \frac{(2k-1)\cdot(2k-3)\cdot\cdots\cdot 3\cdot 1}{(2k)\cdot(2k-2)\cdot\cdots\cdot 4\cdot 2}I_0$$

$$= \frac{(2k-1)!!}{(2k)!!}\cdot\frac{\pi}{2}.$$

（2）当 n 为奇数时,设 $n=2k+1$,有

$$I_{2k+1} = \frac{2k}{2k+1}I_{2k-1} = \frac{2k(2k-2)}{(2k+1)(2k-1)}I_{2k-3} = \cdots$$

$$= \frac{(2k)\cdot(2k-2)\cdot\cdots\cdot 4\cdot 2}{(2k+1)\cdot(2k-1)\cdot\cdots\cdot 5\cdot 3}I_1 = \frac{(2k)!!}{(2k+1)!!}.$$

将上述两种情况统一起来,有

$$I_n = \begin{cases} \dfrac{(n-1)!!}{n!!}\cdot\dfrac{\pi}{2}, & n \text{ 为偶数}, \\[2mm] \dfrac{(n-1)!!}{n!!}, & n \text{ 为奇数}. \end{cases}$$

利用上面的结果可以导出著名的瓦里斯(Wallis)公式:

$$\frac{\pi}{2} = \lim_{k\to\infty} \frac{2\cdot 2\cdot 4\cdot 4\cdot\cdots\cdot 2n\cdot 2n}{1\cdot 3\cdot 3\cdot 5\cdot 5\cdot\cdots\cdot(2n-1)\cdot(2n+1)}.$$

这是第一个把无理数 π 表示成容易计算的有理数列极限的公式,在理论上很有意义.

推导过程如下:

当 $0<x<\dfrac{\pi}{2}$ 时,有 $\sin^{2n+1}x<\sin^{2n}x<\sin^{2n-1}x$,所以

$$\int_0^{\frac{\pi}{2}} \sin^{2n+1}x\,\mathrm{d}x < \int_0^{\frac{\pi}{2}} \sin^{2n}x\,\mathrm{d}x < \int_0^{\frac{\pi}{2}} \sin^{2n-1}x\,\mathrm{d}x.$$

应用例题 13 的结果,有

$$\frac{(2n)!!}{(2n+1)!!} < \frac{(2n-1)!!}{(2n)!!}\cdot\frac{\pi}{2} < \frac{(2n-2)!!}{(2n-1)!!}.$$

以 $\dfrac{(2n+1)!!}{(2n)!!}$ 乘以上面不等式中各项,可得

$$1 < \frac{(2n+1)\left[(2n-1)!!\right]^2}{\left[(2n)!!\right]^2} \cdot \frac{\pi}{2} < \frac{2n+1}{2n}.$$

因为 $\lim\limits_{n\to\infty}\dfrac{2n+1}{2n}=1$，故由两边夹定理得

$$\lim_{n\to\infty} \frac{(2n+1)\left[(2n-1)!!\right]^2}{\left[(2n)!!\right]^2} \cdot \frac{\pi}{2} = 1,$$

所以

$$\frac{\pi}{2} = \lim_{n\to\infty} \frac{\left[(2n)!!\right]^2}{(2n+1)\left[(2n-1)!!\right]^2} = \lim_{n\to\infty} \frac{2\cdot 2\cdot 4\cdot 4\cdots 2n\cdot 2n}{1\cdot 3\cdot 5\cdot 5\cdots(2n-1)\cdot(2n+1)}.$$

例 14 求解下列极限：

(1) $\lim\limits_{n\to\infty}\left(\dfrac{1}{n+1}+\dfrac{1}{n+2}+\cdots+\dfrac{1}{n+n}\right)$;

(2) $\lim\limits_{n\to\infty}\left(\dfrac{n}{n^2+1^2}+\dfrac{n}{n^2+2^2}+\cdots+\dfrac{n}{n^2+n^2}\right)$.

解 (1) $\dfrac{1}{n+1}+\dfrac{1}{n+2}+\cdots+\dfrac{1}{n+n}=\dfrac{1}{n}\cdot\dfrac{1}{1+\dfrac{1}{n}}+\dfrac{1}{n}\cdot\dfrac{1}{1+\dfrac{2}{n}}+\cdots+\dfrac{1}{n}\cdot\dfrac{1}{1+\dfrac{n}{n}}$

$$= \sum_{i=1}^{n} \frac{1}{n}\cdot\frac{1}{1+\dfrac{i}{n}}.$$

显然，根据定积分的概念，上式是定义在区间 $[0,1]$ 上的函数 $\dfrac{1}{1+x}$ 的一个特殊积分和. 该积分和是将区间 $[0,1]$ n 等分，在每个小区间取右端点，作黎曼和. 因此有

$$\lim_{n\to\infty}\left(\frac{1}{n+1}+\frac{1}{n+2}+\cdots+\frac{1}{n+n}\right)=\int_0^1 \frac{1}{1+x}\mathrm{d}x = \ln|1+x|\ \Big|_0^1 = \ln 2.$$

(2) $\lim\limits_{n\to\infty}\left(\dfrac{n}{n^2+1^2}+\dfrac{n}{n^2+2^2}+\cdots+\dfrac{n}{n^2+n^2}\right)$

$$=\lim_{n\to\infty}\left[\frac{1}{n}\cdot\frac{1}{1+\dfrac{1^2}{n^2}}+\frac{1}{n}\cdot\frac{1}{1+\dfrac{2^2}{n^2}}+\cdots+\frac{1}{n}\cdot\frac{1}{1+\dfrac{n^2}{n^2}}\right]$$

$$=\int_0^1 \frac{1}{1+x^2}\mathrm{d}x = \arctan x\ \Big|_0^1 = \frac{\pi}{4}.$$

习题 7.5

1. 用换元积分法计算下列各题：

(1) $\displaystyle\int_0^1 \frac{x}{1+\sqrt{x}}\mathrm{d}x$;

(2) $\displaystyle\int_0^1 \sqrt{(1-x^2)^3}\,\mathrm{d}x$;

(3) $\int_0^\pi \sqrt{\sin x - \sin^3 x}\, \mathrm{d}x$；

(4) $\int_{-1}^0 \dfrac{(1+x)\mathrm{e}^x}{\sqrt{1+x\mathrm{e}^x}}\, \mathrm{d}x$；

(5) $\int_0^{\frac{\pi}{2}} \mathrm{e}^{\sin x}\cos x\, \mathrm{d}x$；

(6) $\int_1^\mathrm{e} \dfrac{\mathrm{d}x}{x\,\sqrt{1+\ln x}}$．

2. 用分部积分法计算下列各题：

(1) $\int_1^\mathrm{e} \ln^2 x\, \mathrm{d}x$；

(2) $\int_0^{2\pi} \mathrm{e}^{2x}\sin x\, \mathrm{d}x$；

(3) $\int_0^{\sqrt{\ln 2}} x^3 \mathrm{e}^{-x^2}\, \mathrm{d}x$；

(4) $\int_{-1}^0 x^2(x+1)^5\, \mathrm{d}x$；

(5) $\int_{-1}^1 x\arccos x\, \mathrm{d}x$；

(6) $\int_0^{\mathrm{e}-1} (1+x)\ln^2(1+x)\, \mathrm{d}x$．

3. 当 $x>0$ 时，$f(x)$ 可导，且满足方程 $f(x)=1+\int_1^x \dfrac{1}{x}f(t)\,\mathrm{d}t$，求 $f(x)$．

4. 设 $f(x)=\dfrac{1}{1+x^2}+\sqrt{1-x^2}\int_0^1 f(x)\,\mathrm{d}x$，求 $\int_0^1 f(x)\,\mathrm{d}x$．

5. 求下列极限：

(1) $\lim\limits_{n\to\infty}\left(\dfrac{1}{n^2}+\dfrac{2}{n^2}+\cdots+\dfrac{n-1}{n^2}\right)$；

(2) $\lim\limits_{n\to\infty}\dfrac{1^p+2^p+\cdots+n^p}{n^{p+1}}\ (p>0)$；

(3) $\lim\limits_{n\to\infty}\dfrac{1}{n}\left(\sqrt{1+\dfrac{1}{n}}+\sqrt{1+\dfrac{2}{n}}+\cdots+\sqrt{1+\dfrac{n-1}{n}}\right)$．

6. 利用函数的奇偶性计算下列积分：

(1) $\int_{-\frac{\pi}{2}}^{\frac{\pi}{2}} \sin^2 x\ln(x+\sqrt{1+x^2})\,\mathrm{d}x$；

(2) $\int_{-\frac{\pi}{2}}^{\frac{\pi}{2}} \dfrac{x}{1+\cos x}\,\mathrm{d}x$；

(3) $\int_{-1}^1 \dfrac{1}{\sqrt{4-x^2}}\left(\dfrac{1}{1+\mathrm{e}^x}-\dfrac{1}{2}\right)\mathrm{d}x$；

(4) $\int_{-1}^1 \cos x\arccos x\,\mathrm{d}x$．

7. 设 $f(x)$ 在闭区间 $[0,a]$ 上连续，求证：

$$\int_0^a f(x)\,\mathrm{d}x = \int_0^a f(a-x)\,\mathrm{d}x.$$

并由此证明：

(1) 若 $F(x)$ 在 $[0,1]$ 上连续，则 $\int_0^{\frac{\pi}{2}} F(\sin x)\,\mathrm{d}x = \int_0^{\frac{\pi}{2}} F(\cos x)\,\mathrm{d}x$；

(2) $\int_0^{\frac{\pi}{2}} \cos^n x\,\mathrm{d}x = \int_0^{\frac{\pi}{2}} \sin^n x\,\mathrm{d}x$．

7.6 定积分的应用

在前几节中,我们从计算曲边梯形的面积和计算变速直线运动物体的位移引入了定积分的概念,并介绍了定积分的一些基本性质和计算方法. 本节将对平面图形面积的计算、立体体积的求解、平面曲线弧长的计算以及定积分在物理和经济学中的应用等问题进行研究.

7.6.1 求平面图形面积

由于围成平面图形的曲线可用不同的形式表示,以下将分别从直角坐标系、参数方程和极坐标系三个方面来讨论.

1. 直角坐标系下平面图形面积的计算

由 7.1 节内容我们知道,闭区间$[a,b]$上的非负连续曲线 $y=f(x)$($f(x)\geqslant 0$),x 轴及 $x=a$,$x=b$ 所围成的曲边梯形的面积为

$$S=\int_a^b f(x)\mathrm{d}x.$$

如果对 $\forall x\in[a,b]$,$f(x)\leqslant 0$,则定积分 $\int_a^b f(x)\mathrm{d}x\leqslant 0$. 因为平面图形的面积不能为负数,所以 $f(x)$,x 轴,$x=a$ 和 $x=b$ 所围成的曲边梯形的面积 $S=-\int_a^b f(x)\mathrm{d}x$. 根据定积分的几何意义可知,对于$[a,b]$区间上任意连续函数 $f(x)$(函数值可正、可负),其定积分 $\int_a^b f(x)\mathrm{d}x$ 表示的是 $f(x)$,$x=a$,$x=b$ 以及 x 轴所围面积的代数和. 从而,对于函数值可正、可负的$[a,b]$上的连续函数 $f(x)$,它与 $x=a$,$x=b$ 及 x 轴所围平面图形的面积应为

$$S=\int_a^b |f(x)|\mathrm{d}x.$$

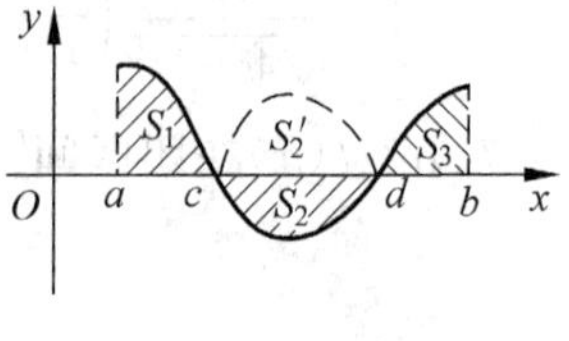

图 7.9

绝对值可使位于 x 轴下方的阴影部分关于 x 轴对称地变到 x 轴上方并保持面积不变,如图 7.9 所示. 于是

$$\begin{aligned}S_1+S_2+S_3&=\int_a^c f(x)\mathrm{d}x-\int_c^d f(x)\mathrm{d}x+\int_d^b f(x)\mathrm{d}x\\&=\int_a^b |f(x)|\mathrm{d}x=S_1+S_2'+S_3.\end{aligned}$$

更一般地,如果求由$[a,b]$上的两条连续曲线 $y=f(x)$,$y=g(x)$(彼此可能相交)和$x=$

$a, x=b$ 所围图形的面积,则应表示为 $S=\int_a^b |f(x)-g(x)| \,\mathrm{d}x$(如图 7.10 所示).

由直线 $y=c, y=d$ 和 $[c,d]$ 上的连续曲线 $x=\varphi(y), x=\psi(y)$(彼此可能相交)所围图形的面积可表示为 $S=\int_c^d |\psi(y)-\varphi(x)| \,\mathrm{d}y$(如图 7.11 所示).

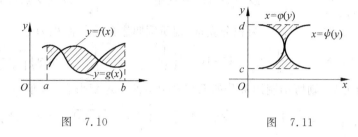

图 7.10   图 7.11

例 1 求在区间 $\left[\dfrac{1}{2}, 2\right]$ 上由连续曲线 $y=\ln x, x$ 轴,$x=\dfrac{1}{2}, x=2$ 所围图形面积(如图 7.12 所示).

解 在 $\left[\dfrac{1}{2}, 1\right]$ 上,$\ln x \leqslant 0$;在 $[1,2]$ 上,$\ln x \geqslant 0$. 故所围平面图形面积为

$$S=\int_{\frac{1}{2}}^2 |\ln x| \,\mathrm{d}x = -\int_{\frac{1}{2}}^1 \ln x \,\mathrm{d}x + \int_1^2 \ln x \,\mathrm{d}x$$

$$= -(x\ln x - x)\Big|_{\frac{1}{2}}^1 + (x\ln x - x)\Big|_1^2 = \frac{3}{2}\ln 2 - \frac{1}{2}.$$

例 2 求由两条曲线 $y=x^2, x=y^2$ 所围平面图形的面积(如图 7.13 所示).

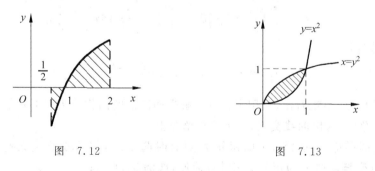

图 7.12   图 7.13

解 两条曲线的交点为 $(0,0), (1,1)$.

以 x 为积分变量,则所围阴影部分的面积为

$$S=\int_0^1 (\sqrt{x} - x^2) \,\mathrm{d}x = \left(\frac{2}{3}x^{\frac{3}{2}} - \frac{1}{3}x^3\right)\Big|_0^1 = \frac{1}{3}.$$

若以 y 为积分变量,则所围阴影部分的面积为

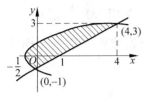

图　7.14

$$S = \int_0^1 (\sqrt{y} - y^2) \, \mathrm{d}y = \frac{1}{3}.$$

例3 求曲线 $y^2 = 2x + 1$ 与直线 $y = x - 1$ 所围图形的面积（如图 7.14 所示）.

解 通过解方程组 $\begin{cases} y^2 = 2x + 1, \\ y = x - 1, \end{cases}$ 得到交点 $(0, -1), (4, 3)$.

以 y 为积分变量,则所围阴影部分的面积为

$$S = \int_{-1}^3 \left[(y+1) - \frac{1}{2}(y^2 - 1) \right] \mathrm{d}y = \left(\frac{1}{2}y^2 + y - \frac{1}{6}y^3 + \frac{1}{2}y \right) \Big|_{-1}^3 = \frac{16}{3}.$$

如果以 x 为积分变量,则所围阴影部分的面积必须由两个定积来表达,即

$$S = \int_{-\frac{1}{2}}^0 \left[\sqrt{2x+1} - (-\sqrt{2x+1}) \right] \mathrm{d}x + \int_0^4 \left[\sqrt{2x+1} - (x-1) \right] \mathrm{d}x$$

$$= 2 \int_{-\frac{1}{2}}^0 \sqrt{2x+1} \, \mathrm{d}x + \int_0^4 \sqrt{2x+1} \, \mathrm{d}x - \int_0^4 (x-1) \mathrm{d}x = \frac{16}{3}.$$

例4 求由两条曲线 $y = x^2$, $y = \dfrac{x^2}{4}$ 和直线 $y = 1$ 围成的平面图形面积（如图 7.15 所示）.

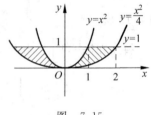

图　7.15

解 如图所示,两部分阴影面积相等且关于 y 轴对称,因此仅须将第一象限阴影部分面积用定积分表达出来即可.直线 $y = 1$ 与曲线 $y = x^2$, $y = \dfrac{x^2}{4}$ 在第一象限分别交于点 $(1, 1)$ 和 $(2, 1)$.

以 x 为积分变量,则有

$$S = 2 \left[\int_0^1 \left(x^2 - \frac{x^2}{4} \right) \mathrm{d}x + \int_1^2 \left(1 - \frac{x^2}{4} \right) \mathrm{d}x \right] = \frac{4}{3},$$

若以 y 为积分变量,则

$$S = 2 \int_0^1 (2\sqrt{y} - \sqrt{y}) \mathrm{d}y = 2 \int_0^1 \sqrt{y} \, \mathrm{d}y = \frac{4}{3}.$$

根据上述例题,不难看出,利用定积分求解平面图形的面积分为以下几个步骤:

(1) 画出草图,求出曲线交点,并标注在草图上;

(2) 根据图形特点,选择合适的积分变量(有时选 x 或 y 为积分变量无差异,如例2;有时选 y 为积分变量比选 x 为积分变量计算简便,如例3、例4);

(3) 写出面积的积分表达式,计算定积分值.

2. 参数方程

如果曲线 c 是以参数方程的形式给出: $\begin{cases} x = \varphi(t), \\ y = \psi(t), \end{cases} \alpha \leqslant t \leqslant \beta$,其中 $\varphi'(t)$ 与 $\psi'(t)$ 在 $[\alpha, \beta]$

上连续,那么

(1) 若 $x=\varphi(t)$ 在 $[\alpha,\beta]$ 上严格递增,即 $\varphi'(t)>0$,有 $a=\varphi(\alpha)<\varphi(\beta)=b$. $x=\varphi(t)$ 存在反函数 $t=\varphi^{-1}(x)$,由曲线 $y=\psi[\varphi^{-1}(x)]$ 和直线 $x=a,x=b$ 以及 x 轴所围图形面积

$$S=\int_a^b |y|\,\mathrm{d}x=\int_a^b |\psi[\varphi^{-1}(x)]|\,\mathrm{d}x=\int_\alpha^\beta |\psi(t)|\varphi'(t)\mathrm{d}t.$$

(2) 若 $x=\varphi(t)$ 在 $[\alpha,\beta]$ 上严格递减,即 $\varphi'(t)<0$,有 $b=\varphi(\beta)<\varphi(\alpha)=a$,$x=\varphi(t)$ 存在反函数 $t=\varphi^{-1}(x)$,由曲线 $y=\psi[\varphi^{-1}(x)]$ 和直线 $x=a,x=b$ 以及 x 轴所围图形面积

$$S=\int_b^a |y|\,\mathrm{d}x=\int_b^a |\psi[\varphi^{-1}(x)]|\,\mathrm{d}x=\int_\beta^\alpha |\psi(t)|\varphi'(t)\mathrm{d}t.$$

例 5 求旋轮线 $\begin{cases}x=a(t-\sin t),\\y=a(1-\cos t)\end{cases}(0\leqslant t\leqslant 2\pi,a>0)$ 与 x 轴所围图形面积(如图 7.16 所示).

解 $\varphi(t)=a(t-\sin t),\psi(t)=a(1-\cos t),\varphi'(t)=a(1-\cos t),\varphi(0)=0,\varphi(2\pi)=2\pi a.$
所以

$$S=\int_0^{2\pi} |a(1-\cos t)|\cdot a(1-\cos t)\mathrm{d}t$$

$$=a^2\int_0^{2\pi}(1-\cos t)^2\mathrm{d}t=a^2\int_0^{2\pi}(1-2\cos t+\cos^2 t)\mathrm{d}t$$

$$=a^2\int_0^{2\pi}\left(1-2\cos t+\frac{1+\cos 2t}{2}\right)\mathrm{d}t=a^2\left(t-2\sin t+\frac{t}{2}+\frac{\sin 2t}{4}\right)\Big|_0^{2\pi}=3\pi a^2.$$

例 6 求椭圆 $\dfrac{x^2}{a^2}+\dfrac{y^2}{b^2}=1$ 所围图形的面积(如图 7.17 所示).

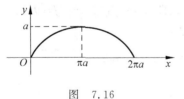

图 7.16　　　　　图 7.17

解 用参数方程来表示椭圆边界:

$$\begin{cases}x=a\cos t,\\y=b\sin t.\end{cases}$$

在第一象限,$t=\dfrac{\pi}{2}$ 对应于 $x=0$;$t=0$ 对应于 $x=a$,所以

$$\frac{S}{4}=\int_0^a y\mathrm{d}x=\int_{\frac{\pi}{2}}^0 b\sin t(-a\sin t)\mathrm{d}t=ab\int_0^{\frac{\pi}{2}}\sin^2 t\mathrm{d}t$$

$$=\frac{ab}{2}\int_0^{\frac{\pi}{2}}(1-\cos t)\mathrm{d}t$$

$$= \frac{ab}{2}\left(t - \frac{\sin 2t}{2}\right)\Big|_0^{\frac{\pi}{2}} = \frac{\pi ab}{4},$$

因此

$$S = 4 \cdot \frac{\pi ab}{4} = \pi ab.$$

特别地，当 $a = b = r$ 时，可得圆的面积 $S = \pi r^2$.

3. 极坐标系下平面图形面积的计算

有些曲线在极坐标系下研究较为简便，本部分讨论在极坐标系中平面图形面积的求解方法.

设曲线由极坐标方程 $r = f(\theta)\,(\alpha \leqslant \theta \leqslant \beta)$ 给出，其中 $f(\theta)$ 在 $[\alpha, \beta]$ 非负连续 $(\beta - \alpha \leqslant 2\pi)$. 则由曲线 $r = f(\theta)\,(\alpha \leqslant \theta \leqslant \beta)$ 与两条射线 $\theta = \alpha, \theta = \beta$ 所围图形（如图 7.18 所示）面积 S 可用下述公式计算：

$$S = \frac{1}{2}\int_\alpha^\beta r^2 \mathrm{d}\theta = \frac{1}{2}\int_\alpha^\beta [f(\theta)]^2 \mathrm{d}\theta.$$

这是因为，对于区间 $[\alpha, \beta]$ 的任意分法 T：

$$\alpha = \theta_0 < \theta_1 < \cdots < \theta_{i-1} < \theta_i < \cdots < \theta_n = \beta,$$

以 $\theta = \theta_i\,(i = 1, 2, \cdots, n-1)$ 作射线将阴影部分分成 n 小份，每小份面积记作 $\Delta S_i\,(i = 1, 2, \cdots, n)$. 对于 $\forall\, \theta_{i-1} \leqslant \xi_i \leqslant \theta_i, \Delta S_i \approx \frac{1}{2}[f(\xi_i)]^2 \Delta\theta_i$ 而 $S = \sum\limits_{i=1}^n \Delta S_i \approx \sum\limits_{i=1}^n \frac{1}{2}[f(\xi_i)]^2 \Delta\theta_i$，令 $\lambda(T) = \max\limits_{1 \leqslant i \leqslant n}\{\Delta\theta_i\}$，则 $S = \lim\limits_{\lambda(T) \to 0} \sum\limits_{i=1}^n \frac{1}{2}[f(\xi_i)]^2 \Delta\theta_i = \frac{1}{2}\int_\alpha^\beta [f(\theta)]^2 \mathrm{d}\theta.$

更进一步，由两条射线 $\theta = \alpha, \theta = \beta$ 和两条连续曲线 $r = f_1(\theta), r = f_2(\theta)\,(\alpha \leqslant \theta \leqslant \beta)\,(f_2(\theta) \geqslant f_1(\theta) \geqslant 0)$ 所围图形（如图 7.19 所示）的面积为

$$S = \frac{1}{2}\int_\alpha^\beta [f_2^2(\theta) - f_1^2(\theta)]\mathrm{d}\theta.$$

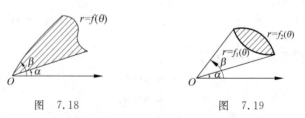

图　7.18　　　　　　　　　　图　7.19

例 7　求双纽线 $r^2 = a^2\cos 2\theta\,(a > 0)$ 围成区域（如图 7.20 所示）的面积.

解　双纽线关于两个坐标轴对称.

双纽线围成区域的面积是第一象限阴影部分面积的 4 倍. 双纽线方程为 $r = a\sqrt{\cos 2\theta}$，在第一象限中 $0 \leqslant \theta \leqslant \frac{\pi}{4}$. 所以有

$$S = 4 \int_0^{\frac{\pi}{4}} \frac{1}{2} r^2 \mathrm{d}\theta = 2 \int_0^{\frac{\pi}{4}} a^2 \cos 2\theta \mathrm{d}\theta = a^2 (\sin 2\theta) \Big|_0^{\frac{\pi}{4}} = a^2.$$

例 8 求三叶玫瑰线 $r = a\cos 3\theta (a > 0)$ 所围区域(如图 7.21 所示)的面积.

解 如图所示,由于对称性,只需求解第一象限阴影部分面积的 6 倍.

$$S = 6 \int_0^{\frac{\pi}{6}} \frac{1}{2} a^2 (\cos 3\theta)^2 \mathrm{d}\theta = a^2 \int_0^{\frac{\pi}{6}} \cos^2 3\theta \mathrm{d}3\theta$$

$$= \frac{a^2}{2} \int_0^{\frac{\pi}{6}} (1 + \cos 6\theta) \mathrm{d}\theta = \frac{\pi a^2}{4}.$$

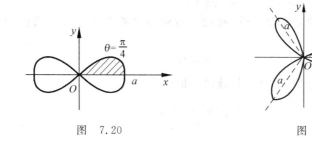

图 7.20　　　　　　图 7.21

7.6.2 求立体体积

本部分我们给出的是利用定积分计算截面面积已知的立体体积的方法.对于一般的立体体积的计算将在重积分中讨论.

1. 平行截面面积已知的立体体积

在空间直角坐标中,由两个平面 $x = a$ 与 $x = b(a < b)$ 和一个曲面所围成的立体(如图 7.22 所示),如果用任一垂直于 x 轴的平面(位于平面 $x = a$ 和 $x = b$ 之间)截此物体所得的截面面积都已知(显然它是截点 x 的函数),设为 $s(x)$,且假设它是 $[a, b]$ 上的连续函数.那么该立体的体积为

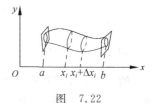

图 7.22

$$V = \int_a^b s(x) \mathrm{d}x. \tag{7.12}$$

对于(7.12)式,可由下述方式证明.

用分点 $a = x_0 < x_1 < \cdots < x_{i-1} < x_i < \cdots < x_n = b$ 将 $[a, b]$ 任意分为 n 份.然后用垂直于 x 轴的平面 $x = x_i (i = 1, 2, \cdots, n)$ 将立体分割成 n 份,每份体积记为 ΔV_i.令

$$m_i = \min_{x_{i-1} \leqslant x \leqslant x_i} s(x), \quad M_i = \max_{x_{i-1} \leqslant x \leqslant x_i} s(x)$$

显然有

$$m_i \Delta x_i \leqslant \Delta V_i \leqslant M_i \Delta x_i, \quad \Delta x_i = x_i - x_{i-1}, \quad i = 1, 2, \cdots, n.$$

则
$$\sum_{i=1}^{n} m_i \Delta x_i \leqslant V = \sum_{i=1}^{n} \Delta V_i \leqslant \sum_{i=1}^{n} M_i \Delta x_i.$$

上式两端即为连续函数 $s(x)$ 在区间 $[a,b]$ 上的小和与大和. 由于 $s(x)$ 在 $[a,b]$ 上连续，因而可积. 所以，当 $\lambda(T) = \max\limits_{1 \leqslant i \leqslant n} \{\Delta x_i\} \to 0$ 时，小和与大和有相同极限 $\int_a^b s(x)\mathrm{d}x$，因此 (7.12) 式成立.

例 9   一个平面经过半径 R 的圆柱体的底圆中心，并与底面的交角为 α，计算这个平面截圆柱体所成的楔形立体 (如图 7.23 所示) 的体积.

解   取平面与圆柱体的交线为 x 轴，底面上过圆心且垂直于 x 轴的直线为 y 轴，建立坐标系. 底圆方程为
$$x^2 + y^2 = R^2.$$

垂直于 x 轴的截面为直角三角形，其截面面积函数
$$s(x) = \frac{1}{2}(R^2 - x^2)\tan\alpha.$$

则此立体体积为
$$V = \int_{-R}^{R} \frac{1}{2}(R^2 - x^2)\tan\alpha \,\mathrm{d}x = \frac{2}{3}R^3\tan\alpha.$$

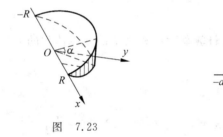

图   7.23   图   7.24

例 10   求椭球 $\dfrac{x^2}{a^2} + \dfrac{y^2}{b^2} + \dfrac{z^2}{c^2} \leqslant 1 (a>0, b>0, c>0)$ 的体积.

解   如图 7.24 所示，取 x 为积分变量，则 $x \in [-a, a]$. 在坐标 x 处与 x 轴垂直的平面截得椭球截面为椭圆，其方程为
$$\frac{y^2}{b^2\left(1 - \dfrac{x^2}{a^2}\right)} + \frac{z^2}{c^2\left(1 - \dfrac{x^2}{a^2}\right)} = 1,$$

则该椭圆的面积为 $s(x) = \pi bc \cdot \left(1 - \dfrac{x^2}{a^2}\right)$. 从而椭球的体积为
$$V = \int_{-a}^{a} s(x)\mathrm{d}x = \int_{-a}^{a} \pi bc\left(1 - \frac{x^2}{a^2}\right)\mathrm{d}x = 2\pi bc\int_0^a \left(1 - \frac{x^2}{a^2}\right)\mathrm{d}x = \frac{4\pi}{3}abc.$$

例 11   试用定积分证明祖暅定理："夹在两个平行平面间的两个几何体，被平行于这两

个平面的任意平面所截,如果截得的两个截面的面积总相等,那么这两个几何体的体积相等."(如图 7.25 所示)

证明 在空间直角坐标系中,将两个平行平面中的一个作为 yOz 平面,另一个放于 yOz 平面之上,如图 7.25 所示.设两个平行平面之间的距离为 h. $\forall x \in [0,h]$,过点 x 作垂直于 x 轴的平面与两个几何体相截,设截面积分别为 $s_1(x)$ 和 $s_2(x)$.用 V_1 和 V_2 分别表示两个几何体的体积.由于 $\forall x \in [0,h]$,有 $s_1(x) = s_2(x)$,则

$$V_1 = \int_0^h s_1(x)\mathrm{d}x = \int_0^h s_2(x)\mathrm{d}x = V_2.$$

从而定理得证.

2. 旋转体的体积

旋转体是一类特殊的平行截面面积已知的立体(每个截面都是圆).下面介绍旋转体体积的计算方法.

设旋转体是由连续曲线 $y = f(x)$,直线 $x = a$,$x = b$ 以及 x 轴所围的曲边梯形绕 x 轴旋转一周形成的(如图 7.26 所示).显然,过 x 轴上的任意一点 x 作垂直于 x 轴的平面,它与旋转体形成的截面是以点 x 为圆心,以 $f(x)$ 为半径的圆.因此旋转体的体积 V 为

$$V = \int_a^b s(x)\mathrm{d}x = \int_a^b \pi[f(x)]^2\mathrm{d}x = \pi\int_a^b f^2(x)\mathrm{d}x.$$

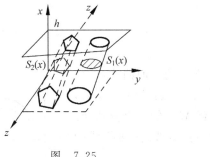

图 7.25

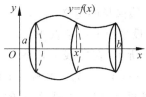

图 7.26

类似地,由连续曲线 $x = \varphi(y)$,直线 $y = c$,$y = d$ 以及 y 轴所围的曲边梯形绕 y 轴旋转一周形成的旋转体(如图 7.27 所示),其体积为

$$V = \int_c^d \pi[\varphi(y)]^2\mathrm{d}y = \pi\int_c^d \varphi^2(y)\mathrm{d}y.$$

例 12 计算 $y = \sqrt{x-1}$ 的过原点的切线与 x 轴和 $y = \sqrt{x-1}$ 所围成的平面图形(如图 7.28 所示)绕 x 轴和 y 轴旋转一周所得旋转体体积分别为多少?

解 $y = \sqrt{x-1}$ 在点 $(x, \sqrt{x-1})$ 处的切线斜率为

$$(\sqrt{x-1})' = \frac{1}{2\sqrt{x-1}},$$

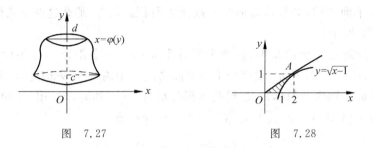

图 7.27　　　　　　　　　　　图 7.28

因此,对于过原点的切线 $y=kx$(k 为切线斜率)在切点$(x,\sqrt{x-1})$处有关系式

$$\sqrt{x-1} = kx = \frac{x}{2\sqrt{x-1}},$$

从而 $x=2,k=\dfrac{1}{2}$. 故切线方程为 $y=\dfrac{1}{2}x$,切点 A 的坐标为$(2,1)$.

记 V_x,V_y 分别为阴影部分绕 x 轴和 y 轴旋转一周形成的旋转体的体积,则

$$V_x = \pi\int_0^2\left(\frac{1}{2}x\right)^2\mathrm{d}x - \pi\int_1^2(\sqrt{x-1})^2\mathrm{d}x = \frac{\pi}{12}x^3\bigg|_0^2 - \frac{\pi(x-1)^2}{2}\bigg|_1^2 = \frac{\pi}{6},$$

$$V_y = \pi\int_0^1\left[(y+1)^2 - (2y)^2\right]\mathrm{d}y = \pi\int_0^1(y^4 - 2y^2 + 1)\mathrm{d}y = \frac{5\pi}{18}.$$

7.6.3　求平面曲线弧长

首先给出曲线弧长的定义.

定义 7.6　设平面上一条以 M、N 为端点的平面曲线,记为 MN,如图 7.29 所示. 在曲线上任取 $n+1$ 个点: $M=A_0,A_1$, $A_2,\cdots,A_{i-1},A_i,\cdots,A_{n-1},A_n=N$ 称为曲线 MN 的一个分法 T. 用线段连接相邻两点,得到曲线 MN 的内接折线. 内接折线的长已知,用 $L(T)$ 表示. 即

图　7.29

$$L(T) = \sum_{i=1}^n \overline{A_{i-1}A_i}.$$

显然 $L(T)$ 仅与分法 T 有关. 令 $\lambda(T)=\max\limits_{1\leqslant i\leqslant n}\{\overline{A_{i-1}A_i}\}$,如果当 $\lambda(T)\to 0$ 时,$L(T)$ 的极限存在,则有

$$\lim_{\lambda(T)\to 0}L(T) = \lim_{\lambda(T)\to 0}\sum_{i=1}^n \overline{A_{i-1}A_i} = l.$$

称 l 为曲线 MN 的弧长.

1. 参数方程

设曲线 MN 由参数方程

$$\begin{cases} x = \varphi(t), \\ y = \psi(t), \end{cases} \quad \alpha \leqslant t \leqslant \beta \tag{7.13}$$

给出. 若 $\varphi'(t), \psi'(t)$ 在 $[\alpha, \beta]$ 上连续且不同时为 0, 即 $\forall t \in [\alpha, \beta], [\varphi'(t)]^2 + [\psi'(t)]^2 \neq 0$, 则称 MN 为光滑曲线.

定理 7.13 若 MN 是光滑曲线, 且由 (7.13) 式给出, 则 MN 可求长, 其弧长表示为

$$l = \int_\alpha^\beta \sqrt{\varphi'^2(t) + \psi'^2(t)} \, \mathrm{d}t. \tag{7.14}$$

(7.14) 式称为弧长公式.

证明 对于 MN 的一个分法 T:

$$M = A_0, A_1, \cdots, A_{i-1}, A_i, \cdots, A_n = N,$$

设分点 A_i 的坐标为 (x_i, y_i), 其中 $x_i = \varphi(t_i), y_i = \psi(t_i), i = 0, 1, 2, \cdots, n$. 相应的对于区间 $[\alpha, \beta]$ 有分法 T':

$$\alpha = t_0 < t_1 < \cdots < t_{i-1} < t_i < \cdots < t_n = \beta.$$

记 $\Delta t_i = t_i - t_{i-1}, \lambda(T') = \max_{1 \leqslant i \leqslant n}\{\Delta t_i\}$, 由微分中值定理知

$$\Delta x_i = x_i - x_{i-1} = \varphi(t_i) - \varphi(t_{i-1}) = \varphi'(\xi_i) \Delta t_i,$$

$$\Delta y_i = y_i - y_{i-1} = \psi(t_i) - \psi(t_{i-1}) = \psi'(\eta_i) \Delta t_i,$$

其中 $t_{i-1} < \xi_i < t_i, t_{i-1} < \eta_i < t_i$.

由于 $\varphi'(t), \psi'(t)$ 不同时为 0, 存在 t 的邻域, 在其上 $\varphi(t)$ 和 $\psi(t)$ 至少一个有连续反函数. 而 $\overline{A_{i-1}A_i} = \sqrt{\Delta x_i^2 + \Delta y_i^2}, \lambda(T) = \max_{1 \leqslant i \leqslant n}\{\overline{A_{i-1}A_i}\}$. 因此 $\lambda(T) \to 0 \Leftrightarrow \Delta x_i \to 0$ 且 $\Delta y_i \to 0 (i = 1, 2, \cdots, n) \Leftrightarrow \Delta t_i \to 0 (i = 1, 2, \cdots, n) \Leftrightarrow \lambda(T') \to 0$, 则曲线 MN 的内接折线长为

$$L(T) = \sum_{i=1}^n \overline{A_{i-1}A_i} = \sum_{i=1}^n \sqrt{(\Delta x_i)^2 + (\Delta y_i)^2} = \sum_{i=1}^n \sqrt{[\varphi'(\xi_i)\Delta t_i]^2 + [\psi'(\eta_i)\Delta t_i]^2}$$

$$= \sum_{i=1}^n \sqrt{\varphi'^2(\xi_i) + \psi'^2(\eta_i)} \, \Delta t_i$$

$$= \sum_{i=1}^n \sqrt{\varphi'^2(\xi_i) + \psi'^2(\xi_i)} \, \Delta t_i + \sum_{i=1}^n Q_i \Delta t_i,$$

其中 $Q_i = \sqrt{\varphi'^2(\xi_i) + \psi'^2(\eta_i)} - \sqrt{\varphi'^2(\xi_i) + \psi'^2(\xi_i)}$. 于是, 当 $\lambda(T) \to 0$ 时, 有

$$\lim_{\lambda(T) \to 0} L(T) = \lim_{\lambda(T') \to 0} \sum_{i=1}^n \sqrt{\varphi'^2(\xi_i) + \psi'^2(\xi_i)} \, \Delta t_i + \lim_{\lambda(T') \to 0} \sum_{i=1}^n Q_i \Delta t_i.$$

由于

$$|Q_i| = |\sqrt{\varphi'^2(\xi_i) + \psi'^2(\eta_i)} - \sqrt{\varphi'^2(\xi_i) + \psi'^2(\xi_i)}| \leqslant |\psi'(\eta_i) + \psi'(\xi_i)|.$$

又 $\psi'(t)$ 在 $[\alpha,\beta]$ 上连续，从而一致连续，即 $\forall \varepsilon > 0, \exists \delta > 0, \forall t, t' \in [\alpha,\beta]$，只要 $|t-t'| < \delta$，就有 $|\psi'(t) - \psi'(t')| < \varepsilon$. 因此 $\forall T'$，只要 $\lambda(T') < \delta, \xi_i, \eta_i \in [t_{i-1}, t_i]$，当 $|\xi_i - \eta_i| \leqslant \Delta t_i < \delta$ 时，就有 $|\psi'(\eta_i) - \psi'(\xi_i)| < \varepsilon$，从而 $\left| \sum_{i=1}^{n} Q_i \Delta t_i \right| \leqslant \sum_{i=1}^{n} |\psi'(\eta_i) - \psi'(\xi_i)| \Delta t_i < \varepsilon \sum_{i=1}^{n} \Delta t_i = \varepsilon(\beta - \alpha)$，即 $\lim\limits_{\lambda(T') \to 0} \sum_{i=1}^{n} Q_i \Delta t_i = 0$，于是 $l = \lim\limits_{\lambda(T) \to 0} \sum_{i=1}^{n} \sqrt{\varphi'^2(\xi_i) + \psi'^2(\xi_i)} \Delta t_i = \int_{\alpha}^{\beta} \sqrt{\varphi'^2(t) + \psi'^2(t)} \, dt$.

例 13 求半径为 r 的圆的周长.

解 设圆心在原点，则半径为 r 的圆的参数方程为

$$x = r\cos\theta, \quad y = r\sin\theta, \quad 0 \leqslant \theta \leqslant 2\pi.$$

因为 $x'(\theta) = -r\sin\theta, y'(\theta) = r\cos\theta$，所以由公式(7.14)知，半径为 r 的圆周长 l 是

$$l = \int_{0}^{2\pi} \sqrt{[x'(\theta)]^2 + [y'(\theta)^2]} \, d\theta = r \int_{0}^{2\pi} d\theta = 2\pi r.$$

2. 直角坐标系下的曲线弧长

设在直线坐标系下，曲线 MN 的方程为

$$y = f(x), \quad a \leqslant x \leqslant b.$$

根据定理 7.13，若 $f'(x)$ 在 $[a,b]$ 连续，则由公式(7.14)知，曲线 MN 的弧长为

$$l = \int_{a}^{b} \sqrt{1 + [f'(x)]^2} \, dx. \tag{7.15}$$

例 14 求抛物线 $y = x^2 (0 \leqslant x \leqslant 2)$ 的弧长 l.

解 $y' = 2x, \sqrt{1 + (y')^2} = \sqrt{1 + 4x^2}$，所以由公式(7.15)知

$$l = \int_{0}^{2} \sqrt{1 + 4x^2} \, dx \xrightarrow{t = 2x} \frac{1}{2} \int_{0}^{4} \sqrt{1 + t^2} \, dt = \left[\frac{t}{4} \sqrt{1 + t^2} + \frac{1}{4} \ln(t + \sqrt{1 + t^2}) \right] \Big|_{0}^{4}$$

$$= \sqrt{17} + \frac{1}{4} \ln(4 + \sqrt{17}).$$

3. 极坐标系下的曲线弧长

曲线 MN 由极坐标方程 $r = f(\theta) (\alpha \leqslant \theta \leqslant \beta)$ 给出，若 $f(\theta)$ 及 $f'(\theta)$ 在 $[\alpha,\beta]$ 上连续，将极坐标方程化成以 θ 为参数的参数方程：

$$x = f(\theta)\cos\theta, \quad y = f(\theta)\sin\theta, \quad \alpha \leqslant \theta \leqslant \beta,$$

且

$$x'(\theta) = f'(\theta)\cos\theta - f(\theta)\sin\theta,$$
$$y'(\theta) = f'(\theta)\sin\theta + f(\theta)\cos\theta.$$

则由公式(7.14)知，曲线 MN 的弧长 l 为

$$l = \int_a^\beta \sqrt{[x'(\theta)]^2 + [y'(\theta)]^2}\, \mathrm{d}\theta = \int_a^\beta \sqrt{f^2(\theta) + f'^2(\theta)}\, \mathrm{d}\theta = \int_a^\beta \sqrt{r^2 + r'^2}\, \mathrm{d}\theta.$$

例 15 求心脏线 $r = a(1+\cos\theta)$ 的弧长(如图 7.30 所示).

解 由图 7.30 可见,心脏线在 $[0,\pi]$ 和 $[\pi, 2\pi]$ 上的弧长相等,$r' = -a\sin\theta$,则

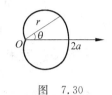

$$l = 2\int_0^\pi \sqrt{r^2 + r'^2}\, \mathrm{d}\theta = 2a\int_0^\pi \sqrt{2(1+\cos\theta)}\, \mathrm{d}\theta = 4a\int_0^\pi \cos\frac{\theta}{2}\, \mathrm{d}\theta = 8a.$$

图 7.30

7.6.4 定积分在物理学中的应用

首先,我们简单介绍一下"微元法"思想.在应用定积分计算实际问题时,将作积分和与取极限两步合并的做法,即为"微元法".具体地,记 U 为总量,ΔU 为局部量,x 为积分变量,积分区间为 $[a,b]$,取其中任一个小区间 $[x, x+\mathrm{d}x]$,则该区间上部分量的近似值有 $\Delta U \approx f(x)\mathrm{d}x$,这时称 $f(x)\mathrm{d}x$ 为 U 的微元,记为 $\mathrm{d}U$,即 $\mathrm{d}U = f(x)\mathrm{d}x$.因以,总量 U 就是微元 $\mathrm{d}U$ 在 $[a,b]$ 上的定积分,即

$$U = \int_a^b \mathrm{d}U = \int_a^b f(x)\mathrm{d}x.$$

接下来,使用微元法给出一个物理学中有关变力作功的例子.

例 16 从地面垂直向上发射质量为 m 的火箭,当火箭距离地面为 r 时,求火箭克服地球引力所作的功.

解 已知两质点质量分别为 m_1 和 m_2,它们之间距离为 r 时,根据万有引力定律,两者之间的引力为

$$f = k \cdot \frac{m_1 m_2}{r^2}, \quad k \text{ 为引力常数.}$$

设地球半径为 R,地球质量为 M,火箭距离地面的高度为 x,已知火箭的质量是 m,则火箭受地球的引力为

$$f = k \cdot \frac{M \cdot m}{(R+x)^2}.$$

为了确定引力常数 k,已知当 $x=0$ 时,$f=mg$,其中 g 是重力加速度,即 $mg = k \cdot \dfrac{M \cdot m}{R^2}$,则

$$k = \frac{R^2 g}{M}.$$

于是,火箭受到地球的引力为

$$f = \frac{R^2 mg}{(R+x)^2}.$$

在 x 处火箭升高 $\mathrm{d}x$,则在 x 处火箭克服地球引力所作功的功微元为

$$\mathrm{d}W = f\mathrm{d}x = \frac{R^2 mg}{(R+x)^2}\mathrm{d}x,$$

因此，当火箭距离地面为 r 时，火箭克服地球引力所作的功为

$$W_r = \int_0^r \mathrm{d}W = \int_0^r \frac{R^2 mg}{(R+x)^2}\mathrm{d}x = R^2 mg\left(\frac{1}{R} - \frac{1}{R+r}\right).$$

7.6.5 定积分在经济学中的应用

定积分在经济学中常用于解决已知边际函数求总函数的问题. 例如，记总成本函数 $C = C(q)$，总收益函数 $R = R(q)$，已知边际成本函数 $MC = C'(q)$，边际收益函数 $MR = R'(q)$，则

总成本函数 $\qquad C(q) = \int_0^q C'(q)\mathrm{d}q + C_0;$

总收益函数 $\qquad R(q) = \int_0^q R'(q)\mathrm{d}q;$

总利润函数 $\qquad L(q) = \int_0^q [R'(q) - C'(q)]\mathrm{d}q - C_0,$

其中 C_0 为固定成本.

例 17 某煤矿投资 2000 万元建成，在时刻 t 的追加成本和增加收益（单位：百万元/年）分别为

$$C'(t) = 6 + 2t^{\frac{2}{3}},$$
$$R'(t) = 18 - t^{\frac{2}{3}},$$

试确定该煤矿在何时停止生产可获得最大利润，最大利润是多少？

解 由极值存在的必要条件，$R'(t) = C'(t)$，即

$$18 - t^{\frac{2}{3}} = 6 + 2t^{\frac{2}{3}},$$

解得

$$t = 8.$$

又

$$R''(t) - C''(t) = -\frac{2}{3}t^{-\frac{1}{3}} - \frac{4}{3}t^{-\frac{2}{3}},$$
$$R''(t) < C''(t),$$

故 $t = 8$ 是最佳终止时间，此时的利润为

$$L = \int_0^8 [R'(t) - C'(t)]\mathrm{d}t - 20 = \int_0^8 [(18 - t^{\frac{2}{3}}) - (6 + 2t^{\frac{2}{3}})]\mathrm{d}t - 20$$
$$= \left(12t - \frac{9}{5}t^{\frac{5}{3}}\right)\Big|_0^8 - 20 = 18.4 \text{ 百万元}.$$

例 18 已知某产品的边际成本和边际收益函数分别为

$$C'(q) = q^2 - 4q + 6, \quad R'(q) = 105 - 2q,$$

固定成本为 100，其中 q 为销售量，$C(q)$ 为总成本，$R(q)$ 为总收益，求最大利润.

解 总利润函数 $L(q)=R(q)-C(q)$，其中

$$R(q)=\int_0^q (105-2t)\,\mathrm{d}t=105q-2q^2,$$

$$C(q)=\int_0^q (t^2-4t+6)\,\mathrm{d}t+100=\frac{1}{3}q^3-2q^2+6q+100,$$

从而

$$L(q)=R(q)-C(q)=99q+q^2-\frac{1}{3}q^3-100,$$

$$L'(q)=99+2q-q^2.$$

令 $L'(q)=0$，即 $99+2q-q^2=0$，得 $q=11$. 又 $L''(q)=2-2q$，$L''(11)=2-22=-20<0$，所以 $q=11$ 为最大值点. 从而 $L_{\max}(11)=1089+121-\frac{1}{3}\times1331-100=666\ \frac{1}{3}$，即最大利润为 $666\ \frac{1}{3}$.

习题 7.6

1. 求由抛物线 $y=-x^2+4x-3$ 及其在点 $(0,-3)$ 和点 $(3,0)$ 处两条切线所围成图形的面积 S.

2. 设直线 $y=ax$ 与抛物线 $y=x^2$ 所围成图形的面积为 S_1，它们与直线 $x=1$ 所围成图形的面积为 S_2，并且 $0<a<1$.

(1) 试确定 a 的值，使 S_1+S_2 达到最小，并求出最小值；

(2) 求该最小值所对应的平面图形绕 x 轴旋转一周所得旋转体的体积 V.

3. 求旋转线 $x=a(t-\sin t)$，$y=a(1-\cos t)(0\leqslant t\leqslant 2\pi)$ 的弧长 l 及其绕 x 轴旋转的旋转体积 V_x.

4. 把弹簧拉长所需的力与弹簧的伸长成正比. 已知一千克的力能使弹簧伸长 1 厘米，问把弹簧拉长 10 厘米要作多少功？

5. 半径为 r 的球沉入水中，它与水面相接，球的比重为 1. 现将球从水中取出，要作多少功？

6. 已知生产某产品的边际单位成本为 $\left(\dfrac{C(x)}{x}\right)'=-\dfrac{100}{x^2}$，产量为 1 个单位时，成本为 102 万元. 又知边际收入函数为 $R'(x)=-0.1x+12$ 万元，求：(1)利润函数；(2)利润最大时的产量；(3)利润最大时的价格.

7. 设某商品从时刻 0 到时刻 t 的销售量为 $x(t)=kt$，$t\in[0,T](k>0)$. 欲在 T 时将数量为 A 的该商品销售完，试求：(1)t 时的商品剩余量，并确定 k 的值；(2)在时间段 $[0,T]$ 上的平均剩余量.

8. 已知某产品的边际成本为 $4+\dfrac{x}{4}$（万元/单位），固定成本为 1 万元，产品对价格的需求价格弹性为 $\dfrac{p}{8-p}$，产品的最大需求量为 8，求产品取最大利润时的产量以及销售价格.

9. 某厂的边际成本函数为 $C'(x)=3x^2-12x+20$，产出为 2 时，总成本为 12，求：(1)总成本函数和平均单位成本函数；(2)生产了 2 个单位后，再生产 5 个单位产品需要追加的成本数；(3)再生产的 5 个单位产品的平均单位成本.

7.7 反常积分

在本章前面讲述的定积分 $\displaystyle\int_a^b f(x)\mathrm{d}x$ 中，要求 $f(x)$ 为有限区间 $[a,b]$ 上的有界函数，但是，在实际应用中，常常需要将区间的有限性和被积函数的有界性加以推广. 也就是需要将有限区间 $[a,b]$ 推广为无限区间 $((-\infty,b],[a,+\infty),(-\infty,+\infty))$，即无穷限积分；或是将区间 $[a,b]$ 上的有界函数 $f(x)$ 推广为无界函数，即瑕积分. 通常无穷限积分和瑕积分统称为反常积分.

7.7.1 函数在无穷区间上的积分——无穷限积分

在物理学中有这样一个例子：从地面垂直向上发射质量为 m 的火箭，当火箭距地面为 r 时，火箭克服地心引力所作的功 W 表示为

$$W=\int_0^r \frac{R^2 mg}{(R+x)^2}\mathrm{d}x,$$

其中 R 为地球半径，g 为重力加速度. 显然，r 越大，所作的功也越大，要计算克服地心引力所作的功 W 实际是求解当积分上限 r 无限增大时的极限，即

$$W=\lim_{r\to+\infty}\int_0^r \frac{R^2 mg}{(R+x)^2}\mathrm{d}x.$$

1. 无穷限积分的概念

定义 7.7 设函数 $f(x)$ 在区间 $[a,+\infty)$ 上有定义，且对任意实数 $A>a$，$f(x)$ 在闭区间 $[a,A]$ 上可积，称符号 $\displaystyle\int_a^{+\infty}f(x)\mathrm{d}x$ 为函数 $f(x)$ 在无穷区间 $[a,+\infty)$ 上的无穷限积分. 如果极限

$$\lim_{A\to+\infty}\int_a^A f(x)\mathrm{d}x \tag{7.16}$$

存在,则称无穷限积分 $\int_a^{+\infty} f(x)$ 收敛,并称此极限值为该无穷限积分的值,记作

$$\int_a^{+\infty} f(x)\mathrm{d}x = \lim_{A\to+\infty}\int_a^A f(x)\mathrm{d}x.$$

如果极限(7.16)不存在,则称无穷限积分 $\int_a^{+\infty} f(x)\mathrm{d}x$ 发散,也称 $f(x)$ 在 $[a,+\infty)$ 上不可积,此时 $\int_a^{+\infty} f(x)\mathrm{d}x$ 仅是一种记号,无任何意义.

类似地,可以将无穷限积分 $\int_{-\infty}^b f(x)\mathrm{d}x$ 及 $\int_{-\infty}^{+\infty} f(x)\mathrm{d}x$ 的收敛性定义如下.

定义 7.8 设 $f(x)$ 在 $(-\infty,b]$ 上有定义,且对任意实数 $B<b$,$f(x)$ 在闭区间 $[B,b]$ 上可积,则称 $\int_{-\infty}^b f(x)\mathrm{d}x$ 为 $f(x)$ 在区间 $(-\infty,b]$ 上的无穷限积分. 如果极限

$$\lim_{B\to-\infty}\int_B^b f(x)\mathrm{d}x \tag{7.17}$$

存在,则称 $\int_{-\infty}^b f(x)\mathrm{d}x$ 收敛,且有

$$\int_{-\infty}^b f(x)\mathrm{d}x = \lim_{B\to-\infty}\int_B^b f(x)\mathrm{d}x.$$

如果极限(7.17)不存在,则称无穷限积分 $\int_{-\infty}^b f(x)\mathrm{d}x$ 发散.

定义 7.9 设 $f(x)$ 在 $(-\infty,+\infty)$ 上有定义,若对于任意实数 $c\in(-\infty,+\infty)$,无穷限积分 $\int_{-\infty}^c f(x)\mathrm{d}x$ 及 $\int_c^{+\infty} f(x)\mathrm{d}x$ 都收敛,则称 $\int_{-\infty}^{+\infty} f(x)\mathrm{d}x$ 收敛,并规定其值为

$$\int_{-\infty}^{+\infty} f(x)\mathrm{d}x = \int_{-\infty}^c f(x)\mathrm{d}x + \int_c^{+\infty} f(x)\mathrm{d}x.$$

如果存在 $c\in(-\infty,+\infty)$,使得 $\int_{-\infty}^c f(x)\mathrm{d}x$ 与 $\int_c^{+\infty} f(x)\mathrm{d}x$ 至少有一个发散,则称 $\int_{-\infty}^{+\infty} f(x)\mathrm{d}x$ 发散,也称 $f(x)$ 在 $(-\infty,+\infty)$ 上不可积. $\Big($ 容易证明,无穷限积分 $\int_{-\infty}^{+\infty} f(x)\mathrm{d}x$ 的值与 c 的选取无关. $\Big)$

例 1 讨论下列无穷限积分的敛散性:

(1) $\int_0^{+\infty} \mathrm{e}^{-x}\mathrm{d}x$;   (2) $\int_0^{+\infty} x\mathrm{e}^{-x^2}\mathrm{d}x$;   (3) $\int_{-\infty}^{+\infty} \sin x\mathrm{d}x$.

解 (1) 对任意 $A>0$,有

$$\int_0^{+\infty} \mathrm{e}^{-x}\mathrm{d}x = \lim_{A\to+\infty}\int_0^A \mathrm{e}^{-x}\mathrm{d}x = \lim_{A\to+\infty}(-\mathrm{e}^{-x})\Big|_0^A = \lim_{A\to+\infty}(1-\mathrm{e}^{-A}) = 1,$$

因此,无穷限积分 $\int_0^{+\infty} \mathrm{e}^{-x}\mathrm{d}x$ 收敛于 1.

（2）对任意 $A > 0$ 有

$$\int_0^{+\infty} x e^{-x^2} \mathrm{d}x = \lim_{A \to +\infty} \int_0^A x e^{-x^2} \mathrm{d}x = \lim_{A \to +\infty} \left(-\frac{1}{2} e^{-x^2} \right) \bigg|_0^A = \lim_{A \to +\infty} \left(\frac{1}{2} - \frac{1}{2} e^{-A^2} \right) = \frac{1}{2},$$

因此，无穷限积分 $\int_0^{+\infty} x e^{-x^2} \mathrm{d}x$ 收敛于 $\frac{1}{2}$.

（3）由于 $\int_{-\infty}^{+\infty} \sin x \mathrm{d}x$ 包含两个无穷限积分 $\int_0^{+\infty} \sin x \mathrm{d}x$ 和 $\int_{-\infty}^0 \sin x \mathrm{d}x$. 对于 $\int_0^{+\infty} \sin x \mathrm{d}x$ 及任

意实数 $A > 0$，有 $\int_0^{+\infty} \sin x \mathrm{d}x = \lim_{A \to +\infty} \int_0^A \sin x \mathrm{d}x = \lim_{A \to +\infty} (1 - \cos A)$.

由于 $\lim_{A \to +\infty} \cos A$ 不存在，因此 $\int_0^{+\infty} \sin x \mathrm{d}x$ 发散，从而 $\int_{-\infty}^{+\infty} \sin x \mathrm{d}x$ 发散.

例 2 判断无穷限积分 $\int_0^{+\infty} \frac{1}{x^p} \mathrm{d}x (a > 0)$ 的敛散性.

解 对于任意实数 $A > a$，有

$$\int_a^A \frac{1}{x^p} \mathrm{d}x = \begin{cases} \dfrac{1}{1-p}(A^{1-p} - a^{1-p}), & p \neq 1, \\ \ln A - \ln a, & p = 1, \end{cases}$$

从而

$$\lim_{A \to +\infty} \int_a^A \frac{1}{x^p} \mathrm{d}x = \begin{cases} \dfrac{1}{p-1} a^{1-p}, & p > 1, \\ +\infty & p \leqslant 1. \end{cases}$$

所以，当 $p > 1$ 时，无穷限积分 $\int_a^{+\infty} \frac{1}{x^p} \mathrm{d}x$ 收敛于 $\frac{1}{p-1} a^{1-p}$；而当 $p \leqslant 1$ 时，无穷限积分 $\int_a^{+\infty} \frac{1}{x^p} \mathrm{d}x$ 发散.

若函数 $f(x)$ 在 $[a, +\infty)$ 存在原函数 $F(x)$，即 $F'(x) = f(x)$，则无穷限积分可以写成如下形式：

$$\int_a^{+\infty} f(x) \mathrm{d}x = \lim_{A \to +\infty} \int_a^A f(x) \mathrm{d}x = \lim_{A \to +\infty} F(x) \bigg|_a^A = \lim_{A \to +\infty} [F(A) - F(a)]$$
$$= F(+\infty) - F(a) = F(x) \bigg|_a^{+\infty},$$

其中符号 $F(+\infty) = \lim_{A \to +\infty} F(A)$.

类似地，有

$$\int_{-\infty}^b f(x) \mathrm{d}x = \lim_{B \to -\infty} \int_B^b f(x) \mathrm{d}x = \lim_{B \to -\infty} F(x) \bigg|_B^b = F(b) - F(-\infty) = F(x) \bigg|_{-\infty}^b,$$

$$\int_{-\infty}^{+\infty} f(x) \mathrm{d}x = F(+\infty) - F(-\infty) = F(x) \bigg|_{-\infty}^{+\infty},$$

其中 $F(-\infty) = \lim_{B \to -\infty} F(B)$.

例 3 判断无穷限积分 $\displaystyle\int_2^{+\infty} \frac{1}{x(\ln x)^p}\mathrm{d}x$ 的敛散性.

解 当 $p \neq 1$ 时,有 $\displaystyle\int_2^{+\infty} \frac{1}{x(\ln x)^p}\mathrm{d}x = \int_2^{+\infty} \frac{1}{(\ln x)^p}\mathrm{d}\ln x = \frac{1}{(1-p)(\ln x)^{p-1}}\bigg|_2^{+\infty} =$

$$\begin{cases} \dfrac{1}{(p-1)(\ln 2)^{p-1}}, & p>1, \\ +\infty, & p<1. \end{cases}$$

当 $p=1$ 时,有

$$\int_2^{+\infty} \frac{1}{x\ln x}\mathrm{d}x = \ln(\ln x)\bigg|_2^{+\infty} = +\infty.$$

因此,当 $p>1$ 时,无穷限积分收敛于 $\dfrac{1}{(p-1)(\ln 2)^{p-1}}$;当 $p \leqslant 1$ 时,无穷限积分发散.

2. 无穷限积分的性质

以下以无穷限积分 $\displaystyle\int_a^{+\infty} f(x)\mathrm{d}x$ 为讨论对象,对于 $\displaystyle\int_{-\infty}^b f(x)\mathrm{d}x$ 及 $\displaystyle\int_{-\infty}^{+\infty} f(x)\mathrm{d}x$ 可得类似性质.

定理 7.14(柯西收敛原理) 无穷限积分 $\displaystyle\int_a^{+\infty} f(x)\mathrm{d}x$ 收敛的充要条件是对于 $\forall \varepsilon > 0$,存在 $A > a$,对任意 $A' > A$ 及 $A'' > A$,有 $\left|\displaystyle\int_{A'}^{A''} f(x)\mathrm{d}x\right| < \varepsilon$.

由定义 7.7 知,无穷限积分 $\displaystyle\int_a^{+\infty} f(x)\mathrm{d}x$ 收敛,即 $\displaystyle\lim_{A \to +\infty}\int_a^A f(x)\mathrm{d}x$ 存在,由函数极限的柯西收敛原理及定积分的可加性即可证明上述定理.具体证明留给读者自己补充完成.

推论 7.7 若无穷限积分 $\displaystyle\int_a^{+\infty} |f(x)|\mathrm{d}x$ 收敛,则 $\displaystyle\int_a^{+\infty} f(x)\mathrm{d}x$ 也收敛.

证明 由定理 7.14 知,$\forall \varepsilon > 0$,存在 $A > a$,对任意 $A' > A$ 及 $A'' > A$,有 $\left|\displaystyle\int_{A'}^{A''} |f(x)|\right| < \varepsilon$. 从而有 $\left|\displaystyle\int_{A'}^{A''} f(x)\mathrm{d}x\right| \leqslant \left|\displaystyle\int_{A'}^{A''} |f(x)|\mathrm{d}x\right| < \varepsilon$,即无穷限积分 $\displaystyle\int_a^{+\infty} f(x)\mathrm{d}x$ 收敛.

性质 7.12 无穷限积分 $\displaystyle\int_a^{+\infty} f(x)\mathrm{d}x$ 收敛的充要条件是对任意 $c > a$,无穷限积分 $\displaystyle\int_c^{+\infty} f(x)\mathrm{d}x$ 收敛,此时有

$$\int_a^{+\infty} f(x)\mathrm{d}x = \int_a^c f(x)\mathrm{d}x + \int_c^{+\infty} f(x)\mathrm{d}x.$$

性质 7.13 设无穷限积分 $\displaystyle\int_a^{+\infty} f(x)\mathrm{d}x$ 收敛,k 为任意常数,则 $\displaystyle\int_a^{+\infty} kf(x)\mathrm{d}x$ 也收敛,且有

$$\int_{a}^{+\infty} k f(x)\mathrm{d}x = k\int_{a}^{+\infty} f(x)\mathrm{d}x.$$

性质 7.14 设无穷限积分 $\int_{a}^{+\infty} f(x)\mathrm{d}x$ 与 $\int_{a}^{+\infty} g(x)\mathrm{d}x$ 均收敛，则 $\int_{a}^{+\infty} [f(x) \pm g(x)]\mathrm{d}x$ 也收敛，且有

$$\int_{a}^{+\infty} [f(x) \pm g(x)]\mathrm{d}x = \int_{a}^{+\infty} f(x)\mathrm{d}x \pm \int_{a}^{+\infty} g(x)\mathrm{d}x.$$

例 4 求无穷限积分 $\int_{1}^{+\infty} \dfrac{1}{x^2 + x}\mathrm{d}x$.

解 $\int_{1}^{+\infty} \dfrac{1}{x^2 + x}\mathrm{d}x = \int_{1}^{+\infty} \dfrac{1}{x(x+1)}\mathrm{d}x = \int_{1}^{+\infty} \left(\dfrac{1}{x} - \dfrac{1}{x+1}\right)\mathrm{d}x = \ln\left|\dfrac{x}{x+1}\right|\ \Big|_{1}^{+\infty} = \ln 2.$

注意，本题不可用性质 7.14，否则

$$\int_{1}^{+\infty} \dfrac{1}{x^2 + x}\mathrm{d}x = \int_{1}^{+\infty} \left(\dfrac{1}{x} - \dfrac{1}{x+1}\right)\mathrm{d}x = \int_{1}^{+\infty} \dfrac{1}{x}\mathrm{d}x - \int_{1}^{+\infty} \dfrac{1}{x+1}\mathrm{d}x$$

$$= \ln|x|\ \Big|_{1}^{+\infty} - \ln|1+x|\ \Big|_{1}^{+\infty}.$$

这是因为性质 7.14 要以 $\int_{a}^{+\infty} f(x)\mathrm{d}x$ 与 $\int_{a}^{+\infty} g(x)\mathrm{d}x$ 均收敛为前提，而 $\int_{1}^{+\infty} \dfrac{1}{x}\mathrm{d}x$ 与 $\int_{1}^{+\infty} \dfrac{1}{x+1}\mathrm{d}x$ 均发散，因此不可用性质 7.14.

3. 无穷限积分的敛散性判别法

目前，我们对于无穷限积分敛散性的判别仅能通于无穷限积分的定义来完成. 但是，如果被积函数 $f(x)$ 函数没有初等函数形式的原函数，用定义就无法分析无穷限积分的敛散性. 此外，在多数情况下，我们往往只需知道无穷限积分是否收敛，而不需要求解具体的积分值. 因此，就无穷限积分敛散性的判别问题，有必要单独讨论.

对于被积函数 $f(x)$ 非负的情形，有下面的定理成立.

定理 7.15 设 $f(x) \geqslant 0, x \in [a, +\infty)$，则无穷限积分 $\int_{a}^{+\infty} f(x)\mathrm{d}x$ 收敛的充要条件是函数 $I(A) = \int_{a}^{A} f(x)\mathrm{d}x (A > a)$ 有上界.

证明 由于 $f(x) \geqslant 0$，从而函数 $I(A) = \int_{a}^{A} f(x)\mathrm{d}x$ 为单调递增函数. 因此，极限 $\lim\limits_{A\to+\infty} I(A) = \lim\limits_{A\to+\infty} \int_{a}^{A} f(x)\mathrm{d}x$ 存在的充要条件是函数 $I(A)$ 有上界. 由定义 7.7 知，$\int_{a}^{+\infty} f(x)\mathrm{d}x$ 收敛的充要条件为 $I(A)$ 有上界. 定理得证.

注意到,当 $f(x) \leqslant 0$ 时,$x \in [a, +\infty)$ 时,有 $-f(x) \geqslant 0$,$x \in [a, +\infty)$,由性质 7.13 知,$\int_a^{+\infty} f(x)\mathrm{d}x$ 与 $\int_a^{+\infty}[-f(x)]\mathrm{d}x$ 具有相同的敛散性. 因此,我们仅讨论 $f(x)$ 在 $[a, +\infty)$ 非负的情况.

定理 7.16(比较判别法) 设函数 $f(x)$ 与 $g(x)$ 在 $[a, +\infty)$ 上非负,且 $f(x) \leqslant g(x)$,则

(1) 若 $\int_a^{+\infty} g(x)\mathrm{d}x$ 收敛,则 $\int_a^{+\infty} f(x)\mathrm{d}x$ 也收敛;

(2) 若 $\int_a^{+\infty} f(x)\mathrm{d}x$ 发散,则 $\int_a^{+\infty} g(x)\mathrm{d}x$ 也发散.

由定理 7.15 即可得证,请读者自己完成.

定理 7.17(比较判别法的极限形式) 设函数 $f(x)$ 与 $g(x)$ 在 $[a, +\infty)$ 上非负,且 $\lim\limits_{x \to +\infty} \dfrac{f(x)}{g(x)} = l$,则

(1) 当 $0 < l < +\infty$ 时,$\int_a^{+\infty} f(x)\mathrm{d}x$ 与 $\int_a^{+\infty} g(x)\mathrm{d}x$ 有相同的敛散性;

(2) 当 $l = 0$ 时,若 $\int_a^{+\infty} g(x)\mathrm{d}x$ 收敛,则 $\int_a^{+\infty} f(x)\mathrm{d}x$ 收敛;

(3) 当 $l = +\infty$ 时,若 $\int_a^{+\infty} g(x)\mathrm{d}x$ 发散,则 $\int_a^{+\infty} f(x)\mathrm{d}x$ 发散.

证明 (1) 当 $0 < l < +\infty$,由 $\lim\limits_{x \to +\infty} \dfrac{f(x)}{g(x)} = l$ 知,存在 $X > 0$,当 $x > X$ 时,有 $\dfrac{l}{2} < \dfrac{f(x)}{g(x)} < l+1$. 即 $\dfrac{l}{2}g(x) < f(x) < (l+1)g(x)$. 从而由比较判别法知 $\int_a^{+\infty} f(x)\mathrm{d}x$ 与 $\int_a^{+\infty} g(x)\mathrm{d}x$ 具有相同敛散性.

同理可证(2),(3).

例 5 讨论无穷限积分 $\int_0^{+\infty} \mathrm{e}^{-x^2}\mathrm{d}x$ 的敛散性.

解 已知对 $\forall x \geqslant 1$,有 $0 < \mathrm{e}^{-x^2} \leqslant \mathrm{e}^{-x}$. 由例 1(1) 知 $\int_0^{+\infty} \mathrm{e}^{-x}\mathrm{d}x$ 收敛,根据性质 7.12 得 $\int_1^{+\infty} \mathrm{e}^{-x}\mathrm{d}x$ 收敛. 由此较判别法知 $\int_1^{+\infty} \mathrm{e}^{-x^2}\mathrm{d}x$ 收敛,进而得 $\int_0^{+\infty} \mathrm{e}^{-x^2}\mathrm{d}x$ 收敛.

定理 7.18(柯西判别法) 设函数 $f(x) \geqslant 0$,$x \in [a, +\infty)$,$a > 0$,并且

$$\lim_{x \to +\infty} x^p f(x) = l,$$

则有

(1) 当 $0 \leqslant l < +\infty$ 时,若 $p > 1$,则无穷限积分 $\int_a^{+\infty} f(x)\mathrm{d}x$ 收敛;

(2) 当 $0 < l \leqslant +\infty$ 时,若 $p \leqslant 1$,则无穷限积分 $\int_a^{+\infty} f(x)\mathrm{d}x$ 发散.

证明 (1) 当 $0 \leqslant l < +\infty$ 时,由 $\lim\limits_{x \to +\infty} x^p f(x) = l < l+1$,可知存在 $X_1 > a$,当 $x > X_1$ 时,

有 $x^p f(x) < l+1$, 即 $f(x) < \dfrac{l+1}{x^p}$. 由例 2 知，当 $p>1$ 时，$\displaystyle\int_a^{+\infty} \dfrac{1}{x^p}\mathrm{d}x$ 收敛，从而 $\displaystyle\int_a^{+\infty} \dfrac{l+1}{x^p}\mathrm{d}x$ 收敛，由比较判别法知 $\displaystyle\int_a^{+\infty} f(x)\mathrm{d}x$ 收敛.

(2) 当 $0 < l \leqslant +\infty$ 时，存在正数 M，使 $l>M$，由 $\displaystyle\lim_{x\to+\infty} x^p f(x) = l > M$ 知，存在 $X_2 > a$，当 $x > X_2$ 时，有 $x^p f(x) > M$，即 $f(x) > \dfrac{M}{x^p}$. 由例 2 知，当 $p \leqslant 1$ 时，$\displaystyle\int_a^{+\infty} \dfrac{1}{x^p}\mathrm{d}x$ 发散，从而 $\displaystyle\int_a^{+\infty} \dfrac{M}{x^p}\mathrm{d}x$ 发散，由比较判别法知 $\displaystyle\int_a^{+\infty} f(x)\mathrm{d}x$ 发散. 定理得证.

例 6 讨论下列无穷限积分的敛散性.

(1) $\displaystyle\int_1^{+\infty} \dfrac{1}{x\sqrt{1+x^2}}\mathrm{d}x$; (2) $\displaystyle\int_1^{+\infty} x^a \mathrm{e}^{-x}\mathrm{d}x$; (3) $\displaystyle\int_2^{+\infty} \dfrac{1}{x^\lambda \ln x}\mathrm{d}x$.

解 (1) $f(x) = \dfrac{1}{x\sqrt{1+x^2}} = \dfrac{1}{x^2\sqrt{1+\dfrac{1}{x^2}}}$, $\displaystyle\lim_{x\to+\infty} x^2 f(x) = \lim_{x\to+\infty} \dfrac{1}{\sqrt{1+\dfrac{1}{x^2}}} = 1$, 这里对应的是 $p=2>1$, 由定理 7.18 知 $\displaystyle\int_1^{+\infty} \dfrac{1}{x\sqrt{1+x^2}}\mathrm{d}x$ 收敛.

(2) 由于 $\displaystyle\lim_{x\to+\infty} x^2 \cdot x^a \mathrm{e}^{-x} = \lim_{x\to+\infty} \dfrac{x^{2+a}}{\mathrm{e}^x} = 0$, 对应的是 $p=2>1$, 由定理 7.18 知 $\displaystyle\int_1^{+\infty} x^a \mathrm{e}^{-x}\mathrm{d}x$ 收敛.

(3) 由于 $\displaystyle\lim_{x\to+\infty} x^p \cdot \dfrac{1}{x^\lambda \ln x} = \lim_{x\to+\infty} x^{p-\lambda} \cdot \dfrac{1}{\ln x} = \begin{cases} 0, & \lambda \geqslant p, \\ +\infty, & \lambda < p, \end{cases}$ 从而

① 当 $\lambda > 1$ 时，取 p: $1 < p < \lambda$，由定理 7.18 知 $\displaystyle\int_2^{+\infty} \dfrac{1}{x^\lambda \ln x}\mathrm{d}x$ 收敛；

② 当 $\lambda < 1$ 时，取 p: $\lambda < p < 1$，由定理 7.18 知 $\displaystyle\int_2^{+\infty} \dfrac{1}{x^\lambda \ln x}\mathrm{d}x$ 发散；

③ 当 $\lambda = 1$ 时，考虑极限 $\displaystyle\lim_{A\to+\infty}\int_2^A \dfrac{1}{x\ln x}\mathrm{d}x = \lim_{A\to+\infty}(\ln\ln A - \ln\ln 2) = +\infty$, $\displaystyle\int_2^{+\infty} \dfrac{1}{x^\lambda \ln x}$ 发散.

综上可知，无穷限积分 $\displaystyle\int_2^{+\infty} \dfrac{1}{x^\lambda \ln x}\mathrm{d}x$ 当 $\lambda > 1$ 时收敛；当 $\lambda \leqslant 1$ 时发散.

以上讨论了非负函数的收敛性判别方法. 对于一般的变号函数（即函数值既有取正值又有取负值的函数）在某些情况下也可转化为非负函数来考虑. 为此，我们先介绍绝对收敛与条件收敛.

定义 7.10 设函数 $f(x)$ 定义在 $[a, +\infty)$ 上，且对 $\forall A > a$, $f(x)$ 在 $[a, A]$ 上可积，如果无穷限积分 $\displaystyle\int_a^{+\infty} |f(x)|\mathrm{d}x$ 收敛，则称 $\displaystyle\int_a^{+\infty} f(x)\mathrm{d}x$ 为绝对收敛. 类似地，可以定义

$$\int_{-\infty}^{b} f(x)\mathrm{d}x \; \text{及} \int_{-\infty}^{+\infty} f(x)\mathrm{d}x \; \text{绝对收敛}.$$

由推论 7.7 知,若无穷限积分 $\int_{a}^{+\infty} f(x)\mathrm{d}x$ 绝对收敛,则 $\int_{a}^{+\infty} f(x)\mathrm{d}x$ 必收敛.

定义 7.11 若无穷限积分 $\int_{a}^{+\infty} f(x)\mathrm{d}x$ 收敛,而 $\int_{a}^{+\infty} |f(x)| \mathrm{d}x$ 发散,则称 $\int_{a}^{+\infty} f(x)\mathrm{d}x$ 条件收敛.类似地,可以定义 $\int_{-\infty}^{b} f(x)\mathrm{d}x$ 及 $\int_{-\infty}^{+\infty} f(x)\mathrm{d}x$ 条件收敛.

显然,对于任何一个无穷限积分,其敛散性必为条件收敛,绝对收敛或发散三者之一.

例 7 判断下列无穷限积分的敛散性:

(1) $\int_{1}^{+\infty} \dfrac{\cos x}{x\sqrt{1+x^{2}}}\mathrm{d}x$；   (2) $\int_{1}^{+\infty} \dfrac{\sin x}{x}\mathrm{d}x$.

解 （1）因为 $\left| \dfrac{\cos x}{x\sqrt{1+x^{2}}} \right| \leqslant \dfrac{1}{x\sqrt{1+x^{2}}}$，由例 6 中的（1）知无穷限积分 $\int_{1}^{+\infty} \dfrac{1}{x\sqrt{1+x^{2}}}\mathrm{d}x$ 收敛.从而由比较判别法知无穷限积分 $\int_{1}^{+\infty} \dfrac{\cos x}{x\sqrt{1+x^{2}}}\mathrm{d}x$ 绝对收敛.

（2）因为对 $\forall A>1$,有

$$\int_{1}^{A} \frac{\sin x}{x}\mathrm{d}x = -\int_{1}^{A} \frac{1}{x}\mathrm{d}\cos x = -\frac{\cos x}{x} \Big|_{1}^{A} - \int_{1}^{A} \frac{\cos x}{x^{2}}\mathrm{d}x$$

$$= \cos 1 - \frac{\cos A}{A} - \int_{1}^{A} \frac{\cos x}{x^{2}}\mathrm{d}x.$$

又由于 $\cos 1$ 为常数,而 $\lim\limits_{A \to +\infty} \dfrac{\cos A}{A} = 0$. 因此 $\int_{1}^{+\infty} \dfrac{\sin x}{x}\mathrm{d}x$ 与 $\int_{1}^{+\infty} \dfrac{\cos x}{x^{2}}\mathrm{d}x$ 具有相同敛散性.又 $\left| \dfrac{\cos x}{x^{2}} \right| \leqslant \dfrac{1}{x^{2}}$,由例 2 知 $\int_{1}^{+\infty} \dfrac{1}{x^{2}}\mathrm{d}x$ 收敛,从而 $\int_{1}^{+\infty} \dfrac{\cos x}{x^{2}}\mathrm{d}x$ 绝对收敛,进而 $\int_{1}^{+\infty} \dfrac{\cos x}{x^{2}}\mathrm{d}x$ 收敛,故 $\int_{1}^{+\infty} \dfrac{\sin x}{x}\mathrm{d}x$ 收敛.类似地,可知 $\int_{1}^{+\infty} \dfrac{\cos 2x}{2x}\mathrm{d}x$ 也收敛.进一步地,由于 $\left| \dfrac{\sin x}{x} \right| \geqslant \dfrac{\sin^{2} x}{x} = \dfrac{1-\cos 2x}{2x} \geqslant 0$,且 $\int_{1}^{+\infty} \dfrac{1}{2x}\mathrm{d}x$ 发散,$\int_{1}^{+\infty} \dfrac{\cos 2x}{2x}\mathrm{d}x$ 收敛,从而 $\int_{1}^{+\infty} \dfrac{1-\cos 2x}{2x}\mathrm{d}x$ 发散.由比较判别法知 $\int_{1}^{+\infty} \left| \dfrac{\sin x}{x} \right| \mathrm{d}x$ 发散,从而 $\int_{1}^{+\infty} \dfrac{\sin x}{x}\mathrm{d}x$ 条件收敛.

7.7.2 无界函数的积分——瑕积分

如果函数 $f(x)$ 在 x_{0} 点的任一邻域内无界,则称 x_{0} 为 $f(x)$ 的瑕点.例如,$f(x) = \dfrac{1}{x-a}$ 的瑕点为 a,而函数 $f(x) = \dfrac{\sin x}{x}$ 没有瑕点.

1．瑕积分的概念

定义 7.12 设函数 $f(x)$ 在区间 $[a,b]$ 上有定义，b 是 $f(x)$ 的瑕点，并且对 $\forall \varepsilon > 0 (0 < \varepsilon < b-a) f(x)$ 在 $[a, b-\varepsilon]$ 上可积，称 $\int_a^b f(x)\mathrm{d}x$ 为函数 $f(x)$ 的瑕积分．如果极限 $\lim\limits_{\varepsilon \to 0^+} \int_a^{b-\varepsilon} f(x)\mathrm{d}x$ 存在，则称瑕积分 $\int_a^b f(x)\mathrm{d}x$ 收敛，并称此极限值为瑕积分 $\int_a^b f(x)\mathrm{d}x$ 的值，记作

$$\int_a^b f(x)\mathrm{d}x = \lim_{\varepsilon \to 0^+} \int_a^{b-\varepsilon} f(x)\mathrm{d}x.$$

如果极限 $\lim\limits_{\varepsilon \to 0^+} \int_a^{b-\varepsilon} f(x)\mathrm{d}x$ 不存在，则称瑕积分 $\int_a^b f(x)\mathrm{d}x$ 发散．

类似地，可以定义积分下限 a 为瑕点的瑕积分 $\int_a^b f(x)\mathrm{d}x$ 及其收敛性．而对于瑕点出现在区间内部，即 c 为瑕点 $(a < c < b)$ 的情形，则分别考虑瑕积分 $\int_a^c f(x)\mathrm{d}x$ 和 $\int_c^b f(x)\mathrm{d}x$，若两个瑕积分都收敛，则称瑕积分 $\int_a^b f(x)\mathrm{d}x$ 收敛，并且 $\int_a^b f(x)\mathrm{d}x = \int_a^c f(x)\mathrm{d}x + \int_c^b f(x)\mathrm{d}x$．若两个瑕积分至少有一个发散，则称瑕积分 $\int_a^b f(x)\mathrm{d}x$ 发散．

例 8 判断下列积分的敛散性：

(1) $\displaystyle\int_0^1 \frac{\ln x}{\sqrt{x}}\mathrm{d}x$；   (2) $\displaystyle\int_1^2 \frac{1}{x\ln x}\mathrm{d}x$；   (3) $\displaystyle\int_a^b \frac{1}{(x-a)^p}\mathrm{d}x(a < b)$．

解 (1) $x=0$ 是被积函数 $\dfrac{\ln x}{\sqrt{x}}$ 的瑕点．对 $\forall \varepsilon > 0, 0 < \varepsilon < 1$，有

$$\lim_{\varepsilon \to 0^+} \int_\varepsilon^1 \frac{\ln x}{\sqrt{x}}\mathrm{d}x = \lim_{\varepsilon \to 0^+} 2\int_\varepsilon^1 \ln x \mathrm{d}\sqrt{x} = 2\lim_{\varepsilon \to 0^+}\left(\sqrt{x}\ln x\Big|_\varepsilon^1 - \int_\varepsilon^1 \frac{1}{\sqrt{x}}\mathrm{d}x\right) = 2\lim_{\varepsilon \to 0^+}(-\sqrt{\varepsilon}\ln\varepsilon - 2 + 2\sqrt{\varepsilon}).$$

由洛必达法则可得 $\lim\limits_{\varepsilon \to 0^+}\sqrt{\varepsilon}\ln\varepsilon = 0$，从而 $\lim\limits_{\varepsilon \to 0^+}\int_\varepsilon^1 \frac{\ln x}{\sqrt{x}}\mathrm{d}x = -4$，即瑕积分 $\int_0^1 \frac{\ln x}{\sqrt{x}}\mathrm{d}x$ 收敛于 -4．

(2) $x=1$ 是被积函数 $\dfrac{1}{x\ln x}$ 的瑕点．对 $\forall \varepsilon > 0, 1 < 1+\varepsilon < 2$，有

$$\lim_{\varepsilon \to 0^+} \int_{1+\varepsilon}^2 \frac{1}{x\ln x}\mathrm{d}x = \lim_{\varepsilon \to 0^+}\ln(\ln x)\Big|_{1+\varepsilon}^2 = \lim_{\varepsilon \to 0^+}[\ln(\ln 2) - \ln\ln(1+\varepsilon)] = +\infty.$$

从而瑕积分 $\int_1^2 \frac{1}{x\ln x}\mathrm{d}x$ 发散．

(3) 当 $p > 0$ 时，$x=a$ 是被积函数 $\dfrac{1}{(x-a)^p}$ 的瑕点．对 $\forall \varepsilon > 0, \varepsilon \in (0, b-a)$．

当 $p \neq 1$ 时，$\lim\limits_{\varepsilon \to 0^+}\int_{a+\varepsilon}^{b}\dfrac{1}{(x-a)^p}\mathrm{d}x = \lim\limits_{\varepsilon \to 0^+}\dfrac{1}{1-p}[(b-a)^{1-p}-\varepsilon^{1-p}] = \begin{cases} \dfrac{(b-a)^{1-p}}{1-p}, & p<1, \\ +\infty, & p>1, \end{cases}$

当 $p=1$ 时 $\lim\limits_{\varepsilon \to 0^+}\int_{a+\varepsilon}^{b}\dfrac{1}{x-a}\mathrm{d}x = \lim\limits_{\varepsilon \to 0^+}[\ln(b-a)-\ln\varepsilon] = +\infty.$

当 $p \leqslant 0$ 时，积分 $\int_{a}^{b}\dfrac{1}{(x-a)^p}\mathrm{d}x$ 为常规积分，积分值为 $\dfrac{(b-a)^{1-p}}{1-p}$，

综上可知，积分 $\int_{a}^{b}\dfrac{1}{(x-a)^p}\mathrm{d}x$ 当 $p \geqslant 1$ 时发散，当 $p < 1$ 时收敛于 $\dfrac{(b-a)^{1-p}}{1-p}$.

2. 瑕积分的性质

以积分上限 $x=b$ 为瑕点的情况进行讨论，对于积分下限 $x=a$ 为瑕点和积分区间内部 $x=c(a<c<b)$ 为瑕点的情形可得类似性质.

定理 7.19（柯西收敛原理） 瑕积分 $\int_{a}^{b}f(x)\mathrm{d}x(x=b$ 为瑕点) 收敛的充要条件是对于 $\forall \varepsilon > 0$，存在 $\delta > 0(\delta < b-a)$，$\forall x_1 \in (a,a+\delta)$ 及 $x_2 \in (a,a+\delta)$，有 $\left|\int_{x_1}^{x_2}f(x)\mathrm{d}x\right| < \varepsilon.$

推论 7.8 若瑕积分 $\int_{a}^{b}|f(x)|\mathrm{d}x(x=b$ 为瑕点) 收敛，则瑕积分 $\int_{a}^{b}f(x)\mathrm{d}x$ 也收敛.

证明 由定理 7.19 知，$\forall \varepsilon > 0$，存在 $\delta > 0(\delta < b-a)$，$\forall x_1 \in (a,a+\delta)$ 及 $x_2 \in (a,a+\delta)$，有 $\left|\int_{x_1}^{x_2}|f(x)|\mathrm{d}x\right| < \varepsilon.$ 从而 $\left|\int_{x_1}^{x_2}f(x)\mathrm{d}x\right| \leqslant \left|\int_{x_1}^{x_2}|f(x)|\mathrm{d}x\right| < \varepsilon$，即瑕积分 $\int_{a}^{b}f(x)\mathrm{d}x$ 也收敛.

性质 7.15 瑕积分 $\int_{a}^{b}f(x)\mathrm{d}x$ 收敛的充要条件是对 $\forall c, a<c<b$，瑕积分 $\int_{c}^{b}f(x)\mathrm{d}x$ 收敛，并且有

$$\int_{a}^{b}f(x)\mathrm{d}x = \int_{a}^{c}f(x)\mathrm{d}x + \int_{c}^{b}f(x)\mathrm{d}x.$$

性质 7.16 设瑕积分 $\int_{a}^{b}f(x)\mathrm{d}x$ 收敛，k 为任意常数，则瑕积分 $\int_{a}^{b}kf(x)\mathrm{d}x$ 也收敛，且有

$$\int_{a}^{b}kf(x)\mathrm{d}x = k\int_{a}^{b}f(x)\mathrm{d}x.$$

性质 7.17 设瑕积分 $\int_{a}^{b}f(x)\mathrm{d}x$ 与 $\int_{a}^{b}g(x)\mathrm{d}x$ 均收敛，则瑕积分 $\int_{a}^{b}[f(x) \pm g(x)]\mathrm{d}x$ 也收敛，且有

$$\int_{a}^{b}[f(x) \pm g(x)]\mathrm{d}x = \int_{a}^{b}f(x)\mathrm{d}x \pm \int_{a}^{b}g(x)\mathrm{d}x.$$

3．瑕积分的敛散性判别法

由于瑕积分与无穷限积分之间可通过适当的换元进行相互转化．因此，无穷限积分敛散性的判别法可相应地平移到瑕积分上来．

下面仅以积分上限 $x=b$ 为瑕点的情形不加证明地给出敛散性的判别方法．

定理 7.20 设 $f(x) \geqslant 0, x \in [a,b)$，则瑕积分 $\int_a^b f(x)\mathrm{d}x$ 收敛的充要条件是函数 $\varphi(A) = \int_a^A f(x)\mathrm{d}x (a \leqslant A < b)$ 有上界．

定理 7.21（比较判别法） 设函数 $f(x)$ 与 $g(x)$ 在 $[a,b)$ 上满足 $0 \leqslant f(x) \leqslant g(x)$，则

(1) 如果瑕积分 $\int_a^b g(x)\mathrm{d}x$ 收敛，则瑕积分 $\int_a^b f(x)\mathrm{d}x$ 也收敛；

(2) 如果瑕积分 $\int_a^b f(x)\mathrm{d}x$ 发散，则瑕积分 $\int_a^b g(x)\mathrm{d}x$ 也发散．

定理 7.22（比较判别法的极限形式） 设函数 $f(x)$ 与 $g(x)$ 在 $[a,b)$ 上非负，并且 $\lim\limits_{x \to b^-} \dfrac{f(x)}{g(x)} = l$，则

(1) 当 $0 < l < +\infty$ 时，$\int_a^b f(x)\mathrm{d}x$ 与 $\int_a^b g(x)\mathrm{d}x$ 有相同的敛散性；

(2) 当 $l = 0$ 时，若 $\int_a^b g(x)\mathrm{d}x$ 收敛，则 $\int_a^b f(x)\mathrm{d}x$ 收敛；

(3) 当 $l = +\infty$ 时，若 $\int_a^b g(x)\mathrm{d}x$ 发散，则 $\int_a^b f(x)\mathrm{d}x$ 发散．

特别地，当 $g(x) = (b-x)^p$ 时，有下面柯西判别法．

定理 7.23（柯西判别法） 设 $f(x) \geqslant 0, x \in [a,b)$，若 $\lim\limits_{x \to b^-}(b-x)^p f(x) = l$，则

(1) 当 $0 \leqslant l < +\infty$ 时，若 $p < 1$，则 $\int_a^b f(x)\mathrm{d}x$ 收敛；

(2) 当 $0 < l \leqslant +\infty$ 时，若 $p \geqslant 1$，则 $\int_a^b f(x)\mathrm{d}x$ 发散．

与无穷限积分类似，瑕积分也有绝对收敛与条件收敛的概念．

定义 7.13 设函数 $f(x)$ 定义在 $[a,b)$ 上．b 为 $f(x)$ 的瑕点，并且 $f(x)$ 在 $[a,b-\varepsilon] (\varepsilon > 0, 0 < \varepsilon < b-a)$ 上可积，如果 $\int_a^b |f(x)|\mathrm{d}x$ 收敛，则称瑕积分 $\int_a^b f(x)\mathrm{d}x$ 绝对收敛；如果 $\int_a^b |f(x)|\mathrm{d}x$ 发散，而 $\int_a^b f(x)\mathrm{d}x$ 收敛，则称瑕积分 $\int_a^b f(x)\mathrm{d}x$ 条件收敛．

对于积分下限 a 为瑕点或积分区间内部为瑕点的情形，其绝对收敛、条件收敛的概念与

定义 7.13 类似,在此不赘述.

显然,由推论 7.8 知,若瑕积分 $\int_a^b f(x)\mathrm{d}x$ 绝对收敛,则其必定收敛.与无穷限积分相似,任意瑕积分的敛散性必为条件收敛,绝对收敛或发散三者之一.

例 9 判断瑕积分 $\int_0^1 \dfrac{\sin\dfrac{1}{x}}{x^p}\mathrm{d}x\,(0<p<1)$ 的敛散性.

解 积分下限 $x=0$ 为被积函数 $f(x)=\dfrac{\sin\dfrac{1}{x}}{x^p}$ 的瑕点. 又 $\left|\dfrac{\sin\dfrac{1}{x}}{x^p}\right|\leqslant\dfrac{1}{x^p},x\in(0,1]$.

由例8(3)知 $\int_0^1 \dfrac{1}{x^p}\mathrm{d}x$ 收敛,根据比较判别法(定理 7.21)知 $\int_0^1\left|\dfrac{\sin\dfrac{1}{x}}{x^p}\right|\mathrm{d}x$ 收敛,从而瑕积

分 $\int_0^1 \dfrac{\sin\dfrac{1}{x}}{x^p}\mathrm{d}x$ 绝对收敛.

前面我们分别讨论了无穷限积分和瑕积分,有时我们会遇到无穷限积分与瑕积分出现在同一积分中的情况,此时称这种积分为混合型反常积分.讨论这种积分的敛散性时,通常将区间分成若干部分,使每一个积分要么为无穷限积分要么为瑕积分.如果每部分积分都收敛,那么原来的混合型反常积分收敛;如果各部分积分中至少有一个发散,则原来的积分发散.

例 10 判断积分 $\int_0^{+\infty} x^{\alpha-1}\mathrm{e}^{-x}\mathrm{d}x$ 的敛散性.

解 当 $\alpha\geqslant1$ 时,该积分为无穷限积分.又对于任意 $p>1,\lim\limits_{x\to+\infty} x^p(x^{\alpha-1}\mathrm{e}^{-x})=0.$ 由定理 7.18 知此时积分收敛.

当 $\alpha<1$ 时,$x=0$ 为被积函数 $x^{\alpha-1}\mathrm{e}^{-x}$ 的瑕点,此时该积分为混合型反常积分.因此,可以将该积分分为瑕积分 $\int_0^1 x^{\alpha-1}\mathrm{e}^{-x}\mathrm{d}x$ 与无穷限积分 $\int_1^{+\infty} x^{\alpha-1}\mathrm{e}^{-x}\mathrm{d}x$ 两部分分别考虑.

由于 $\lim\limits_{x\to0^+} x^{1-\alpha}(x^{\alpha-1}\mathrm{e}^{-x})=\lim\limits_{x\to0^+}\mathrm{e}^{-x}=1,$ 由定理 7.23 知,当 $1-\alpha<1$,即 $\alpha>0$ 时 $\int_0^1 x^{\alpha-1}\mathrm{e}^{-x}\mathrm{d}x$ 收敛;而当 $1-\alpha\geqslant1$,即 $\alpha\leqslant0$ 时 $\int_0^1 x^{\alpha-1}\mathrm{e}^{-x}\mathrm{d}x$ 发散. 而对于无穷限积分 $\int_1^{+\infty} x^{\alpha-1}\mathrm{e}^{-x}\mathrm{d}x$ 则对任意 α 均收敛.

综上可知,当 $\alpha>0$ 时,$\int_0^{+\infty} x^{\alpha-1}\mathrm{e}^{-x}\mathrm{d}x$ 收敛;当 $\alpha\leqslant0$ 时,$\int_0^{+\infty} x^{\alpha-1}\mathrm{e}^{-x}\mathrm{d}x$ 发散.

习题 7.7

1. 计算下列积分：

(1) $\displaystyle\int_0^{+\infty} e^{\sqrt{x}}\,dx$；　　(2) $\displaystyle\int_0^{+\infty} e^{-2x}\sin x\,dx$；　　(3) $\displaystyle\int_0^1 \frac{dx}{(2-x)\sqrt{1-x}}$；

(4) $\displaystyle\int_0^3 \ln\frac{1}{9-x^2}\,dx$；　(5) $\displaystyle\int_a^b \frac{dx}{\sqrt{(x-a)(b-x)}}$；　(6) $\displaystyle\int_0^{+\infty} \frac{xe^{-x}}{(1+e^{-x})^2}\,dx$．

2. 判断下列积分的敛散性：

(1) $\displaystyle\int_1^{+\infty} \frac{\sin^2 x}{x}\,dx$；　　(2) $\displaystyle\int_1^{+\infty} \frac{2x}{\sqrt{1+x}}\arctan x\,dx$；　(3) $\displaystyle\int_0^{+\infty} x^n e^{-x^2}\,dx(n>0)$；

(4) $\displaystyle\int_{\frac{1}{e}}^{e} \frac{\ln x}{(1-x)^2}\,dx$；　(5) $\displaystyle\int_0^1 \frac{1}{\sqrt[3]{x(e^x-e^{-x})}}\,dx$；　(6) $\displaystyle\int_0^{\frac{\pi}{2}} \frac{d\theta}{\sqrt{1-\sin\theta}}$．

3. 证明：瑕积分 $\displaystyle\int_0^1 \frac{dx}{[x(1-\cos x)]^p}(p>0)$ 当 $p<\dfrac{1}{3}$ 时收敛，当 $p\geqslant\dfrac{1}{3}$ 时发散．

4. 求 a 的值，使 $\displaystyle\lim_{x\to+\infty}\left(\frac{x+a}{x-a}\right)^x = \int_{-\infty}^a te^{2t}\,dt$．

5. 已知 $\displaystyle\int_0^{+\infty} \frac{\sin x}{x}\,dx = \frac{\pi}{2}$，求：(1) $\displaystyle\int_0^{+\infty} \frac{\sin x\cos x}{x}\,dx$；(2) $\displaystyle\int_0^{+\infty} \frac{\sin^2 x}{x^2}\,dx$．

6. 已知 $\displaystyle\int_0^{+\infty} e^{-t^2}\,dt = \frac{\sqrt{\pi}}{2}$，求 $\displaystyle\int_{-\infty}^{+\infty} e^{-\frac{(x-a)^2}{2\sigma^2}}\,dx$．

7. 证明：$\displaystyle\int_{-\infty}^{+\infty} f\left(x-\frac{1}{x}\right)dx = \int_{-\infty}^{+\infty} f(x)\,dx$，其中 $\displaystyle\int_{-\infty}^{+\infty} f(x)\,dx$ 收敛．

习题参考答案

习题 1.1

1. (1) $(-\infty,1]\bigcup[4,+\infty)$；

   (2) $\left(\dfrac{1}{2k+1},\dfrac{1}{2k}\right)\bigcup\left(-\dfrac{1}{2k+1},-\dfrac{1}{2k+2}\right)(k=0,1,2,\cdots)$，当 $k=0$ 时，令 $\dfrac{1}{2k}=+\infty$；

   (3) $\left[2k\pi-\dfrac{\pi}{2},2k\pi+\dfrac{\pi}{2}\right](k=0,\pm1,\pm2,\cdots)$；

   (4) $\left(-\dfrac{1}{2},1\right]$.

2. (1) 相同；   (2) 不同,因对 $f(x)$ 来说, $x\neq0$；   (3) 不同.

3. $R(x)=\begin{cases} ax, & 0\leqslant x\leqslant30, \\ 30a+0.95a(x-30), & 30<x\leqslant50, \\ 30a+0.95\times20a+0.85a(x-50), & x>50. \end{cases}$

4. 设日总成本为 c,平均单位成本为 $\overline{c}$,日产量为 x. 故

   $$c(x)=1200+50x, \quad x\in[0,1200], \quad \overline{c}(x)=\dfrac{c(x)}{x}=\dfrac{1200}{x}+50, \quad x\in(0,1200].$$

5. (1) 奇函数；   (2) 非奇非偶；   (3) 偶函数.

7. (1) 是,最小正周期 $T=\dfrac{\pi}{2}$；   (2) 是,最小正周期 $T=1$；

   (3) 是, $T=1$；   (4) 是, $T=\pi$.

习题 1.2

1. (1) $f(\varphi(x))=\begin{cases} 2, & x\leqslant0, \\ x^6, & x>0; \end{cases}$ (2) $f(f(x))=\mathrm{sgn}\,x=\begin{cases} 1, & x>0, \\ 0, & x=0, \\ -1, & x<0. \end{cases}$

2. $f^{-1}(x)=\begin{cases} -\sqrt{x-1}, & x>1, \\ -x, & x\leqslant0, \end{cases}$ 定义域为 $(-\infty,0]\bigcup(1,+\infty)$；值域为 $\mathbb{R}$.

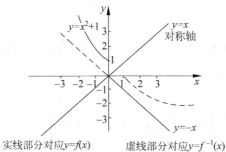

实线部分对应 $y=f(x)$ 虚线部分对应 $y=f^{-1}(x)$

3. $f(x)=x^2-2$.

4. $\underbrace{f\{f[\cdots f(x)]\}}_{n次}=\dfrac{x}{\sqrt{1+nx^2}}$.

5. $f(x)=\begin{cases}4.40, & 0<x\leqslant20,\\ 8.20, & 20<x\leqslant50,\\ 10.40, & 50<x\leqslant100,\\ 20.80, & 100<x\leqslant250,\\ 39.80, & 250<x\leqslant500.\end{cases}$

6. $f^{-1}(90)$ 表明沸点为 90℃时的海拔高度.

$f^{-1}(90)=3000$ 表明沸点为 90℃时的海拔高度为 3000 米, $f^{-1}(100)=0$.

习题 1.3

1. （1）分解为 $y=\arctan u,u=e^v,v=x^2$；

（2）分解为 $y=\ln u,u=v^2,v=\ln t,t=w^5,w=\ln x$；

（3）分解为 $y=u^5,u=\cos v,v=\ln t,t=x+1$.

2. （1） $f^{-1}(x)=\dfrac{b-dx}{cx-a},x\in\left(-\infty,\dfrac{a}{c}\right)\cup\left(\dfrac{a}{c},+\infty\right)$；

（2） $f^{-1}(x)=-\ln(1-e^x),x\in(-\infty,0)$； （3） $f^{-1}(x)=\ln\left(\dfrac{1+x}{1-x}\right),x\in(-1,1)$.

3. $[1,3]$.

4. $f[f(x)]=\dfrac{x+1}{x+2},g[g(x)]=2+2x^2+x^4,f[g(x)]=\dfrac{1}{2+x^2}$,

$g[f(x)]=\dfrac{2+2x+x^2}{(1+x)^2},f[g(2)]=\dfrac{1}{6},f\{[f(1)]\}=\dfrac{3}{5}$.

习题 2.1

1. （1）发散；（2）收敛；（3）收敛；（4）收敛；（5）当 $0<a<1$ 时收敛；当 $a>1$ 时发散.

2. （1）等价；　　（2）不等价；　　（3）不等价；　　（4）等价.

习题 2.2

1. （1） $-\dfrac{3}{7}$；　　（2） 1；　　（3） $\dfrac{4}{3}$；　　（4） $\dfrac{1}{3}$；　　（5） $\dfrac{1}{2}$；　　（6） $\dfrac{1}{2}$.

习题 2.4

2. （1） $-\dfrac{1}{7}$；　　（2） $\dfrac{1}{2}$；　　（3） -1；　　（4） 0；　　（5） $\dfrac{2}{3}$；　　（6） -1.

3. $\lim\limits_{x\to 0^-}f(x)=0$, $\lim\limits_{x\to 0^+}f(x)=-1$, $\lim\limits_{x\to 0}f(x)$不存在；$\lim\limits_{x\to 3^-}f(x)=5$, $\lim\limits_{x\to 3^+}f(x)=+\infty$, $\lim\limits_{x\to 3}f(x)$不存在.

习题 2.5

1. (1) 4；(2) $\cos a$；(3) $-\sin x$；(4) 1；(5) 1；(6) 0.

2. (1) $a=1,b=-\dfrac{1}{2}$；(2) $a=-\dfrac{15}{16},b=-\dfrac{1}{4}$；(3) $a=1,b=-1$.

习题 2.6

1. (1) 无穷小量；(2) 无穷小量；(3) 无穷小量；(4) 无穷小量；(5) 无穷大量.

4. $a=1,b=2$.

5. (1) $\dfrac{5}{2}$；(2) $\sqrt{2}$；(3) $\dfrac{1}{3}$；(4) $-\dfrac{\pi}{2}$.

习题 3.2

1. (1) $(-\infty,0)\bigcup(0,+\infty)$，$x=0$ 是其第一类间断点；

(2) $(-\infty,0)\bigcup(0,+\infty)$，$x=0$ 是其第二类间断点；

(3) $\left(-\infty,-\dfrac{2}{\pi}\right)\bigcup\left(\dfrac{2}{\pi},+\infty\right)$，$x=0$ 是其第一类间断点；

(4) $\left(k\pi-\dfrac{\pi}{2},k\pi\right)\bigcup\left(k\pi,k\pi+\dfrac{\pi}{2}\right)(k=0,\pm 1,\pm 2,\cdots)x=0$ 是其可去间断点，$x=k\pi+$ $\dfrac{\pi}{2}(k=0,+1,+2,\cdots)$也是其可去间断点，$x=k\pi(k=\pm 1,\pm 2,\cdots)$是其第二类间断点.

2. $k=2$.

3. (1) $-\dfrac{1}{16}$；　　(2) $\dfrac{1}{2}$；　　(3) $\sqrt{e}$；　　(4) $\sqrt{ab}$.

习题 3.4

1. (1) $\beta=1,\alpha=-1$；(2) $\beta=1,\alpha=-1$；(3) $\beta=\sqrt{3},\alpha=-\sqrt{3}$；(4) $\beta=\dfrac{1}{25},\alpha=-\dfrac{1}{5}$.

2. (1) 收敛；　　(2) 收敛.

习题 4.1

1. 切线方程：$y-2=12(x-8)$；法线方程：$y-2=-\dfrac{1}{12}(x-8)$.

2. (1) $f'(x) = e^x + xe^x$; (2) $f'(x) = 2x - 3$.

3. $f'(100) = 2$ 的实际意义是：在投入 100 万元后，若再投入 1 万元收入将增加 2 万元. $f'(100) = 0.5$ 表明公司在投入 100 万元后再追加 1 万元，则收入增加约 0.5 万元.

4. $f'(x_0)$.

5. $f'_+(c) = 2c$, $f'_-(c) = a$; 当 $a = 2c, b = -c^2$ 时，在 c 点可导.

7. (1) $f'(x_0)$; (2) $\frac{1}{2} f'(x_0)$; (3) $\frac{1}{2}(\alpha - \beta) f'(x_0)$; (4) $f'(x_0)$.

习题 4.2

1. (1) $f'(x) = -3\sin x - x\cos x + \frac{1}{x}$, $f'(\pi) = \pi + \frac{1}{\pi}$;

(2) $f'(x) = -\frac{1}{2} x^{-\frac{3}{2}} + \frac{1}{x^2}\arctan x - \frac{1}{x(1+x^2)} + 25x^4$;

(3) $f'(x) = \frac{x^2 + 2x\sin x\cos x}{(x\cos x - \sin x)^2}$;

(4) $f'(x) = na_n x^{n-1} + (n-1)a_{n-1} x^{n-2} + \cdots + a_2 x + a_1$,
$f'(0) = a_1$, $f'(1) = na_n + (n-1)a_{n-1} + \cdots + a_2 + a_1$;

(5) $f'(x) = 3x^2\cos x - x^3\sin x + \frac{7}{2} x^{\frac{5}{2}} + x^{-\frac{3}{2}} + e^x(x\ln x + \ln x + 1)$.

2. 在点 $(2, 4)$.

3. 在 $(1, 3)$ 点切式平行于 x 轴；在 $\left(\frac{3}{2}, \frac{13}{4}\right)$ 切线与 x 轴夹角为 $45°$.

5. $\lim\limits_{n \to +\infty} y(\xi) = \lim\limits_{n \to +\infty} \left(1 - \frac{1}{n}\right) = 1$.

习题 4.3

1. (1) $\dfrac{1}{(1-x)\sqrt{1-x^2}}$; (2) $\dfrac{\cos\sqrt{\ln x}}{2x\sqrt{\ln x}}$;

(3) $\dfrac{1}{2\sqrt{x + \sqrt{x + \sqrt{x}}}}\left[1 + \dfrac{1}{2\sqrt{x + \sqrt{x}}}\left(1 + \dfrac{1}{2\sqrt{x}}\right)\right]$;

(4) $-\dfrac{1}{\sqrt{1+x^2}}$; (5) $\dfrac{1}{x^3+1}$; (6) $x^{\frac{1}{x}}\left(\dfrac{1-\ln x}{x}\right)$;

(7) $(\sin x)^{\cos x} \cdot [\cos x\cot x - \sin x \cdot \ln\sin x]$;

(8) $\sqrt{\dfrac{a-b}{a+b}} \cdot \dfrac{\sec^2\dfrac{x}{2}}{2\left(1 + \dfrac{a-b}{a+b}\tan^2\dfrac{x}{2}\right)}$.

2. (1) $y' = \dfrac{y^2 \cos(xy^2) - y}{x + e^y - 2xy\cos(xy^2)}$;　　　　(2) $y' = \dfrac{y}{y-1}$;

　(3) $y' = \dfrac{xy\ln y - y^2}{xy\ln x - x^2}$;　　　　　　(4) $y' = \dfrac{e^{x+y} - y}{x - e^{x+y}}$.

3. $y + x = 2$.

4. $a = -1, b = \dfrac{2}{3}, c = \dfrac{2}{3}$,公切线方程为 $y = 2x + 2$.

5. $\dfrac{16}{25\pi}$ 米/分钟;

6. $\dfrac{\mathrm{d}y}{\mathrm{d}t} = 6250$ 米/小时.

习题 4.4

1. (1) $\mathrm{d}y = -\dfrac{\mathrm{sgn}(x)}{\sqrt{1-x^2}}\mathrm{d}x$;　　　(2) $\mathrm{d}y = x^{\sin x^2}\left(2x(\cos x^2)\ln x + \dfrac{\sin x^2}{x}\right)\mathrm{d}x$;

　(3) $\mathrm{d}y = \dfrac{1}{\cos x}\mathrm{d}x$;　　　　　(4) $\mathrm{d}y = (a\cos ax\cos bx - b\sin ax\sin bx)\mathrm{d}x$.

2. (1) $\mathrm{d}y = \cot(u+v)(\mathrm{d}u + \mathrm{d}v)$;

　(2) $\mathrm{d}y = \dfrac{v\mathrm{d}u - u\mathrm{d}v}{u^2 + v^2}$.

3. 0.33%.

6. (1) 1.007;　　(2) 0.60062;　　(3) 0.998.

习题 4.5

1. (1) $\dfrac{\mathrm{d}^2 y}{\mathrm{d}x^2} = \dfrac{1}{4x}(e^{\sqrt{x}} + e^{-\sqrt{x}}) - \dfrac{1}{4}\dfrac{1}{\sqrt{x^3}}(e^{\sqrt{x}} - e^{-\sqrt{x}})$;　　(2) $\dfrac{\mathrm{d}^2 y}{\mathrm{d}x^2} = -2\dfrac{e^x - e^{-x}}{(e^x + e^{-x})^2}$;

　(3) $\dfrac{\mathrm{d}^2 y}{\mathrm{d}x^2} = \dfrac{2(x^2 - 4x + 7)}{(x+1)^5}$;　　　　(4) $\dfrac{\mathrm{d}^2 y}{\mathrm{d}x^2} = -\dfrac{a^2}{(a^2 - x^2)\sqrt{a^2 - x^2}}$.

2. (1) $y^{(n)} = \dfrac{(-1)^n \cdot n!}{x^{n+1}}\left(\ln x - \sum_{k=1}^{n}\dfrac{1}{k}\right), n \geqslant 1$;

　(2) $y^{(n)} = \dfrac{1}{4}\left(3\sin\left(x + \dfrac{n\pi}{2}\right) - 3^n\sin\left(3x + \dfrac{n}{2}\pi\right)\right)$.

4. $f''(f(f(x))) \cdot (f'(f(x)) \cdot f'(x))^2 + f'(f(f(x))) \cdot f''(f(x)) \cdot (f'(x))^2 + f'(f(f(x))) \cdot f'(f(x)) \cdot f''(x)$.

6. (1) $\mathrm{d}^3(uv) = e^{\frac{x}{2}}\left(\dfrac{13}{2}\sin 2x - \dfrac{47}{8}\cos 2x\right)\mathrm{d}x^3$,

　　$\mathrm{d}^3\left(\dfrac{u}{v}\right) = e^{\frac{x}{2}}\sec 2x\left(48\tan^3 2x + 12\tan^2 2x + \dfrac{83}{2}\tan 2x + \dfrac{49}{8}\right)\mathrm{d}x^3$;

(2) $d^3(uv) = e^x \left(\ln x + \dfrac{3}{x} - \dfrac{3}{x^2} + \dfrac{2}{x^3} \right) dx^3$,

$d^3 \left(\dfrac{u}{v} \right) = e^{-x} \left(-\ln x + \dfrac{3}{x} + \dfrac{3}{x^2} + \dfrac{2}{x^3} \right) dx^3$.

7. (1) $\dfrac{3}{4(1-t)}$;　(2) $-\dfrac{1}{4a\sin^4 \dfrac{t}{2}}$;　(3) $\dfrac{1}{3a\cos^4 t \sin t}$;　(4) $\dfrac{1}{f''(t)}$.

8. $f^{(n)}(0) = \begin{cases} (-1)^n (2n)!, & n \text{ 为奇数}, \\ 0, & n \text{ 为偶数}. \end{cases}$

9. $f'(0) = 0, f''(0) = 0$.

习题 5.2

1. (1) -1;　(2) 3;　(3) 0;　(4) 0;　(5) 1;　(6) 1;

(7) e^2;　(8) 0;　(9) $\dfrac{\pi^2}{8}$;　(10) $\dfrac{1}{2}$.

2. $f'(x) = \begin{cases} \dfrac{xg'(x) - g(x)}{x^2}, & x \neq 0, \\ \dfrac{1}{2} g''(0), & x = 0, \end{cases}$　$f'(x)$ 在 $(-\infty, +\infty)$ 上连续.

5. $a = -3, b = \dfrac{9}{2}$.

习题 5.3

1. (1) $e^{-x} = 1 - x + \cdots + \dfrac{(-1)^n}{n!} x^n + o(x^n)$;

(2) $\dfrac{x^3 + 2x + 1}{x - 1} = -(1 + 3x + 3x^2 + 4x^3 + \cdots + 4x^n) + o(x^n)\ (n \geqslant 3)$.

2. (1) 1;　(2) $\dfrac{1}{128}$;　(3) 1;　(4) $-\dfrac{1}{6}$.

3. (1) 令 $f(0) = f'(0) = f''(0) = f'''(0) = f^{(4)}(0) = 0$, 得 $a = \dfrac{4}{3}, b = -\dfrac{1}{3}$;

(2) 令 $f(0) = f'(0) = f''(0) = 0$, 得 $a = \dfrac{1}{2}, b = \dfrac{1}{2}$.

6. $x^5 - 5x + 1 = -3 + 10(x-1)^2 + 10(x-1)^3 + 5(x-1)^4 + (x-1)^5$.

习题 5.4

1. (1) $[0, +\infty)$, ↗, 无极值;

(2) $(0,1)$ ↘, $(1, +\infty)$ ↗, 极小值 $f(1) = 1$;

(3) $\left(0,\dfrac{1}{2}\right)\downarrow$，$\left(\dfrac{1}{2},+\infty\right)\uparrow$，极小值为 $f\left(\dfrac{1}{2}\right)=\dfrac{1}{2}\sqrt{27}$；

(4) $\left(-\infty,-\dfrac{1}{2}\right)\uparrow$，$\left(-\dfrac{1}{2},+\infty\right)\downarrow$，极大值为 $f\left(-\dfrac{1}{2}\right)=\dfrac{1}{2}\mathrm{e}$.

2. (1) 最大值 $f(1)=2$，最小值 $f(-1)=-10$；

(2) 最大值 $f\left(\dfrac{\pi}{4}\right)=1$，无最小值.

3. (1) 在 $(-\infty,-1)$ 和 $\left(-1,\dfrac{7}{2}\right)$ 内上凸；在 $\left(\dfrac{7}{2},+\infty\right)$ 内下凸；拐点 $\left(\dfrac{7}{2},\dfrac{8}{27}\right)$；

(2) 在 $(-3,0)$ 内上凸；在 $(-\infty,-3)$ 和 $(0,+\infty)$ 内下凸；拐点为 $(-3,12\mathrm{e}^{-3})$ 和 $(0,0)$.

习题 5.5

1. 100；

2. (1) $\dfrac{p}{p-20}$；　　(2) 总收益增加，总收益增加 0.82%.

3. $Q_0=\dfrac{5}{4}$，$L(Q_0)=\dfrac{25}{4}$.

4. (1) $t=\dfrac{5}{2}$ 时，征税收益最大，最大值 $T=(5t-t^2)\big|_{t=\frac{5}{2}}=6\dfrac{1}{4}$；

(2) 均衡价格：$\dfrac{23}{4}$，均衡产量：$\dfrac{5}{4}$.

5. (1) $p=\begin{cases}900, & 1\leqslant x\leqslant 30,\\ 900-10x(x-30), & 30<x\leqslant 75\end{cases}$　（x 取自然数）.

(2) 利润函数 $L(x)=xp-1500$，$x=60$ 人时，最大利润 $L=21\,000$ 元.

6. $L'(x)=5-0.02x$；$L'(200)=1$，$L'(250)=0$，$L'(300)=-1$.

7. $E_p=-1.2$.

8. (1) $E_p=\dfrac{2p^2}{p^2-75}$；　(2) 下降 0.85%.

习题 6.1

1. (1) $2\mathrm{e}^x-\dfrac{2^{x+1}}{\ln 2}+c$；　　　　　(2) $\dfrac{1}{2}(x+\sin x)+c$；

(3) $-\dfrac{1}{x}-\arctan x+c$；　　　(4) $\dfrac{2}{7}x^{\frac{7}{2}}+\dfrac{1}{2}x^2-6\sqrt{x}+c$.

2. $f(x)=x+\mathrm{e}^x+c$.

3. $\displaystyle\int\dfrac{1}{f(x)}\mathrm{d}x=\dfrac{1}{3}(1+x^2)^{\frac{3}{2}}+c$.

4. $p(t)=100t+16\sqrt{t^3}$.

5. 125 个单位.

6. $-2e^x+C$.

7. $\dfrac{1}{a}\ln\left|ax+\sqrt{a^2x^2\pm b^2}\right|+C$.

习题 6.2

1. (1) $\dfrac{2}{3}\sqrt{x^3+1}+C$;　　　(2) $-\dfrac{1}{\sin x}+C$;　　　(3) $-\dfrac{\cos^4 x}{4}+C$;

(4) $\dfrac{\ln^3 x}{3}+C$;　　(5) $\dfrac{1}{6}\arctan\dfrac{3x}{2}+C$;　　(6) $\dfrac{\tan^3 x}{3}-\tan x+x+C$;

(7) $x-\ln(1+e^x)+C$;　　(8) $e^{-\sqrt{1-x^2}}+C$.

2. (1) $x^2\sin x+2x\cos x-2\sin x+C$;　　(2) $\dfrac{x^{n+1}}{n+1}\left(\ln x-\dfrac{1}{n+1}\right)+C$;

(3) $x(\arcsin x)^2+2\sqrt{1-x^2}\arcsin x-2x+C$;

(4) $\dfrac{x^2}{2}\arctan\sqrt{x^2-1}-\dfrac{1}{2}\sqrt{x^2-1}+C$;

(5) $-\dfrac{x^2 e^x}{x+2}+xe^x-e^x+C$;

(6) $\dfrac{\ln x}{1-x}+\ln\left|\dfrac{x-1}{x}\right|+C$.

3. (1) $-\dfrac{x+2}{x}e^{-x}+C$;　　　　(2) $f(x)=e^{2(x-1)}+C$;

(3) $4\sqrt{e^x+1}+2\ln\left|\dfrac{\sqrt{e^x+1}-1}{\sqrt{e^x+1}+1}\right|+C$.

习题 6.3

(1) $-\dfrac{3}{x}-\arctan x+C$;　　　　　　(2) $\dfrac{1}{2}\ln|x|-\dfrac{1}{20}\ln(2+x^{10})+C$;

(3) $-\dfrac{1}{48(2x+3)^6}+\dfrac{3}{28(2x+3)^7}-\dfrac{9}{64(2x+3)^8}+C$;

(4) $\dfrac{3x-17}{2(x^2-4x+5)}+\dfrac{1}{2}\ln(x^2-4x+5)+\dfrac{15}{2}\arctan(x-2)+C$;

(5) $\dfrac{1}{6}\ln\dfrac{(x+1)^2}{x^2-x+1}+\dfrac{1}{\sqrt{3}}\arctan\dfrac{2x-1}{\sqrt{3}}+C$;

(6) $\dfrac{1}{4}\ln\dfrac{(x+1)^2}{x^2+1}+\dfrac{1}{2}\arctan x+C$;

(7) $-\ln|x|+\ln|x+1|-\dfrac{2}{x+1}+C$；

(8) $\dfrac{1}{2}x^2-x+\dfrac{4\sqrt{3}}{3}\arctan\left[\dfrac{2\sqrt{3}}{3}\left(x+\dfrac{1}{2}\right)\right]+C$.

习题 6.4

1. (1) $2\arctan\sqrt{x}+C$；　　　　　　(2) $\ln\left|\dfrac{x}{1+\sqrt{1+x^2}}\right|+C$；

　(3) $\sqrt{x^2+x+1}+\dfrac{1}{2}\ln\left|x+\sqrt{x^2+x+1}+\dfrac{1}{2}\right|+C$；

　(4) $\dfrac{1}{2}x\sqrt{x^2-2}+\ln|x+\sqrt{x^2-2}|+C$；

　(5) $\dfrac{3(4x^2-3)}{56}(1+x^2)^{\frac{4}{3}}+C$；

　(6) $\arcsin\dfrac{x}{a}-\sqrt{a^2-x^2}+C$.

2. (1) $\ln|\tan x+\sec x|-\csc x+C$；　　(2) $\dfrac{2}{5}x+\dfrac{1}{5}\ln|\sin x+2\cos x|+C$；

　(3) $x-\cos x+C$；　　　　　　　　　(4) $\dfrac{2}{5}\cos^{-\frac{5}{2}}x-2\cos^{-\frac{1}{2}}x+C$；

　(5) $\dfrac{1}{128}\left(3x-\sin 4x+\dfrac{\sin 8x}{8}\right)+C$；

　(6) $\displaystyle\int\sqrt{1-\sin 2x}\,dx\left(0\leqslant x\leqslant\dfrac{\pi}{2}\right)=\begin{cases}\sin x+\cos x-\sqrt{2}+C,&c\leqslant x\leqslant\dfrac{\pi}{4},\\[2mm]-\sin x-\cos x+\sqrt{2}+C,&\dfrac{\pi}{4}<x\leqslant\dfrac{\pi}{2}.\end{cases}$

3. (1) $\dfrac{2}{3}(-2+\ln x)\sqrt{1+\ln x}+C$；　　(2) $\dfrac{\sqrt{2}}{4}\ln\left|\dfrac{\sqrt{1+\sin^2 x}+\sqrt{2}\sin x}{\sqrt{1+\sin^2 x}-\sqrt{2}\sin x}\right|+C$；

　(3) $\ln\left|\dfrac{x}{1-\sqrt{1-x^2}}\right|-\dfrac{1}{x}\arcsin x+C$；

　(4) $x-\ln(1+\sqrt{1+e^{2x}})+C$；

　(5) $2x\sqrt{e^x-1}-4\sqrt{e^x-1}+4\arctan\sqrt{e^x-1}+C$；

　(6) $\dfrac{e^x}{2}\left[(x-1)\sin x+x\cos x\right]+C$.

习题 6.5

1. (1) $e^y-e^x=C$；　　(2) $y=e^{Cx}$；　　(3) $1+x^2=C(2+y^2)^{\frac{5}{2}}$，其中 C 是大于零的

常数；

(4) 通解 $y=\dfrac{1}{C+\ln|1+x|}$，特解 $y^*=\dfrac{1}{1+\ln|1+x|}$；

(5) $x-y+\ln|xy|=C,y=0$；

(6) $\dfrac{1+y^2}{1-x^2}=C$.

2. (1) $y=Ce^x-\dfrac{1}{2}(\sin x+\cos x)$；　　　　(2) $y=Ce^{-3x}+\dfrac{1}{5}e^{2x}$；

(3) $2x=Cy+y^3$；　　　　(4) $y=\dfrac{1}{2}(x+1)^4+C(x+1)^2$；

(5) $Cx^3=e^{\frac{y^2}{x^2}}$；　　　　(6) $y=\left(C-\dfrac{2}{3}\cos3x\right)\cos3x$.

3. (1) $y=\left(\dfrac{1}{3}x^3-x^2+2x-2\right)e^x+(C_1e^x+C_2)$；

(2) $y=(C_1\cos3x+C_2\sin3x)e^{2x}$；

(3) $y=-x(2x+7)+(C_1+C_2e^x)$；

(4) $y=\dfrac{1}{2}xe^{-x}\sin x+(C_1\cos x+C_2\sin2x)e^{-x}$；

(5) $y=\dfrac{1}{102}(5\sin x+14\cos x)+(C_1\cos4x+C_2\sin4x)e^{3x}$；

(6) $y=(C_1\cos2x+C_2\sin2x)e^{3x}+\dfrac{14}{13}$.

5. $R(x)=100x-100e^{-0.5x}+1000+e^{-5}$.

习题 7.1

2. $\dfrac{a}{2}+b$.

3. 可积，$c(b-a)$.

5. (1) $6\dfrac{1}{2}$；　(2) -4.

6. (1) 正确；　(2) 正确；　(3) 正确；　(4) 错误.

习题 7.2

1. (1) 不可积；　(2) 不可积.

习题 7.3

2. $f(x)+g(x)$ 与 $f(x)g(x)$ 不一定可积. 分别考虑 $f(x)=\begin{cases}x,x\text{ 为有理数},&x\in[a,b],\\0,x\text{ 为无理数},&x\in[a,b].\end{cases}$

$$g(x)=\begin{cases}0, & x \text{ 为有理数}, x\in[a,b],\\ x, & x \text{ 为无理数}, x\in[a,b].\end{cases}\quad \text{显然此时 } f(x),g(x) \text{ 均不可积, 但 } f(x)+g(x), f(x)\cdot$$

$g(x)$ 在 $[a,b]$ 上均可积; 但若 $g(x)$ 与 $f(x)$ 取法相同, 即 $g(x)=f(x)$, 此时 $f(x)+g(x)$, $f(x)\cdot g(x)$ 在 $[a,b]$ 上均可积.

6. (1) $\displaystyle\int_0^1 \mathrm{e}^{-x}\mathrm{d}x < \int_0^1 \mathrm{e}^{-x^2}\mathrm{d}x$;　　　(2) $\displaystyle\int_3^5 (\ln x)^2\mathrm{d}x > \int_3^5 \ln x\,\mathrm{d}x$;

　(3) $\displaystyle\int_0^{\frac{\pi}{2}} \sin^8 x\,\mathrm{d}x < \int_0^{\frac{\pi}{2}} \sin^2 x\,\mathrm{d}x$;　　(4) $\displaystyle\int_1^2 x^2\,\mathrm{d}x < \int_1^2 x^3\,\mathrm{d}x$.

7. (1) $\left[1,\dfrac{\pi}{2}\right]$;　(2) $\left[1,\dfrac{6}{5}\right]$;　(3) $[1,\mathrm{e}]$;　(4) $\left[\dfrac{\pi}{2},\dfrac{\sqrt{2}}{2}\pi\right]$.

习题 7.4

1. (1) 1;　(2) 0;　(3) e;　(4) -1;　(5) $\dfrac{1}{2}$;　(6) e^2.

2. (1) $(\sin x-\cos x)\left(\sin x+\cos x-\dfrac{1}{2\sqrt{x}}\right)$;　　(2) $2x^5\sin x^2 + 2x^3\sin x^2 - 2x\displaystyle\int_0^{x^2}\sin t\,\mathrm{d}t$.

3. (1) 40;　(2) $\dfrac{\pi}{8}$;　(3) $\dfrac{1}{2}\ln\dfrac{3}{2}-\dfrac{1}{6}$;　(4) $-\dfrac{1}{3}$.　(5) $\dfrac{2\sqrt{3}}{3}-\dfrac{\pi}{6}$;

(6) $\begin{cases}\dfrac{1}{2}(b^2-a^2), & 0<a<b,\\[2mm] \dfrac{1}{2}(a^2+b^2), & a<0<b,\\[2mm] \dfrac{1}{2}(a^2-b^2), & a<b<0;\end{cases}$　(7) $206\dfrac{3}{5}$;　(8) $\begin{cases}\dfrac{1}{3}-\dfrac{a}{2}, & a\leqslant 0,\\[2mm] \dfrac{1}{3}-\dfrac{a}{2}+\dfrac{a^3}{3}, & 0<a<1,\\[2mm] \dfrac{a}{2}-\dfrac{1}{3}, & a\geqslant 1.\end{cases}$

5. $x=0$ 为极小值点, $x=1$ 为极大值点.

习题 7.5

1. (1) $\dfrac{8}{3}-2\ln 2$; (2) $\dfrac{3\pi}{16}$; (3) $\dfrac{4}{3}$; (4) $2\left(1-\sqrt{1-\dfrac{1}{\mathrm{e}}}\right)$; (5) $\mathrm{e}-1$; (6) $2(\sqrt{2}-1)$.

2. (1) $\mathrm{e}-2$;　(2) $\dfrac{1-\mathrm{e}^{4\pi}}{5}$;　(3) $\dfrac{1}{4}-\dfrac{1}{4}\ln 2$;　(4) $\dfrac{1}{168}$;　(5) $-\dfrac{\pi}{4}$;　(6) $\dfrac{\mathrm{e}^2-1}{4}$.

3. $\ln|x|+1$.

4. $\dfrac{\pi}{4-\pi}$.

5. (1) $\dfrac{1}{2}$;　(2) $\dfrac{1}{p+1}$;　(3) $\dfrac{4\sqrt{2}}{3}-\dfrac{2}{3}$.

6. (1) 0;　(2) 0;　(3) 0;　(4) $\pi\sin 1$.

习题 7.6

1. $S = \dfrac{9}{4}$.

2. (1) $a = \dfrac{\sqrt{2}}{2}$, $(S_1 + S_2)_{\min} = \dfrac{2 - \sqrt{2}}{6}$;   (2) $\dfrac{1 - \sqrt{2}}{30}\pi$.

3. $V_x = 5\pi^2 a^3$.

6. (1) $L(x) = 10x - 0.05x^2 - 100$;   (2) $x = 100$;

(3) 17（万元/单位）.

7. (1) $Y(t) = A - \dfrac{A}{T}t$, $k = \dfrac{A}{T}$;   (2) $\dfrac{A}{2}$.

8. 产量：$\dfrac{16}{9}$；价格：$6\,\dfrac{2}{9}$.

9. (1) 平均单位成本：$\dfrac{C(x)}{x} = x^2 - 6x + 20 + \dfrac{36}{x}$;   (2) 165;   (3) 33.

习题 7.7

1. (1) 2；   (2) $\dfrac{1}{5}$；   (3) $\dfrac{\pi}{2}$；   (4) $6 - 6\ln 6$；   (5) π；   (6) $\ln 2$.

2. (1) 收敛；   (2) 发散；   (3) 收敛；   (4) 发散；   (5) 收敛；   (6) 发散.

4. $a = \dfrac{5}{2}$.

5. (1) $\dfrac{\pi}{4}$；   (2) $\dfrac{\pi}{2}$.

6. $\sqrt{2\pi}\,\sigma$.